U0020544

聰明、有趣、有用——強烈推薦！

——休‧強生（Hugh Johnson），《世界葡萄酒地圖》

（The World Atlas of Wine）合著者

內容豐富、資訊正確。完美！

——米歇爾‧魯克斯二世（Michel Roux Jr），

英國二星級米其林主廚

如果有一本書建議你喝隆河希哈搭配法式熟肉抹醬，在另一頁上建議喝伯爵茶

或艾雷島威士忌搭英式醃燻鯡魚，你怎麼能不愛上它？

——西比爾‧卡普爾（Sybil Kapoor），英國得獎美食

作家、《Sight Smell Touch Taste Sound》作者

一本出色卓越之書：充滿智慧、易於閱讀，而且實用。

這是我規劃料理時的新聖經。

——戴安娜‧亨利（Diana Henry），愛爾蘭美食作

家、暢銷書《From the Oven to the Table》作者

光彩奪目——只恨不能早幾年出版！

——海倫‧麥吉（Helen McGinn），

《The Knackered Mother's Wine Club》作者

我潛心鑽研而且津津有味。文字與她所描述的飲食一樣美味，

而且我將把它放在廚房手邊，當成一位對餐酒搭配知識淵博的朋友。

——潔西卡‧錫頓（Jessica Seaton），英國居家品牌

TOAST 共同創辦人、《Gather, Cook, Fast》作者

讀完這本天才的作品意味著你將永遠知道哪種酒該搭配哪種食物。

——瑪麗娜‧奧洛林（Marina O'Loughlin），

英國美食評論家

難以置信地有用。

——《周日泰晤士報》（Sunday Times）

所有飲品類的首選大師級作品。
——英國電訊報（Telegraph）

摩爾是她這一代最好的葡萄酒作家之一⋯⋯具啟發性⋯⋯
葡萄酒和美食愛好者將在這裡找到很多樂趣及同感。
——哈潑（Harpers）時尚雜誌

如同身邊有一位知識淵博但又不帶判斷性的侍酒師⋯⋯點綴著誘人的食譜和
釀酒師的內幕祕訣，這是您了解葡萄酒所有事物的終極指南。
——《Stylist》雜誌

摩爾在出色的《葡萄酒與料理活用搭配詞典》中說明葡萄酒的氣味，並指出
「我們可以區分超過一萬億種不同的氣味，可以說鼻子比眼睛、耳朵都更加敏銳」。
——蘇西・阿特金斯（Susy Atkins），
《周日電訊報》（Sunday Telegraph）

我想不出應該把《葡萄酒與料理活用搭配詞典》放在廚房或我的床邊，但無論在哪裡，
它對於廚師或愛酒人士來說都是必不可少的，而且讀起來很棒！
——菲奧娜・貝克特（Fiona Beckett），
飲食作家兼記者

我們最好的葡萄酒作家的作品讀來如沐春風，書中的菜餚和葡萄酒包裝著大量的資訊，
有了這本書，所有的餐搭都能正中紅心。
——《Olive Magazine》

搭配酒與食物的通俗易懂綜合指南。
這本書講究實用性，無論是超市特價酒或典藏酒都能適用。
——《泰晤士報》（The Times）

一本真正精采的書⋯⋯美妙的《葡萄酒與料理活用搭配詞典》是一本適用於所有級別
葡萄酒專家的書——無論喜歡平價粉紅酒還是收藏年份酒⋯⋯熱愛葡萄酒或美食——
或兩者皆愛，《葡萄酒與料理活用搭配詞典》將變得不可或缺⋯⋯
明智的建議：這也是一份禮物，幾乎每個人都會喜歡的。
——《Running in Heels》

要獲得完美平衡的婚禮盛宴，請學習如何將食物和葡萄酒與
《葡萄酒與料理活用搭配詞典》搭配使用。
——《You & Your Wedding》

太棒了！這是一本關於如何選擇一種不會與您的品味衝突的葡萄酒，
寫得精美且經過研究的書。
——《American》

摩爾的專業是無可挑剔的——她是屢獲殊榮的葡萄酒作家和專欄作家，而她的《葡萄酒
與料理活用搭配詞典》就是其中的一個絕妙主意，以前似乎沒有人想到過……我才擁
有這本書幾天，我已經知道它將成為我最常用的廚房參考書之一。〔摩爾〕結合餐酒
搭配的專業知識和廣泛愉悅的體驗，是如此風趣和博學，讓人難以不深深愛上。
——簡・希林（Jane Shilling），
《每日郵報》（Daily Mail）

作者對美食與美酒都有相當程度了解，
將來不管以食尋酒、或以酒搭食，都有簡潔的脈絡可尋了。
——林澧俊 Eric，葡萄酒新手選

這是一本「自私」的書，偷窺各種絕妙餐酒搭配，依樣照做或是意走偏鋒，
箇中美妙盡成我的一己之私，不想與人分享。
——陳上智，台灣侍酒師協會總編輯

葡萄酒的風味是五感俱陳的體驗，您面前的食物也是。要將兩者進行雙重五感的妥貼
或互補聯姻，不總是那麼容易。酒搭餐不僅是科學，更是藝術，因而更難以捉摸，
就讓本書成為您上手這門藝術的魔鑰吧！
——劉永智，葡萄酒自由作家

餐與葡萄酒搭配不再是佈滿地雷的崎嶇坎坷路，
也不是艱澀難解的無字天書了！
——聶汎勳，《酒瓶裡的品飲美學》作者

葡萄酒與料理活用搭配詞典
THE WINE DINE DICTIONARY

彙集世界知名釀酒人、侍酒師、主廚專業心法，
拆解食材與葡萄酒的人文風土，
A to Z 建立美好的餐酒架構與飲食體驗

維多利亞·摩爾 VICTORIA MOORE 著　楊馥嘉、魏嘉儀 譯
社團法人台灣侍酒師協會 專業審訂

積木文化

不只談美酒，更談美食

　　如果您是廚師，相信將腦海中的食材、辛香料與料理詞彙由 A 排到 Z 並不是難事；但對於葡萄酒相關詞藻可能就沒那麼熟稔了；如果您是侍酒師或葡萄酒從業人員，將各產區名稱、酒款與各葡萄品種從 A 數到 Z 應是家常便飯，但關於烹飪與食材方面的字彙可能就沒辦法這麼輕鬆應對了。

　　對我而言，這本書的特別之處在於；最開始先以非常科學與邏輯的角度試著帶領我們了解什麼是「風味」，正當我們因此而正襟危坐，帶著無比嚴肅的心情準備面臨接下來可能枯燥乏味的內容時，卻又發現後面的章節竟如此生動活潑且易懂！說實在的，這帶給我情緒上的轉折還真的需要一點時間才能適應。但，以嚴謹的邏輯為基礎、並以輕鬆的方式呈現，餐酒搭配本應如此，不是嗎？

　　這本書該如何閱讀與使用呢？首先，希望您是一位美食美酒的愛好者，當然，若是對此有所狂熱會更好；因為，這就是一本關於美食與美酒的書。若您不諳餐飲之道，我也期盼這本書能帶給您一些料理與葡萄酒的樂趣。書名既然稱作《葡萄酒與料理活用搭配詞典》，可想而知，內容的呈現方式是如同詞典般以英文字母從 A 到 Z 去編排整理。所以，我們可以像閱讀小說一般，從第一頁翻到最後一頁。或者，也可以如我一般隨性翻閱，翻到哪就讀到哪。

　　不過，這本書既然是按照英文字母編排，自然也能被作為工具書來使用。此書有兩大部分；前半部是以食材與料理為主，配上作者認為適合搭餐的葡萄品種或是酒款。當然，依照作者對葡萄酒深厚的造詣，在這方面的著墨自然是真材實料的。但如果您是葡萄酒初學者也請不用擔心，深入淺出的文字介紹讓扎實的內容不至於艱澀，詳細的風味描述也很能讓腦海中容易有聯想畫面；再加上不時穿插的料理食譜，更是畫龍點睛。書的後半部則是在介紹葡萄酒（品種、產區均包含在內）。與前半段相同的是，在每一個字母下的段落介紹內容都會有作者推薦的餐食搭配，也有料理食譜穿插其中。另外，本書還有另一個亮點；就是還有附上

各產區釀酒師所建議的餐酒搭配！希望各位能了解我對此有多麼興奮；因為釀酒師肯定較任何人都更認識自己所釀的酒，而經由他們親口介紹的搭配絕對值得一試！作者用輕鬆的筆觸將釀酒師們的建議以口語化的方式記錄下來，讓我們閱讀起來更仿若是在跟書中人物對話。上述的這一切，都是這本書令人著迷的地方。

啊，對了！請容我提醒一下各位，千萬不要錯過最後〈口袋名單〉的內容喔。雖然只有簡短的三頁篇幅，但非常的實用，算是本書結尾的一個小彩蛋吧！希望如此豐富的內容與實用的知識能為您的生活增添不一樣的樂趣！

侍酒師｜**陳定鑫**

【導讀者簡介】 畢業於法國布根地農業學校（CFPPA）侍酒師學程，於 2009 年取得法國國家級侍酒師證照（BREVET PROFESSIONNEL SOMMELIER），為全台灣第一位取得該證照之專業人士。現為三二行館侍酒師與社團法人台灣侍酒師協會理事長。

目錄
CONTENTS

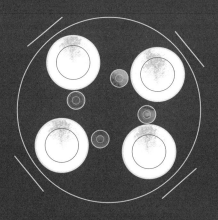

I

前言 / 1

II

味道、風味與大腦 / 5

什麼是風味？/ 7

味覺 / 7

嗅覺 / 9

風味與身體感受 / 12

風味與其他感官 / 13

葡萄酒的語言 / 14

III

簡易指南 / 17

如何使用本書 / 19

按心情選擇 / 20

依濃淡選擇 / 20

以區域選擇 / 20

美食與好酒 / 22

餐酒搭配的翻轉食材 / 22

餐搭進階：善用六大味覺 / 23

從料理搭配葡萄酒：料理 A to Z ／ 27

從葡萄酒搭配料理：葡萄酒 A to Z ／ 203

口袋名單 ／ 379

百發百中的葡萄酒（嗯，幾乎百發百中）／ 381

遇酒必歡的食物（嗯，幾乎遇酒必歡）／ 382

最愛餐搭組合 ／ 383

意想不到的餐搭組合 ／ 383

致謝 ／ 385

食譜索引＆中英名詞對照 ／ 391

作者＆譯者簡介 ／ 401

I

前言
INTRODUCTION

這是一本關於開心吃飯、開心飲酒的書，我希望這個書名夠開宗明義。

我很愛吃，也愛喝酒，而且我喜歡邊吃邊喝酒。自從我開始買葡萄酒、自己下廚準備晚餐之後，我開始將料理與葡萄酒的風味當成一個整體的經驗思考。我的意思是，就像是陽光（或雨水）都是在海邊度過一整天的一部分，或者說，你一定有些衣服會比較想要穿去看足球賽，而不是穿去餐廳吃晚餐。

我非常希望各位在閱讀此書時，秉持著開放的態度。本書的確塞滿了點子，建議各位能以什麼料理，搭配什麼葡萄酒（反之亦然），但這不只是來自我的個人經驗，也是全世界釀酒人、侍酒師與廚師的建議。這就像是飲食作家會說的「羅勒搭配桃子出奇地好吃」一樣。這些是指南，而非規矩；是建議，而非應該或不應該。

曾經有刷過牙後再喝柳橙汁體驗的人都會知道，吃了什麼絕對會影響喝東西的感受。本書的目標之一也是提醒各位，料理與葡萄酒的搭配原則亦然。本書會提供種種工具與經驗，讓各位在享用一杯葡萄酒（或晚餐）時，不致發生類似刷牙後喝柳橙汁的憾事。

老實說，本書從原本只是一本輕薄指南的概念，增長成這麼厚厚的一本，還加上我囉哩囉唆的意見，真是讓我稍稍擔心。但是，轉念一想，它在我腦中早已著墨多時，然後用了整整一年的週末時間，熬夜早起，付諸成文字，會演變成如此也是難免啊。

我最喜歡本書的地方，並不是我寫的部分。而是釀酒師們願意花時間以口說或文字，描述他們鍾愛以哪些料理搭配自家釀製的葡萄酒。這些資訊可不是一蹴可幾，我得不斷騷擾他們，必要時還要在品酒會與釀酒廠跟蹤他們。不過，種種追捕行動相當值得，因為這一則又一則的故事是如此迷人，細數釀酒人的個性與各地風土民情。你會讀到一些刺激的推薦，像是把搗亂葡萄園的動物抓來料理，

3

從兔子到野豬都有；以及將金屬垃圾桶改造成煙燻桶，好用來燻製豬肩肉，再搭配馬鈴薯麵包、涼拌高麗菜絲沙拉與是拉差辣椒醬（sriracha）一起吃（感謝南非Mulderbosch 酒莊的亞當·曼森〔Adam Mason〕）；還有紐西蘭團隊的故事，那段在馬爾堡（Marlborough）濱海小屋邊新鮮捕捉的魚料理，真是令人忌妒。當然，本書也提供較日常的食譜，讓你從超市採買或到菜園轉一圈後，就可以立即在一般廚房烹煮的料理。

　　期盼你在閱讀與使用本書時能像我一樣享受。如果它能啟發令人開心愉悅的午餐、晚餐以及前所未有的美食經驗，任務就達成了。

維多利亞·摩爾

2017 年 4 月

II

味道、風味與大腦

TASTE, FLAVOUR
AND THE BRAIN

什麼是風味？

我想，從字典的定義開始討論何謂風味，應該是最淺顯易懂的方式，雖然可能因此有點偏離主題。不過，讓我們就這樣開始吧。我書架上那本從大學就買的厚重《柯林斯英語辭典》（*Collins English Dictionary*）中，它是這麼定義的：

> 風味（**flavor**）：名詞，（1）口腔接受到的食物或液體味道。

目前看起來非常簡單，是吧？正如你所預料的。不過，在我們太志得意滿之前，讓我們看看「味道」的定義。

> 味道（**taste**）：名詞，（1）味蕾辨別物質的質地與風味時所產生的感受。

「味蕾」一詞出現了。為了讓討論繼續下去，我們需要好好看一下味蕾的實際功能。不過，請各位留意上述定義中使用的語彙，其實那樣的描述不大可靠。後來的科學研究讓我們學習到味覺與嗅覺的實際運作方式，並且遠比這些早期語焉不詳的定義來得精準多了。

味覺

大部分我們以為「嘗到」味道的東西，實際上是我們「聞到」它們。雷根糖（jelly bean）是一個很好的例子，各位可以試試這個實驗：首先把眼睛閉上，在看不到軟糖顏色的情況下，隨便抓一顆糖，再用手指捏住鼻子，然後把糖放進嘴裡開始咀嚼。你會發現根本不知道自己吃到什麼顏色的雷根糖（也不知道是什麼口味），除非把手放開鼻子，開始呼吸。呼吸使鼻腔內產生一股氣流，讓味道分子飄

送到嗅覺受器，提供足夠的訊息分辨出萊姆、口香糖或任何東西。一旦少了嗅覺的參與，雷根糖對我們來說不過是糖分與酸味的混合物罷了。

所以，味覺能做些什麼？我們擁有大約一萬個味蕾，分布在舌頭、上顎、咽頭與喉頭，當食物在唾液中溶解，這些味蕾就開始發揮作用。如同大多數脊椎動物，人類的味蕾敏感度相對來說比較低。

過去認為，味蕾能夠辨識的味道有四種：鹹、甜、酸、苦。在西方國家，這些味道常被用來增添食物風味，例如撒在食物上的白色海鹽鹽花、加在茶裡或草莓上的糖粒、用來調味炸魚片與薯條的醋，或擠在生鮪魚薄片上的檸檬汁、黑巧克力的苦味或通寧水的奎寧苦味。

1908 年，東京化學家池田菊苗（Kikunae Ikeda）從昆布高湯中鑑別出第五種味覺，「鮮味」（umami，又稱為「旨味」，為鹹鮮〔savouriness〕的日文），而其中最主要的分子便是麩胺酸鹽（glutamate）。鮮味帶有深邃、美味的特質，讓食物嘗起來濃郁且回味無窮。某些食材的鮮味濃度特別高，像是醬油、番茄（尤其是烤過的）、菇類、牛肉、酵母菌及酵母萃取物（如馬麥酵母醬〔Marmite〕）、帕瑪森起司（Parmesan）、魚露與甲殼類動物。

關於鮮味是否真的是第五種味覺，這個爭論一直持續了數十年。但自從口腔的麩胺酸鹽受器被辨識出來後，鮮味就與其他四種基本味覺平起平坐了。現在的問題是，還有多少味道尚未被發現？

油脂味被目前大部分專家認為是第六種味覺。最初認為，要辨識出油脂味，僅能靠乳化滑順的質地與油脂的氣味（儘管油味並不迷人，但大量用油的食物總是非常吸引我們）。不過，研究顯示實驗室的老鼠在沒有嗅覺的輔助之下，仍然偏好含有脂肪酸的液體，同時也在其口腔中發現感知脂肪酸的特定受器。

如果各位曾經動過手術，可能聽過麻醉醫師提醒你，在逐漸進入昏迷狀態中，口中會感覺到一股金屬味。有時，懷孕婦女及化療病友也有這樣的經驗（超級味覺者似乎特別敏感）。舔舐到傷口鮮血時感覺到的金屬味，如今也與其他超過一打以上的味覺特質，一起競相角逐成為基本味覺之一。

我們能從食物嘗到味道的方式之一，是以一種很特殊的方式發現，那便是透過功能性磁振造影（fMRI）的掃描，藉此發現大腦主要味覺皮質的各部位是如何

活化而產生反應。以演化論點來說，這些基本味覺能夠存留並持續發展，是因為它們協助人類尋求正確的食物。

我們小時候對某些基本味道的反應，似乎是天生而非後天學習。研究顯示，嬰兒偏好嘗起來甜甜的東西，而在吃到有苦味的液體時，會揪起一張臉來拒絕。於是，可以推論甜味驅使我們尋求高熱量碳水化合物，因為我們需要能量；鹽味讓我們補充流失的礦物質；而鮮味可能引導我們找到蛋白質。我們擁有不同的苦味受器，可負責偵測不同程度的苦味，一般認為這些是用來警告我們遠離帶毒植物，例如未熟果實、有毒的根莖或莓果。對苦味食物的喜好往往是後天養成，在那之前我們早已學會避免有問題的植物。

過去二十年來的科學實驗，明顯地指出味覺感官比想像中來得複雜許多，當我們聊著某種料理或飲品的「味道」如何時，其實指的並不只是酸甜苦鹹那麼簡單。假設你問我，某支葡萄酒「味道怎麼樣」？或要我描述它的風味，僅僅只是提到酸甜苦鹹，以及是否帶有金屬味（葡萄酒真的有金屬味，例如我就覺得以品種菲榭瓦杜〔fer servadou〕釀的酒有著一股鐵味），你可能會覺得答案似乎稍嫌不足。因為我們認為除了味道，風味應該保有更多、更豐富的訊息。

嗅覺

有時，當我把鼻子湊進一杯葡萄酒，深吸一口氣，會驚訝地發現眼簾出現一幅定格畫面。畫面通常不是太清晰，比較像是伸手進包包裡撈東西時不小心誤按手機拍到的畫面，可能是半模糊的田野山景；桌腳深埋在草叢中的野餐桌，桌面放著一碗草莓與一瓶紅酒；某人臉龐的輪廓，背後是通往葡萄酒莊的小徑。但我通常可以把這幅畫面擺正，轉正後，我就能認得這支酒，因為我認得這味道與這畫面來自於同一個地方。

這個過程代表嗅覺系統有兩種非常驚人的能力。我們的嗅覺感官不僅能正確辨別鼻子每年接收到的成千上萬不同的氣味，從食物到香水、人與環境，還有以我的例子來說，一支支葡萄酒。我們的大腦也能存取某支酒的氣味，隨即歸檔連結到某個記憶迴路，當下次再聞到一樣的氣味時，回憶立即湧現。

嗅覺很常讓人覺得是一種額外的奢侈，因為喪失嗅覺能力可能比喪失其他感

官能力，更容易順利地生活在現代社會。的確，倘若你不是特別關注嗅覺的人，也許甚至不太可能發現嗅覺的喪失。其實，我們的嗅覺系統是很了不起的設計，以受器細胞的數量來說，僅次於我們高度複雜的視覺系統。近代科學文獻顯示，人類可以分辨一萬種氣味。然而，現在科學家認為這個數字被大大地低估了，我們其實可以認出超過一兆種氣味，也就是說鼻子的辨識能力高於眼睛（可以辨識兩百三十萬到七百五十萬種不同色調），也高過耳朵（我們可以聽見約三十四萬種不同音調）。這樣的驚人表現來自僅僅只有三百五十個嗅覺受器的部位，想想真是不可思議。

　　為了能夠接收到氣味訊息，小小的分子必須藉由氣流與嗅覺受器接觸並結合，而嗅覺受器位於鼻腔室裡。通往嗅覺受器的路徑有兩個，其一是鼻前通路（orthonasal），這是我們處理煙霧、香水與其他環境氣味之處，例如正在爐子上烹煮的食物氣味，或者街邊傳來的咖啡香；另一個則是透過口腔與喉嚨的鼻後通路（retronasal），這是我們進食時聞到（或嘗到，但這說法其實不正確）食物的方式。鼻後通路只會在鼻子吐氣時運作，因此也才會有剛剛提到的雷根糖實驗，還有感冒時我們也無法好好品嘗食物。

　　有趣的是，這兩條嗅覺受器的路徑並不會得出相同的結果。最好的例子是臭起司悖論。任何熱愛重口味起司的人都知道，艾帕斯起司（Epoisses）的強烈氣味非常不迷人，但起司本身卻超級美味，或者說，我們對鼻前與鼻後通路傳來的訊息反應不同。這就是為什麼在我從巴黎搬回一大包起司時，會小心翼翼又膽顫心驚地把它放到歐洲之星列車的行李架上。另一方面，咖啡的效果則是相反，我們從空氣中聞到新鮮研磨的咖啡豆氣味時，感覺總是好過它在口中的味道。研究人員透過功能性磁振造影的掃描發現，除了由咀嚼與口感等其他因素所引發的大腦活動之外，同一個氣味透過鼻前或鼻後路徑時，也會產生不同的大腦反應。

　　一旦揮發性氣味分子到達鼻腔，立即會與約三百五十種之中的一種或多種受器結合，創造出如同鋼琴和弦般的運作模組。這些相對來說比較小規模的琴鍵（受器），可以產生種類繁多的不同音色（分布模式）。然後這些模式在腦中呈現出嗅覺畫面。

　　我們的嗅覺感官有著驚人的敏感度，即使每種分子都擁有不同的知覺閾值

（perception thresholds），我們依然能以極小濃縮份量偵測到氣味。例如，我們可以從非常低的濃度中（每公升 0.01 毫莫耳，如果剛好有讀者是科學家），聞到 2-異丁基-3-甲氧基吡嗪（2-isobutyl-3-methoxypyrazine，存在於青椒與白蘇維濃〔sauvignon blanc〕），我們的大腦與鼻子對其他氣味分子簡直視若無睹，除非它們充斥在空氣中。此感受的獨特之處，在於我們對於某些氣味的反應取決於它的濃淡程度。例如，茉莉花中發現的「吲哚」（indole），也會用於調製香水，微劑量時帶有非常迷人的花香，但如果濃度很高，就是令人作嘔的排泄物氣味。

暢銷書《香氣帝王》（*The Emperor of Scent*）所描寫的主人翁科學家盧卡・圖靈（Luca Turin），認為傳統建立起來的嗅覺理論並不足以解釋，為何人類能夠如此快速地聞到房間另一側非常複雜的氣味。圖靈花了多年，企圖建立起另一套嗅覺理論，他主張嗅覺並非只是一種化學感覺，而是因為我們的鼻子符合一種生物光譜學，以至於我們所聞到的其實是分子的振動。圖靈說，「一種完全瘋狂的概念，我得要說服同事們事實可能真的如此，總之我現在還在努力中。」

嗅覺還有一項功能是開啟生動又充滿情緒的回憶，讓我們不由自主地出神。在所有的感官經驗中，嗅覺帶領我們穿越時空的能力最為強大，它能瞬間讓我們置身過往。深受創傷症候群折磨的人，有時會覺得嗅覺令人困擾，它像是一種暴力的情緒引信，強迫他們進入寧可忘記的情境裡。正面一點的情境，我想我們也都經歷過，正當鼻子捕捉到一股香氣時，那香氣將推送我們跌跌撞撞地進入通往過去的蟲洞；研究顯示，比起視覺與聽覺，嗅覺特別能引發童年的自傳式回憶。

根據推論，大腦中的嗅球（olfactory bulb）與主掌記憶、情緒的杏仁核及海馬回，有著緊密的連結（嗅球為人類的初級嗅覺中樞。氣味分子與嗅覺受體結合後產生的電子訊號，會先傳遞到嗅球中對應的嗅小球，形成該氣味的專一路徑，而嗅覺訊號最後的終點站是杏仁核），因此可以說明為何情緒性回憶與嗅覺有著高度關聯。

大腦的另一項貢獻是擁有辨別大量氣味的能力。當我們希望想起一件已經遺忘的人事物時，出現的感覺彷彿回到過去的時空，而我們知道，要喚起回憶的方式有很多種，例如故事、地點、某種聲響、歌曲或任何視覺線索（像是蛛網圖、某個正在說話的人臉以及味道）。但是，回憶並非固定不變，它們很容易被影響而

動搖。當一個記憶路徑被調取、重現時，會因為大腦將它連結到新的關聯物而改變舊有記憶。也許我們能將許多不同味道加以編碼收錄成各自獨特的記憶迴路，是因為它們甚少被干擾，而也因此，久久一次的氣味重逢，能顯得如此令人悸動，充滿新鮮感。

風味與身體感受

目前為止，我已經討論了嗅覺與味覺對風味的影響，但當我們在描述飲食經驗時，我們也會提到其他感受特質。身體的感受系統（不僅包含觸感，還有溫度及痛覺）更是占了一席之地。

不管是黏糊糊或粗糙、豐厚或清爽，食物或葡萄酒的質地都會大大影響我們入口的感受。我會因為嚼勁而不太喜歡吃蝸牛，我的一位朋友則無法忍受牡蠣，他說，「就像在吃鼻涕。」如果這個說法害你以後無法好好享用雙殼貝類的美味，我很抱歉啊。所謂立即的感官感受，除了從舌頭傳來關於食物質地的柔軟、黏滑、粗糙等等感覺以外，也包含下顎要多用力？使用哪裡的肌肉？因為咀嚼也是整體飲食經驗的一部分。

其中一種由葡萄酒（以及茶、純可可飲品）帶來的特殊感覺，是單寧形成的乾澀感。這算是一種味道嗎？還是一種感覺？某些澀感酚類物質的確會啟動口中的苦味受體，這就是為什麼苦味與澀味總是相伴出現。到底澀味與單寧味屬於味覺反應？還是身體感受系統的反應？兩方爭論一直不休。一篇 2014 年發表的研究認為是後者，他們比較了人類的澀味感知與鼓索味覺神經（chorda tympani taste nerve）、三叉神經（trigeminal nerve，負責傳遞身體感受訊息）的麻醉效果，發現一旦阻斷這兩種神經，舌頭就會喪失澀味感受。實驗結果表示我們不單單只是依靠味覺系統感受單寧。

喔，我都還沒提到辣椒，它可是提升風味的活力派功臣。對辣椒的知覺能力也是透過身體感受系統所促成。例如，像疼痛般的灼燒感是由傷害受器（nociceptors，又稱疼痛受器）所接收，然後透過三叉神經傳遞訊號到大腦。大蒜（熱辣味）與肉桂（扎舌感）也是以類似的方式感知，如果我們忽略了這些身體感受資訊，這些調味料與香料嘗起來就會略遜一籌。

　　所以，很明顯地，當我們討論味道，我們不該僅僅只是討論味覺。另外至少還有三種感官體驗是感覺風味很重要的因素。

　　　　風味＝味覺＋嗅覺＋身體感受（溫度、觸感與痛覺）

風味與其他感受

　　關於感受風味，還能有更多可能嗎？還有其他感覺也參與了風味的形塑嗎？在接收風味時，聽覺與視覺的衝擊雖然沒那麼直接，但也不能忽略。當我們品酒或吃一碗穀類麥片時（尤其是那種酥脆、嚼起來劈啪作響的），我們的大腦不僅仰賴口腔與鼻腔的訊息，它還會抓住可以幫助建立風味藍圖的任何資訊。

　　例如，若是在粉紅酒加進幾滴紅色食用色素使其酒色變深，各位很有可能就會覺得這支酒有更多紅色水果與莓果的風味，嘗起來「更粉紅」，因為大腦會優先尋求並接收這類風味的資訊。

　　牛津大學心理學家查爾斯・史賓斯（Charles Spence）針對此領域進行了許多研究。他與柏提娜・皮桂拉茲費茲曼（Betina Piqueras-Fiszman）合著的《完美的一餐：飲食的多重感官科學》（ *The Perfect Meal: The Multisensory Science of Food and Dining* ）就是一本絕佳讀物，推薦給想要多了解感官經驗與飲食關係的各位。

　　綜觀所有影響風味感知的因素，史賓斯最專注於我們眼睛所見與耳朵所聽。舉例來說，他發現，放在白色餐具上的草莓慕斯嘗起來比放在黑色餐具的甜度高了 10％，還有當我們享用煙燻鮭魚時，只要視線之內出現黃色物品，就算鮭魚只有擠了一點點檸檬汁，酸味也會變得更夠勁（或是，假設手邊剛好檸檬不夠，可以在桌上擺一束黃色鮮花，或以黃色盤子增強酸度感受）。史賓斯的實驗也指出，海浪聲會讓海鮮風味更強烈；另外，不論嘴裡正吃著什麼，只要聽見低頻音樂，食物的苦味都會更加明顯。

　　他最著名的實驗，就是「聲波洋芋片」（The Sonic Chip）。實驗中，他請自願者邊吃洋芋片，邊戴耳機聽著自己咀嚼洋芋片的脆裂聲。在受試者未知的狀態下，史賓斯調高聲響音量，想知道受試者所聽見的噪音是否會影響品嘗洋芋片的感覺。他發現，當洋芋片咀嚼聲越大、越尖銳，自願者的試吃感想就會是洋芋片更酥脆

且更新鮮，若是音量較小、較低頻時，試吃感想中洋芋片的美味程度就會降低。

史賓斯的研究領域（某一感官接收到的資訊，影響正在運作的另一感官），稱為跨組態感知（cross-model perception），清楚地表達了風味的感知牽涉所有感官運作。

$$風味＝味覺＋嗅覺＋體感＋視覺＋聽覺$$

放棄使用味道一詞了吧。我們真的需要另一個敘述品嘗飲品與食物的動詞，也許可以是「風味」與「味道」的結合，「風味道」（flave）？

葡萄酒的語言

法國調香師賈克‧波巨（Jacques Polge）在香奈兒（Chanel）工作近四十年。波巨文情豐沛，進入香水領域前曾鑽研詩文，我曾在一個潮濕的普羅旺斯春晨訪問他，他非常迷人風趣，那時我們剛結束在格拉斯（Grasse）參觀粉紅五月玫瑰的採收。我們在某些專業想法很相似（比如我們都覺得早上的嗅覺比較敏銳，所以都傾向在早上完成重要的工作），但有件事讓波巨覺得不吐不快。那就是：他不喜歡酒評家的用字遣詞。

波巨說，「調香師談論某一款香水時，會提到它的松木香調、大馬士革玫瑰（Damascus rose）或依蘭依蘭（ylang-ylang），他們講的是真實存於香水裡的東西。但描述一支葡萄酒的氣味時，你講的卻是酒裡不存在的東西。」半小時後，波巨向我展示兩種不同的茉莉花香，一種熱情並帶有異國風情，另一種氣味強烈且細緻，然後他說，「你不覺得比較細緻的那款聞得到茶香嗎？它總是讓我想到茶。」我則是不予置評。

葡萄酒可以被視為一瓶裝著一種或多種葡萄的發酵果汁。許多讀者可能不熟悉葡萄品種的特色，為什麼應該要熟悉呢？就算精確地描述了「瓶中裝著什麼」，還是難以感受到可能會喝到什麼風味（除非你是跟一群專家聊到這個話題）。

每當一群葡萄酒專業人士聚在一起抱怨時，可能就可以在一旁聽到他們說著，某支夏多內（chardonnay）「有還原作用的臭味」，或另一支白蘇維濃「因為冷浸

發酵（cold soak fermentation）而發臭」。他們可能會抱怨「硫醇（thiols）的汗味」
與「酒香酵母（Brettanomyces）的腥臊味」，或者說「喔，喝得出來這葡萄肯定長
在高海拔」。他們也可能會發牢騷地說「澳洲人葡萄還長不飽滿就提早採收的風
格，也有點太誇張啦」，或聊著某支紅酒像是「溫暖氣候的卡本內弗朗（cabernet
franc）與勒格瑞（lagrein）的雜交品種」，有時也會放鬆肩膀、滿足地讚嘆某支酒
「這就是純粹的 Margaux 產區酒款」。以上種種發言，都完全無助於從未踏進葡萄
酒世界的人。

　　換成食物就簡單多了，因為任何人只要會下廚、會吃飯，都能懂一道料理裡
頭有些什麼。就好像只要描述食物的外觀特色，然後提到裡面有哪些會散發香氣
的食材，讀者便能心領神會了。維吉尼亞・吳爾芙（Virginia Woolf）在其優美的著
作《向燈塔行》（*To the Lighthouse*），曾經這樣描述：

> 瑪莎一邊輕揮著手，一邊打開蓋子，一股混合著橄欖、油與果汁的強烈
> 香氣從巨大的棕色盤中竄了出來。廚師可是花了三天時間準備這道菜，
> 她得非常小心，雷姆塞夫人心想，同時伸向那堆柔軟的肉塊，想特別為
> 威廉・班克斯挑一塊嫩肉。她瞄著盤子，盤緣閃閃發亮，煮得軟爛可口
> 的棕黃色燉肉，以及月桂葉與酒，她想，「這將慶祝這場……」

　　光是這些句子就讓我好想現在來一盤紅酒燉牛肉，眼前彷彿就擺著一個燉鍋。
但是，想要這樣活靈活現地描述葡萄酒就不容易了，因為我們的語言並非為了這
個目的而創造。就算有這樣的語言，難道不用花一輩子學習？英語只有一百萬個
字彙，但科學家說我們的鼻子可以辨別一兆種不同的氣味。

　　在羅馬時代，大約有一百個字是特別用來描述葡萄酒的滋味與香氣，今日使
用的字彙更多。在某些（葡萄酒測驗）圈子中，人們堅定且勇敢地試著制定一套
標準系統，最後透過挑選出關鍵特質（大多是與味覺相關的字眼），像是酸度、單
寧與甜度，然後努力使用這些字彙標示出程度高低，例如「中等酒體加上單寧、
酸度高、極不甜……」，某個程度來說還算可行，但實在無助於讓人們了解它的風
味，或品飲的整體感受。

　　某種葡萄酒風味的描述方式稱為「水果沙拉法」，特別受到美國酒評羅伯‧帕克（Robert Parker）、BBC 餐飲節目主持人吉莉‧古爾登（Jilly Goolden）等人的偏愛。此方法是列出一連串與葡萄酒風味相仿的蔬果等氣味清單，因此品酒筆記可能會像是：「白桃、萵苣、濕石頭、百里香、一點點檸檬汁」。

　　「水果沙拉法」引起許多的抱怨嘲弄。但事實是，正當科學家努力挖掘葡萄酒所含化學化合物的同時，我們發現許多以「水果沙拉法」描述的葡萄酒風味可能是前所未有地正確。例如，剛除完草可發現的芳香化合物葉醇（Cis-3-hexen-1-ol），也存在於一些白蘇維濃裡。莎草薁酮（Rotundone）則不僅在黑胡椒中出現，希哈（syrah）裡也能找到。類似的例子簡直數不盡。

　　不過，這種「聞起來有點像……」的清單還是有其局限。於是，包括我在內的許多作家想要更進一步。也許是勇氣可嘉，也許是有勇無謀，他們為了試著創造一幅整體印象，以及一個能描繪葡萄酒更完整的圖像，採取了更狂放的途徑。這樣做總是帶有風險，就好似電影《慾望莊園》（*Brideshead Revisited*）中，在搜刮了家族酒窖一堆珍藏好酒後，那醉醺醺之際洋洋灑灑寫下的品酒心得：「宛如塘畔靜水的長笛」與「一支害羞弱小的酒，像隻瞪羚。」

　　這其實是蠻大膽的嘗試。其他領域的作家早已經開始舊詞新用，幾百年來援引著相似詞或譬喻，雖然不得不承認，的確有些人是箇中好手（例如莎士比亞），有些人則十分平庸。有時候，我的酒評也會引來一些生氣的抱怨信。我怎麼可能知道濕石頭的味道？我有舔過嗎？嗯，是的，我有，你沒有過嗎？無論如何，我想我知道濕石頭的味道，而那款酒也的確多多少少有類似的氣味。或者，他們會抱怨說「一支酒蒼白無味、骨瘦如柴」到底是什麼意思？我通常會回信感謝指教，並說這些抱怨我都同意，然後我會請求來信者好心地分享他們覺得比較能接受的葡萄酒字彙清單。不過截至目前為止，我都沒有收到……

III

簡易指南

SIMPLE GUIDELINES

如何使用本書

　　基於某些原因，思考以什麼料理搭配什麼葡萄酒的過程，經常討人厭地被稱為「餐酒搭配」（wine and food pairing），這聽起來既困難又令人痛苦，就像是某種小眾競賽，還規定現場要有裁判，然後要求大家穿某種特別的襪子。我很開心地向各位報告，事情絕非如此。

　　把料理與葡萄酒擺在一起享用應該是很愉快。這是一門藝術，而不是科學。學習我們的味覺與嗅覺的建構機制及運作過程是很有趣的，它能解釋為什麼某些風味搭配會在腦中引發極大的愉悅，而某些配法卻不行，然而，飲食的領域沒有對錯，差別只在於享受的程度多寡。

　　我喜歡細細品嘗葡萄酒與料理，但在本書我採取的是大筆一揮的概括方式，而非神經質地細緻描繪。我非得如此不可，因為本書不是那種介紹特殊酒款與年份的書，也不是介紹哪種酒款必須在某段時間內、某個時間點開瓶，然後搭配精心調味的料理才行。這是餐廳侍酒師的工作。而我在本書想要提供的是，讓家裡沒有米其林主廚、也沒有五千支藏酒的人，開心享受食物與酒的一些指南與建議。

　　本書就像辭典，分成兩個部分。前半段是從料理到葡萄酒，各位可以先翻開書頁尋找晚餐預計要準備的菜餚或部分食材，接著就會看到推薦的葡萄酒類型，如此便能享有最棒的餐酒饗宴。

　　第二部分則是剛好相反。當你想要為手邊某支葡萄酒搭配料理，正尋求著某些料理靈感，那麼可以依照葡萄品種（有時也會是依照釀酒產地）翻找本書，然後就會見到我自己以及釀酒師們的推薦或料理祕訣。

　　本書也提供許多快速訣竅，幫助各位無痛挑選葡萄酒。祕訣如下：

按心情選擇

　　某些葡萄酒與餐點會引起某種情緒感受，因此，以什麼酒配什麼料理變得很直覺。我個人覺得烤肉搭配濃烈的紅酒，清爽的夏日沙拉就該配樸直的冰涼白酒。如果想要在海灘野餐，可以問問自己這支酒是輕鬆的海灘酒嗎？還是感覺像是穿了一身粗花呢西裝與一雙雕花皮鞋踩在沙灘上？如果能想像這支葡萄酒與這頓飯，無違和地出現在同一個場景，那就是它了。皮毛大衣配上芭蕾紗裙的混搭可能似乎有點古怪。不過，就像時尚圈的有些人就能穿搭出如同《Vogue》雜誌會出現的衝突美感，有的人就是擁有餐酒搭配方面的天生創意，能夠利用混搭啟發新的美食經驗。不過，那是很需要靈感的藝術。

依濃淡選擇

　　保險起見，各位可以從質地與酒體濃厚度著手。不妨自問：這瓶酒嘗起來有多濃重？等一下要吃的料理味道重嗎？會不會是把聲如宏鐘，配上氣若游絲？試著想想搭配起來的平衡感，別讓料理壓過葡萄酒（或者相反）。例如，如果把一支年份高、風味稍逝的波爾多淡紅酒（claret）搭配辛辣烤肉，就有失公平了。高酒精濃度的酒款通常也意味著比較有存在感，搭配食物可能就會變得比較棘手，例如一支結實、美味且酒精濃度為 15％ 的澳洲希哈紅酒，就不會是多佛比目魚（Dover sole）的最佳拍檔。但另一方面，清爽的紅酒與多肉魚（如鮪魚），就是勢均力敵的組合。

以區域選擇

　　我個人認為的最佳選酒捷徑非常簡單：地菜配地酒。也就是當地酒款搭配當地傳統料理。例如，來自法國加斯科尼（Gascony）的法式砂鍋菜（cassoulet）適合配什麼酒呢？這道療癒人心的農家菜，可以選擇濃厚的 Cahors 產區「黑酒」（black wines），或是轉個方向，選擇 Marcillac 產區紅酒，以其活潑的酸度為濃郁厚實的燉肉油脂解解膩。不論哪支酒款，其實產地都相去不遠，同在法國西南部。兩者配上法式砂鍋菜都很適合。

　　若是坐在餐廳裡遠眺雪梨港灣，準備享用酥炸軟殼蟹時（真希望我現在就在

那兒）。可以試試看澳洲獵人谷（Hunter Valley）的白酒榭密雍（sémillon），獵人谷位於雪梨北邊，開車約兩小時就可抵達。如果想要為尼斯沙拉（salade niçoise）搭配酒款，我想可能沒有什麼比得上普羅旺斯的淡色粉紅酒（rosé）或侯爾（rolle，即義大利的維門替諾〔Vermentino〕）品種白酒，完全不是因為我很想去南法渡假。好吧，也許有一點，但這個建議也是千真萬確。

產地與產地、地域與地域的搭配之所以有效，部分原因是料理與葡萄酒文化原本就相輔相成。不只是因為釀酒師的味蕾被每天攝取的食物所形塑（雖然這也是真的），幾個世紀以來，葡萄酒的創造就是為了佐餐當地料理，而其中最受歡迎的葡萄酒風格，當然也會最合當地人口味。

氣候也是關鍵之一。如果一支酒的葡萄來自陽光充沛的地區，嘗起來會有比較豐厚溫暖的口感，帶有香甜的熟果風味，那麼就可以搭配也是充滿陽光的料理。例如味道偏甜的南義茄子番茄義大利麵，比起選擇來自北義 Piemonte 產區的鹹鮮內比歐露（nebbiolo），配上南義當地豐滿美味的紅酒更為恰當。至於有著紮實酸度、輪廓鮮明的英國白酒，就適合游經英國冷涼河域的魚類料理，一旁配上簡單的川燙水田芥（watercress）與水煮新鮮馬鈴薯即可。

南非是另一個以風土共鳴搭配餐酒的好例子。許多南非紅酒擁有酒體飽滿、活潑的個性，有時還帶著煙燻風味，適合搭配重口味的露天燒烤（braai）。在那片廣大的土地上，土壤與天空都是濃烈的紅色、綠色與藍色，有些地方甚至鄰近洶湧大海，每個感官都充滿飽和的感受。在這樣的環境裡，當然會想要喝到同樣的壯闊感。

因為一切不只與放進口中的食物有關。我們不單單以嘴巴與鼻子品嘗及嗅聞食物，我們同時用每一種感官感受；心理學領域稱此現象為跨組態感知，換成一般世界的語言，就是「這酒喝起來一點都沒有假期感。」

這也解釋了某天南非開普（Cape）釀酒師克里斯・馬利諾（Chris Mullineux）語帶驚訝地告訴我，他的「Kloof Street Rouge」酒款嘗起來「完全變了，感覺更南非了」，那天他來倫敦參加一系列的研討會和會議時，開了幾支他釀造的酒，房間擠滿了人，天空灰灰暗暗，無論視覺與嗅覺都與這支酒的原產地截然不同。

就像我先前提到的情緒感受。有時我們實在無法把感受拆開。

美食與好酒

當手上的葡萄酒滋味複雜多變，我喜歡挑選簡單的食物搭配。如果杯中的葡萄酒層次豐富，不搭配其他食物有時可能是比較明智的選擇，否則只會形成一種干擾，但話說回來，我才不會放棄享用松露義大利麵與完美內比歐露紅酒美妙共舞的機會。

對於搭配高級料理，我經常採取相似的態度：與其讓盤中美食的各種風味與上好葡萄酒彼此較勁打架，不如讓精心烹煮的料理獨自好好綻放風情。在這種難得的場合享用高級料理，我傾向喝水就好，或者點一瓶即興輕鬆的葡萄酒。

我花了好長一段時間才領悟，為什麼許多嚴肅正經的葡萄酒饕家相當鄙視餐酒搭配的概念。對他們來說，酒是一切。而他們是對的；例如假設要開一瓶 1982 年的 Margaux，老實說，不管拿什麼食物搭配，都最好不要搶了酒的風采。

這也就是說，本書第二部分「什麼葡萄酒，配什麼料理」中，我偶爾會推薦一些能夠搭配老年份與珍貴酒款的料理，但僅限於彼此相配能帶來加分效果的組合。

餐酒搭配的翻轉食材

我有一位朋友經營私人高級俱樂部。她每每會在賓客抵達時才公布菜單，而我負責在晚餐前以電子郵件的方式寄出酒單推薦，賓客可以帶著自己的酒赴約。一開始，一切進行地不大順利。我在晚餐時抵達，正拿出一瓶明亮且帶有櫻桃香的多切托（dolcetto）品種酒款，準備搭配北義風乾牛肉（bresaola）與芝麻葉（rocket）前菜。此時，我瞄了一眼菜單，發現我的朋友安娜發揮創意，將整盤前菜淋上了山羊凝乳油醋醬（goat's curd vinaigrette）。山羊起司（或凝乳）與油醋醬都是我所謂的「翻轉食材」。「翻轉食材」掌握了整道料理的風味走向，很難忽視它們。如果我能夠早點知道盤裡有山羊凝乳油醋醬，我會放棄以紅酒搭配北義風乾牛肉芝麻葉沙拉，而是帶一支清爽帶酸的白酒；也許是波爾多（Bordeaux）或羅亞爾河（Loire）的木桶陳年白蘇維濃。

其他翻轉食材包括辣椒、大蒜、任何香料香草、檸檬（即使是份量極小的醃漬檸檬）、朝鮮薊、醋與辛香料。因為這些食材會大大改變我們對葡萄酒的感受，

所以本書下半部的「什麼葡萄酒，配什麼料理」會特別標示出這些食材，並且說明如何選擇相襯的酒款。

餐搭進階：善用六大味覺

如同第二章提到的，大部分我們認為嘗到的味道其實是嗅覺，從夏末深粉紅色覆盆莓在上顎爆出果汁，到摩洛哥塔吉鍋（tagine）裡香料香草與辛香料交織的美味等等。如果去除嗅覺，我們變得只須處理味蕾傳來的訊息，而味蕾只會判別出鹹味、甜味、苦味、酸味、鮮味與油脂味（可能還有其他幾項）。

六種味覺大大影響我們對葡萄酒的感受。選擇以何種料理搭配酒款時，當然須要將這六種味覺一併考慮。

鹹味：任何厲害的廚師都知道，鹹味能夠降低酸味的衝擊，反之亦然。這就是為何可以在過鹹的醬汁擠上一點檸檬汁，另一方面也可以用鹽和緩太酸的醬汁。同樣地，較鹹的食物會讓低酸度的酒款嘗起來平淡沒有生氣，但如果配上酸度很強的酒款則會大受歡迎。所以，鹹食需要不甜的酒款。例如，偏鹹的菲達羊起司（feta）就適合柑橘酸味的艾希提可（assyrtiko）品種酒款或 Gavi 酒款，而蛤蠣義大利麵的海洋風味則可配活潑的 Valpolicella 酒款。

第二招也許更驚喜，是以甜度高一點的酒款搭配鹹食，而且同樣美味。各位可以想像一下，以鹽味焦糖或多汁的莎蘭泰斯甜瓜（Charentais melon），配上義式生火腿（prosciutto）。甜型酒款與鹹味起司也常常十分對味。

另一個甜鹹搭配的概念應用，則是假如吃進了很鹹的食物，那麼不論什麼酒款入口後，都會像是直接把鹽巴撒進酒杯。如果酒款因此變得不好喝，別以這支酒搭配這道料理。過多的鹽分常會使經過桶陳的酒款變得古怪，因此，帶有桶味的夏多內便並不適合搭配洋芋片，但輕盈且未經桶陳的白蘇維濃就很適合。

甜味：糖分有時對葡萄酒很有殺傷力。每次參加專業品酒會時，我都會確保自己在至少一小時前都不會攝取任何甜食。再者，我也都會把甜型酒款留到最後品飲：試過所有不甜酒款之後，我的甜型酒款品飲順序是先從香檳開始（香檳的糖分不

多，但已經足以影響接下來任何味覺感受），接著慢慢喝甜度高一點的酒款，從卡比內特（kabinett）等級的麗絲玲（riesling）到蜜思嘉（moscato）氣泡酒，然後是甜點酒，最後以強勁濃厚如糖蜜的佩德羅希梅內斯（Pedro Ximénez，PX）雪莉酒款作結。甜味會讓味蕾判斷失準。它讓酒款喝起來更苦，如果曾吃過蘋果烤酥餅碎（apple crumble）或冰淇淋，接著再回頭喝杯不甜紅酒，你一定會懂那種感覺。

如果想以葡萄酒搭配甜點，就選一支比甜點還甜的酒款。如果是帶點甜味的料理（可能是加了些許甜美多汁的水果），則可以挑稍微有甜度，或至少滋味豐厚的酒款，例如熟果風味強的夏多內，就好過單薄的白蘇維濃。

苦味：帶苦味的食材將狠狠地壓倒葡萄酒的風味，如義大利紫菊苣（radicchio）、菊苣或芝麻葉。我喜歡以帶苦味的料理搭配同樣帶有苦味的酒款，若是找不到這類酒款，可以試試具有澀味（單寧）與酸度較高的酒款。例如烤到焦化黃帶苦的義大利紫菊苣配上年輕的 Chianti 酒款，吃起來更美味，因為 Chianti 酒款帶有清新的酸度與單寧，讓紫菊苣的苦更有個性，更勝於搭配飽滿豐厚的加州梅洛（merlot）品種酒款。若是以溫潤柔順並帶熟果調性的酒款搭配帶苦味的料理，酒液將出現一種不大討喜的甜味，酒款好似孤立無援又不知所措，就像不小心闖進政治激辯現場的孩子。

酸味：大家都不大喜歡酸味，但其實酸味是很好的特質，它能讓酒款擁有個性與活力。酸性食物須搭配不甜酒款。若是料理包括了酸味重的油醋醬，或添加了強烈柑橘酸汁的調味，記得挑選一支酸度能夠匹敵的酒款。因為我們的味覺很容易習慣而變得麻木，酸性食物會在感受方面抵銷酒款的酸度。如果一開始搭配的酒款太過溫柔，一旦吃進一口以檸檬調味的食物之後，酒液就會顯得軟弱無味。

鮮味：最強的鮮味來源是醬油，醬油充滿可提升風味的麩胺酸鈉（monosodium glutamate）。帶有肉味且鹹鮮的味道也存在於日式高湯，這種由昆布與柴魚片烹製出的高湯是許多日式料理的基本班底。人類的味蕾已能在菇類（尤其是香菇）、酵母、熟成帕瑪森起司、鰻魚、番茄製品、馬麥酵母醬中辨識出類似的豐富滋味，

雖然實驗室的鮮味檢測數據並非總是與此吻合。當然，日式餐廳桌上的佐餐酒通常是發酵米所製成的日本清酒，不過，帶有氧化風味的不甜型雪莉酒，或侏羅（Jura）地區的黃酒（vin jaune），都能與這類的鮮味料理匹配。

油脂味：各位可選擇帶有良好酸度或單寧（或兩者具備）的酒款，搭配油脂含量高的料理，達到解膩的效果。例如，年輕的內比歐露配上口感滑順的乳酪填餡洋蔥；或是以年輕的波爾多淡紅酒搭配油滋滋的烤鵝。

從料理搭葡萄酒
FROM FOOD TO WINE

料理 A to Z

為了讓推薦酒單一目了然，每個詞條或副詞條第一次出現葡萄酒酒名時，會以顏色標示出酒款的類型，例如如紅酒、白酒、粉紅酒。

abalone 鮑魚

備受珍視的軟體動物鮑魚（abalone/ormer/ear shell/oreja de mar），在亞洲等地享有特殊地位，價格昂貴。這種草食性海蝸牛歸類於鮑魚屬（genus haliotis，這個字總是讓我聯想到口臭〔halitosis〕），其身體一側有殼，另一側平坦並閃耀著珍珠色澤。鮑魚可以生長到 12 吋寬，以有力的腹足緊緊攀附在岩石上，而腹足就是可食用的部分。肉質具嚼勁，質地常被認為介於烏賊與海螺之間。在日本，會像生魚片般生食鮑魚，而它的海味適合搭配來自 Chablis 產區或紐西蘭的未過桶夏多內。如果只是簡單烹煮與調味（例如蒸或烤），鮑魚會呈現肌理較明顯的肉質感。輕盈、新鮮的酒款，如白蘇維濃與較清爽的夏多內，都很適合此種料理風格的鮑魚。如果是以米酒與醬油調味，則可以選擇較淡雅的日本清酒或風味較複雜的桶陳夏多內。中式料理經常以燉煮的方式處理鮑魚，有時會再加入香菇、醬油、蠔油、蔥與薑，這類鮑魚菜式可搭配瓶中發酵的氣泡酒，例如較豐厚的香檳（champagne）、英國氣泡酒（English sparkling wine）、來自澳洲與紐西蘭的夏多內、黑皮諾（pinot noir）與皮諾莫尼耶（pinot meunier）的混調氣泡酒。

aioli 蒜泥蛋黃醬

開胃菜菜色中，經常可見這道以充滿蒜香美乃滋醬配上一盤滿滿的生菜沙拉。各位可選擇以普羅旺斯（Provence）的不甜淡色粉紅酒搭配，能以怡人的方式刷淨口中的餘味，讓整個夏夜晚宴更加完美。不過，如果蒜味非常強烈，也許帶有紮實酸度的中性白酒會更恰當。推薦各位具有銳利酸度的阿里哥蝶（aligoté）；生長

在山間產區 Savoie 的賈爾給（jacquère）品種酒款；或是帶有檸檬風味的義大利阿內斯（arneis）、佩哥里諾（pecorino）與柯蒂斯（cortese）品種酒款。

aligot 大蒜起司馬鈴薯泥

自從某次在南法亞維宏（Aveyron）渡假後，我就深深迷上了添加大蒜與大量多莫起司（Tomme cheese，譯註：為法國中央山地區域 Laguiole、Salers 與 Cantal 三個法定產區的半硬質乳酪之總稱）的馬鈴薯泥。這道料理與法式煎鴨胸（magret de canard）、香料大蒜肉腸也是絕配，這樣的組合我會選擇當地及鄰近地區所釀製的酒款。由於料理的滋味濃厚，因此可以挑一支對比強烈，或一支風格同樣濃郁的酒款。以菲榭瓦杜葡萄釀製的 Marcillac 產區酒款帶有鐵味，有點像是舔舐傷口的鮮血味，這款酒可以立即達到餐酒鮮明對比的效果。另一方面，勢均力敵的選擇則是法國 Cahors 酒款。

anchovies 鯷魚

這種充滿鹹味的棕色醃漬小魚，適合搭配清爽的酒款。如果鯷魚出現在披薩上，各位可以參考以下的鹹鮮餐酒組合：來自義大利的清淡型 Bardolino 產區酒款、Valpolicella 酒款與單純的 Chianti 產區酒款；或是西班牙的門西亞（mencía）品種紅酒，可以挑選來自 Bierzo 與 Ribeira Sacra 兩產區。如果是放了鯷魚片或 Gentleman's Relish 品牌等鯷魚抹醬的吐司小點，那麼，一杯冰鎮過的曼薩尼亞（manzanilla）雪莉會是很棒的好選擇，或是大膽一點搭配氣泡酒，如英國或羅亞爾河氣泡酒、西班牙 cava 氣泡酒、義大利 Franciacorta 產區氣泡酒 ，以及紐西蘭或南非的黑皮諾與夏多內混調氣泡酒。另一個搭配棕色鯷魚的殺手級開胃酒，則是加了橄欖的馬丁尼（martini），加上鹹橄欖的冰鎮琴酒（或伏特加），的確非常適合香酥味鮮的鯷魚起司棒（anchovy twist），這就是為什麼時髦的飯店酒吧常常會供應這種酥脆小點。

若是將多肉的白鯷魚（boquerones）以橄欖油充分浸泡過，做成西班牙下酒菜（tapas），就非常適合明亮的白酒，如維岱荷（verdejo）、未過桶的 Rioja 白酒以及年輕的澳洲獵人谷榭密雍白酒；帶著海水鹹味的曼薩尼亞或菲諾（fino）雪莉；溫

潤的阿爾巴利諾（albariño）品種酒款；粉紅酒；普羅旺斯白酒；或是魚肉料理的萬年不敗好搭檔，Muscadet 產區酒款。

antipastic 義式開胃菜

　　在義大利，前菜能吃到成堆的義式生火腿、茴香籽薩拉米臘腸（salami）、帕瑪森乾酪（Parmigiano）、番茄羅勒烤脆麵包片（bruschetta）、義式三色沙拉（insalata tricolore）、雞肝醬烤麵包小點（crostini）等料理，如果氣氛歡樂，可以開幾支 prosecco 氣泡酒或任何當地釀製的酒款。prosecco 氣泡酒的輕盈空氣感很適合這類前菜，也很適合人們端著酒杯到處遊走閒聊，就是典型的情境選酒，此時的氛圍比起以食物選酒更為重要。我喜歡 prosecco 氣泡酒的柔和，但各位無須拘泥於義大利的氣泡酒，其他紐西蘭、澳洲塔斯馬尼亞島（Tasmania）、法國羅亞爾河、法國 Limoux 產區、南非、德國、西班牙與英國等地，都釀有這類調性輕鬆的傑出氣泡酒。任何感覺能擺在野餐籃中的酒款，我都舉雙手贊成。

artichokes 朝鮮薊

　　朝鮮薊是蔬菜界的幻覺大師。人們相信，朝鮮薊含有一種會大大擾亂味蕾的物質，哄騙我們覺得下一口的食物吃起來更甜。一直以來，廚師與朝鮮薊愛好者對此特質都不陌生，直到 1935 年，此現象引起科學界注意，科學家艾伯特‧布雷克斯里（Albert Blakeslee）在《科學》（Science）期刊發表了一篇研究，文中提到一場近兩百五十人的生物學家晚宴裡，約有六成的賓客吃了球形朝鮮薊，他們發現吃完後喝的水味道不同了，「對大多數人來說，這味道是甜味」。

　　1972 年，傑出的飲食心理學家琳達‧巴托舒克（Linda Bartoshuk）開始探索這些味覺修飾的特性。她以實驗再現了朝鮮薊使水帶有甜味的結果，並認為這種甜味感受是不尋常的，感受並非因為口中含有甜味物質，而是因為舌上的味覺接受器受到暫時改變。巴托舒克接著推斷出了一種現今最受推崇的說法，她認為這種效果源自朝鮮薊中的物質（也許是洋薊素）抑制了口中甜味受器。一旦味蕾被水或其他液體（例如酒）沖刷過，抑制便會消除，甜味抑制被消除的資訊接著傳到了大腦，傳遞方式就如同甜味的傳遞途徑，因此引起一種像是吃到糖的甜味幻覺。

所以，該用什麼酒款搭配朝鮮薊呢？端看各位打算如何享用此食材。我發現將朝鮮薊效應發揮到極致的方式是，讓朝鮮薊與酸味結合，比如擠些檸檬汁或加些醋。你可以試試先吃一顆擠了些許檸檬汁的罐裝朝鮮薊芯，隨後喝一大口酒，口中會出現一股微弱、帶金屬味的甜味，讓人根本無法繼續品嘗酒液。想要消除這種感覺，可以在發現料理或沙拉加了朝鮮薊時（不論是朝鮮薊芯生食或整株烤熟），選擇帶有澀度與酸度的白酒。能成功完成這項任務的酒類，是最近漸受歡迎的橘酒（orange wines），橘酒為浸泡了葡萄果皮的白酒，因此能發展出良好的收斂澀感與美麗的琥珀酒色。另外，可以試試帶有一絲苦味的義大利白酒，例如維門替諾、卡里坎特（carricante）、維納恰（vernaccia）、麗波拉吉亞拉（ribolla gialla）與維爾帝奇歐（verdicchio）等品種酒款。曼薩尼亞或菲諾雪莉也是好選擇。紅酒配上朝鮮薊比較會產生衝突感，尤其是強烈又帶著橡木桶味的酒款。如果料理的主食材是朝鮮薊，我不會選擇搭配紅酒，但如果料理包含其他適合紅酒的食材，也許你可以巧妙地挑選較具酸味的年輕酒款，例如 Marcillac 產區酒款、薄酒萊（Beaujolais）、多切托，或者單寧與酸度俱足的內比歐露或勒格瑞品種酒款。

當朝鮮薊水煮後一瓣瓣葉子沾油醋醬享受，這樣的獨秀出場時，我會選擇不以酒款搭配，朝鮮薊與味蕾之間已經火花四射，很難好好品嘗一杯酒。如果你堅持，最好選擇酸度盡量強勁的酒款，以抗衡酒醋醬，推薦各位選用阿里哥蝶、個性鮮明的未過桶艾希提可，或英國白酒（氣泡酒或靜態酒）。

asparagus 蘆筍

綠蘆筍（green）：有著深綠色嫩莖，風味強烈，適合搭配帶有青草味的偏酸酒款，例如擁有灌木叢調性的英國巴克斯（bacchus）品種酒款；St Bris 產區白蘇維濃（布根地的白蘇維濃）；年輕銳利的未過桶波爾多白酒；明亮的澳洲獵人谷年輕榭密雍；奧地利的綠維特林納（grüner veltliner）；甜豆味的智利白蘇維濃；義大利的維門替諾、阿內斯、維爾帝奇歐；或者帶有草本風味的羅亞爾河白蘇維濃（參考詞條：sauvignon blanc 白蘇維濃）。

綠蘆筍的風味鮮明又突出，義大利麵或沙拉中僅須添加一些綠蘆筍，就足夠讓上述純淨剔透的白酒成為佐餐良伴。

白蘆筍（white）：因缺乏綠色植物所含的葉綠素，呈現淡鮮奶油色。相較於綠蘆筍，白蘆筍嘗起來較無青草味，反而較圓潤柔和，兩者差異就如同白色與綠色高麗菜。如此溫潤的味道適合易飲的熟果年份 Saumur 產區白酒（可特別挑選經過窖藏一年左右的酒款，風味會更加圓滑適口）。透著烤麵包味的澳洲或南非的陳年榭密雍（有時聞起來有點像白蘆筍的味道，也經常聞起來像沙拉的白醬汁）也很適合。不甜型德國白皮諾（weissburgunder）則能增強白蘆筍風味。也很推薦微甜的德國麗絲玲，可以選擇 Nahe 產區的麗絲玲，其宛如散發柔和陽光或逆光的特質，與柔軟如雪花白皙的肥嫩蘆筍融能合為一體，或者也可選擇由 Rheingau 地區由約阿希姆‧弗里克（Joachim Frick）的酒莊釀造的不甜但充滿飽滿果香的麗絲玲，此酒款擁有檸檬味（非萊姆酸）的特色，還伴有梨子與橙橘的多汁鮮美。

aubergine 茄子

　　高貴的茄子最大也最重要的特色是，棉絨般的質地與油潤的豐腴口感（至少烹煮它也是要用上很多油的）。這使得搭配的酒款也須擁有相當的份量。不過，茄子是一種變化多端的食材：它可以被料理成充滿活力的夏日風格，讓人想要來一杯馥郁芬芳的白酒，或者，茄子也能呈現慵懶舒適的冬日情調，而只有濃郁的紅酒能夠匹配這般的它。

茄子沾醬：茄子沾醬通常出現在中東開胃小點（meze）中，除了葡萄酒，來一瓶帶有啤酒花香的手工啤酒（例如英國精釀啤酒 Beavertown Neck Oil），恰恰能匹配厚實絲緞般且充滿煙燻味的烤茄子肉泥。參考詞條：meze 中東開胃小點。

茄子、菲達羊起司與薄荷葉：如果是把茄子切片，再加上菲達羊起司後用薄荷葉捲在一起吃，口中粉粉的起司質地與鼻腔裡的薄荷香氣，再配上白酒就會有種抓住春天尾巴的感覺。氣候冷涼的 Adelaide Hills 產區白蘇維濃，則比其他白蘇維濃酒款更沉穩低調，並帶有一抹香料香草的溫和檸檬味。更飽滿且香氣更重的白酒也是很有趣的搭配。可以選擇希臘原生葡萄馬拉格西亞（Malagousia，原已絕種，但在二十世紀晚期成功復育），其帶有桃子、仙人掌果與茉莉花的香氣。南義坎帕

尼亞（Campania）的格雷克（Greco）或菲亞諾（fiano）品種白酒也搭配得宜；或者可以試試加了芳香品種馬爾瓦西亞（malvasia）的未過桶南義混調白酒。

茄子沙拉：在中東的茄子沙拉裡，這種明星食材會烘烤後壓成泥，再混合充滿香氣的橄欖油、中東白芝麻醬（tahini）、半透明的紅石榴籽、薄荷葉，或平葉巴西里、番茄、大蒜與檸檬汁。如果是素食沙拉，我會選擇稍早推薦的任何一款白酒。這道充滿美妙煙燻香氣的沙拉，配上橡木桶發酵的年輕白蘇維濃或艾希提可也是絕佳點子，這兩款酒都帶有柑橘的靈巧活力，以及拜橡木桶之賜的煙燻風味。如果茄子沙拉是伴著烤羊肉或辣肉腸上桌，而你想要搭配紅酒，那麼就選帶有迷人土壤風味與些許辣味的酒款。我覺得下列幾款都很適合：來自義大利中部與卡本內蘇維濃（cabernet sauvignon）混調的山吉歐維樹（sangiovese），是搭餐的亮點；來自葡萄牙 Dão 產區或 Douro 產區的紅酒；使用大量希哈的隆河丘（Côtes du Rhône）混調酒款；由釀酒師亞倫・格雷洛（Alain Graillot）在摩洛哥釀產的巴洛克風希哈；黎巴嫩紅酒；或是希臘與土耳其的紅酒。

　　義式沙拉則通常比較會把茄子用平底鍋煎過，然後會再放上滑順的莫扎瑞拉起司（mozzarella）、生番茄、新鮮羅勒葉、稠稠的巴薩米克醋（balsamic vinegar）。這道料理有著濃厚醋醬的酸甜，適合搭配 Valpolicella Ripasso 酒款（參考詞條：Valpolicella 瓦波利切拉）。若是只有以橄欖油調味，則可以試試任何一款較清淡的義大利紅酒，例如黑達沃拉（nero d'avola）或單純易飲的山吉歐維樹，抑或是單純直率的義大利白酒。出了義大利半島，絕佳選擇是氣息馥郁的希臘馬拉格西亞。參考詞條：aubergine parmigiana 義式焗烤千層茄子、ratatouille 普羅旺斯燉菜。

aubergine parmigiana 義式焗烤千層茄子

　　一大盤沉甸甸的濃厚融化起司、橄欖油、蒜香番茄醬與柔軟茄子，可謂是最頂級的療癒食物。絕佳搭配酒款是任何帶有礦石與土壤風味的紅酒，我自己給這類酒的暱稱為「髒紅酒」，推薦酒款包括葡萄牙的 Dão 產區或 Douro 產區的混調紅酒、希臘的阿優伊提可（agiorgitiko）、黎巴嫩混調酒款、質樸的 Chianti 酒款。北義的 Valpolicella 酒款也是很棒的酒款；如果是清爽型的 Valpolicella 酒款能消弭過

多的飽足感，若是曾浸泡了釀過 Amarone 酒款皺縮果皮的 Valpolicella Ripasso 酒款，其尾韻帶些許的巴洛克風格、櫻桃與礦石風味等溫暖感，能與此道料理完美契合。義大利中部的桶陳紅酒不僅擁有絲絨質地，其清爽的酸度亦能讓口中煥然一新，準備迎接下一口美食，各位可以嘗試宏大且帶辛香料香氣的 Rosso di Montalcino 產區酒款與 Chianti Classico 產區酒款或 Montepulciano d'Abruzzo 酒款。南義紅酒也都很適合，只是搭配的方式不大一樣，溫潤感大於重擊感，例如 Puglia 產區普里蜜提弗（primitivo，即金芬黛〔zinfandel〕）的熟果溫潤、阿里亞尼科（aglianico）以礦石風味為主調的野性特質，或西西里島黑達沃拉的豐滿桑葚風味。

　　這道料理還有一種更現代化的新吃法，在絲凱‧金格（Skye Gyngell）的《我家廚房的一年》（A Year in My Kitchen）中，「烤茄子佐番茄、龍蒿與法式酸奶油（crème fraîche）」，其以法式酸奶油取代稠滑的起司，再用新鮮番茄取代罐裝番茄，如此烤出的茄子最好不要搭配味道可能強壓料理的濃厚紅酒，而是簡單易飲的 Valpolicella 酒款、薄酒萊、未過桶的 Chianti，更適合的是 Chianti Rufina 產區紅酒，該酒款比 Chianti Classico 產區更輕柔且香氣更突出與清爽。另外，Douro 產區白酒也是很好的選擇。

avocado 酪梨

　　酪梨有著閃閃發亮、鮮綠色澤的優質油脂，但出乎意外地，這是風味十分幽微的食材。如果擔綱料理主角，須謹慎小心挑選酒款，才不會破壞它如喀什米爾羊毛般柔軟的果肉。灰皮諾（pinot grigio）可能不如酪梨熱門，但它是很適合酪梨的品種，柔滑調性創造出中性架構，但依舊帶有幽微的檸檬清爽感。當我還是學生時，負擔得起的外食是綠捲鬚萵苣（frisée lettuce）沙拉，裡頭包括煙燻培根、酪梨、現磨艾曼塔起司（Emmental），最後淋上在煎培根油鍋熱過的油醋汁，然後倒一杯「Pinot Grigio delle Tre Venezie」酒款，那總讓我聯想起沖過石子與檸檬的小溪流。至今仍是讓我覺得十分美味。另外，可以搭配酪梨的還有風味簡單純粹酒款，則有匹格普勒（picpoul）、Muscadet 產區、阿里哥蝶、Soave 產區酒款、Lugana 產區，以及相當年輕的平價 Chablis 產區酒款。

酪梨佐巴薩米克醋：可考慮紐西蘭微甜麗絲玲，香甜中帶有活潑酸度的調性，與醋醬的特質相當合拍，互相呼應。

酪梨吐司：上述的酪梨可搭配的白酒酒款都適用。然而，我尤其鍾愛以酪梨配酸種麵包（sourdough），灑上辣椒片與優質橄欖油，再擠些檸檬汁，一旁再倒一杯酸度強烈的紐西蘭 Marlborough 產區白蘇維濃，它能讓每一口酪梨吐司都變得明亮活潑，酒液中的甜桃與百香果香氣，彷彿將酪梨直接從昏黃房間拉到陽光底下。我的第二名選擇是沉著一點的澳洲 Adelaide Hill 產區白蘇維濃，或帶有青椒香氣的生氣蓬勃智利 Leyda 產區白蘇維濃。

B

bacalao 鹽漬鱈魚

　　鹽漬鱈魚在西班牙與葡萄牙是很普遍的食材，會以各種不同方式料理，配上各式各樣的醬料，最直接的餐搭酒款就是當地酒款。聽起來會很偷懶嗎？那我再追加一下，如果各位難以抗拒鹽漬鱈魚與水煮黃糯馬鈴薯，十分推薦葡萄牙綠酒（Vinho Verde）與維岱荷。

　　除此之外，瑪麗亞・荷西（Maria José Sevilla）也有另一種推薦。瑪麗亞身為英國的西班牙美食與葡萄酒協會（Foods & Wines from Spain Department）會長，擁有深厚的西班牙餐飲知識，以及雷射般精確的饕客直覺，她在任何一座小鎮都能鎖定最好的餐廳（有她同行，我總是吃得很好）。她說，「蘋果酒（cider）是世上搭配鹽漬鱈魚的首選。西班牙巴斯克（Basque）地區的鄉下，會在榨壓蘋果汁後，尚未完成裝瓶的十二月，率先品嘗蘋果酒，在蘋果酒釀酒屋準備三道菜，讓來訪的巴斯克鄉親們品嘗享用。第一道是酥炸鹽漬鱈魚（bacalao fritto），將鹽漬鱈魚裹上些許麵粉與蛋液後炸過。第二道是玉米捲餅（tortilla），以洋蔥末與一點點紅椒拌炒成香炒蔬菜醬（soffritto），拌上掰成小塊狀的醃鱈魚，然後用玉米捲餅包起來。我在家會用新鮮鱈魚，因為倫敦就可以買到品質很好的鱈魚。首先，我會在兩、三個小時前先用鹽醃過；一旦以鹽醃過新鮮鱈魚後，就會具備鹽漬鱈魚的魔力，但更為細緻。第三道是鱈魚香蒜醬（pil-pil sauce），由鱈魚、大蒜與橄欖油燉煮而成，鱈魚裡的膠質會與油一同在鍋中交融。這些料理都很適合搭配蘋果酒。」

bagna cauda 義式香蒜鯷魚熱沾醬

　　明亮的年輕多切托品種酒款配上這道來自北義充滿蒜香與鯷魚的沾醬，再美味不過了。來自相同產地的 Gavi 酒款與阿內斯品種酒款，也都是很清爽的選擇。

baked beans 焗豆

在「累到不想煮飯」的晚餐名單中，就包括了這道焗豆抹吐司，與一杯葡萄酒。焗豆甜香且綿密，因此搭檔的酒款也應當擁有相似特質。各位，直接挑一支好似摻了一小撮糖的便宜超市紅酒酒款吧。或是開一支優質傑出酒款，好好犒賞自己；不過，記得先將酒液享盡，再開始大啖焗豆吐司，吃完再喝也可以，千萬別一同享用。

banitsa 保加利亞摺餅

餅皮裡包著雞蛋、菠菜、菲達羊起司，層層疊起後烘烤至蓬鬆金黃。我喜愛搭配帶有檸檬調性的易飲白酒，例如 Soave 產區酒款、Gavi 酒款或佩哥里諾品種酒款，尤其能發揮解膩效果。另一方面，酒體較厚重的桶陳波爾多白酒或艾希提可品種酒款也很適合。想要來點風味更重的話，可以選擇來自 Bergerac 產區的質樸紅酒；想挑酒體較輕的，可選擇 Marcillac 產區酒款或薄酒萊；或者，若是選用來自希臘、土耳其或保加利亞的紅酒，則能讓氣氛瞬間轉換成如野餐般輕鬆休閒。我可以保證保加利亞摺餅非常適合當做野餐餐點（其冷卻定型後，會變得相當扎實），或者從英國康沃爾（Cornwall）長途駕車跋涉途中也非常適合。

barbecues 炭火烤肉

在一場盛大的烤肉餐會中，炭火熱烈地烤著各式肉類、蔬菜與魚類，長桌擺滿了色彩繽紛的沙拉，此時此景，葡萄酒首先必須表現出稱職賓客的模樣：言之有物，與大家融洽共處。

燒烤食物通常調味較重，充滿來自火焰的煙燻味，還有香料與醃料的嗆香。而且，不是只有食物有煙燻味，站在忙碌的烤架附近，可能連眉毛都會沾滿煙霧，鼻子裡充滿炭香。這可不是坐在有著涼爽空調完美無暇的餐廳裡，等著人們在後面廚房把料理好的食物端上來。炭火烤肉的場合比較像是站在汗汁淋漓、興奮叫囂的搖滾現場，眾人一個接一個地傳遞著一只隨身酒壺。當所有感官都接受著猛烈衝擊時，酒壺裡裝的飲料若是非常細緻，很可能根本不會注意自己到底喝了些什麼。而能夠與烤肉的熱氣與炭燻抗衡的酒款，應該就是來自智利、阿根廷、加

州、澳洲、葡萄牙或南非的狂野紅酒。或是相反地，選一支清新的輕盈紅酒，如薄酒萊、瑪澤米諾（marzemino）品種酒款或羅亞爾河的卡本內弗朗，酒液經過稍微冰鎮的涼冽口感，能與烤肉的強烈風味形成美味對比。

　　我的烤肉派對的酒款是南非 Swartland 產區的「Mullineux Kloof Street Rouge」，它的結構鬆弛，表現直率，以希哈、卡利濃（carignan）、慕維得爾（mourvèdre）、仙梭（cinsault）混調出甘草風味。它雖不是十足的派對狂人，但也不會穿著西裝現身。

　　粉紅酒一直都是烤肉的好搭檔。如果烤肉風味強烈，我會挑選酒色較深的粉紅酒；如果是辣味烤肉，也許可以搭配稍稍帶點甜味且透著覆盆莓酒色的粉紅酒。雖然本書主題是葡萄酒，不過，當然不只有葡萄酒最適合烤肉。例如，蘋果酒搭配多汁的豬肉漢堡就非常棒；金黃艾爾（golden ale），例如「Harviestoun Bitter & Twisted」，配炭烤檸檬蝦就是很迷人的組合；一大壺西班牙桑格利亞水果調酒（sangria）也能串起所有美味。

　　南非是以烤肉（或應該說露天燒烤）自豪且當之無愧的國度。來自南非 Boekenhoutskloof 酒莊的釀酒師馬克・肯特（Marc Kent），給了我一份辛辣火熱的烤肉醬食譜，改良自他在英國安圭拉（Anguilla）第一次嘗到的烤肋排辣醬。這道醬汁可以拿來醃雞翅、肋排或牛排，也可以當作烤肉的沾醬。它的辣味十足，火力全開，肯特推薦搭配他的「Chocolate Block」酒款，這支來自開普敦的酒款也是勁道全開且氣勢不落人後，以格那希（grenache）、仙梭與希哈釀造，其中的單寧會強化醬汁的辣味，難怪肯特喜歡將它們湊在一起。

馬克・肯特的辣味煙燻烤肉醬
MARC KENT'S SPICY SMOKED BBQ SAUCE
1.5 公升

・中型番茄（如有羅馬番茄更好），20 顆

・洋蔥，2 顆，去皮

・新鮮辣椒，酌量

・橄欖油，8 大匙

· 番茄醬，250 毫升

· 番茄泥，250 毫升

· 蘋果醋，375 毫升

· 陳年深色蘭姆酒或白蘭地，4 大匙

· 橘子汁，125 毫升

· 中等甜度糖蜜，4 大匙

· 黃砂糖，100 公克

· 西班牙煙燻紅椒粉（paprika），2 大匙

· 現磨黑胡椒，4 小匙（份量視口味斟酌）

· 大型蒜瓣，8 瓣，去皮並拍碎

· 辣椒粉（視喜好選用）

· 鹽

　　番茄對切後，將番茄籽清除乾淨。番茄切面朝上，放進煙燻箱中火源的對側。然後，加入洋蔥與辣椒，燻烤到食材都變得柔軟。從煙燻箱取出後，剝除番茄與辣椒的外皮，盡可能小心地保留汁液。將番茄、洋蔥與辣椒大致粗切一下。在鑄鐵烤盤淋上一層油，加熱到冒煙。放入番茄、洋蔥、辣椒等食材，煮至小滾。以小火持續沸騰 2 小時，偶爾翻動，直到醬汁變得濃稠。靜置冷卻後，倒進食物處理機攪打至滑順的液體狀態（可能需要分批攪打）。最後依個人喜好以鹽調味，如果希望辣度提高，此時可以再添加一點辣椒粉。參考詞條：beef 牛肉、barbecue sauce 烤肉醬、burgers 漢堡、chilli 辣椒、five-spice 五香調味料、sausages 香腸。

beef 牛肉

　　嚴守傳統的人會以羊肉搭配卡本內蘇維濃，牛肉配黑皮諾，不過波爾多紅酒或其他卡本內蘇維濃與梅洛混調，也是週日炭烤牛排的首選，其他選擇還包括內比歐露、Tuscany 產區紅酒、美國那帕（Napa）地區的卡本內蘇維濃、澳洲的希哈，以及阿根廷的馬爾貝克（malbec）……，酒單可以不斷延續下去。其實，牛肉配紅酒很難出差錯，但某些酒款與某些肉類的相遇似乎會讓美味更上一層樓。

對我來說，肉類的料理方式與切法會大大影響搭配的酒款。全熟的牛肉料理傾向適合鮮美且年輕的酒款，而溫暖多陽地區釀產的豐厚熟果紅酒，對如此稍乾的肉質來說，簡直就是增加風味的醬汁。另一方面，帶嚼勁的生牛肉，則適合單寧較重與年份較老的酒款。所以，如果是全熟的臀肉牛排（rump steak），我會選擇溫暖產區的柔和卡本內蘇維濃與梅洛的混調酒款，讓肉質變得更鮮嫩多汁，但面前若是一盤一分熟的沙朗牛排（sirloin，譯註：在國外，沙朗牛排位於牛的後腰脊，在菲力上方，肉質細緻僅次於菲力；在臺灣，沙朗牛排指的是背脊肉，與肋眼牛排屬於同一部位），也許可搭配帶宛如多刺的年輕波爾多淡紅酒，或陳年 Chianti Classio 酒款 。另外澳洲 Barossa Valley 產區的希哈，我認為能同時良好地襯托兩種料理。

以牛肉部位來說，油脂越豐富，就越適合酸度與單寧較高的酒款，讓每一口的滿足之間依然感覺清爽。話雖如此，以下還有一些其他應該特別注意之處。

部位與料理方式

北義風乾牛肉（bresaola）：我通常會以鮮美的義大利紅酒，例如多切托或藍布魯斯科（Lambrusco）品種，搭配這類重鹹的風乾牛肉，不過，因為它擁有強烈的牛肉風味，因此帶著皮革與紅莓風味的南非黑皮諾也相當適合。同樣地，當風乾牛肉與芝麻葉、莫扎瑞拉起司一起做成義式開胃菜上桌時，可以搭配義大利 Franciacorta 產區氣泡酒；如果與菠菜或芝麻葉、山羊凝乳做成沙拉，我會選擇桶陳白蘇維濃，因為其擁有與牛肉乾旗鼓相當的份量，同時帶有適合搭配起司的輕盈果香與酸度。

義式生牛肉薄片（carpaccio）：如果淋有檸檬汁，可以選擇優質鹹鮮風味、單寧與酸度俱足的紅酒，較柔潤的酒款會因此帶有怪異的甜味且毫無生氣。義大利紅酒通常有帶勁的酸度，此特質與檸檬汁非常合拍。年輕酒款與波爾多淡紅酒也是好選擇。

炭烤牛排：倒上一杯帶有煙燻桶香的紅酒，強化焦香烤肉的煙燻甜味。

冷食烤牛肉：比起出爐後冷卻半小時的肉質口感，隔夜的烤牛肉將顯得較為乾柴，所以我喜歡選擇鮮美風格的酒款助它一臂之力。多切托與冷食烤牛肉沙拉是最好的搭檔。燥熱夏日裡，在戶外享受緋紅色的冷切烤牛腿肉薄片時，適合一起下肚的酒款首推來自西班牙 Campo de Borja 產區的格那希，其豐滿華麗且帶有紅色莓果香氣；我喜歡以宏大的格那希搭配冷肉的柔嫩，這也是夏日婚宴的絕佳餐點。如果晚餐是冷食烤牛肉與自製辣薯片，我通常會開一瓶悠閒慵懶的澳洲卡本內蘇維濃與希哈混調，或波爾多丘（Côtes de Bordeaux）的 Castillon 產區酒款。

慢燉牛肉砂鍋：長時間以濃郁醬汁慢慢燉煮的牛肉，可以說是最適合與紅酒一起享用的晚餐了。各位可以選擇任何喜歡的紅酒，或者直接把這瓶酒倒進鍋裡一起燉煮。我很常用百里香與鯷魚一起慢燉牛肉，然後倒一杯香氣十足的地中海混調紅酒大快朵頤，例如 Minervois、St Chinian 或 Corsica 等產區的任何酒款。我人生中最愛的某一次晚餐是在冷冽的十一月英國柯茲窩小鎮（Cotswolds）的一間餐酒吧（gastropub），我點了一道慢燉牛肉砂鍋，還有一支帶著舊皮革、營火、秋季落葉與乾燥香料香草風味的 Côtes du Roussillon 產區紅酒。參考詞條：boeuf bourguignon 布根地紅酒燉牛肉、boeuf à la gardiane 牧羊人燉牛肉。

菲力牛肉：柔嫩的菲力牛肉搭配黑皮諾十分美味。建議搭配澳洲 Mornington Peninsula 產區或美國 Sonoma 產區甜美豐滿的黑皮諾酒款，半熟菲力將因此顯得更加肉汁滿盈且香甜，也可以搭配年輕的布根地紅酒，為透著粉嫩色澤的半生肉質帶來稍微刺激的口感。任何烹調方式的菲力牛肉，都很適合柔軟如絲絨般的紅酒，例如波爾多 Pomerol、義大利 Bolgheri 或西班牙 Priorat 等產區酒款。如果菲力與迷迭香或月桂葉一同料理或是一旁放上紅醋栗果凍，那麼相當適合選擇如絲綢口感，並帶有花香與藍莓及紫羅蘭香氣的阿根廷馬爾貝克。菲力牛肉與仙梭也很合拍，還有溫暖年份的羅亞爾河谷地卡本內弗朗，包括 Chinon、Bourgueil 與 St Nicolas de Bourgueil 等產區，如果一旁還準備了春季現摘綠色蔬菜，又更是美味。

牛肋排、肋眼牛排與戰斧牛排（tomahawk）：如果是具有野性與土壤調性的硬瘦

派香煎熟成牛肋排、肋眼牛排或戰斧牛排（連著整支肋骨的肋眼牛排），我喜歡搭配混著血、砂土、腐朽、菸草、老葉或蘑菇氣味的老年份酒款。任何一款的陳年波爾多紅酒都是天生良伴。另外，充滿皮革香的 Madiran 產區、深沉濃郁的 Cahors 黑酒、Chianti Classico Riserva、Brunello di Montalcino 產區、Barolo 產區、北隆河產區，或其他產地帶有大地風味的希哈酒款，也都是非常棒的選擇，另外，阿根廷 Mendel 和 Achaval Ferrer 等酒莊釀製的馬爾貝克亦相當適合，這類酒款擁有較鮮明的雪松與煙燻風味，而非甜美明亮果香。如果一旁以烤得香甜的根莖類作為配菜，或牛排本身比較不帶野味氣息，那麼 Rioja 或 Ribera del Duero 產區等地的酒款也會是不錯的牛排佐餐酒。

沙朗牛排：沙朗幾乎與任何紅酒都合得來。我個人則偏好圓潤且充滿風味的酒款。沙朗通常有著一條帶狀的黃色油脂，讓它充滿風味，配上卡本內蘇維濃與梅洛的混調酒款或山吉歐維樹品種酒款都能相互協調襯托。

韃靼牛肉（steak tartare）：第一次點韃靼牛肉時，我根本毫無頭緒。當一小團生肉與調味配料、生雞蛋一同上桌時，我畢恭畢敬地端坐等待主廚前來為我烹煮。大概等了十五分鐘後，我才戰戰兢兢地開始品嘗，一直想著我會不會被當成野蠻人給餐廳轟出去。由酸豆、紅蔥頭、香料與生肉泥組成的韃靼牛肉，最能與酸度結實的 Médoc 產區波爾多淡紅酒款融合，最理想的是中級酒莊（Cru Bourgeois）等級酒款。我曾在倫敦優雅的 Le Colombier 餐廳嘗到極佳的韃靼牛肉，搭配的是一支「Château Poujeaux」。此外，年輕未過桶或稍微過桶的內比歐露也是另一個好選擇。

義式牛排薄片沙拉（tagliata）：這道義大利風格的牛肉料理（通常是肋眼或沙朗部位），作法是炭烤牛排後切成薄片，拌入滿滿一盤的芝麻葉與帕瑪森起司，淋上橄欖油與檸檬汁，這道料理須搭配酸度與單寧強度足夠的酒款。首選是義大利中部的健壯紅酒，如 Chianti、Brunello、Sagrantino di Montefalco 等產區酒款，其次則是義大利其他產區紅酒。

烤頭刀（roast topside）：頭刀（譯註：牛後腿近臀部處）是最常拿來作為燒烤晚餐的牛肉部位，對我來說，牛肉的色澤，品嘗時的溫度與晚餐其他配菜，是挑選何種酒款最關鍵的因素。參考前列「冷食烤牛肉」。

配菜、醃料與調味

烤肉醬：烤肉醬的質地稠厚、味道甜膩，經常用來醃製牛肋排，須搭配結構較鬆散且帶果香的酒款，像是加州金芬黛或智利梅洛。

法式伯那西醬（béarnaise）：這道醬汁具有強烈的龍蒿（tarragon）風味，適合搭配冷涼氣候產區的卡本內蘇維濃混調，或散發草本香氣的陳年南隆河紅酒，例如 Vacqueyras、Sablet、Gigondas、Châteauneuf-du-Pape 等產區。

現磨黑胡椒牛排：裹上黑胡椒粒的牛排，滿溢美妙的辛辣香氣，令人想起紫羅蘭。請務必試試看搭配希哈酒款享用，因為這是一種花香與黑胡椒香氣久久縈繞的品種酒款。而最具此項特質（也以此聞名）的就是隆河希哈，不過，我發現阿根廷、澳洲與智利等地的希哈酒款也不遑多讓。參考詞條：syrah 希哈的食譜「現磨黑胡椒牛排」。

根芹菜泥（celeriac purée）：根芹菜的青草植物調性，比較適合鮮美而非甜度飽滿的紅酒，選擇 Chianti 勝過金芬黛品種酒款；波爾多淡紅酒則好過智利卡本內蘇維濃。

香菜、照燒醬、辣椒與大蒜醃料：此醃料常見於醃製沙朗牛肉或一大塊牛肋排。我的作法是先以 1：1 的比例混合照燒醬與龜甲萬牌的薄鹽醬油，再添入一點芝麻油、大蒜與薑末，以及大量的粗切新鮮香菜。牛排上桌時，可以搭配澳洲、紐西蘭、南非、美國或智利的黑皮諾，或冷涼氣候的澳洲希哈。

綠胡椒：綠胡椒帶有強烈辛辣，我會避免太柔和、太飽滿或過於熟甜的紅酒，而

是尋找單寧與酸度力道夠強的酒款，例如波爾多與 Tuscany 產區酒款通常都是好選擇。如果是滑順的綠胡椒醬汁，酒款挑選的範圍就廣了一些，也許可以挑選帶有草本調性的隆河酒款。

辣根醬（horseradish）：辣根醬這類強烈的沾醬，會讓我傾向氣候較為冷涼產區的紅酒，例如以卡本內蘇維濃為主的波爾多紅酒、質樸的 Buzet 或 Bergerac 產區酒款。參考詞條：barbecues 炭火烤肉、beef Wellington 威靈頓牛排、boeuf bourguignon 布根地紅酒燉牛肉、boeuf à la gardiane 牧羊人燉牛肉、burgers 漢堡、chilli con carne 墨西哥辣肉醬、chinese 中菜、cottage (or shepherd's) pie 農舍派（牧羊人派）、meatballs 肉丸子、mustard 黃芥末醬、ragù alla bolognese 波隆那番茄肉醬、Thai beef salad 泰式牛肉沙拉。

黃芥末醬（mustard）：黃芥末會降低單寧澀味的衝擊，所以不妨挑選個性較強且澀感較鮮明的紅酒，例如以單寧較重的青生波爾多酒款搭配黃芥末後，會覺得飲來更清新且帶有果香。

beef Wellington 威靈頓牛排

　　威靈頓牛排的經典佐餐酒款就是黑皮諾，表面酥脆的牛肉與蘑菇，都非常適合此酒款。我常見威靈頓牛排與 St Emilion 產區酒款的搭配，部分原因也可能是因為「威靈頓牛排」與「St Emilion」兩者都是菜單中的高人氣選項，光看名稱就彷彿聖誕節等各式慶祝活動就要展開。不過，它們也的確是好搭檔。來自波爾多右岸的 St Emilion 產區酒款，帶了些許水果蛋糕風味，十分適合厚重料理的濃郁口感。

beetroot 甜菜根

　　甜菜根的土壤風味很適合一樣擁有大地氣息的黑皮諾，帶有塵土風味的卡本內蘇維濃也很適合，能讓人想起黑醋栗末端的棕色外殼。由於其他食材在面對甜菜根時，很容易喧賓奪主，因此很少有一頓飯是以甜菜根為主角，並以此條件為選

酒核心。例如甜菜根山羊凝乳沙拉就是知名的甜菜根料理，然而，我通常會開一支白蘇維濃或宛如微風拂過的法國 Savoie 白酒，以緩和山羊凝乳頗具存在感的持久氣味。參考詞條：cabernet sauvignon 卡本內蘇維濃的食譜「義式甜菜根燉飯」。

beurre blanc 法式白醬

法式白醬只包括四項食材：紅蔥頭、醋、白酒，以及相當大量的奶油；而我從不輕易讓朋友目睹裡頭究竟加了多少奶油。英國園藝兼廚藝作家莎拉‧瑞文（Sarah Raven）在她的著作《花園食譜書》（*Garden Cookbook*）中寫到，以法式白醬當作雞蛋寬麵（tagliatelle）的醬汁，並搭配混合了一顆顆翠綠的迷你去皮蠶豆的蠶豆泥。我總是會為了這道料理開一支 Sardinian 地區的維門替諾品種酒款，我愛此酒款的溫和草本風味搭配上濃郁醬汁與鬆軟的蠶豆，但其他產地的維門替諾酒款也不錯。當盤中是以魚肉佐法式白醬時，可以試試 Chablis 產區；綠維特林納；Limoux 產區或新風格的澳洲夏多內；澳洲 Margaret River 產區的白蘇維濃與榭密雍混調白酒或是法國波爾多白酒。如果找不到以上酒款，可選擇品質較高的一般魚類料理佐餐酒款，例如經過泡渣（sur lie）的 Muscadet 產區酒款，能引出魚肉更多的鮮鹹與海洋風味。

blinis 俄羅斯薄煎餅

這道撒上佐料與法式酸奶油的蕎麥煎餅，最適合搭配冰鎮伏特加，很可能會一杯接著一杯地一口飲盡冷冽的烈酒。如果一定想要開一支葡萄酒，可以選擇刀鋒般銳利的白酒，例如阿里哥蝶，或帶有檸檬香氣的纖瘦希臘白酒，也可試試 Muscadet 產區酒款（這是魚肉料理好夥伴，同時也是帶有寒冷灰色大海之感的酒款）。經過泡渣的 Muscadet 產區酒款，由於在酵母渣中陳放，酒液的層次會更豐富，並帶有酵母風味，很適合這道料理。

boeuf bourguignon 布根地紅酒燉牛肉

千萬別再為了布根地紅酒燉牛肉該配什麼酒款而心煩意亂了。正如此道料理的名稱，傳統料理方式正是以布根地紅酒燉煮做成牛肉砂鍋。但任何鄉村風格的

法國紅酒其實都足以勝任，例如 Fitou、Corbières 產區到基本款的波爾多淡紅酒，或是 Bergerac、Costières de Nîmes 與隆河丘產區酒款也都可以。

boeuf à la gardiane 牧羊人燉牛肉

這道以牛肉、紅酒與黑橄欖慢燉的砂鍋料理來自法國加爾省（Gard），這裡著名的還包括尼姆（Nîmes）與烏澤（Uzès）鄉間小鎮，以及宏偉的古羅馬加爾水道橋（Pont du Gard Roman aqueduct）。牧羊人燉牛肉不只是一道美味的料理，也是品嘗各式法國紅酒的最佳下酒菜。每次我想舉辦波爾多、Languedoc、普羅旺斯、隆河或法國西南部的品酒會時，我總是會翻開伊莉莎白·大衛（Elizabeth David，譯註：知名英國廚藝作家，被喻為二十世紀最具影響力的飲食文學作家）的《法國地方美食》（*French Provincial Cooking*），準備以這道菜搭配品酒會任何一支晚餐紅酒。

某天晚上，我為酒商湯姆·阿胥沃斯（Tom Ashworth）料理了牧羊人燉牛肉，因為他答應要帶來一支神祕的酒款，我知道這道魔法般的料理會幫我好好品鑑。湯姆告訴我，他的繼父羅賓·雅普（Robin Yapp，Yapp Brothers 的創辦人與南法葡萄酒的專家）也會煮這道菜，並以相同的理由宴請朋友。這道燉牛肉擁有一股鹹香的草本植物調性，而某些紅酒剛好有著地中海石灰岩百里香與橄欖葉般極為乾燥的狂野氣味，兩者互有共鳴；面對北隆河希哈的深色水果香氣，它也能從容自得；它讓 Châteauneuf-du-Pape 產區紅酒充滿情感的火焰更加搖曳閃爍。這道料理也很親近結構扎實的波爾多酒款，讓它變得沉靜且睿智。

bolognese 波隆那肉醬

參考詞條：ragù alla bolognese 波隆那番茄肉醬。

bone marrow 骨髓

亨利·梭羅（Henry Thoreau）曾說到，「我渴望深深地扎入生活，並吮盡生命的骨髓。」吃動物骨髓是一種相當原始的行為。它的風味得深深挖掘。假設佐餐酒款像是購物中心的音樂或男孩團體的暢銷曲，整體氣氛就會變得很不對勁。如

果想要來一瓶粉紅酒，就選擇普羅旺斯粉紅酒，此產區的粉紅酒雖然容易入口，但不會輕浮隨便，反而顯得體貼。我並不介意搭配白酒，但必須是簡單並帶點鹽味，或是來自法國鄉間那種難以用言語描述的美味白酒。不過，搭配骨髓料理的首選依舊是帶有大地土壤風味的紅酒，充滿鹹鮮或農場風味，喝起來好似純粹手工釀造，而非來自光潔冰冷的工廠產線。這樣風味的產區可選擇 Roussillon、波爾多、Chianti、Montalcino、St Chinian、Douro 產區等地。

boquerone 醋醃白鯷魚

參考詞條：anchovies 鯷魚。

bottarga 義式鹽漬魚子

將鮪魚或烏魚的魚卵鹽漬、壓實、日曬後的地中海美食，非常適合搭配法蘭吉娜（Falanghina）品種酒款、greco di tufo 酒款、菲亞諾品種酒款等，可帶出果香。麗波拉吉亞拉與維門替諾品種酒款，或 verdicchio di Matelica 產區酒款則可增添魚子的海洋鮮鹹風味。以上酒款都產自義大利，但如果想試點不同的，可以選擇澳洲酒莊實驗性強的菲亞諾，例如 Coriole 與 Fox Gordon 酒莊。菲亞諾品種帶有松子、橙花與羅勒的香氣，而澳洲的風土讓它變得更為圓潤、大方，並為料理增添鮮美口感，嘗起來更具現代感。

bouillabaisse 馬賽魚湯

這道地中海風味燉魚湯是法國馬賽的著名料理，非常適合澄澈的普羅旺斯粉紅酒；或是酒色較深色且較結實的 Languedoc 粉紅酒；又或是溫柔圓潤的 Rioja Rosado。西班牙維岱荷或葡萄牙綠酒則是清爽止渴的白酒選擇；能以柔和特質迎接海鮮湯複雜口感的酒款，則可以試著來一杯馬賽當地的 Cassis 產區酒款，此非黑醋栗香甜酒，而是由馬珊（marsanne）、克雷耶特（clairette）、白于尼（ugni blanc）與白蘇維濃釀造的混調酒款。來自 Cassis 產區的酒款一開始味道細緻並帶有乾燥草本香氣，但後勁十足。而同樣以馬珊與胡珊（roussanne）釀造的隆河混調白酒，則有類似的氣味線條，與燉湯裡的大蒜、番紅花與番茄相處融洽；有時可搭配散

發花香的維歐尼耶（viogniers），此品種酒款融合了扁桃仁核、乾草與花瓣表面亮滑的白花香氣。不甜型雪莉酒的堅果與酸麵包香氣，或法國侏羅地區（Jura）的黃酒，也能與濃郁的海鮮湯底愉快地即興唱和。馬賽魚湯擁有鮮明自信的風味能與紅酒相合，例如價位不高的年輕 Bandol 產區酒款，別挑選太昂貴的酒款，否則年輕紅酒的強健性格將壓過食物的滋味。以番茄為底的燉魚湯也適合廉宜的質樸紅酒，像是來自葡萄牙 Dão 或 Douro 產區酒款或簡單易飲的 Chianti。

Boxing Day leftovers, aka the great Turkey Buffet 節禮日剩食或火雞大餐吃到飽

節禮日（Boxing Day，譯註：聖誕節隔日為英國及多數前英屬殖民地國家的國定假日）就是把芳香灰皮諾拿出來的好時機了，此酒款非常適合搭配火雞肉與配料，不過，聖誕節當天其實並不會想要打開此酒款。在飲酒過量的隔天，這支香氣溫和冰鎮過的白酒，也許微甜（是的，糖分永遠是受歡迎的解酒劑），將突然變得十分吸引人。

澳洲 Clare Valley 地區的釀酒師提姆・亞當斯（Tim Adams）說，「灰皮諾絕對是節禮日的專屬酒款。在聖誕節，我們開的是 1.5 公升的「The Fergus」酒款，這是我們自家的格那希、田帕尼優（tempranillo）、希哈與慕維得爾的混調酒款，到了節禮日，我們則是會開灰皮諾。」

當然，如果有多準備聖誕大餐的酒與食物，重頭再吃一輪應該也是很美味。否則，隔夜肉質較扎實的冷肉，就很適合明亮、年輕且清新的紅酒，例如廉宜的波爾多淡紅酒、多切托或薄酒萊村莊級（Beaujolais Villages）。在我們家，如果吃聖誕夜火雞三明治與節禮日剩食，我們喜歡喝隆河白酒，例如隆河丘或 Châteauneuf-du-Pape 等產區的白酒。這些冬季白酒透露著溫暖調性，並帶有成熟梨子、白桃、壽司薑片與盛開花朵的複雜風味，非常具有節慶氣氛，也適合火雞肉旁的豬肉製品配菜，像是辣味香腸球、香腸肉、栗子豬腸培根捲，以及帶有丁香味的柔滑麵包醬。如果都沒有上述酒款，那就直接拿出 prosecco 氣泡酒，其柔和的氣泡與微甜的口感，也很能振奮人心。參考詞條：turkey sandwiches 火雞肉三明治。

braai 露天燒烤

參考詞條：barbecues 炭火烤肉。

brill 歐洲鰈魚

如果鰈魚是簡單烤過或炸過，上桌前再放上檸檬片，那麼搭配夏多內會非常出色。歐洲鰈魚通常會搭配紅酒醬（有時也會有烤根莖類蔬菜）或扁豆，這種吃法就非常適合搭配紅酒，例如西班牙 Bierzo 產區酒款。

broad beans 蠶豆

色淺但依然翠綠並擁有雙層外皮的蠶豆，是生活中奢侈的享受之一。儘管剝除第二層外皮所需的時間頗為可觀，但非常值得。說到搭配豆類食物，可以選擇擁有綠色植物風味的酒款，例如葉子、香料香草植物與青草風味等。如果是蠶豆與豌豆燉飯，可以選擇源自羅亞爾河、澳洲 Awatere Valley 產區或智利 Leyda 產區的白蘇維濃；澳洲馬爾堡如鐮刀般犀利的 Awatere 產區麗絲玲；西班牙的維岱荷；奧地利的綠維特林納；義大利的維門替諾、維爾帝奇歐、柯蒂斯（曾用來釀製 Gavi 酒款）或佩哥里諾品種酒款。上述酒款也適合義式烤麵包小點，在烤得酥脆的麵包片上，疊起蠶豆泥、佩哥里諾羊奶起司（Pecorino cheese）碎塊、薄荷與橄欖油。不過，我猜你已經選好了 prosecco 氣泡酒，當然這也是個好選擇。

當蠶豆配上柔滑的起司，如力可達起司（ricotta），我傾向稍微滑順的酒款，例如義大利東北部的 Lugana 產區與 super-Soave 產區。下列這道蠶豆食譜，則適合搭配緊實、明亮且帶有檸檬香的現代澳洲夏多內，可以讓盤中的春季蔬菜更加鮮美。如果選擇的是經木桶陳年的酒款，打開時會發現一股特殊的火柴餘燼氣味，這是常見的還原反應，將幫助強化酸麵包的烘烤味。

蠶豆、豆苗、蘆筍與力可達起司綜合沙拉
BROAD BEAN, PEA SHOOT, ASPARAGUS AND RICOTTA BOWL
兩人份

· 冷凍蠶豆，225 克

- 蘆筍，約 10 根

- 豆苗，4 把

- 新鮮青豌豆仁，125 公克

- 薄荷，2 枝，取下薄荷葉備用

- 新鮮力可達起司，滿滿 4 大匙

- 檸檬皮，半顆

- 高品質橄欖油，2 大匙

- 酸麵包切片，4 片

- 鹽

將蠶豆放到耐高溫的杯子或碗裡，將滾水倒進，靜置 1 分鐘後瀝乾。再將蠶豆去皮，豆仁備用。稍微修剪蘆筍較粗的根部，放進預熱完成的橫紋鍋（griddle pan）裡，偶爾翻動，煎至稍微焦黃但依然爽脆時，即可起鍋。將豆苗、青豌豆仁、蠶豆、蘆筍與薄荷葉平分裝進兩個碗裡，各撒上 2 匙力可達起司。把檸檬皮與橄欖油混合均勻後，淋在沙拉上。放上兩片酸麵包片，再淋點橄欖油，最後視喜好以鹽調味。

蠶豆也與帶有春天氣息的紅酒很合拍，例如年輕未過桶的羅亞爾河卡本內弗朗，或滋味豐富且輕盈的加美（gamay），來自 Touraine 產區的加美尤其在青草風味中，透著鮮明的大地風味。

bubble and squeak 高麗菜煎馬鈴薯

這道料理原文意為「泡泡與吱吱聲」（譯註：英國常見的「剩菜」料理，指的是將前一晚剩菜，通常就是高麗菜與馬鈴薯，做成煎餅時在熱油鍋中煎炸的聲響），我的葡萄酒狂人朋友喬伊・韋德薩克（Joe Wadsack）經常說，讓剩菜更好吃的辦法，就是與前一夜共進晚餐的人一起吃。我也覺得應該用同一種方式選酒，搭配這道混合了馬鈴薯泥、吃剩的球芽甘藍、高麗菜與培根所做成的煎餅。直接選擇廚房裡的常備酒款。

burgers (beef) 牛肉漢堡

　　牛肉漢堡可以說是紅酒的終極良伴，幾乎任何一種紅酒幾乎都合適。尤其是有著完美 20% 脂肪比例的手切自家製漢堡肉（但不包括鹽與胡椒，我的漢堡除了牛肉沒有別的東西）。更棒的是，半生熟的煎法還能保有粉紅色的軟嫩內層，這樣的漢堡能與任何一瓶酒款相知相擁地滑入胃裡，可選擇的品種酒款包括帶有烤水果香氣的紐西蘭 Central Otago 產區黑皮諾、帶點野性的西西里島黑達沃拉、酒體輕盈的薄酒萊或厚實的南非卡本內蘇維濃。其他可能左右選酒方向的因素，包括漢堡的配料、醬汁與沙拉。

　　融化的起司與番茄醬的水果味或多或少都能駕馭任何一種紅酒。但若是加了煙燻烤肉醬、辣椒、藍紋起司、重口味的酸漬小黃瓜，或拌了墨西哥煙燻辣椒的爽脆涼拌高麗菜絲沙拉，就需要一支勁道夠強的紅酒，才能與這些重口味勢均力敵。酒體更強壯、更具果香且更有熟果風味的紅酒都算數，包括智利的卡門內爾（carmenère）、卡本內蘇維濃與梅洛混調酒款（我超愛以 Casa Silva 酒莊的這款酒搭配此類家庭手作漢堡）；位於義大利腳跟 Puglia 產區充滿陽光的紅酒，例如Salice Salentino 地區酒款；以及阿根廷馬爾貝克。怡人的美國金芬黛帶有高酒精濃度，且混合著覆盆莓、樹莓、咳嗽糖漿與土壤氣味，特別適合墨西哥煙燻辣椒與烤肉醬，而卡門內爾的粗壯質感也相當合適。如果各位喜歡把漢堡肉煎得焦香，並抹上非常強烈嗆辣的醬料，那麼可以選擇也許能堪稱最為喧鬧的紅酒，南非的皮諾塔吉（pinotage）。

burrata 布拉塔起司

　　柔軟得令人無法自拔的布拉塔起司，是以莫扎瑞拉起司與鮮奶油製成。最好選擇能提升其奢華質地的酒款。super Soave 產區酒款（或 Anselmi 產區酒款，該產區選擇退出 Soave 的分級制度）有著鹹鮮奶醬與堅果裹梨子的味道，為餐點增添了一抹鍍金般的華麗感。一向帶著嚴謹風格且同樣來自義大利東北部的 Lugana 產區酒款，則會安靜適然地伴隨布拉塔起司一起滑順入喉。微甜的粉紅酒能漂亮地與布拉塔起司融合，並放大其枕頭般的溫柔質感。倫敦蘇荷區的 Arbutus 餐廳曾進行過一場侍酒大戰（Wine Wars，譯註：2015 年由米其林一星餐廳 Arbutus 創辦人之

一所發起的侍酒比賽），打頭陣的前菜是布拉塔起司與真空壓縮西瓜磚，當天的參賽者是「Wine Car Boot」創辦人之一的茹絲·史匹維（Ruth Spivey），她斟了一杯來自 Villa Sparina 酒莊的「Monferrato Chiaretto」，這支帶著明亮西瓜粉紅的酒款以多切托與巴貝拉（barbera）混調而成，在當時造成轟動。

butter 奶油

　　儘管我不會以一大塊奶油當作晚餐，不過若各位看過我在吐司塗上的奶油量，可能還是會覺得這也接近只吃奶油了。儘管如此，重奶油（或重鮮奶油）的醬汁之豐腴感受，會讓人想避開像白蘇維濃或維岱荷等酸度強勁的酒款，進而投向更圓潤的夏多內（過桶或未過桶皆可）、馬珊、胡珊或過桶白梢楠（chenin blanc）。例如，以焦化奶油醬料理的奶油香煎比目魚（sole meunière），配上布根地白酒便遠勝於清新的羅亞爾河白蘇維濃。

　　例外之一就是法式白醬，這道經典法式醬汁由醋與紅蔥頭煮到濃縮之後，加入大量的融化奶油而成，其中醋的酸度中和了奶油的濃郁。使用法式白醬時，選擇酒款須考量醋的酸味，所以依然可以選擇個性靈動的夏多內，例如新一波流行風格的澳洲夏多內（低酒精濃度、酸度明亮且依然圓潤），但切忌選用較新鮮的酒款。參考詞條：beurre blanc 法式白醬。

Cajun 肯郡料理

　　肯郡料理是一種泛稱，涵蓋了許多種類的菜餚，但共通特色就是療癒溫暖的滋味，混合了甜椒、洋蔥、芹菜、蝦與豬肉，再加上又紅又辣的塔巴斯科辣椒醬（Tabasco）。因此，肯郡料理不大適合搭配氣候冷涼的歐洲北部紅酒，比較偏好的是更放鬆且帶有渾厚風味的美國金芬黛、義大利西南的金芬黛、智利的卡門內爾與卡本內蘇維濃混調、阿根廷的伯納達（bonarda）、加州「隆河獨行俠」（Rhône Rangers）風格的紅酒或白酒，另外，充滿美國橡木且理想中添加了格拉西亞諾（graciano）品種的 Rioja 酒款，也十分適合。肯郡炸蝦與螃蟹可以配阿爾巴利諾，而辣味魚肉與白肉料理則一如往常地適合微甜麗絲玲。啤酒也是很明智的選擇。

cake 蛋糕

　　我覺得，蛋糕真的最適合配上一杯好茶或咖啡。不過，有些場合還是可能會希望以葡萄酒搭配蛋糕，而且有些華麗的蛋糕的確能與葡萄酒相輔相成，這類酒款大部分甜度較高。接著，就請各位參考下列挑選訣竅。

生日蛋糕：如果是在生日慶祝場合，可能適合選擇氣泡酒。越甜越好，因為在吃了添加糖分的食物後，不甜的酒款喝起來會有點古怪，所以，選擇 prosecco 氣泡酒便勝過 cava，甜度較高的香檳（微甜至中甜比較理想）則勝過無添糖香檳（zero dosage）。

巧克力蛋糕：如果是非常簡單的巧克力蛋糕（沒有糖霜或鮮奶油裝飾），又或是巧克力布朗尼，帶有橙花香氣的 Muscat de Beaumes de Venise 產區蜜思嘉酒款就有畫龍點睛的效果。如果想知道什麼酒款適合更濃郁的法式巧克力蛋糕（chocolate gateaux）與德式巧克力蛋糕（tortes）。參考詞條：chocolate 巧克力。

聖誕節蛋糕：香甜的歐羅索（oloroso）雪莉擁有豐厚口感，並帶有葡萄乾與烤堅果的風味，與這般扎實的水果蛋糕非常相襯。如果是慶祝場合，可以嘗試微甜到中甜的香檳。

水果蛋糕：水果蛋糕的類型很多，不僅只有濃郁的聖誕節蛋糕，各式水果蛋糕都很適合搭配甜度較高的雪莉。如果水果含量較低，倒一杯加烈酒馬德拉（Madeira）也很棒。

馬德拉蛋糕（Madeira cake）：原味馬德拉蛋糕以奶油製做，烘烤到表面裂開酥脆，很適合搭配茶色波特（tawny port）、甜型雪莉（sweet sherry）、馬薩拉（Marsala）以及博阿爾（bual）或馬姆齊（malmsey）品種馬德拉加烈酒。這款蛋糕的單純風味猶如一塊油畫布，呼應著杯中美酒的果乾、堅果與豐富滋味。

葛縷子蛋糕（seed cake）：倫敦 St John 餐廳主廚佛格斯・韓德森（Fergus Henderson）為世人介紹了一個絕妙的好習慣：每天早上十一點，以一杯陳年馬德拉（高品質，不是超市販售的便宜料理用馬德拉）配上葛縷子蛋糕。

結婚蛋糕：參考上述 birthday cake 生日蛋糕與 Christmas cake 聖誕節蛋糕。參考詞條：tarte tartin 反轉蘋果塔 。

calamares fritos 炸烏賊圈

參考詞條：fritto misto 酥炸海鮮。

Camembert 卡門貝爾起司

這款起司會讓紅酒嘗起來頗糟糕，甚至可以說是「恐怖喔」，一位法國人曾跟我說，「以長棍麵包夾著卡門貝爾起司，一邊配著紅酒的法式傳統，恐怖喔。」如

果是一大口的酥脆長棍麵包，配上一杯質樸紅酒與卡門貝爾起司，我其實會頗為開心，但如果是以紅酒配上文謅謅的一小碟卡門貝爾起司盤，就一點都不有趣了。兩者似乎會在口中凝固成一團。如果是低酸度的酒款可能會比較怡人，例如普羅旺斯粉紅酒。

capers 酸豆

醃漬酸豆又鹹又酸的特色，會把酸度不夠強勁的酒款一擊倒地。例如如果吃過一大把酸豆之後，直接喝一口經桶陳的高酒精濃度夏多內，會產生油膩且鬆散感受，其實不大舒服。別擔心，訣竅就是大膽地挑選義大利酒款，不論白或紅酒，通常義大利酒款都擁有足夠酸度。

capsicum 辣椒

參考詞條：red pepper 紅椒。

carbonara 培根起司蛋麵

充滿蛋香的義式麵條（最好使用一般義大利麵或寬麵）加上以大蒜炒過的培根丁與黑胡椒，這道料理堪稱義大利拉契優（Lazio）地區最棒的菜色之一。搭配一支中性的白酒即可平衡料理中，深黃色蛋黃與起司的味道。可以選擇當地的Frascati 酒款或 Soave 產區酒款，或來自義大利與匈牙利的灰皮諾。氣泡酒中刺激味蕾的小小氣泡，也可以為每一口的飽滿起司味與蛋香解解膩。我會挑選像是來自南非 Graham Beck 產區酒款或不甜藍布魯斯科品種酒款，後者雖然不是經典配法，但感覺氣氛很對。

cassoulet 法式砂鍋菜

這道來自法國加斯科（Gascon）的鍋物料理，混著白豆（haricots blancs）、豬肉、油封鴨（duck confit）或油封鵝（goose confit）、土魯斯香腸（Toulouse sausages）、羊肉與鵝油，這道料理是最佳的法式慢燉料理。下列當地酒款的各種餐搭組合，恰好展現地菜配地酒的最佳典範。若是想要找一支可以讓每一口燉菜

之間感到清爽解膩，可以試試年輕的 Gaillac Rouge 產區紅酒或 Marcillac 產區酒款，後者是酒體輕盈的帶酸紅酒，在南法亞維宏以品種菲樹瓦杜釀製，嘗起來有鮮血與鐵味。如果想要如砂鍋菜般濃厚的酒款，可選擇 Cahors 產區酒款，年份不拘，這款以馬爾貝克葡萄製成的紅酒，曾因為濃郁深邃的特質被稱為「黑酒」，不錯吧？葡萄酒進口商 Les Caves de Pyrène 的行銷總監兼採購道格・瑞格（Doug Wregg），就對於這個組合讚譽有加。在其酒單目錄中，他寫道，「享用法式砂鍋菜卻沒有倒上一杯葡萄酒，就像是想要在亞馬遜叢林用鈍掉的指甲剪鑿出一條路。我們必須承認，有些組合就是天生一對。Cahors 產區以藥草與碘味著稱，其呈現茶、茴香、乾燥香料香草與無花果的香氣，擁有令人愉悅的收斂澀感與久久縈繞的酸度。法式砂鍋菜擁有硬硬的烤皮，裡頭則質地軟爛且黏稠，是一整鍋以油脂燉煮的豆子。這道料理需要酒款擁有一定程度的強悍與容易入口的性格。甜蜜如果醬般的木桶風味紅酒或辛香味強烈的酒款，都欠缺搭配這道菜的必要整體特質。

　　我也喜歡以自然酒（natural wines）搭配這道慢食。兩者身為同一類食物，都擁有一種溫和與質樸的感性氛圍，相處融洽。來自酒農艾赫維・蘇荷（Hervé Souhaut）的希哈或加美就是最完美的搭配。另外，來自薄酒萊肌肉感最強的 Morgon 產區的自然酒酒農朱利安・蘇尼耶（Julien Sunier）、多曼・拉比耶（Domaine M. Lapierre）及尚・法亞（Jean Foillard）之產區，也是很棒的選擇。

cauliflower cheese 焗烤白花椰菜

　　搭配焗烤花椰菜有兩種選酒方式。如果是要加強這道療癒料理的撫慰感與強調它如舒適毛毯的質感，可以選擇夏多內，它的滑順口感能好好融入起司白醬。任何產地都行，不管是澳洲、智利或價格廉宜的布根地夏多內都可以。因此，挑一支自己熟悉的夏多內吧，或是直接任選一瓶。我通常喝 Domaine Mallory et Benjamin 酒莊的「Talmard Mâcon-Villages」。如果是想要更複雜的搭配，例如想要刻劃出包裹著羽絨外套又戴上羊毛帽（焗烤花椰菜）時，走進冷列雪地（也就是葡萄酒）的畫面，可以選一支清淡的紅酒，帶點酸且冷藏後享用。適合的紅酒，包括法國侏羅產區的土梭（trousseau）或普薩（ploussard）品種酒款、價格平易近人的布根地紅酒、加美、Marcilla 產區酒款、Bardolino 產區酒款、非常清淡的

Valpolicella 酒款，以及波爾多 Fronsac 產區最清新且新鮮的紅酒。

caviar 魚子醬

　　凍得透徹的冰凍伏特加是魚子醬的經典搭檔，一杯對的伏特加很重要。我的一位朋友曾抱怨某次送上來的伏特加「把我的嘴都割花了」。他是否有些太歇斯底里呢？嗯，既然我們討論的是一種要用特製貝殼匙裝盛的傳統食物？我想我們應該可以對於伏特加更吹毛求疵一些。小麥伏特加（wheat vodka）是不二人選，其滑順、寬廣又溫和的質地，絲毫不影響絲綢般小球在舌間滑動的觸感，直到它們突然裂開，噴發出一股鹹味與海味。裸麥伏特加（Rye vodka，波蘭伏特加就是以裸麥蒸餾）則擁有較銳利、針刺般的質地。它並不真的會「割傷」你的口，但它的確會破壞魚子醬奢華的流動感。如果是慶祝場合，另一種選擇則是黑皮諾或皮諾尼耶含量較高的頂級香檳，例如 Bollinger 香檳。

celeriac 根芹菜

　　即使只是作為主菜旁的配菜或做成沙拉，根芹菜的綠色植物風味依然會影響我的選酒方向，我會遠離甜滋滋或果醬般的紅酒，或不酸且酒精濃度高的白酒，轉而選擇帶有鹹鮮與酸度的酒款。假設是與烤牛肉一起烹調，隱藏於背景的根芹菜風味會讓我傾向選擇波爾多淡紅酒，而非較豐郁或熟果調性強的卡本內蘇維濃或梅洛。

根芹菜沙拉佐拜雍生火腿：個性鮮明且具酸度的紅酒特別適合這道料理。例如薄酒萊村莊級、易飲的年輕波爾多與 Marcillac 產區酒款。植物調性的白酒也不錯，遇到帶有青草味的榭密雍與白蘇維濃混調；增添一絲過桶口感的白蘇維濃（生火腿會滿懷感謝之心）；綠維特林納；或產自瑞士阿爾卑斯山脈地區的小奧銘（petite arvine）品種酒款。

ceviche 檸檬醃魚

　　這道料理是將生魚以檸檬或萊姆汁醃過，再搭配辣椒，也許再添加一些切

碎青蔥、香菜或酪梨，酸度足夠的酒款才能辦法抗衡檸檬醃魚的柑橘調酸香。當料理添加了酪梨莎莎醬（guacamole）與香菜時，充滿香氣的阿根廷多隆特絲（torrontes）可為口腔帶來如微風般的感受。澳洲獵人谷的年輕榭密雍也不錯，也可以選擇紐西蘭 Marlborough 產區的飽滿白蘇維濃或法國 Languedoc 產區的高倫巴（colombard）與白于尼混調。

charcuterie 熟食冷肉盤

一盤醃火腿或放著薩拉米臘腸的一塊木板，一旁放著一把能一面喝酒再一面切肉的銳利小刀。選錯酒款的情況真的很難發生，不過，同樣是地餐配地酒最棒。以下列出一些搭配組合，包括西班牙特魯埃爾火腿（Teruel ham），配上西班牙 Aragon 產區，例如 Calatayud 產區酒款；油脂肥美的野豬薩拉米，可以選擇風格較銳利的 Chianti 酒款；法式乾醃香腸（saucisson sec），配上狂野強勁的年輕 Cahors；南非生牛肉乾（biltong），則可以試試帶有傳統皮革味的南非皮諾塔吉或卡本內蘇維濃。以紅酒搭配熟食冷肉盤的趣味，一部分也來自蛋白質能軟化單寧澀感，並且，如果手邊剛好有一支桀傲不馴的年輕紅酒，任何油脂都將令酒液中的酸味棄械投降。

儘管我們常常低估了白酒搭配熟食冷肉盤的能力，但其實這樣的搭配非常棒。挑選一支亮滑、活潑且清新的白酒（不是那種如剃刀般尖酸刻薄的白酒喔），將能帶出肉質的鮮美多汁。特別適合醃火腿的白酒，包括過桶或未過桶的 Rioja 產區白酒；小奧銘（這支頗受喜愛的酒款為瑞士山區葡萄品種，在義大利白朗峰〔Mont Blanc〕奧斯塔谷地區也有它的蹤跡）品種酒款；格德約（godello）品種酒款；來自法國庇里牛斯山（Pyrénées）的不甜型 Jurançon 產區酒款；以及侏羅白酒。

當然，醃火腿最棒的夥伴還是雪莉。例如鹽與碘特色掠過的曼薩尼亞雪莉；擁有酸麵包勁道的菲諾雪莉；強勁的帕洛科達多（palo cortado）雪莉，眾多選擇，隨你挑選。

cheese 起司

人們經常熱絡地拿出起司與葡萄酒一起品嘗，但兩者其實並非總能扮演神仙

C

伴侶：當乳脂包覆口腔時，實在很難嘗到酒液的滋味。通常一大杯啤酒都比一杯葡萄酒，更能搭配起司；尤其是由英式起司、醋漬洋蔥與一大塊肥豬肉派所組成的簡單午餐。不過，各位可能不想總是只能以啤酒配起司，那麼，請參考下列起司葡萄酒餐搭的簡單指南。

起司味十足的晚餐

　　如果是使用很多起司烹調的料理，例如起司鍋（fondue）、焗烤義大利通心麵（macaroni cheese）、培根起司蛋麵與保加利亞摺餅等等，帶有優質酸度的白酒自然是個好選擇，因為酸可以解膩。例如明亮的 Gavi 酒款或 Frascati 產區酒款，而非過桶陳釀夏多內。清淡帶酸的紅酒，例如 Bardolino 產區酒款、Marcillac 產區酒款或 Valpolicella 酒款。如果是大量使用起司與番茄的料理，如義式焗烤千層茄子或焗烤填餡洋蔥，可以試試帶有單寧感且口感清爽的紅酒，如內比歐露、勒格瑞或山吉歐維樹。我個人喜歡單寧與酸味的刺激感，可以穿透起司的黏膩。

　　某些生起司具有強烈氣味（例如菲達羊起司或山羊凝乳），讓紅酒在口中容易揪成一團，尤其是過桶及單寧較高的紅酒。這類起司比較適合搭配較銳利的白酒。在將起司加入料理之前，請再考慮一下，因為起司有可能會一下子讓原本能帶出食物最棒一面的酒款，驟然變色。例如，我可能會挑一支呈櫻桃色的鮮美香甜多切托，搭配輕微調味過的菠菜、芝麻葉、風乾牛肉片與無花果切塊秋季沙拉。但是，如果此時淋上了山羊凝乳，突然間，紅酒反而不如過桶白蘇維濃的葡萄柚風味能引人食慾。

　　如果想要縱情享受一頓葡萄酒與起司的晚餐，朋友們曾推薦伯納德‧安東尼（Bernard Antony）位於阿爾薩斯的 Fromagerie Antony 餐廳，各位可以事先預定一頓特別套餐，其中每一道菜都會伴隨起司，而搭配的酒款也是精挑細選。一位朋友曾說，「我們經常會是第一道品嘗可洛亭羊奶起司（Crottins）與 Cotat 酒款，然後漸漸喝到布根地，再經過阿爾薩斯抵達隆河，也總會喝點遲摘葡萄酒（vendage tardive）。可能是其中一支搭配馬鈴薯佐美妙鹽味奶油……，這真是一間天才餐廳。」而且我保證這是一間會讓你捧著滿是起司的大肚子走出來的餐廳，但應該相當值得。

起司拼盤

　　起司與葡萄酒組合的美妙之處，在於晚餐主食結束後，一道起司拼盤是繼續喝酒的文明作法。不過，現實是大部分的起司會謀殺大部分的紅酒（反之亦然）。有時，這反而是件好事。一位資深酒商是這麼說的，「買酒靠蘋果，賣酒靠起司。」意思不是起司會為葡萄酒加分，而是起司會鈍化分辨酒質的能力，讓已經衰敗的酒款喝起來沒那麼糟；各位手邊如果剛好有支「食之無味，棄之可惜」的酒款，起司就可以幫上大忙。勞工或海灘野餐的人會用一大塊起司與一杯盛在錫杯的便宜紅酒作為滿足的一餐，部分原因也是如此。

　　一旦提高了選酒標準，問題就來了。強烈風味的起司與成熟細緻的酒款尤其不對盤。休・強森（Hugh Johnson）曾說，細緻複雜的陳年好酒，風味猶如孔雀開屏，但也經常因為臭味、酸味、油脂的影響而香消玉殞。所以，為珍貴老酒開瓶時，搭配起司拼盤真的不是太好的點子。

　　以下是一些起司與葡萄酒的搭配指南，以及簡單扼要的配對清單。

1. 同產地的起司與葡萄酒最對味。例如布根地與艾帕瓦絲乳酪（Époisses），但無須選用特別年份酒款，因為起司會蓋過酒液的風味。

2. 白酒常常比紅酒更恰當。Château La Pointe 酒莊經理艾瑞克・莫內瑞特（Eric Monneret）強烈批評，「只有三種起司能夠搭配紅酒。陳年高達起司（old Gouda）、法國中央高原（Massif Central）的聖內泰爾起司（Saint-Nectaire）、庇里牛斯山的綿羊起司（Brebis）也不錯，雖然這款起司還是比較適合白酒。」這是非常法國本位主義的觀點。我可以想出一堆法國境內、外適合的起司，包括下方的康堤起司（Comté），不過他說的算頗有道理。

3. 甜酒與加烈酒很適合起司。
   a) 味道又鹹又重的藍紋起司，便很常搭配果味濃郁的酒款，例如微甜灰皮諾、麗絲玲，或甜度適中的 Muscat de Beaumes de Venise 產

　　　區蜜思嘉酒款。

　　b) 就像果乾與堅果適合某類起司，帶著果香與堅果味的加烈酒也適合同一類起司。推薦雪莉酒款，尤其是阿蒙提亞諾（amontillado）雪莉、帕洛科達多雪莉、歐羅索雪莉，另外還有馬德拉、茶色波特與馬薩拉。

不錯的起司與葡萄酒組合如下：

- 顆粒感的帕瑪森起司與陳年 Valpolicella 或 Amarone 酒款
- 金山起司（Mont d'Or）與莎瓦涅（savagnin）
- 藍紋起司與白中白香檳（blanc de blancs champagne）
- 適口的切達起司（Cheddar）與布根地白酒
- 康堤起司或沙質口感的米摩勒特起司（Mimolette）與波爾多淡紅酒
- 法國修道院起司（Munster）與格烏茲塔明那（gewürztraminer）
- 莫扎瑞拉起司濃稠滑順口感，非常適合鮮美酒款，如北義 Chiaretto 產區的深色粉紅酒

參考詞條：banitsa 保加利亞摺餅、burrata 布拉塔起司、cauliflower cheese 焗烤白花椰菜、Comté 康堤起司、fondue 起司鍋、Greek salad 希臘沙拉、jacket potato 烤夾克馬鈴薯、macaroni cheese 焗烤義大利通心麵、omelette 歐姆蛋、Stilton 史帝爾頓藍紋起司、soufflé 舒芙蕾。

chestnut 栗子

　　當這種充滿澱粉的堅果用來為餡料或為玉米糊（polenta）增添風味時，我會轉而挑選風味飽滿、帶有土壤氣息的酒款。栗子很少是餐點的主要味道，不過能與其相襯的酒款還有 Piemonte 與 Languedoc 產區酒款。

chicken 雞

　　烤雞是搭配什麼酒款都不會出錯的料理。沒有什麼酒能夠破壞美味烤雞的愉

CHICKEN 雞 | C

快享受，反之亦然。把一隻雞丟到烤箱，時不時為它澆上油脂與滴下的雞汁，然後開一瓶喜歡的酒，就萬事俱備啦。沒有必要一定要配白酒，尤其如果選用的是能四處奔跑、肉質緊實甜美的英國知名有機放牧雞肉品牌 Label Anglais 或任何優質放牧農場雞。

下列是備受推崇的烤雞與葡萄酒組合：

- 夏多內與抹了奶油、烤得外皮金黃酥脆，而雞汁黏稠又充滿奶油香的烤雞
- 布根地白酒、Margaret River 白酒或波爾多過桶榭密雍與雞皮底下以龍蒿奶油按摩過的烤雞
- Valpolicella、清淡型 Chianti、布根地紅酒與 Bierzo 產區酒款等清淡紅酒與百里香烤雞
- 義大利紅酒與以「倫敦 River Café 餐廳節慶限定」方式料理的烤雞；以肉荳蔻調味並裹上義式生火腿
- 波爾多左岸紅酒與主廚湯瑪斯・凱勒（Thomas Keller）的《里昂小酒館》（Bouchon）烤雞食譜；百里香烤雞肉，一旁佐以一大塊冰無鹽奶油與黃芥末，每一口都請配上奶油與黃芥末。

儘管如此，大多時候享用烤雞的心情才是佐餐酒款的選擇依據，其他須參考的因素還有醬料與其他配菜等等。

加冕雞（coronation chicken）：這道 1970 年代流行的料理，有著咖哩辛香與甜葡萄乾風味，真的非常適合搭配當時流行的酒款，德國半甜麗絲玲。

法式四十瓣蒜頭燒雞（with forty cloves of garlic）：這道香氣四溢的法式經典料理，是將切成大塊的雞肉與四十瓣蒜瓣、百里香、白酒與紅蘿蔔一起細煮慢燉，掀開鍋蓋時，香氣將在空氣中蔓延開來。搭配法國隆河白酒非常美味，可以選擇一支適口的隆河丘產區酒款。另外值得一提的建議是經常被忽略的混調酒款，如

馬珊、胡珊、維歐尼耶、白格那希與克雷耶特的混調酒款，但這些品種都相當柔和、富質地且風味幽微，並經常帶有一股溫和的杏花香氣。

煎雞肉：基本上，任何白酒、粉紅酒或清淡紅酒都能搭配（單看一旁的配菜是什麼），不過，澳洲 Margaret River 或法國波爾多釀產，帶有煙燻風味的過桶白蘇維濃與榭密雍混調，與雞肉上美味的焦痕也很搭。

基輔雞（Kiev）：內部流淌出著大蒜奶油、外表撒上酥脆麵包屑的基輔雞，非常適合搭配爽脆的白酒，例如維門替諾、白蘇維濃或匹格普勒等品種酒款。明亮的年輕夏多內，酒精濃度低、酸度足，也非常解膩。

雞肝：中心依然粉嫩的煎雞肝，拌入胡椒香的水田芥、菠菜與培根做成的沙拉，再淋上橄欖油醋，這道原本也是拿來吸取鍋底精華的收汁料理，適合開一支清淡型的山吉歐維榭（例如年輕且廉宜的 Chianti 酒款，而非陳釀許久或瓶中陳年的酒款）。此葡萄品種擁有呼應沙拉醬汁的酸度，以及對應雞肝的土壤氣味，除此之外還非常清爽。

煙燻雞肉：桶陳夏多內帶有烘烤味，與煙燻雞肉非常合適。參考詞條：coq au vin 南法紅酒燉雞。

chickpeas 鷹嘴豆

山吉歐維榭與鷹嘴豆都有土壤氣味與砂礫質感，兩者很合得來。濃稠、具顆粒感的義式鷹嘴豆湯（zuppa di ceci），搭配淋了橄欖油的烤麵包，如果將這道經典的托斯卡尼料理配上由山吉歐維榭釀製的風味簡單 Chianti 酒款將非常美味。鷹嘴豆也常出現在中東與西班牙料理，如鷹嘴豆泥沾醬（hummun）；沙拉；以西班牙辣腸、菠菜、烏賊、大蒜、雞肉、馬鈴薯煮成的砂鍋菜。由於這料理口感較為厚重應搭配紅酒，如風味單純的田帕尼優品種酒款、隆河丘或 Bierzo 產區酒款，以及黎巴嫩、西班牙 Rioja 與 Ribera del Duero 產區等較強勁的酒款，似乎都比白酒

更合適，尤其如果這道燉菜以煙燻紅椒粉調味。倘若想改以粉紅酒搭配鷹嘴豆砂鍋菜，那麼應避開普羅旺斯細緻的粉紅酒，改選酒體較飽滿且較具份量的西班牙 Rioja Rosado 或是 Languedoc 粉紅酒。

chilli 辣椒（翻轉食材）

關於辣椒，我們其實比較不是「嘗到」，而是「感覺」到一股火燒的疼痛感，這樣說一點都不誇張。墨西哥辣椒（jalapeño）、多賽特眼鏡蛇辣椒（Dorset Naga）、千里達毒蠍辣椒（Trinidad Scorpion）等各式辣椒（抗暴辣椒水噴霧也算），裡頭所含的活躍成分是一種名叫「辣椒素」的化合物。舌頭之所以會有著火般的感受，罪魁禍首就是辣椒素，它啟動的並非味蕾，而是痛覺受器。

感謝加州大學舊金山分校大衛・朱利葉斯（David Julius）教授的研究，我們才得以了解感知網絡對辣椒素產生反應的部位，是感覺神經上的一條特定離子通道，末端位於口腔，稱為溫度受體（TRPV1，英文發音為「trip-v-one」）。這條傳輸通道也是溫感系統的一部分，負責感應熱度高低的潛在危險，當溫度受體遭逢超過 43.25°C 以上足以使黏膜受損的溫度時，就會馬上被活化，這也是為什麼溫度受體被辣椒（或辣感較輕的大蒜）活化時，我們會立即覺得如同被燙到。

這種辣椒帶給口腔、舌頭與嘴唇熱辣的刺痛感，效果很強，讓我們不管接下來吃什麼或感覺到什麼，都深受影響。如果在口腔還有著火感時啜飲一口葡萄酒，大概很難分辨出兩分鐘內喝的是什麼。果香似乎消失無蹤，酒液像是被剝了一層皮，毫無特色、無聊呆板。辣椒同時也會加重單寧的感受，所以，即使是比較溫和的紅酒，都會突然變得乾澀，露出粗糙的骨架。

現在的問題是：辣椒料理搭配飲品時，各位想要得到什麼效果？

極辣

辣到出現灼熱感。可以選擇酒體龐大且重單寧的紅酒

辣到滿口紅腫的激進吃法，吸引到你了嗎？長期吃辣而面不改色的人，很有自知之明。當他們造訪常去的印度餐廳時，會眼睛眨都不眨地點一道畫著辣度警告標示與很多紅辣椒圖示的料理。搞不好搭飛機時，行李裡可能還會有塔巴斯科

辣椒醬旅行罐與牙膏一起裝在密封袋噹啷作響。我的一位朋友是犯罪報導記者，他的零食是一袋袋的生鳥眼辣椒（bird's-eyes），這可是辣椒，不是炸魚柳條喔，然後用一般人吃毛豆的方式享受。我瞠目結舌地企圖跟他討論什麼酒可以解辣時，他就疑惑地看著我，眼神似乎說著，「什麼是灼熱感？解辣是什麼？」

當終極嗜辣者很在意該搭配什麼酒款，他們著眼的是酒款增強不適感的能力有多強。如果以強烈澀味加乘熱辣感的效果，可以選擇一支酒體強大、充滿單寧的紅酒。各位都知道加了牛奶的紅茶喝起來比較不澀？那麼，吃辣配上高單寧的紅酒就像是喝茶不加牛奶一樣，甚至更澀。就讓澀感排山倒海地襲來吧。年輕的卡本內蘇維濃、帶刺激感的希哈或馬爾貝克等品種應該都可以勝任。

辣來了，又輕輕地走了
讓辣感冷靜下來的兩種飲品

1. 優格類飲品，例如印度優格（lassi）：

   某次我在主持一場餐飲課程時，吃進了一根炸西班牙小青椒（pardon pepper，譯註：此道料理使用的是帕德隆迷你青椒品種，大部分不辣，偶爾數根會帶辛辣），那一根剛好是辣的，非常、非常地辣。我別無選擇只能衝到冰箱，給自己倒了一大杯全脂牛奶，喝到感覺不辣為止。後來發現所有小青椒都是辣的。班上不管男女，剛開始都盡全力忍耐，後來幾乎都拋開自尊，爭著要牛奶喝。一、兩位逞強的學員還是讓淚水迷濛的雙眼露了餡。牛奶與優格裡含有一種稱為酪蛋白（casein）的蛋白質，會干擾辣椒素與痛覺受器之間的反應，所以能減緩辣椒引起的炙熱感。這就是為什麼以傳統的印度優格（以優格製成，有時會做成芒果口味，有時則是原味）搭配咖哩料理真是高招。而且，印度菜餐桌經常會出現以優格調製的醬料，如印度香料黃瓜優格醬（raita），的確很有道理。

2. 葡萄酒：清淡型紅酒、帶有果香的白酒與粉紅酒，並帶甜味：

   如果想讓酒款與辣味和諧相處，請別選單寧或桶味濃重的酒款，可以

選擇帶有甜味，因為糖分會抵抗部分辣椒引起的麻木。以紅酒來說，可以挑一支比較柔和且酒體較輕盈的酒款，如售價不高的新世界黑皮諾，或順口並帶有果香的酒款，如阿根廷伯納達品種紅酒、田帕尼優，以及絲絨般的智利梅洛紅酒。同時也別忘了，自然酒紅酒是以整串葡萄發酵，經常具有一種圓潤、溫柔的光澤，適合搭配溫和辣味的料理，例如濃郁的墨西哥辣肉醬（con carne）。便宜的超市紅酒經常以隱藏著少量的糖分（技術上來說，大約每公升約有 5 公克的糖）引出果香，因此在搭配辣味料理時很容易嘗得到。

至於白酒與粉紅酒，圓潤帶果香的酒款比尖銳且單薄的更適合。辣椒會鎖住葡萄酒大部分的圓潤鮮美口感，它會讓一瓶酸度活潑的白酒，變成如鐵絲網般尖銳咆嘯，或者乾脆就使得這支酒完全沒有存在感，這可不妙。就像紅酒的搭配方式，可以選擇帶一點甜度的酒款，只需一些些甜味，就能幫助酒液保有自己的風味。如此便能嘗起來不會過甜且尾韻悠長。

以白蘇維濃來說，可選擇帶有香甜果香的智利或紐西蘭酒款，勝過有稜有角且堅硬的 Sancerre 產區酒款。質地與酒體鮮明的白酒，與辣味比較處得來，別選擇全是柑橘類調性的清爽直線型白酒。灰皮諾的話，選擇酒標標著「pinot gris」會比「pinot grigio」（釀酒師對酒款風格區分的標示，兩者都是灰皮諾，前者酒款風格較甜且更多花香調性）。也可以考慮微甜的德國麗絲玲，例如卡比內特（kabinett）等級的麗絲玲，它像咬進一口甜瓜般香甜，而且非常適合泰式風味的沙拉與咖哩料理。別忘了還有 Mateus Rosé 酒款，帶著輕微氣泡感的這款酒，與印度外帶餐、越南沙拉及泰式咖哩超級對味。

氣泡效應

各種碳酸飲料都能減緩辣椒的灼熱感，像是拉格啤酒（lager）、琴通寧（gin tonic）、氣泡水、軟性飲料，或葡萄牙綠酒與義大利 prosecco 氣泡酒都可以

氣泡飲（琴通寧、氣泡酒或拉格啤酒）是印度餐廳裡經典的可靠選擇，而飲

食科學就能解釋為什麼如此。我一直都預設氣泡感與咖哩很相配，因為泡泡在舌頭上爆出的感覺，就像是被熱辣攻擊之間清新的喘息。但我完全錯了。碳酸飲料在口中的反應方式有許多種。它嘗起來帶酸，是因為二氧化碳與水結合時會產生碳酸。不過，舌頭感覺到的溫和刺激感，並不是來自氣泡的破裂，而是二氧化碳在刺激痛覺受器（這牽涉到偵測辣味與溫度的相同離子傳輸管道 TRPV1），而製造出一種愉悅的刺痛感。也可以說是，我們體驗氣泡飲料的氣泡感，正如同我們體驗溫和的辣味，也許這就是為什麼吃辣味食物時一邊喝著冒泡的啤酒、葡萄酒或軟性飲料會感覺這麼好了。

chilli con carne 墨西哥辣肉醬

　　結合辣味、番茄與肉醬，以原味巧克力增加醇厚度的墨西哥辣肉醬，像是一幅閃閃發光的老油畫。以溫暖的智利、阿根廷與南非陽光培育的紅酒，也能找到相似的大膽濃郁滋味。我喜歡那些酒款飽含的豐富風味，但同時也帶有一點土壤香氣，能呼應紅腰豆顆粒般的沙質感。粗糙結實的智利卡門內爾（或混調卡門內爾）有著像是乾燥香料茶葉的氣味，能夠呼應辣醬裡的孜然味。南非的卡本內蘇維濃有著老式傳統的煙燻般肉乾與皮革氣味，會讓你覺得在吃完這撫慰人心的肉醬後，就可以蹬上馬鞍，朝黃塵滾滾的大路出發了。過桶的智利梅洛會帶出肉醬裡巧克力的滑順感；而智利卡本內蘇維濃則與肉味相映成趣。南非的慕維得爾、希哈與格那希混調紅酒也非常適合。平易近人、活力十足的阿根廷伯納達品種酒款或美國的金芬黛，也同樣是好選擇。另外，也有比較清爽的選項，可以試試隆河丘產區酒款，儘管這款酒得要冒著被肉醬辣味滅頂的危險。我通常會以米飯配墨西哥辣肉醬。如果想要搭配酪梨、起司粉與玉米餅的全套版本，這時配上黑麥味十足的老式強勁艾爾啤酒感覺很不錯，各位可以試試 Fullers 1845、Brains SA 與 Hogs Back T.E.A.。

　　下方的墨西哥辣肉醬食譜來自我哥哥。他會加上一塊原味巧克力，為肉醬添加更美味的深度與光澤。另外，他選擇使用肉塊而非傳統的絞肉。我曾以此食譜試過牛胸肉切丁與牛絞肉，但他的方式真的比較好吃。

強尼的墨西哥辣肉醬
JONNY'S CHILLI CON CARNE
四人份（我的朋友）或兩人份（我的哥哥）

· 橄欖油，2 大匙

· 中型洋蔥，2 顆，切末

· 芹菜，2 根，切末

· 大蒜，4 瓣，去皮後切碎

· 紅辣椒，1根，去籽後切末

· 孜然粉，1尖小匙

· 紅椒粉，1尖小匙

· 牛胸肉或牛頸肉，450 公克，去除多餘油脂切成丁，尺寸約小指頭指腹

· 罐頭小番茄，400 公克（1罐）

· 牛肉高湯塊，1塊

· 辣椒片，適量

· 85% 可可脂巧克力磚，1片

· 紅腰豆，200 公克（1罐），瀝乾備用

· 天然原味優格

· 新鮮香菜，切碎

· 鹽（視喜好）

將一半的橄欖油倒入小型鑄鐵砂鍋，爐子開小火。放入洋蔥與芹菜，不時翻炒，直到軟化變成半透明。加入大蒜與辣椒，繼續炒到大蒜熟了。再加入孜然粉與紅椒粉，繼續炒約 30 秒，攪拌均勻後，盛起備用。將剩下的 1 大匙橄欖油倒進鍋中，將牛肉分批快速翻炒直至表面焦黃。把所有的牛肉與稍早的洋蔥蔬菜混合料都放回鍋中，再加入所有的番茄與汁液。以廚房剪刀把鍋中的番茄剪碎。放入牛肉高湯塊，用番茄罐裝水，罐內殘餘的番茄汁液都不要浪費，全倒進鍋中。好好攪拌。加入辣椒片，記得試吃辣度。以小火慢燉 2 小時，或煮到湯汁變得濃稠帶光澤，記得時不時攪動鍋底。

最後放入巧克力，拌勻。

隨時等想要開動時，加入瀝乾的紅腰豆，然後再加熱一下，當辣肉醬熱透了，就可以與糙米一起上桌，旁邊搭配切碎香菜與優格。

chinese 中菜

廣東菜是中國境外最流行也最知名的中菜菜系，來自廣東省（先前稱為廣州）。克莉絲汀·帕金森（Christine Parkinson）是 Hakkasan group 餐廳集團（譯註：發跡於倫敦的中菜餐廳，以新式摩登的中菜與用餐環境聞名，曾獲米其林星級肯定）的葡萄酒經理，她精通以全世界各地酒款搭配自家餐廳的料理。不論是倫敦本店，還是上海、舊金山與孟買的分店，多年來都是由她親自管理酒單，她也是我遇過最具天分、也最一絲不苟的餐廳試吃員。帕金森以小心謹慎的態度為自家餐廳的料理挑選好酒，每週二都會舉辦品酒會，許多想要擠進酒單的候選酒款，以及現有酒款的新年份，都會一一與餐廳裡至少八道不同的菜色一起試吃，從中選出適合搭配各種風格料理（辣味或清爽等等）的酒款。一旦某支酒款與其中任何一道菜不對味，便會即刻出局（而且，帕金森說，有些酒款還真是如此）。

她說，「廣東料理遇上葡萄酒最大的問題，同時也是唯一的問題，便是廣東菜甜味較重，可能會用很多的糖、蜂蜜或麥芽糖等等，而糖分正是紅酒青澀風味的頭號敵人，再加上廣東菜的滋味非常豐富，並非婉約、細緻的風格。它的風味扎實，這也表示有些酒款的風味會完全消失不見。」

廣式調味使用大量的薑、辣椒、四川花椒與韭黃等辛香類食材，這也是另一個如同料理中酸味一般不容忽視的關鍵，以酸甜為名的菜餚預期會嘗起來酸酸的，但其他大量以醋調味的菜餚也同樣帶有酸度。韭菜也是另一個麻煩，帕金森說，「韭菜是英式韭蔥的變種之一。綠色的燒賣就是由韭菜做成，韭菜是葡萄酒的另一個對手。」

桌上一口氣交替出現著各種甜、酸、辣、醋味與狂野風味的菜餚，是再正常也不過的事。在大口品嘗著一道道菜之間，同時也會大口大口地喝酒。因此，能否找到一支合適的酒款就是一項挑戰了，不論吃的是黑胡椒肋眼牛排、香檳蜂蜜醬煮銀鱈魚（silver cod）或辣味大蝦，必須始終讓饗宴美味依舊。

　　我發現，英國氣泡酒所呈現的活潑與靈活性，特別適合中菜，港式點心類或主菜類都相襯得宜。鮑勃·林度（Bob Lindo）是英國 Camel Valley in Cornwall 酒莊的釀酒師，他也同意英國氣泡酒是各式廣東料理的好搭檔，但他也指出，「你不會想要整頓晚餐都只喝氣泡酒，還是須準備無氣泡酒款。」

　　基於多年在 Hakkasan 餐廳工作的經驗，克莉絲汀·帕金森推薦三款主流葡萄酒風格搭配中菜，雖然無法百發必中，但基本上都表現不錯，其中包括木桶發酵夏多內、帶有些許殘糖的麗絲玲（也就是微甜麗絲玲）與黑皮諾。我發現帶有草本植物風味的清瘦型黑皮諾（例如德國 Baden 產區或基本款布根地紅酒）特別適合不甜中菜裡的鮮味，如蠔油豆豉醬牛肉。微甜麗絲玲配上偏甜的中菜，如蜜汁西檸雞，則能充分展現酒款特色。木桶發酵夏多內也同樣適合鮮味料理，而來自木桶質地與辛香風味也讓它能應對較濃郁的料理風味。

　　其他酒款推薦：

- 義大利東北部 Lugana 產區酒款風格溫和、寬廣、不偏不倚，並帶有些許鹹奶醬與果樹果實的風味。由 Ca' dei Frati 酒莊釀產的高品質 Lugana 產區酒款尤其美味。
- 麗波拉吉亞拉品種種植於斯洛維尼亞與義大利東北部交界山區，擁有堅韌、精準的風味，單寧含量也較高。
- 甲州（koshu）為日本白酒品種，酒款的風味會讓我想到日式摺紙。單獨淺飲時，擁有白紙般的中性，就像是介於非常沉靜的白蘇維濃與灰皮諾之間，有點無趣。一旦遇見了對的食物，其風格即能馬上展現，能夠確實嘗到更豐富的滋味，宛如它一直蓄積著實力，等待被挖掘。此轉變每每都讓我驚艷。甲州尤其適合港式飲茶點心，但不太適合辣味或甜味料理。
- 白香檳或粉紅香檳，不過請選擇無年份酒款（non-vintage，NV），否則酒液中細緻的複雜風味會淹沒在其他風味之中。
- 帶有稍稍甜味的深色粉紅酒，大致上都能搭配中菜。
- 阿爾巴利諾品種酒款非常適合港式飲茶點心，但太辣或太甜的菜色則不適合。

- 智利的老藤卡利濃與重口味肉類料理很相襯，也能夠應付具辛香風味的餐點，例如八角。參考詞條：crispy duck pancakes 烤鴨捲餅。

chocolate 巧克力

葡萄酒與巧克力的結合，光是聽起來就好像相當縱情享樂，我似乎已經能夠聽到身體陷入沙發靠墊的嘎吱聲。依照下列兩項規則，保證能獲得以上如假包換的感受：挑選高酒精濃度的酒款，除非你覺得這樣太像烈酒，那麼可以挑選甜一些的酒款。

幾乎所有能夠包進松露巧克力（chocolate truffle）裡的酒類，也能倒進杯中與濃郁的巧克力慕斯（mousse）、軟質巧克力蛋糕、復仇女神蛋糕（nemesis，譯註：為無麵粉巧克力蛋糕，也是倫敦 River Cafe 的知名甜點）、巧克力舒芙蕾（soufflé）、巧克力塔，以及一片原味或牛奶巧克力片，一同享受。

可以搭配巧克力的酒類包括烈酒，也就是白蘭地，如干邑（Cognac）與雅馬邑（Armagnac）；蘭姆酒，尤其是特別能與巧克力產生共鳴的陳年蘭姆酒，其帶有果甜與煙燻堅果風味，能引出可可所有豐富滋味；最後，必要的話，如果是苦澀風味的巧克力，可以試試威士忌。

水果香甜酒（liqueurs）也適合搭配巧克力；如果香甜酒的主要水果風味是各位會拿來與巧克力一起吃的，便鐵定不會出錯。味道率直的原味巧克力與柑橘的苦澀味，兩者產生的火花眾所皆知，不論是單純的巧克力甜點，或帶有柑橘味的任何甜點，君度橙酒（Cointreau）與柑曼怡干邑橙酒（Grand Marnier）都會是很美味的選擇。櫻桃白蘭地（Kirsch）搭配鮮奶油與巧克力非常美妙，這樣的風味組合在 1970 年代風靡一時（譯註：即黑森林蛋糕的風味組合）。另外，覆盆莓香甜酒（Framboise）也很適合，巧克力似乎更強化了莓果風味。

一般的甜型酒款很少能夠搭配巧克力，但還是有些例外，像是產自義大利北部的氣泡紅酒 Brachetto d'Acqui。比較好的選擇通常是挑選稍微加烈過的酒款。年輕的年份波特有著紅色果實與天鵝絨般的力道，就像是裹在絨布手套裡的鐵拳，搭配巧克力慕絲蛋糕等甜點會特別可口。晚裝瓶年份波特（late bottled vintage，LBV）也同樣適合濃郁的巧克力甜點。同時，桶陳茶色波特則能帶來焦糖堅果風味。

馬薩拉與馬德拉酒款也會是不錯的選擇，但如果是馬德拉，則須費心挑選種類：較不甜且較輕盈的舍西亞（sercial）、華帝露（verdelho）品種酒款可能會被某些巧克力甜點淹沒，但較豐盈且較甜的博阿爾或馬姆齊品種馬德拉，則可以應對各種巧克力。偏甜的雪莉，如甜味歐羅索雪莉、奶油雪莉（cream sherry）或是 PX 雪莉，也都是巧克力的好搭檔。

「自然甜酒」（vins doux naturels）是在葡萄發酵完成前，加入少量的烈酒，讓它嘗起來是香甜且充滿葡萄味。大多數的天然甜酒都十分討喜，但經常被忽視，所以當拿出巧克力並開了一瓶天然甜酒，真的會覺得這般享受正是在向美食料理世界致敬。

自然甜酒的選擇建議各位，可以挑選產自南法，以格那希葡萄釀製的 Maury 產區酒款，嘗起來像是以無花果乾與洋李做成的巧克力球，帶有溫和的酒味。Banyuls 產區酒款則是另一種濃稠紅酒，來自 Roussillon，混合不同品種的葡萄釀造並在木桶陳釀，風味通常複雜多樣。

自然甜白酒則就比較清爽了；它讓巧克力嘗起來變得輕盈，擁有苦巧克力雪酪（bitter chocolate sorbet）加上糖漬金橘的效果。另外，Muscat de Beaumes de Venise 與 Muscat St Jean de Minervois 產區蜜思嘉酒款能使人聯想起橙花與蜂蜜，而 Muscat de Rivesaltes 產區蜜思嘉酒款在年輕時感覺清麗，隨著時間增長，則轉為像蜂蜜烤杏桃的香氣。

蜜思加烈酒（liqueur muscat）是一款典型的澳洲甜葡萄酒，也很適合搭配巧克力。它呈現桃花心木色澤，嘗起來有無花果、椰棗、糖蜜蛋糕（treacle cake）、糖蜜（molasses）與葡萄乾的風味。可以試著搭配巧克力冰盒蛋糕（chocolate refridgerator cake）、巧克力慕斯或淋上巧克力醬的香草冰淇淋。

阿茲提克人相信，眾神飲用巧克力，並且將它贈予人類。葡萄酒也擁有許多神祇的照應，像是最常提到的希臘酒神戴歐尼斯與羅馬酒神巴克斯。因此，巧克力與葡萄酒有時出現劍拔弩張的張力，想想也是頗為合理。當一支普通的不甜酒款搭配巧克力，這樣的衝突更是顯而易見。甜味巧克力會摧毀味覺，使酒液的美味消失不見，只留下酒精味與酸味。如果是吃的是滑順光亮的松露巧克力，則會發現喝了一口紅酒後，巧克力變成令人生氣的一團混亂，像是被撞擊後的破爛殘

骸,一點都不吸引人。

　　儘管如此,許多紅酒釀造師依然相信,自家酒款很適合搭配巧克力。我想這可能是因為某些紅酒酒款真的嘗起來有巧克力味。至少,有些酒款有一點。我自己覺得將甜食與不甜酒款放在一起本來就行不通,但如果想要在不甜葡萄酒中嘗到巧克力風味,可以試試酒體壯碩的阿根廷馬爾貝克;南半球的卡本內弗朗,它常令人想起粉感的可可飲;較成熟的 St Emilion 產區酒款與智利的卡本內蘇維濃與卡門內爾混調(此酒款的風味有時會類似可可果仁的強勁苦味)。

　　澳洲希哈有時帶有一點點巧克力味,雖然我覺得比較像是煮覆盆莓的味道;也許這就是為什麼大家很喜歡拿希哈氣泡紅酒搭配巧克力了。覆盆莓與巧克力是絕佳組合。儘管希哈氣泡紅酒帶有一點甜味,但整體而言希哈與巧克力不是十分相配。

　　如果真的很想要邊吃巧克力、邊喝不甜葡萄酒,可以參考葡萄酒大師莎拉·珍·伊凡斯(Sarah Jane Evans)的建議。她同時也是一位認真的巧克力專家,其著作《巧克力揭密》(*Chocolate Unwrapped*)中,介紹了世界頂尖八十位巧克力製作者與品嘗心得。她建議巧克力要挑選「帶有口感質地,堅果、海鹽或有一層非常細緻的果露,如此一來便能減輕單寧災難的程度。」此作法的確讓這組配對感覺愉快多了。

巧克力的快速選酒指南

讓巧克力嘗起來輕盈清爽:有著輕微跳躍氣泡感與橙花香氣的 Muscat de Beaumes de Venise 產區與 Muscat St Jean de Minervois 產區蜜思嘉酒款。

與巧克力纏繞擁抱:年輕波特、晚裝瓶年份波特、紅寶石波特(ruby port)、Maury 產區酒款、澳洲蜜思嘉加烈酒、甜型馬德拉。

以烈酒禮讚巧克力:蘭姆酒與白蘭地。

美妙的加味巧克力

巧克力慕絲佐洋李乾:雅馬邑的野地營火感能點燃洋李的土壤味。這組合像是冬

天裡溫暖舒適的壁爐火焰，而屋外是鋼鐵般凍寒。

堅果（及葡萄乾）與巧克力：本身帶有堅果氣味的甜型酒款都很適合。推薦冰鎮過的茶色波特、甜型或半甜馬德拉、澳洲蜜思嘉加烈酒、歐羅索雪莉、Moscato di Pantelleria 產區蜜思嘉。

海鹽巧克力：蘇格蘭艾雷島（Islay）威士忌的碘鹽煙燻風味，與鹽味巧克力的海洋元素非常合拍。

點綴乾燥草莓的白巧克力磚：精準地很怪異，我知道。這得感謝莎拉・珍・伊凡斯大量試吃巧克力與葡萄酒的心得貢獻。「能與這款巧克力搭配出令人愉悅的少女般組合，正是加州 Gallo 酒莊的白格那希甜型粉紅酒。超有趣。」

冷凍莓果佐熱白巧克力醬：比上述的莓果白巧克力磚更複雜的這道甜點，我會選擇氣泡紅酒 Brachetto d'Acqui。參考詞條：cake 蛋糕。

chorizo 西班牙辣腸

　　盤中一旦出現西班牙辣腸，我便會轉身馬上倒杯紅酒。它軟甜又帶著紅椒粉辛香味，特別適合西班牙葡萄酒。相較於其他產地的酒款，比如存在感很強的義大利葡萄酒，產自西班牙並以田帕尼優、卡利濃或格那希釀製的葡萄酒，年輕時顯得順口且鮮美，更熟成時則會帶有甜味，像是煮過的草莓，此時的風味就類似西班牙辣腸。因此，如果面前放的是一盤烏賊與西班牙辣腸砂鍋菜，我會搭配溫和的 Rioja。如果是切片辣腸拌入奶油豆（butter bean）與番茄的莎莎醬，一邊再擺上羊排，我還是應該還是會倒一杯 Rioja，或是 Campo de Borja 產區的格那希、Priorat 或 Montsant 產區酒款。如果偏好白酒，也許是小口單吃辣腸或辣腸菠菜水波蛋沙拉，如果為了讓整體口感圓潤、水嫩，可以考慮過桶白酒。桶陳 Rioja 就是淺而易見的好選擇。格德約品種酒款有著鮮美飽滿的果樹果香，也很符合條件。生氣盎然的澳洲、南非或智利的桶陳夏多內，配上水波蛋與西班牙辣腸的料理，

也很可口，尤其因為夏多內也很適合雞蛋料理。

chowder 奶油濃湯

這道料理質地較為濃稠而非液狀，所以比大部分湯品更適合搭配葡萄酒。如果是溫和、乳脂般滑順的蔬菜玉米奶油濃湯，可以試試夏多內。而辣味海鮮奶油濃湯，可考慮搭配馬珊混調的質地、熟成榭密雍的烘烤風味，或澳洲榭密雍與白蘇維濃混調的酸度。

Christmas dinner 聖誕節晚餐

以配餐而言，挑選聖誕晚餐佐餐酒最好的方法，是把酒款也當成滿滿餐桌上的另一道菜，像是一道醬汁或餡料。火雞肉看起來像是主角，但它也是一塊空白畫布。其實覆盆莓、水果餡料、栗子、辣味香腸肉丸與洋李乾培根捲等，種種充滿明亮色彩、歡樂滿溢的菜色，才是需要能跟酒款好好相處的主角。什麼是能夠融入大夥兒的酒款呢？香氣型白酒，如灰皮諾；或具備覆盆莓酸度與明顯莓果香的紅酒：也許是年輕黑皮諾，如紐西蘭 Central Otago 或 Martinborough，或薄酒萊優質村莊級（Beaujolais Cru）、未過桶卡利濃、西班牙東北地區的華麗格那希或智利的卡利濃。

然而，除非特別有心想要喝那些酒款，否則如果只是隨意選一瓶便意義大減了。聖誕晚餐就像是樓梯下櫥櫃裡一大箱的裝飾品，塞滿華麗的、美的、醜的、適合的、有衝突感的各種小玩意兒，這就是家族傳統、色彩、異想天開的大雜匯。在聖誕晚餐桌前，這支酒的首要任務不是搭配料裡，而是順應你的心情，因此必須是帶有節日慶祝感的酒款。最好的忠告是，選一支這種時刻你最想喝的酒款。也許是經典且令人安心的波爾多淡紅酒，也有可能是粗獷結實的智利卡門內爾。

在搭配料理與順應心情之間取得好平衡，也會令人印象深刻。或是試試充滿聖誕氣氛且來自隆河南部、Languedoc 產區、加州或澳洲的希哈、格那希與慕維得爾混調。或是澳洲的波爾多混調，這款酒比純波爾多酒款有更活潑的果香與歡樂氣息，所以更可以搭配滿滿水果味的餡料與醬汁。我喜歡在聖誕節當天喝年輕的內比歐露，最好是 Langhe Nebbiolo 產區酒款；又或是山吉歐維榭，如 Rosso di

Montalcino 或 Chianti Classico 產區酒款，然後我也常常會將配菜做得鹹一點，以搭配酒款。做得鹹一點的方式很簡單，例如以百里香與迷迭香加重餡料的香料香草風味；不用蘋果與杏桃，而改用葡萄乾、蔓越莓與櫻桃乾；把帕瑪森起司與鮮奶油加入球芽甘藍裡；以及注意栗子份量是否足夠，可以的話與培根一起煮；然後任務就完成了，可以開始考慮選用義大利酒款了。參考詞條：Boxing Day leftovers 節禮日剩食、Christmas cake 聖誕節蛋糕、turkey sandwiches 火雞肉三明治。

clams 蛤蠣

一般優質的海鮮酒款，參考詞條：fish 魚、chowder 奶油濃湯、pasta 義大利麵、vogole 義大利蜆肉。

cod 鱈魚

鱈魚是一種肉質緊實的魚類，簡單烹調時，它的雪白肉質適合搭配酒體中等、風味清新的白酒，例如 Chablis 產區、頂級 Mâcon 產區酒款、格德約品種酒款、Rioja 白酒或 Douro 產區白酒。綠維特林納配上鱈魚會少一點圓潤感，多一點有稜有角的感覺。

鱈魚排（battered cod）：參考詞條：fish and chips 炸魚與薯條。

鱈魚西京燒（black miso cod）：口感絲滑、充滿鮮味的鱈魚西京燒（譯註：即味噌鱈魚）帶著甜味，以香檳搭配非常適合。大吟醸清酒當然也是好選擇。中等酒體的黑皮諾也同樣可行，另外還有帶有堅果風味的布根地白酒，例如物超所值的 St Aubin 或 Meursault 產區酒款。

醃鱈魚茸（brandade of cod）：這道乳脂般滑順的沾醬是由醃鱈魚與橄欖油做成。清爽鹹鮮的曼薩尼亞雪莉是極好的完美搭檔，或是隆河產區的白酒。

鱈魚（或捲上風乾火腿片）佐綠扁豆：帶土壤風味的綠扁豆單獨品嘗，或搭配

肉感十足的火腿，此時配上紅酒會比白酒更吸引人。試試 Bardolino 產區酒款；
帶礦石風味的清爽黑皮諾，如德國產區或簡單的布根地紅酒；奧地利的茨威格
（zweigelt）品種酒款；加美紅酒，如 Touraine 或薄酒萊產區；Irouleguy 產區酒款；
或 Ardèche 產區餐酒酒款。

甜紅椒番茄洋蔥燴鱈魚：料理一旦出現甜紅椒與洋蔥，搭配紅酒就會比白酒美味。
這道可選擇年輕的 Bierzo 與 Ribeira Sacra 產區紅酒或明亮的年輕級（joven）Rioja
產區酒款。

加泰隆尼亞醃鱈魚沙拉（xató）：曾擔任 El Bulli 餐廳首席侍酒師多年的西班牙
餐酒專家法藍・桑德耶（Ferran Centelles），在回答哪一道西班牙傳統料理可以
搭配任何非西班牙產區的酒款時，他回答，「醃鱈魚沙拉佐鯷魚與紅椒堅果醬
（romesco）；這道料理當地稱為「xató」，這是一道美味的加泰隆尼亞菜餚，我最
愛配上任何酸度高、香氣細緻的葡萄酒。我曾以這道重鹹料理搭配義大利 Marche
產區的維爾帝奇歐白酒，那次經驗非常棒。」參考詞條：bacalao 鹽漬鱈魚、
esqueixada 加泰隆尼亞醃鱈魚沙拉。

Comté 康堤起司

如果邀人來吃晚餐，她或他剛好是侍酒師或葡萄酒採購員，可以請他們帶些
起司過來，一大塊這種產自靠近法國瑞士邊界的堅硬生乳起司，極有可能會跟著
他們到你家。康堤起司以非常適合搭配波爾多紅酒聞名。不過，就像葡萄酒的品
飲總是很主觀，其實不是每個人都同意這個說法。當我建議在以單寧重的波爾多
淡紅酒搭配粉質康堤起司時，位於波爾多 Pomerol Château La Pointe 酒莊的經理艾
瑞克・莫內瑞特（Eric Monneret）馬上大搖頭地說，「啊，不，我在侏羅省長大，
我必須說，康堤起司最好搭配同產區的黃酒。」不過反正兩種我都喝得很開心。

coq au vin 南法紅酒燉雞

幾乎所有南法混調紅酒、布根地紅酒或隆河丘紅酒，都很適合搭配這道經典

餐酒館料理。

　　我個人的最愛是一壺品質傑出的薄酒萊優質村莊級酒款。在寒冷冬夜裡，結合著冒煙熱氣（南法紅酒燉雞）與冷列冰涼（葡萄酒）的感覺，就像是站在壁爐邊看著窗外的紛紛白雪。稍微帶點岩石與石墨特殊氣味的薄酒萊酒款，足以抵擋外面低垂夜幕。

coriander 香菜

　　香菜葉廣泛使用於拉丁美洲料理，南亞料理也會使用香菜籽與香菜葉。人們對它的氣味意見分歧，有些人覺得香菜有著木質與怡人的香料香草植物香氣，有些人則覺得是肥皂味與金屬味。研究指出，造成兩極效果的原因，來自嗅覺受器的基因變異，而與此有關的就是偵測特定醛類的相關感覺受器基因「OR6A2」。討厭香菜比例最高的是東亞人（21%），依次是歐洲後裔（17%）與擁有非洲血統的人（14%）。根據另一項研究也發現，喜愛香菜比例最高的依序是南亞人、中東人與擁有拉丁美洲背景的人。厭惡香菜的人，大概只有喝威力強大的皮諾塔吉品種酒款才能幫助去除肥皂般的氣味。愛好者則可挑選與新鮮香菜葉十分有共鳴的綠維特林納，尤其是料理中還有檸檬香茅、萊姆汁及放涼的印度香米（basmati rice）。香菜籽的辣感也代表可以選擇具有辛香味的粗獷紅酒，或者相反地，搭配溫柔微甜粉紅酒。然而，還是須考慮整道菜的風味。

cottage (or shepherd's) pie 農舍派（或牧羊人派）

　　這是溫暖人心的一道料理，如果配上撫慰型酒款，非常完美。酒體雄厚、深邃如墨色的智利紅酒（理想選擇是卡本內蘇維濃或卡門內爾，不過梅洛也可以），其狂野氣質很適合濃郁的派底碎肉，例如加上伍斯特醬（Worcestershire sauce）就更相襯了。智利版本的農舍派會用甜玉米碎醬取代馬鈴薯，這讓它與南半球酒款的香甜熟果滋味更加相親相愛，美味加成。你也可以開一支隆河丘、Corbières 與 Fitou 產區酒款，雄厚的澳洲或南非平價紅酒。如果感覺對了，活力充沛的年輕波爾多，或奢華的 Ribera del Duero 產區紅酒也很棒。

courgette 櫛瓜

「什麼葡萄酒適合配櫛瓜吃？」我的腦中從來沒有出現過這個念頭。晚餐時分從來不會注意這種低調安靜的綠色蔬菜，而是其他像是大蒜、香料、番茄與起司等等任何食材，反正不是櫛瓜。

與大蒜、番茄清炒後，灑上格律耶起司（Gruyère），然後做成焗烤料理：適合搭配普羅旺斯粉紅酒；義大利佩哥里諾品種酒款的爽口酸度；以及法國 Savoie 產區白酒的清爽感。

刨成緞帶狀，搭配松子：Gavi 產區的 Gavi 酒款的檸檬皮香氣可以帶來涼爽的清新感（如果將櫛瓜片與松子當做生食沙拉，這支酒也會強調櫛瓜的爽脆感）。格里洛（grillo）品種酒款或 greco di tufo 酒款則可以更加強松子的異國感與豐富層次。

櫛瓜烤過，與烤箱烘乾的番茄和巴西里，加進大蒜生番茄醬義大利麵：搭配輕盈的義大利或法國白蘇維濃；Gavi 產區酒款；維爾帝奇歐品種酒款。

櫛瓜填入米、番茄、大蒜與百里香：可搭配香氣型紅酒，如葡萄味重的 Bandol 產區酒款，或普羅旺斯白酒，如 Cassis 產區酒款或 Côtes de Provence 產區白酒，普羅旺斯粉紅酒也相當適合。清澈的義大利白酒，像是維爾帝奇歐或維門替諾，也很能清除口中氣味。如果料理添加了香氣較濃的奧勒岡，而非木質味的百里香，那麼法國酒款會頓時沒那麼愉悅了。帶有草本香氣的義大利白酒還能應付，另外就是如石頭般冷靜的希臘克里特島（Crete）未過桶白酒。

courgette flowers (stuffed and fried) 櫛瓜花（填餡、油炸）

同樣地，重點不在櫛瓜花，而是力可達起司、松子、柑橘皮與香料，也就是任何會放入餡料的食材。想消除起司與油炸的油膩感，可選擇具有檸檬皮明亮的較不甜白酒：Gavi 產區的 Gavi 酒款、佩哥里諾、艾希提可或西西里島的卡里坎特品種酒款。其他清爽澄澈的白酒也可以有清新的效果：義大利東北部或匈牙利的

灰皮諾、維門替諾、維爾帝奇歐或維納恰品種酒款。這些以「V」開頭的葡萄品種也擁有澀味，可以增強香料香草植物的氣息。純淨的法蘭吉娜有著橙花香氣，能帶來柑橘層次。如想要更有「一千零一夜」般的異國香芬，可選擇帶有少許糖漬水果味的菲諾雪莉、格里洛品種酒款、greco di tufo 酒款或帶有花香的西西里島蜜思嘉（zibibbo）。當然，此道料理並非必須搭配義大利酒款，澳洲的菲亞諾，或產自澳洲或法國帶有扁桃仁核與柑橘皮風味的馬珊白酒，也都十分合適。

crab 螃蟹

帶有潮溼的海洋化石風味，並且閃著光芒的 Chablis 產區酒款，好似能將海面下背光處的螃蟹海味特質勾勒出來，同時提供一抹檸檬香氣，呼應擠在蟹肉美乃滋上的檸檬汁。這款酒特別適合蟹肉、小馬鈴薯（new potatoes）與迷你寶石萵苣（little gem）沙拉。

來自西班牙的大西洋海岸，帶有溫和桃子香氣的阿爾巴利諾，也非常適合螃蟹料理，不論是加了蟹肉的炸肉餅（croquettes）、新鮮取出的大螯蟹肉、蟹肉美乃滋（也許加了細碎的香菜梗與碎羅勒葉）或蟹肉三明治，然後，一面品嘗一面欣賞海景，鼻腔同時迴盪著海洋氣息。

這兩款就是我經常搭配螃蟹的酒款，也就是每每看到菜單有螃蟹料理時，就會馬上想開一瓶來喝的酒款。另外，麗絲玲也擁有大量認為它是最佳螃蟹搭檔的擁護者，休·強森就在《葡萄酒隨身寶典》（Pocket Wine Book）中如此寫道，「螃蟹與麗絲玲是造物主的安排」；不過，我傾向當某些特定食材出現在螃蟹料理時，才會以麗絲玲搭餐。

以下是特殊螃蟹料理的選酒建議。

蟹肉餅：冰涼、酸度夠的 cava 氣泡酒，能夠清除蟹肉糕酥脆外皮的油膩感。

蟹肉餅與辣椒、萊姆、酪梨及紅洋蔥沙拉：選擇來自德國、奧地利、紐西蘭、智利或澳洲的明亮不甜或微甜麗絲玲。

C

泰式蟹肉餅：帶有青草香的年輕澳洲獵人谷榭密雍，或擁有乾草與烘烤氣味的較成熟獵人谷榭密雍都非常適合。否則就選麗絲玲。散發鋒利萊姆味的澳洲 Clare Valley 或 Eden valley 產區的麗絲玲、智利麗絲玲，或像一陣清爽旋風般的奧地利麗絲玲，都很適合以檸檬香茅與薑調味的泰式蟹肉餅。

泰式蟹肉餅
THAI CRAB CAKES
兩人份午餐

- 美乃滋，75 毫升
- 檸檬香茅，1 根，切碎
- 新鮮薑末，0.5 小匙
- 白色蟹肉，100 公克
- 新鮮麵包丁，75 公克
- 青蔥，2 根，切碎
- 羅勒，2 大匙，粗切
- 新鮮香菜，2 大匙，粗切
- 麵包粉，適量，沾取後油炸用
- 花生油，油炸用

混合美乃滋、檸檬香茅碎與薑末。用另一個碗放置蟹肉、新鮮麵包丁、青蔥、羅勒與香菜，再倒入美乃滋混合物，攪拌均勻。分成四等份，塑形成肉餅形狀，再讓外表沾滿麵包粉後，在放了花生油的鍋裡淺炸，翻面一次，直至金黃溫熱。

可搭配芝麻葉、菠菜沙拉或清蒸亞洲蔬菜，以及一杯獵人谷榭密雍白酒。

酥炸軟殼蟹：我第一次嘗到這道料理是在一間可以俯瞰雪梨港的餐廳。菜單列有許多來自獵人谷的酒款，該產區位於雪梨北方，距離約一百五十公里。因此我們

點了一支榭密雍。我記得那應該是「Tyrrell's Vat 1」酒款，此酒款非常經典，帶有青草香且優雅，搭配這道香酥且螃蟹味十足的菜餡，非常美味。

焗烤蟹肉盅：一道歷史悠久、散發金黃色光芒的料理，非常滑順，充滿蛋香與熱騰騰螃蟹味，酥脆的烤皮邊緣總讓我特別開心。配上桶陳夏多內，令人相當幸福。澳洲釀酒天才賴瑞·切魯畢諾（Larry Cherubino），同時也是相當傑出的收納專家，他某次來我家吃晚餐，我做了這道料理。我想，這應該配得上他的 Margaret River 產區夏多內。事實證明的確如此。

焗烤蟹肉盅
HOT CRAB POTS
六人份

· 蛋，4 顆，打散
· 重脂鮮奶油，400 毫升
· 棕色與白色蟹肉，200 公克
· 格律耶起司，100 公克，磨碎
· 鹽
· 奶油
· 細香蔥，2 大匙，切碎

烤箱預熱至 180℃（350 ℉ 或瓦斯烤箱刻度 4）。將雞蛋、鮮奶油、蟹肉與起司混合均勻。依個人口味以鹽調味，然後分裝至六個內層塗過奶油的烤盅。烤 15 分鐘直到定型。出爐後灑上細香蔥，上桌時搭配美味的烤吐司。

cream 鮮奶油

滑順的奶醬感覺就像喀什米爾羊毛毯，奢華且柔軟。有時，就是會想要刺穿那樣綿綿的感覺。例如，一道經典的法國菜是將豬肉片、鮮奶油與洋李乾一起料理，滋味非常豐腴、甜膩且帶有焦糖香，這時配上具穿透力且酸度清新的 Vouvray

產區微甜酒款就非常適合。雖然通常來說，奶醬比較會讓我想喝口感寬闊又圓潤的白酒。大多數會是夏多內（未經或經過木桶發酵皆可）。另外，也可選擇像雲朵一般的灰格那希（grenache gris）、過桶白梢楠品種酒款或過桶 Rioja 白酒。

crisps 洋芋片

參考詞條：salty snacks 鹹味點心。

crispy duck pancakes 烤鴨捲餅

帶有果香的紐西蘭黑皮諾，以 Central Otago 或 Martinborough 的最佳，或智利黑皮諾也可以，搭配肥厚鴨肉、清脆青蔥與一抹海鮮醬（hoisin sauce，譯註：粵式海鮮醬類似甜麵醬，以麵粉與黃豆製成，其中沒有海鮮成分，也很少搭配海鮮食用，用途與甜麵醬相同），非常對味。如果想將重點放在海鮮醬，須留意其甜味會干擾葡萄酒的風味，所以我會換成帶有果香的半甜麗絲玲。這款酒同樣也可以搭配炸鴨肉春捲，而帶有氣泡感的混調香檳也非常適合這道炸春捲，結合了油脂、甜味、酸味與酥脆感的滋味，會讓人一口接一口。

curry 咖哩

咖哩是一個集合名詞，涵蓋世上所有辛香類料理。普遍來說，只要微甜酒款就能中和辣度帶來的灼熱感。如果是不甜酒款，可能會被咖哩淹沒而嘗不到酒液的風味。帶有果香的微甜粉紅酒或微甜氣泡酒，都能堅強應對大部分的咖哩料理，當我在家吃印度風咖哩速食包料理時，若不是配啤酒或琴通寧，就是挑這兩款酒的其中一支。

如果是椰奶咖哩，微甜灰皮諾絕對是最好的選擇，其口感溫和與輕柔。而以萊姆調味的咖哩，則能以帶有萊姆香氣的麗絲玲引出料理的柑橘風味；記得挑選微甜麗絲玲以平衡咖哩的辣味。當番茄與辣椒加入咖哩料理時，卡門內爾是個好選擇。如果是混合土壤味的扁豆、暖心的番茄與肉類的咖哩，帶點大地風味的紅酒（如門西亞、卡門內爾或葡萄牙的 Dão 產區），也都非常好。不管是哪一種風味的咖哩，只須依照料理與酒款的風味強度，讓兩者門當戶對即可；但要留意辣

椒的威力，紅酒的單寧與橡木風味會誇張地強化灼熱感喔。參考詞條：chilli 辣椒、dhal 印度扁豆咖哩、Indian 印度料理、Thai green curry 泰式綠咖哩。

C

devils on horseback 馬背惡魔

又甜又鹹的烤洋李乾培根捲（譯註：英國傳統菜餚「馬背天使」〔angels on horseback〕，即是牡蠣培根捲的衍生料理），非常適合搭配氣泡酒。

dhal 印度扁豆咖哩

這道印度經典料理有許多版本，唯一不變的是扁豆的土壤氣息與或多或少的辛香料風味。扁豆咖哩扎實的特質使它較容易搭配紅酒。尤其是帶有塵土調性的不甜紅酒，相似扁豆風味的酒款可以選擇土耳其、葡萄牙的 Dão、黎巴嫩等地的實惠紅酒，或智利的卡門內爾，又或托斯卡尼中部的山吉歐維榭品種酒款或 montepulciano 產區酒款。

dill 蒔蘿（翻轉食材）

這種香料香草擁有突出的洋茴香與茴香香氣，對很多風味來說相當干擾，包括某些葡萄酒。我能想到的不佳組合，包括 Rioja 產區酒款與蒔蘿，或是 Crozes-Hermitage 產區酒款與蒔蘿，強烈刺鼻的香料香草調性會將 Rioja 的草莓香甜緊緊包覆封閉，對北隆河酒款的單寧味也相當具有攻擊性。

最好是選擇帶有草本植物特質的白酒，如維爾帝奇歐、維門替諾或維納恰，而如果是加了一點蒔蘿的奶醬或法式酸奶油，可搭配冷涼冷氣候的夏多內（真心推薦布根地白酒），它們經常帶有溫和的車葉草與幽微的洋茴香香氣。我最愛搭配蒔蘿料理的酒款（尤其是蒔蘿與煙燻鮭魚）是桶陳白蘇維濃。當白蘇維濃在木桶日漸成熟時，開始會有烤葡萄柚與松木的味道，有時還有非常溫柔的蒔蘿香氣。不論是單純的桶陳白蘇維濃，或白蘇維濃與榭密雍混調，都有如此效果，因此 Margaret River 與波爾多地區，尤其是 Graves 與 Pessac-Léognan，都是可以好好尋寶

的產區。

　　順帶一提，蒔蘿的主要氣味化合物的成分之一是香芹酮（carvone），為化學物質萜類，在綠薄荷與葛縷子裡含量很高。所以，添加了蒔蘿風味的 Dentinox 藥膏（減緩嬰兒腹部絞痛）才會聞起來總有薄荷味。這也解釋了為何葛縷子、全麥麵包與蒔蘿（全都是斯堪地那維亞料理的忠誠夥伴），與備受喜愛的斯堪地那維亞飲品阿夸維特（aquabit，譯註：北歐經典烈酒，主要口味是葛縷子，也有孜然、茴香、丁香、荳蔻與橙皮等等口味）總是形影不離，因為它們真是完美絕配。

dried lime 萊姆乾

　　參考詞條：lime 萊姆。

duck 鴨肉

　　提到鴨肉時，黑皮諾總會是第一個浮出念頭的葡萄酒品種。黑皮諾搭配各式鴨肉料理都是無往不利，不論是鴨肉沾海鮮醬、烤鴨、煙燻鴨、鴨肉麵或鴨肉沙拉，無一不美味。

　　烤鴨餐搭酒款，第一件須決定的是想要能以兇狠蔓越莓醬的模樣，直接劃開鴨油肥膩感的輕盈清爽紅酒？還是想要來一杯厚實程度與鴨肉的豐腴飽滿不相上下，能夠大口喝酒、大口吃肉的勇猛健壯紅酒？

　　如果是前者，可以參考下列幾款清淡型紅酒，加美（薄酒萊優質村莊級的輕盈酒體可能很討喜，也可以選擇豐厚的紐西蘭加美）、義大利 Etna 產區的馬斯卡斯奈萊洛（nerello mascalese）品種酒款、Bardolino 產區酒款、多切托品種酒款、博巴爾（bobal）品種酒款、門西亞品種酒款、西班牙或法國的平價卡利濃、西西里島如暖流般的 Cerasuolo di Vittoria 酒款、Marcillac 酒款，當然還有黑皮諾。Fronsac 產區（葡萄長得清瘦，有時如青澀的波爾多法定產區酒款）的黑皮諾濃淡適中，也擁有足夠的單寧與酸度，能與鴨肉良好相襯。

　　如果想找舒適如被熊抱般的紅酒，可以選擇粗獷一點的酒款，以宏大酒體與高單寧匹配風味飽滿且多油脂的料理。適合搭配鴨肉的質樸紅酒，包括 Bergerac 產區、Buzet 產區、Cahors 酒款、Madiran 產區或普羅旺斯 Bandol 產區加美，都會帶

來單寧力道。也可試試溫暖順口的西班牙慕維得爾，此葡萄是法國 Bandol 產區的混調品種之一，西班牙版本則比較具有流動感、果味更深邃、更貼近甘草風味。有著秋季氣息的 Barbaresco 產區或 Brunello di Montalcino 產區酒款，都相當適合烤鴨與烤根莖類蔬菜，歐洲防風草、紅蘿蔔或紅洋蔥等等都行，而帶有稍縱即逝的草莓與秋葉甜味的成熟 Rioja 或 Ribera del Duero 產區紅酒也相配得宜。幾乎任何隆河北部、葡萄牙 Dão 或 Duero 產區的紅酒，與鴨肉一起享用都會令人愉快。

下列是一些鴨肉料理與酒單建議。

鴨肉砂鍋：任何以上的粗獷酒款都可以搭配這道慢燉鴨肉。

鴨肉佐櫻桃醬：從紐西蘭 Central Otago 挑選一支明亮的年輕黑皮諾，或香甜果香較強的加州黑皮諾，也可以試智利的未過桶年輕黑皮諾，布根地黑皮諾則帶有紅莓果風味、口感較為清爽。義大利的山吉歐維榭或多切托也可以搭配鴨肉與櫻桃醬，同時讓鴨肉風味力道更強。

法式油封鴨（confit de canard）：這道法國西南地區特色菜，適合搭配當地酒款。可選擇 Cahors 酒款、Madiran 或 Bergerac 產區酒體壯碩的紅酒；Marcillac 酒款或 Gaillac 產區的細緻清淡紅酒則可以解膩。

鴨肉蘑菇燉飯球：想要搭配一支清爽酒款的話，可選巴貝拉、鮮美的多切托或黑皮諾品種酒款。義大利特殊葡萄品種裴禮康（Perricone），有著一絲林間地表與桑葚的氣味，是屬於中等酒體的優質酒款。如想強烈一些，可以試試慕維得爾（澳洲稱為 mataro，西班牙則是 monastrell）、希哈、Barbaresco 或 Barolo，最後兩個產區酒款都能帶出蘑菇燉飯的秋天風味。

法式香橙鴨胸（à l'orange）：一旦柑橘醬汁登場，就是能以白酒搭配鴨肉的時候了。義大利中部的法蘭吉娜品種酒款，帶有橘子與橙花香，以及強烈的清新氣息，非常適合鴨肉的豐腴油脂與柑橘的明亮感。可以試試澳洲馬珊；智利、南非或澳

洲濃厚的夏多內；微甜麗絲玲；義大利的 greco di tufo 酒款；微甜灰皮諾；白皮諾；白梢楠或隆河白酒（兩款酒的扁桃仁風味都讓這道菜更顯異國感）。

鴨肉豌豆萵苣沙拉：粉嫩的鴨胸配上一盤煎迷你寶石萵苣（gem lettuce）與新鮮豌豆，也許還可以加上香煎義式培根脆丁（pancetta），很適合同樣帶有春天感覺的清淡型紅酒。明亮的黑皮諾（任何產區）、Marcillac 酒款、薄酒萊或其他加美品種酒款、passetoutgrains 產區酒款、茨威格、多切托或巴貝拉都能為鴨肉加上輕快、帶果香的醬汁感受。卡本內弗朗會強調鴨肉柔軟的肉質，以其草本風味呼應豌豆與萵苣。年輕的左岸波爾多淡紅酒所具備的強勁單寧與酸度，也適合搭配鴨肉與青蔬。

鴨肉佐梅醬：結合肉桂、黃豆、胡椒、薑、八角與中式五香粉等香料與酸甜梅子的組合，適合搭配黑皮諾。但這道料理需要酒體更壯碩、帶有豐富果香的酒款，如紐西蘭 Central Otago、Martinborough、美國 Sonoma 或南非的黑皮諾。西班牙博巴爾也是好選擇。本書很少推薦的梅洛，也能在道菜發揮良好，例如宛如溫暖擁抱且酒體厚重、口感滑順的智利桶陳梅洛，或澳洲充滿果香的梅洛。另外還有果香豐富的阿根廷馬爾貝克。

鴨肉佐普伊扁豆（Puy lentils）：須選擇大地調性較強烈的酒款。上述的厚重紅酒之中，較適合的為 Buzet 或 Bergerac 產區有著溫暖感；輕盈如薄酒萊優質村莊級或鮮美的黑皮諾；或者濃淡適中的西班牙門西亞品種酒款（可選擇 Bierzo 或 Ribeira Sacra 產區）。

鴨肉醬（ragù）：這道料理作法很簡單，只要把鴨肉烤過，將鴨肉撕碎，然後像烹調肉醬般即可，也許醬裡可以再加入迷迭香、百里香、月桂葉與新鮮鼠尾草調味。完成後搭配義大利寬麵（pappardelle）與濃郁的 Valpolicella Ripasso 酒款或 Rosso di Montalcino 酒款。

D

鴨肉佐紅醋栗醬：紅醋栗酸酸的尖刺感需要一瓶能夠配合這種神經質特性的酒款。可以選擇先前提到搭配豌豆及萵苣的的清淡型紅酒，或西西里島黑達沃拉或 Cerasuolo di Vittoria 酒款也不錯。

法式熟肉抹醬（rillettes）：多年以來，我都是依照黛莉亞·史密斯（Delia Smith）的《黛莉亞的冬季餐桌》（*Delia's Winter Collection*）書中的熟肉抹醬食譜，將整隻鴨烤到肉質幾乎入口即化，再剝取鴨肉製作。黛莉亞告訴我，「我最近招待三位朋友在午餐時享用這道抹醬與蔬菜沙拉，搭配稍微冰鎮的薄酒萊，美妙極了！」的確如此。將細緻帶有礦物風味的薄酒萊冰過（可以試著找一支酒體較重的 Morgon 薄酒萊），以冰涼感搭配豐腴的鴨肉，非常可口。另一個選擇是來自南法的卡利濃、西班牙 Aragon 產區或智利的溫和果香與些許蔓越莓風味的未過桶卡利濃。參考詞條：aligot 大蒜起司馬鈴薯泥、cassoulet 法式砂鍋菜、duck pancakes 烤鴨捲餅。

duck spring rolls 鴨肉炸春捲

參考詞條：crispy duck pancakes 烤鴨捲餅。

dukkah 杜卡綜合香料

這種埃及調味料從開羅露天市場發跡，逐漸廣受歡迎而走入世界各地的廚房。它有很多不同的變化版本，但主要是鹽、香料香草植物、堅果與辛香料的混合物，然後經過烘烤乾燥後磨碎。孜然、榛果、香菜與芝麻經常是主角，因此嘗起來又脆又粉，充滿異國風情。吃法可以是少量撒在麵包上並淋上橄欖油；加在蔬菜上；或撒在中東鷹嘴豆泥沾醬或希臘優格沾醬（tzatziki）上，以上都適合搭配黎巴嫩白酒或粉紅酒，或來自全世界任何一款白酒。帶有橡木香的夏多內剛好可以呼應辛香料的烘烤氣味，並加上陽光般的溫暖。比較中性的白酒則帶來清新感：試試擁有礦石、蘋果與堅果風味的崔比亞諾（trebbiano）品種酒款；或較酸的檸檬風味佩哥里諾品種酒款。另外，帶砂質感且具土壤氣味的紅酒，例如葡萄牙 Dão；黎巴嫩混調；義大利以山吉歐維榭為主的粗獷紅酒，如 Chianti、Rosso di Montepulciano

酒款、Carmignano 產區；內比歐露；釀酒師亞倫‧格雷洛（Alain Grailot）的摩洛哥希哈；土耳其或希臘紅酒；或添加了慕維得爾的普羅旺斯紅酒（例如 Bandol 產區）。

D

eel (smoked) 煙燻鰻魚

料理搭配葡萄酒的原則是，與食物的質感相似或全然相反，而煙燻鰻魚就是最漂亮的示範料理。富含油脂與濃厚調味又充滿煙燻味的鰻魚，很適合搭配具有質地口感的酒款。下列這些酒款都多少帶有殘糖：某次我在倫敦梅費爾區（Mayfair）的 Wild Honey 餐廳，嘗到煙燻鰻魚與土壤風味的甜菜根泥，暢快搭配微甜灰皮諾。嘗起來像是濃濃晚夏的厚實不甜白格那希，也非常適合。而有著舞蹈般口感的微甜麗絲玲也很好。某場由德國葡萄酒協會（Wines of Germany）舉辦的品飲會中，廚師馬汀・拉姆（Martin Lam）很懂得如何以餐搭酒，他用溫熱的煙燻鰻魚魚肉，搭配澤西新生馬鈴薯（Jersey new potatoes）與辣根奶醬，再以閃耀著光芒、微甜得剛剛好（每公升 5 公克的糖分）的德國 Mosel 產區清新麗絲玲佐餐。這是「魚與熊掌兼得」的組合：糖分讓酒有更飽滿的口感，而輕盈的酸度則迅速化除魚肉的油脂。Alsace 產區極不甜麗絲玲在解膩方面表現也很好。如果是以麗絲玲搭配煙燻鰻魚與馬鈴薯溫沙拉，可以試試將幾塊青蘋果丁加到法式酸奶油與美乃滋沙拉醬裡，馬鈴薯與整體口味會更融合；蘋果的酸甜正好與麗絲玲的萊姆味愉快地一搭一唱。

冰凍伏特加配上煙燻鰻魚與冰涼法式酸奶油，也是清新迷人。

eggs 雞蛋

儘管伊莉莎白・大衛的《歐姆蛋與葡萄酒一杯》（*An Omelette and a Glass of Wine*）書名如此建議，但對葡萄酒來說，雞蛋並不是純然中性且容易搭配的食材。水煮蛋、水波蛋、炒蛋、中東茄汁香料水波蛋（shakshuka）與煎蛋都是早餐料理，這點也許不是什麼壞事。一大早就開始攝取酒精的唯一可接受酒款，大概就只有香檳了，非常幸運地，香檳幾乎與所有雞蛋料理都處得很好。我的第二個選擇會

是任何產地的夏多內、黑皮諾與皮諾莫尼耶氣泡酒。Cava 氣泡酒則是好備案。

　　如果蛋類是午餐或沙拉的一部分，請留意其他食材。如果是酸度高的沙拉醬，最好是配上順口且未過桶的靜態白酒，或選擇酸度夠的冰涼 Cava 氣泡酒，都會比帶烘焙風味的常溫香檳來得適合。

班尼迪克蛋（eggs Benedict）：喔，如果這是週末早午餐的話，應該可以倒杯酒吧！布根地白酒帶有圓潤口感與檸檬風味，非常適合搭配這道雞蛋與奶油醋汁荷蘭醬（hollandaise）。過桶布根地有著豐富的烘烤香氣，與雞蛋正好絕配。選擇 Chablis 與低酒精濃度的澳洲新風格夏多內會特別出色，其中的檸檬氣息正好對上醬汁裡的酸香：老實說，如果少了 Chablis 產區酒款，我甚至會覺得班尼迪克蛋不大容易下嚥。英國氣泡葡萄酒也是很棒的選擇，不似香檳那般濃郁，並且擁有爽脆的柑橘氣味，感覺很能幫助消化。真是很令人愉快的組合。

煎蛋：如果煎蛋與番茄、洋蔥、甜紅椒與辣腸醬一起料理，再附上一大塊麵包當做正餐，就挑選一瓶適合這種醬汁的酒款，也許是年輕的 Rioja 產區或巴貝拉品種，或主要以杜麗加（touriga nacional）品種釀製的粗獷年輕葡萄牙紅酒。煎到邊緣香脆的煎蛋上，現刨一些松露薄片，就是一道經典的晚餐菜色，此時，任何酒款都比不上內比歐露品種酒款。

紅酒醬煮水波蛋（oeufs en meurette）：這是一道傳統布根地料理，將水波蛋放進以紅酒、炒過的紅蔥頭與法式培根（lardons）煮成的醬汁中。搭配酥烤麵包與一杯布根地紅酒最是美味。參考詞條：omelette 歐姆蛋、tapas 西班牙下酒菜、tortilla 西班牙煎蛋餅。

empanadas 阿根廷餡餅

　　這種小小的鹹味酥餅是阿根廷的特色料理，內餡可以是雞肉、香料肉類或甜玉米。「阿根廷每個地區的餡餅都有自己的風格，」Catena Zapata 酒莊的瑪莉亞·卡洛拉（Maria Carola de la Fuente）說，「門多薩（Mendoza）的人們會放橄欖進

去，薩爾塔省（Salta）會放馬鈴薯，利奧哈（Rioja）則放葡萄。」在享用肉餡豐富的阿根廷餡餅時，我總是喜歡搭配阿根廷多隆特絲。我想這像是一種古典制約：這款非常順口的白酒是能在阿根廷能喝到的酒款，因此這樣的組合是特別的享受，讓我想起阿根廷明亮星空下的溫暖夜晚裡，飢腸轆轆地看著柴火烤爐裡正在烘烤的餡餅。除此之外，層次豐富的年輕巴貝拉或伯納達應該更為可口，也是搭配肉餡更鮮明的選擇。

enchiladas 焗烤墨西哥捲餅

這道歷史悠久且頗受歡迎的德州—墨西哥料理，結合了強烈的調味，辣椒刺激出大量的腦內啡，還有澱粉的飽足感。順口、果香、溫柔且平穩的酒款會是最佳選擇。無須選購太過昂貴的酒款。如果是雞肉口味的焗烤墨西哥捲餅，白酒可選灰皮諾、入門款南非白梢楠，或者溫暖氣候產區的平價夏多內，都是很棒的選擇。紅酒可以搭配這道菜的所有口味：加州混調酒款或金芬黛、南義的金芬黛、鮮美且未過桶的智利梅洛、阿根廷馬爾貝克或希哈，或西班牙順口且未過桶的慕維得爾或格那希。

esqueixada 醃鱈魚番茄沙拉

這道加泰隆尼亞沙拉由番茄、撕成條狀的生醃鱈魚、橄欖、生洋蔥與油醋汁組成，有時還會加入青椒、甜椒與巴西里葉。如果醬汁是雪莉酒醋調製而成（不是也沒關係），就直接搭配一杯冰鎮的菲諾雪莉，其強烈的碘鹽及海洋氣味，能與生洋蔥和醃鱈魚的嗆味，彼此相擁纏繞。來一杯物超所值的深色粉紅酒也很好，最理想的選擇是添加了堪稱「混調酒主力」的博巴爾酒款。極不甜的低調白酒也是不錯的搭配；在乾燥大地的智利 Elqui Valley 產區，以 PX 雪莉葡萄釀製的白酒最是完美。另外還有維岱荷。

fajitas 墨西哥法士達

　　將適合墨西哥焗烤捲餅的酒款，換成未過桶的版本，就可以搭配這道以玉米餅或麵粉餅包著雞肉或其他肉類的捲餅，然後再配著莎莎醬、酸奶、酪梨莎莎醬與其他配菜一起享用。我再加上另一個選擇，卡門內爾，因為此葡萄與甜椒及青椒的爽脆口感十分相襯。

fennel 茴香

　　某一類的香料香草搭配香甜果香酒款時，味道會變很奇怪，茴香就是其中之一。它帶有強烈的洋茴香風味（深綠色的羽毛狀葉子也有），需要一款酸度夠且鮮美的酒款。義大利的酒款都適合生吃或烹煮過的茴香，不管是紅酒或白酒，品種從山吉歐維樹到維門替諾都可以。其中的例外是 Puglia 產區的紅酒，嘗起來比較圓潤成熟，並有溫暖的感覺。哪怕盤中只有一點點茴香，為了應對這種刁鑽的蔬菜，都值得特別換上其他酒款。如果面前擺的是一盤烤豬肉配香煎茴香，我會建議開一支清淡型的山吉歐維樹，而不是香甜熟果型的黑皮諾。即使是添加了一、兩顆茴香切丁的烤根莖類蔬菜，我的建議依然如上。

法式焗烤茴香球莖（fennel gratin）：如果把茴香煮熟，或與鮮奶油一起料理，那麼難以應對的香料香草特質強度會降低一些。然而，雖然夏多內與大多數法式焗烤蔬菜的搭配都非常美味，但在此還是得謹慎一點。充滿陽光、成熟、色澤偏黃、帶有鳳梨與瓜類香氣的夏多內，並不是搭配茴香的首選。我們需要的是聞起來帶有香車葉草與草原青草香的酒款，那就是布根地或 Limoux 了。

茴香柳橙沙拉（或加上烤松子）：柳橙的溫暖柑橘調性，搭配南義的白酒是絕妙點

子，而這些酒款配茴香也沒問題。另外可以選擇帶橙花香氣的法蘭吉娜；西西里島的格里洛，則讓人想起糖漬橘皮、香橙與木瓜風味；或者稍帶熱帶感的 greco di tufo 酒款。

茴香沙拉：加了片狀茴香的綠色沙拉，或是茴香、莫扎瑞拉起司與芝麻葉沙拉，建議搭配帶有樹葉調性且風味乾淨的白酒。維爾帝奇歐、維門替諾或維納恰尤其適合。帶有石頭潮溼味的純淨英國巴克斯品種酒款也是個好選擇。帶有青草與煙燻風味的羅亞爾河白蘇維濃也不錯，正如擁有白胡椒與葡萄柚香氣的奧地利綠維特林納也十分合拍。參考詞條：fennel seeds 茴香籽。

fennel seeds 茴香籽

茴香籽通常用在烤豬肉、調味香腸與烤根莖類蔬菜。它們強烈的洋茴香氣味可能會很具有壓倒性，而且絕對會影響盤中其他食物。比起新鮮茴香，茴香籽較有土壤味，也比較沒有青澀味，但幾乎所有可以搭配新鮮茴香的酒款，都可以拿來配茴香籽調味的料理。建議選擇擁有鹹鮮風味，而非甜熟或濃稠的酒款。義大利紅酒（或白酒）、奧地利茨威格、鮮美的黑皮諾或鮮美的夏多內，都可以達成任務。

fish 魚
關於紅酒的疑問

「紅酒可以搭配魚類料理嗎？」這樣的問題從不絕於耳。我總是不大清楚這問題到底想問的是什麼。「請問吃魚時可以喝紅酒嗎？」「如果面前是魚類料理，倒了紅酒的我是不是很失禮？」「用一杯紅酒冒犯魚類，會不會讓我的家人及後代遭受天譴？」

似乎只有英國人認為以紅酒搭配魚類料理是踰矩的行為，其他歐洲人才不這樣想。葡萄牙人無所畏懼地以粗獷紅酒搭配油膩膩的沙丁魚、番茄與紅洋蔥。我也在義大利享受過許多簡便晚餐搭配當地紅酒。

西班牙餐酒專家瑪麗亞・荷西（Maria José Sevilla）也發現了這個十足古怪的

提問。她說，「在西班牙，我們對紅酒與白酒沒有偏見，料理中某些特定食材才會影響以什麼酒款搭配魚。例如香蒜醬煮鱈魚，鱈魚的膠質與橄欖油會融合得如同美乃滋，這就很適合紅酒。或者如果加了一些胡椒，就不可能以白酒配這道魚料理了，因為料理整體口味太扎實了。」

因此，比較好的問法會是，「什麼時候用紅酒搭配魚類料理最恰當，並且能創造前所未有的美味？」

紅酒可以是很傑出的魚類料理夥伴，但得考慮天時地利「魚」合。在我開始身陷魚類雙關語不能自拔前，讓我先「鮭納」一些規則與例子吧。

就像挑選任何搭配料理的酒款一樣，簡單地說，就是把握住酒款的風味口感不能強過食物，並且須一併考慮配菜。例如，一支煙燻木桶陳釀兩年的酒精濃度15% 的年輕希哈，搭配多佛鰈魚就頗為尷尬。喝著如此濃厚的酒款，將幾乎無法嘗到鰈魚的滋味。另一個通則是，沙丁魚、鱒魚、鮭魚與鮪魚等油脂豐富的魚類，口感比較厚實，因此比較適合紅酒。但也須考慮在哪裡用餐？與誰共食？並以何種心情？以及料理還包括什麼食材或調味？

一些魚類料理與紅酒的快樂組合

義式生火腿捲鱈魚佐普伊扁豆：這道菜適合搭配內比歐露或多切托品種酒款，料理中的堅果、土壤與肉類風味，可以與酒液中的砂土與單寧調性呼應共鳴。

西西里魚類料理：舉凡沙丁魚義大利麵（Pasta con sarde）、葡萄酒及番茄煮旗魚與填餡烏賊等菜色，都非常適合搭配 Cerasuolo di Vittoria 酒款，這是當地一款以黑達沃拉與弗萊帕托（frappato）釀造的清淡型紅酒。 如果場合還是溫暖的夜晚，視線所及還有古蹟遺址，就更棒了，但這當然不是必要條件。

番茄燉魚：這道擁有強烈水果風味的料理，適合搭配葡萄牙 Dão 產區的紅酒。

鮪魚排：中心依舊粉嫩的鮪魚排，搭配細緻的清淡型紅酒十分美味，例如 Sancerre 產區、薄酒萊優質村莊級或奧地利茨威格紅酒。

白酒推薦酒款

　　完美的魚類與海鮮餐搭酒款包括 Muscadet 酒款、Douro 產區白酒（令人驚喜的清新感，通常以華帝露釀製，在 Douro 地區稱為 gouveio）、葡萄牙綠酒、普羅旺斯白酒、年輕的獵人谷榭密雍、散發水蜜桃香的阿爾巴利諾，以及帶檸檬風味 Roussette de Savoie 酒款。

粉紅酒推薦酒款

　　粉紅酒幾乎總是最好的選擇。可挑選深色、單寧較重的酒款，搭配風味較強烈的魚類料理。

　　以上是概括推薦酒款。如要針對各道魚類或海鮮料理，請參考詞條：abalone 鮑魚、 anchovies 鯷魚、bacalao 鹽漬鱈魚、beurre blanc 法式白醬、blinis 俄羅斯薄煎餅、bottarga 義式鹽漬魚子、bouillabaisse 馬賽魚湯、brill 歐洲鰈魚、caviar 魚子醬、ceviche 檸檬醃魚、cod 鱈魚、crab 螃蟹、dill 蒔蘿、eel 鰻魚、esqueixada 醃鱈魚番茄沙拉、fish and chips 炸魚與薯條、fish finger sandwiches with tomato ketchup 魚柳條三明治佐番茄醬 , fish pie 英式馬鈴薯鮮魚派 , fish soup 鮮魚湯、fritto misto and calamares fritos 酥炸海鮮與炸烏賊圈、Goan fish curry 果阿咖哩魚、gravadlax 蒔蘿醃鮭魚、hake 無鬚鱈、Jansson's frestelse 焗烤醃鯷魚馬鈴薯派、kedgeree 英式印度風香料飯、King George whiting 喬治王鱈魚、kippers 英式醃燻鯡魚、lobster 龍蝦、mackerel 鯖魚、monk fish 鮟鱇魚、moules marinière 法式白酒燴淡菜、octopus 章魚、oysters 牡蠣、paella 西班牙海鮮飯、parsley sauce 巴西里醬、potted shrimp 罐裝奶油蝦、prawns 蝦、red mullet 紅鯔魚、red snapper 紅真鯛、risotto: seafood 義式燉飯：海鮮、rollmop herrings 醋漬鯡魚捲、salade niçoise 尼斯沙拉、salmon 鮭魚、samphire 海蓬子、sardines 沙丁魚、sashimi 生魚片、scallops 干貝、sea bass 海鱸魚、sea urchin 海膽、skate 鰩魚、sole (Dover and lemon) 比目魚（多佛比目魚與檸檬連鰭鰈）、squid 烏賊、sushi 壽司、sword fish 旗魚、trout 鱒魚、tuna 鮪魚、zander 白梭吻鱸。

fish and chips 炸魚與薯條

英國漢普郡的 Hambledon Vineyard 酒莊的伊恩·凱勒特（Ian Kellett），來自約克郡，他對自認為「正確」的炸魚與薯條有著狂熱，那便是魚肉必須選用黑線鱈，去皮後，以牛油油炸（牛油的油溫比較高）。他會為此跳上車子，駛上 M1 公路直奔西約克郡的威克菲市（Wakefield），專程買炸魚與薯條，這是一趟來回約七百六十公里的路程，實在堪稱超級任務。

某次他告訴我，「我會買六份魚肉，剩下的放進冷凍庫，想吃的時候就熱來吃。大家都知道，我會叫快遞從約克郡幫我買回來，大約要花四個小時。」

凱勒特對炸魚與薯條是如此專情不二，我不確定他會否在意杯中裝的是什麼酒款。不過，若是他真的在意，這種帶著鹽、醋、牛油與黃澄澄酥皮的組合，最適合的酒款莫過於英國氣泡酒了，而他釀造的也真的是此酒款。強烈的酸度與刺激的氣泡感，搭配鹽、醋與油脂極為美味。一支無年份的年輕香檳也有相當類似的效果，不過我還是比較傾向選擇澄澈爽快的英國氣泡酒。儘管如此，身為英國人的我，個人只會用一種飲料搭配這道英國代表性食物：一壺茶。

fish finger sandwiches with tomato ketchup 魚柳條三明治佐番茄醬

炸魚柳條是充滿罪惡感的美食，搭配物超所值、帶輕柔果香的簡單紅酒，加上微甜的番茄醬與酥脆麵包，十分完美。便宜的超市紅酒就是很好的選擇了，不需要淵博宏大的酒款。超市買得到的 Fitou 產區酒款是我多方實驗後的最佳答案（沒想到，某天下午逃避寫書而清冰箱的分心之舉，竟然變成貨真價實的餐搭研究）。我也喜歡搭配非常便宜的歡樂隆河丘，或加州金芬黛、澳洲希哈與卡本內蘇維濃混調。別花太多錢！最好的選擇是明亮、如流行歌曲般朗朗上口的親切紅酒。

fish pie 英式馬鈴薯鮮魚派

充滿滑順奶醬的鮮魚派適合夏多內與風味飽滿的白酒。帶點木桶風味也無妨。我的終極鮮魚派餐搭酒款是優質的不甜羅亞爾河白梢楠，尤其是桶陳 Savennières 或 Montlouis 產區酒款。這些酒款的清新酸度可以抵擋豐腴的奶醬，而木桶的煙燻風味也能襯托飽滿的煙燻魚塊。更陽光一點的選擇是南非白梢楠，此款酒更適合

雞蛋鮮魚派勝於菠菜鮮魚派。此外，常見的白酒選擇包括匹格普勒、阿爾巴利諾與 Muscadet 酒款，或是 Douro 白酒。

fish soup 鮮魚湯

寥寥幾款湯品與葡萄酒的搭配怡人，鮮魚湯就是其中一種。不過不只這一道。

經典法式魚湯：這道赤陶色的傳統海鮮濃湯，與熱騰騰又充滿蒜香的法式蒜辣美乃滋，最美妙的佐餐酒款就是一支帶有酸麵包香氣勁道的冰涼菲諾雪莉。充分氧化的侏羅產區白酒也是好選擇，試試侏羅夏多內或莎瓦涅品種酒款。

芬蘭奶油鮭魚湯（lohikeitto）：以多香果與蒔蘿調味的鮭魚馬鈴薯湯是經典的芬蘭料理；下著雪的傍晚時分、有著馴鹿蹤跡的北極圈松木林裡，這道冬日餐桌上的湯品，宛如一席營養滿點的毯子。牛奶味濃厚但粗獷的這道湯，裡頭還有鮭魚塊與煮到快化開的馬鈴薯，很適合搭配調性柔和且撫慰的酒款。可以試試飽滿的夏多內，但須選擇來自冷涼氣候地區或低酒精濃度的酒款，因為非常成熟的夏多內有著熱帶風味，並不適合蒔蘿。以泡渣法（sur lie）釀製的 Muscadet 酒款，也會帶給人那分愉悅、柔軟的感覺，而且 Muscadet 酒款也是常見的魚類料理佐餐酒款。如果這道湯的蒔蘿風味較為濃厚，試試看桶陳白蘇維濃與榭密雍混調。然而，我通常會先把葡萄酒擺一邊，改喝一小杯伏特加或烈酒，記得讓它冰得透凍，直接從冷凍庫拿出來享用。

five-spice 五香調味料理

五香粉是由肉桂、茴香、八角、丁香與薑（或四川花椒與小荳蔻，或其中一種）組成；是的，這樣算起來超過五種。五香粉除了出現在中式料理，也常見於其他亞洲料理。我經常用「鋸齒狀」描述肉桂的特質。它的氣味並非溫和平順。這大概是因為肉桂會活化「TRPA1」受器；這是一種被認為是有毒化學分子感應器的離子通道，並促使產生痛覺感受。肉桂當然不會真的讓人喊痛，至少一般的用量之下不會，但它的確是一種刺激物，所產生的刺痛感為此辛香料組合增添嗆

味。整體而言，「純淨」葡萄酒不適合五香粉，紅酒或白酒須尋找有點質地、有點粗糙（我沒有貶低的意思）與力道的酒款。五香粉經常作為豬肉醃料，這類料理就能與紅酒或白酒一起享用，如果是以五香粉調味的大蝦，我會選擇白酒。

　　白酒可尋找酒體較肥厚且香氣較足的酒款，如胡珊、白格那希、維歐尼耶與馬珊，這些酒款都很適合豬肉料理，更棒的是，以上述一種或多種葡萄品種所混調的酒款。恰如其分的木桶香氣可以將自身的辛香料風味融入五香粉。來自南非、智利、澳洲、紐西蘭與美國的酒款則較粗獷些，這也是很能親近五香粉的特質。

　　紅酒的話，我喜歡入喉具鬆散感受的南非的隆河混調，其散發一股甘草與焦油氣味。

F

Millton Vineyard 酒莊的中式燒豬腹肉與花椒小黃瓜沙拉
MILLTON VINEYARD'S CHINESE PORK BELLY WITH SICHUAN CUCUMBER SALAD
五至六人份

位於紐西蘭吉斯本（Gidborne）的 Millton Vineyard 酒莊是生物動力法的天堂。此道五香粉醃豬腹肉食譜由安妮·米爾頓（Annie Millton）提供，她喜歡用自家酒莊的維歐尼耶搭配這道菜，雖然她說白梢楠也很好，而我曾經搭配南非的白梢楠、維歐尼耶、夏多內與胡珊混調酒款，也非常享受。各位可以當天一早料理這道菜，或提早前一晚準備。

豬肉

- 大蒜，2 瓣，去皮切末
- 黃砂糖，2 大匙
- 醬油，4 大匙
- 紹興酒，100 毫升
- 八角，4 顆，磨碎（或用杵與研砵敲碎）
- 五香粉，1 大匙
- 白胡椒，1 小匙

· 豬腹肉，2 公斤，在豬皮以刀每 2 公分交叉畫線
· 粗鹽，0.5 大匙

沙拉

· 包心白菜，半顆，切細絲
· 萊姆擠汁，半顆
· 海鹽，0.5 小匙
· 花生油，2 大匙
· 大蒜，2 瓣，去皮切丁
· 青辣椒，半條，去籽切細絲
· 四川花椒，2 小匙
· 米醋，1 大匙
· 芝麻油，1 小匙
· 黎巴嫩小黃瓜（譯註：可以臺灣市面常見之小黃瓜代替），2 根，刨皮，
  沿頭尾縱向切對半後，橫切成片（可用一般大黃瓜替代，但記得先去籽）

拿一個可以放下豬肉的大盤子，放進大蒜、黃砂糖、醬油、紹興酒、八角、
五香粉與白胡椒，攪拌均勻。將豬肉皮朝上醃漬，保持豬皮乾燥，不用覆
蓋直接放在冰箱過夜，或至少在料理前醃漬 3 小時。

用餐前約 1.5 小時，將豬肉放到底部包有錫箔紙的烤盤上。烤箱預熱至
220℃（425 ℉或瓦斯烤箱刻度 7），烤 30 分鐘。出爐後，在豬皮上灑鹽，
將烤箱預熱至 180℃（350 ℉或瓦斯烤箱刻度 4），繼續烤 30 分鐘。然後
再將烤箱預熱至 220℃（425 ℉或瓦斯烤箱刻度 7），再烤大約 10 分鐘，
直到表皮酥脆並滋滋冒油。請注意避免烤焦。拿出烤箱後靜置 10 ～ 15 分
鐘再上桌。

沙拉則是先將萊姆汁與鹽灑在包心白菜絲上，拋擲數次後，冷藏 1 小時。
把花生油倒入炒鍋中加熱，拌炒大蒜、辣椒與四川花椒直到冒出香味。靜
置放涼。將米醋、芝麻油與剛剛的大蒜辣椒料混合後，淋在包心白菜絲與

小黃瓜片上，拋擲混合均勻。

focaccia 佛卡夏麵包

自家烘烤的佛卡夏是晚餐前的犒賞小點心，可以依照想喝的酒款製作不同口味。奧莉薇·漢米頓·羅素（Olive Hamilton Russell）是南非同名酒莊的主人，她會為佛卡夏灑上迷迭香搭配白蘇維濃（迷迭香也適合山吉歐維榭），如果是夏多內則可以改成松子或腰果口味的佛卡夏。我的大學舊友兼頂尖廚師兼人類學家安娜·柯洪（Anna Colquhoun），會用巴薩米克醋、炒到焦糖化的帶甜紅洋蔥與草莓製作佛卡夏，好吃到捨命也不足惜（如果我想要用蠻力搶奪她的食譜，她可能真的會誓死捍衛）。她曾為我們一起舉辦的餐酒課程料理這款佛卡夏，搭配帶有玫瑰與檸檬香茅香氣的希臘莫斯菲萊諾（moschofilero）品種酒款，非常美味可口。

foie gras 鵝肝

鵝肝的光澤，尤其是鍋煎後的焦糖色，頗適合搭配貴腐酒，如 Sauternes 或 Monbazillac 產區酒款。我偏好較清淡清爽的甜型酒款 Jurançon Moelleux，這是一款在庇里牛斯山以大蒙仙（gros manseng）與小蒙仙（petit manseng）釀造的白酒，或阿爾薩斯的極甜晚摘酒（Vendange Tardive）。香檳或其他法國、英國氣泡酒也是鵝肝的好搭檔，爽脆的酸度與氣泡可以幫忙化解口中的油脂。另外，香檳與鵝肝很明顯是個華麗的組合，也是令人耽溺享樂的點心。如果鵝肝不是一整塊享用，而是屬於較複雜料理之一部分，像是法式肉凍（terrine）或雞肉料理的奶醬，如此就可以搭配圓潤的桶陳夏多內或帶有杏桃與忍冬香氣的豐厚北隆河桶陳維歐尼耶。

fondue 起司鍋

一大鍋融化流動著的格律耶起司與艾曼塔起司，以大蒜、白酒與櫻桃酒調味，加上滿滿一匙玉米粉後，逐漸變得濃稠，光看就覺得真是非常幸福呀。即使以清脆新鮮蔬菜代替烤麵包丁，起司火鍋也永遠無法擠進心臟病保健營養建議名單，不過，它真的很美味。山區產地酸度夠強的白酒可以解膩，就如同滑雪好手查米·奧柯特（Chemmy Alcott）在併腿轉彎時刮射出的白雪。我的最愛是 Savoie 產區賈

爾給葡萄白酒。其他的選擇包括 Languedoc 產區的匹格普勒、奧地利的綠維特林納、羅亞爾河或波爾多的青草香氣白蘇維濃，以及侏羅莎瓦涅等品種酒款。清淡、撫媚的紅酒也可以，請試試法國亞維宏以菲樹瓦杜品種釀製，帶有血味與鐵味的 Marcillac 酒款或活潑的年輕薄酒萊。

fridge raid 搜刮冰箱

打開冰箱門，手上端著空盤，肚子充滿飢餓感，雙眼來回探尋，準備找到什麼就吃什麼的時刻。希望這時冰箱角落還有一瓶雪莉。嚴格來說，即使那支酒已經有點太老也已被拿來當料理酒，也還是給自己倒上一杯吧，隨便搭配能搜刮得到的任何食物，也許是幾塊放得有點久的乳酪，以及一些生鮮蔬菜，都好。

fritto misto and calamares fritos 酥炸海鮮與炸烏賊圈

肉質肥美、稍稍打過且帶有嚼勁的海鮮，幾乎搭配任何銳利的不甜白酒或氣泡白酒，都相當美味，例如 cava 氣泡酒、prosecco 氣泡酒、葡萄牙綠酒或義大利阿內斯品種酒款。未經桶陳的 Riojo 與滿是花香的馬爾瓦西亞品種酒款，也都很不錯。我喜歡灑上海鹽的烤酸麵包，並倒上一杯冰涼過的曼薩尼亞雪莉。酸度高的紅酒也搭配得宜。

frogs' legs 蛙腿

蛙腿料理大多嘗起來如同抹了一層大蒜奶油的清淡雞肉。羅亞爾河的白梢楠、Muscadet 酒款，或來自隆河丘、Mâcon、St. Véran 產區白酒，都是不錯的搭配。

G

game 野味肉類

參考詞條：grouse 松雞、partridge 鷓鴣、pheasant 雉雞、pigeon 鴿肉、 rabbit 兔肉、venison 鹿肉。

gammon 醃豬腿肉

一大塊鮮鹹粉嫩的烤醃豬腿肉與不甜成熟格那希，是相當美麗的互補搭配。我想的比較不是隆河南部浮石般乾燥與莓果草本風味的酒款（雖然它們很美味），而是帶有烤桑葚豐富滋味的澳洲 Barossa 產區老藤格那希，或西班牙 Aragon 山區帶有濃郁果香的老藤格那希，例如 Calatayud、Cariñena 與 Campo de Borja 三產區）。格那希擁有的成熟莓果風味，剛好呼應坎伯蘭醬（Cumberland sauce）與烤火腿同時在口中爆發的風味，三者其實相當合拍。一脈相承選擇還包括，鮮美的卡利濃（智利或 Languedoc 產區）；溫暖年份的羅亞爾河卡本內弗朗（如 Chinon、Bourgueil、St Nicolas de Bourgueil、Saumur 與 Saumur-Champigny 等產區）；或來自澳洲、智利與紐西蘭的成熟黑皮諾。

白酒搭配煮火腿也非常美味。試試阿爾薩斯、紐西蘭、澳洲或奧地利的不甜麗絲玲；隆河丘白酒；或澳洲馬珊，可強調肉質的多汁口感。

garlic 大蒜（翻轉食材）

生大蒜味道刺鼻，如果你曾認為大蒜嘗起來像辣椒一樣辛辣，你是正確的。就像辣椒有辣椒素，未經烹煮的生大蒜有大蒜素（allicin），會活化我們的溫度受器「TRPV1」，目的為偵測口中的溫度改變，尤其當溫度超過 43.25℃時，這就是會有灼熱感的原因。大蒜素也會活化第二個離子傳輸通道「TRPA1」，此受器被認為用來偵測令人刺痛的寒冷溫度（低於 -15℃）。所以大蒜素會同時誘發灼熱感與

凍刺感。大蒜素對於酒液的影響是，它會壓過任何沒有銳利酸度或強烈殘糖的酒款，所以如果品嘗有大量生大蒜的沾醬或料理時，我通常會開一支清新且可以清除口氣的酒款。例如，酪梨莎莎醬就很適合搭配酸爽的白蘇維濃，而蒜泥蛋黃醬則可以搭配 Roussette 酒款。

大蒜經過烹煮後，會大大降低生食的嗆勁。某些大蒜味濃厚的料理，例如義式香蒜鯷魚熱沾醬或蒜味義大利麵醬，裡頭的大蒜只有稍微加熱或快速炒過，依然擁有灼熱刺感，這些料理很適合搭配酸度夠的酒款。煮透的大蒜（或炸或烤），通常更能表現出香氣（比較接近香氣，而非氣味攻擊），讓人能自由選擇任何香氣十足的酒款以襯托整道料理。

gazpacho 西班牙冷湯

混合著強烈風味的生大蒜、嗆辣的洋蔥與醋的刺鼻，都讓西班牙冷湯令人難忘。這是一道喜怒無常的料理，很容易因為使用的大蒜不新鮮而毀了整道湯，這種情況變得越來越常見，因此出現令人不舒服的嗆味。但是，只要使用新鮮大蒜（只須撥開一半嗅聞，就可輕易辨識鮮度），這道安達魯西亞料理就會有清新且充滿香氣沙拉的感覺。這道湯以飽滿的番茄味為基底，帶著青椒的鮮翠、蔥與醋的強烈風味，最適合搭配酸度俐落的冰涼菲諾雪莉或曼薩尼亞雪莉，或更飽滿溫暖的阿蒙提亞諾雪莉。雪莉擁有酸麵包般的溫暖感可強化番茄風味，而海沫般輕柔的單寧則強調了蔬菜的爽脆感，同時，西班牙冷湯也讓雪莉嘗起來更圓潤、更富果香又少了一些苦味。酸度夠的白酒，像是維岱荷（西班牙版的白蘇維濃）或較酸的白蘇維濃，也會有相同的效果。白蘇維濃的推薦產區是羅亞爾河、紐西蘭 Marlborough 的 Awatere Valley 產區與南非，這些地區的白蘇維濃有著柑橘、青草及綠番茄香氣，而非甜桃、百香果與燉煮成熟鵝莓氣味。如果能找到一支有著刺鐵絲網般緊實度的酒款，則能讓這道湯充滿活力。

路易森太太的西班牙冷湯（變化版）
MRS LEWISOHN'S GAZPACHO (AN ADAPTATION)
六人份

我認為最棒的西班牙冷湯，並非用機器攪打成泥，而是把蔬菜切到非常細緻後煮成。我的刀工沒那麼厲害，所以退而求其次用機器打成泥，不過，我還是用了很多切碎蔬菜作為裝飾。

湯

· 小黃瓜，1.5 根，去皮粗切
· 番茄，500 公克，熱水川燙後去皮、粗切
· 青椒，1 顆，去籽粗切
· 白洋蔥，1 小顆，去皮粗切
· 大蒜，1 瓣，去皮切碎
· 番茄汁，125 毫升
· 優質橄欖油，3 大匙
· 白酒醋，2 大匙
· 鹽

上桌前

· 小黃瓜，1 大根，去皮切丁
· 青椒，1 顆，去籽切丁
· 番茄，2 顆，切細丁
· 烤麵包丁
· 平葉巴西里，1 小把，切碎
· 塔巴斯科辣醬（視喜好添加）

將冷湯用的蔬菜放到食物調理機，用高速打成液狀。也可以將蔬菜放到大碗或鍋子中，使用手持攪拌機完成，但大型調理機比較輕鬆，蔬菜泥也比較不會到處飛濺。用篩網將蔬菜泥篩到大鍋、碗或大杯子裡，菜渣丟棄不用。在篩過的蔬菜泥中加入番茄汁、橄欖油與醋（邊加邊試吃，視情況調整口味濃淡），攪拌均勻後，視喜好加鹽調味。放到冰箱冷藏直到完全冷

卻，然後上桌前以小碗盛裝，湯面撒上蔬菜細丁、烤麵包丁與巴西里。如需要，可加塔巴斯科辣醬。

ginger 薑

任何喜歡「莫斯科驢子」（Moscow Mule）調酒的人都知道，薑與萊姆的組合非常迷人。薑與萊姆似乎擁有些什麼特別的共通點。沒有任何葡萄會比麗絲玲更具萊姆味了，而澳洲 Eden 與 Clare valley 產區麗絲玲的萊姆香更是箇中翹楚。這些酒款帶有一股莓果、一股乾燥、一股溫和紫丁香氣味，以及一股結合了濃烈萊姆皮、新鮮萊姆汁與萊姆花的俐落銳利。它們適合搭配酥炸薑蒜軟殼蟹；以醬油與薑蒜醃漬的雞肉沙拉；或加了薑、檸檬香茅與辣椒的紙包魚（en papillote）等料理。

我發現不甜芙明（furmint）品種酒款有時帶有很細緻的薑味，無怪乎很適合搭配壽司，因為壽司的搭檔就是糖醋嫩薑片。

gnocchi 義大利麵餃

以義大利麵餃來說，醬汁是餐搭酒款唯一的考量。參考詞條：pasta 義大利麵。

Goan fish curry 果阿咖哩魚

這道有著濃郁椰奶與溫和辛香味的料理，來自印度南部海邊，很適合搭配芬芳的微甜灰皮諾。我的第二選項是帶有果香的微甜粉紅酒，也許是產自法國 Anjou 產區或澳洲。如果想要單寧多一點、更柑橘味一點的酒款，可以試試微甜麗絲玲，或許可選擇西澳 Great Southern region 產區。參考詞條：chilli 辣椒、curry 咖哩。

goose 鵝肉

鵝的油脂豐富，年輕波爾多淡紅酒的酸度剛好提供一種令人愉快的對比。它也是很棒的聖誕節酒款。

goulash 匈牙利燉牛肉

　　這道含有紅椒粉與黑胡椒的匈牙利燉菜，與卡門內爾是絕配，因為卡門內爾常帶有紅椒粉、砂土與辣椒的氣味。阿優伊提可品種等強壯且厚實的希臘紅酒。另外，葡萄牙 Dão 產區的紅酒、匈牙利餐酒酒款也是好選擇。

gravadlax 蒔蘿醃鮭魚

　　不甜阿爾薩斯蜜思嘉或維歐尼耶帶有濃厚香氣，很適合搭配魚類與蒔蘿。然而，一旦黃芥末醬的甜味入口，就遇到麻煩了。此時，微甜格烏茲塔明那就派得上用場。當然，我真正會選擇搭配的是烈酒或伏特加，冰凍過，一次乾一小杯。

Greek salad 希臘沙拉

　　菲達羊起司與番茄有著強烈的酸味，而身為希臘沙拉第三樣食材的生洋蔥，也同樣味道刺激。可以選一支單寧厚實的酒款搭配。具青草風味的白蘇維濃或葡萄柚厚皮香的艾希提可，都是很好的選擇。

grouse 松雞

　　什麼酒款配松雞最好？傳統的答案是「一瓶優質的陳年布根地紅酒」。這讓我想起一位朋友曾經很緊張地問我，參加蘇格蘭的時髦舞會要穿什麼才好，而且她被告知要「穿著長禮服與漂亮珠寶首飾入場」。對於沒有繼承任何家族珠寶，或擁有月入斗金伴侶的人來說，不啻是個令人絕望的提醒。

　　布根地大概就是這種情況。找到一瓶品質優良的布根地，還須陳年且已達適飲時間，簡直是難上加難。首先須已經擁有這支酒，因此還須養成每年開賣時買一、兩箱的習慣，然後至少要買上十年。

　　值得慶幸的是，我不確定傳統人士是否永遠都是對的。最近流行的松雞烹飪方式是肉質尚帶血就上桌。想要搭配生肉的話，擁有單寧刺激感的酒款會是好點子，感覺比較明亮、爽脆，而非溫和的秋葉調性。換句話說，搭配較生的松雞料理，尋找年輕的酒款比較好。細緻且年輕的布根地紅酒就可以發揮作用，甚至只要是順口的一般布根地紅酒也行，年輕又有稜有角的波爾多淡紅酒同樣適合。就

G

將較成熟的布根地留給全熟的松雞料理吧，林地披覆樹葉與土壤氣息搭配松雞非常美味。

除了烹煮方式，肉品的野味濃淡也會對酒款有所影響。產季開始時，松雞新鮮宰殺烹調，風味比較溫和。可以考慮奧地利紅酒；或優質黑皮諾，比如澳洲（首選為鮮美的 Geelong 產區酒款），或紐西蘭，Central Otago 產區最理想，其最具份量，常隱約可嘗到咖啡或烤水果的香氣；Martinborough 則結合了奔放香氣與良好結構。

肥美的松雞需要較有野性的紅酒，以搭配肉的強烈風味，老實說，接下來推薦的酒款多多少少都適合每一種料理類型的松雞。慕維得爾有著相當奔放的香氣，是 Bandol 產區主要的葡萄品種。Dão 產區或 Douro 紅酒以杜麗加葡萄為基底，同樣擁有令人愉悅的鮮美口感。Languedoc 是加美紅酒很好的產區，其中 St Chinian 或 Pic St Loup 產區的酒莊會有不錯的發現，而位於北隆河地區的 Cornas、St Joseph 與 Crozes-Hermitage 產區酒款的成熟希哈，充滿野性與皮革般的氣味，正是所需。以塔那（tannat）釀製的老派 Madiran 產區酒款，同樣也提供了皮革酸澀味與緊實強壯的單寧。內比歐露是另一款單寧強勁的品種，在此也是很好的選擇：我稍微偏好 Barbaresco 多過 Barolo 產區，前者比較明亮，其洋李風味很適合三分熟的肥美松雞。最後，任何由 brettanomyces 酵母菌感染的紅酒，都會帶有一種馬騷味，可完美搭配豐美的松雞。我們曾認為這般農舍臭味是迷人的法國特有風味。儘管現在已經不這麼認為了，但它的確可以為較平價的酒款增添怡人的層次風味。以上這些酒款搭配各式環肥燕瘦的禽類料理，都能充分愉快享受。

haggis 羊雜

這道蘇格蘭名菜是由羊心、羊肝、羊肺、燕麥、羊脂與辛香料組成，傳統吃法是搭配蕪菁泥，與少許威士忌。我喜歡以十年份的「Talisker」搭配這道菜，這支來自斯開島（Skye）的單一純麥威士忌有著強烈野性、輕快的冬季海洋氣息與煙燻風味。威士忌的辛辣胡椒調性與羊雜裡的調味料互相呼應，宛如天生一對。

在雪莉桶陳釀的威士忌擁有一股低沉的暖意與輕柔的氣息，輕輕貼合配菜裡的蕪菁甜味。也可試試喉間能綻放暖意的十年份「Macallan」雪莉桶陳釀或「Kilchoman Machir Bay」，後者擁有艾雷島威士忌的精準與泥煤特質，但因曾在歐羅索雪莉桶待過幾週，風味更顯飽滿。日本威士忌（也是蘇格蘭境外能喝到最具蘇格蘭特色的威士忌）與羊雜，也是天造地設的絕讚組合。推薦各位山崎（Yamazaki）威士忌。

能搭配料理中黑胡椒的葡萄酒，尤其是本身就帶有碎黑胡椒粒風味的酒款，就是希哈了。可以選擇隆河北部、澳洲或南非較冷涼地區之酒款。

hake 無鬚鱈

薄薄沾上一層麵粉，也許再沾點蛋液後油炸的無鬚鱈，搭配冰鎮的菲諾雪莉十分可口。西班牙幾乎每個地區的無鬚鱈都各有特色，端看如何料理，而無論紅酒或白酒，在地酒款幾乎都是最佳的搭檔。

ham 火腿

參考詞條：charcuterie 熟食冷肉盤、gammon 醃豬腿肉。

hangover 宿醉

我會以「Lucozade」能量飲與無止境的茶，搭配宿醉吞下肚。狗毛療法有點誇而不實。參考詞條：sherry 雪莉；其中有西班牙 Bodegas Hidalgo La Gitana 酒莊的哈維爾‧伊達戈（Javier Hidalgo）的評論。

harissa 哈里薩辣醬

這款熱辣的紅色北非辣椒醬經常用來醃漬雞肉、鵪鶉與魚，或塗抹在這些肉類外面再料理。這款辣醬適合搭配香氣十足的微甜或中等甜度白酒，像是具花香的灰皮諾，或德國 Mosel 或 Nahe 產區等具花香的麗絲玲。尤其玫瑰哈里薩辣醬配上灰皮諾的花香口感，非常迷人。

微甜粉紅酒也能緩和口中哈里薩辣醬的辣味。當辣味感覺從炭烤羊肉中漸漸消失時，喝杯紅酒能以愉快的方式重燃辣度。黎巴嫩或葡萄牙混調就是很好的選擇。

herbs 香料香草（翻轉食材）

香料香草植物對於料理的風味影響相當強大，因此須費心思挑選酒款。香料香草植物與葡萄酒的互動十分極端，可能瞬間決裂，或相輔相成。參考詞條：coriander 香菜、dill 蒔蘿、rosemary 迷迭香、tarragon 龍蒿、thyme 百里香。

hollandaise 荷蘭醬

這道濃郁的奶油醬適合圓滑柔和的木桶發酵夏多內，以及未過桶夏多內。

ice cream 冰淇淋

　　冷凍或其他形式的鮮奶油冰品，很適合搭配飽滿且溫暖的烈酒，例如白蘭地與蘭姆酒。香草冰淇淋也可以搭配其他添加了聖誕節滋味的飲品，包括堅果、香料、果乾與摩卡咖啡。當然，以香草冰淇淋為基底能依據想要的甜味飲料特別調製成任何口味。下面列出幾種可能的方式。

加進冰淇淋

　　無庸置疑地，要混合酒精與冰淇淋的最好辦法是打從一開始就結合。最明顯的美味組合有蘭姆酒與葡萄乾；「Baileys」奶酒；有著雞蛋香、快速拌進馬薩拉酒的義大利甜點沙巴雍（zabaglione）。義大利人為葡萄酒與冰淇淋的雙料專家，抵擋不了將義大利半島每一種酒類都做成義式冰淇淋的誘惑，但有兩款我不大推薦：黑達沃拉（西西里島的紅酒葡萄品種）以及亮黃色的苦味香料女巫利口酒（Strega）。

淋上冰淇淋

　　挖幾球香草冰淇淋放在聖代高腳玻璃杯裡，淋上酒，就會像醉醺醺版的阿法奇朵咖啡（affogato）。PX 雪莉就很適合淋在冰淇淋上。這種濃稠的雪莉大概是全世界最甜的酒，每公升含糖量高達 450 公克。黏稠、濃甜的深棕色酒體，在視覺與口感上都像是糖蜜，宛如糖蜜加進了肥厚多汁的液狀乾葡萄。冰淇淋加上此款雪莉是我所遇過最快速、最簡易也最受歡迎的甜點。我的祖母以前非常迷戀這道甜點。事實上，一支半瓶裝（375 毫升）的 PX 雪莉會是祖母們非常棒的聖誕襪小禮物。

搭配冰淇淋

簡易搭配：冰淇淋的選擇請固定在香草、巧克力、堅果、烤布蕾、咖啡與焦軟糖等口味，而搭配的酒類有很多種（大部分是加烈酒），只要倒一杯與冰淇淋一起享用就會很美味。試試澳洲蜜思嘉加烈酒，這款令人縱情的加烈酒讓人想起德麥拉拉蔗糖（demerara sugar）、焦糖與果乾；較甜的馬德拉（產自非洲與歐陸之間的火山島上，尾韻悠長彷彿天長地久，其中博阿爾或馬姆齊是較甜馬德拉的葡萄品種）；馬薩拉；茶色波特；Maury 產區酒款（南法 Roussillon 地區以格那希釀製的自然酒）；巧克力利口酒。目前為止，我最極致的冰淇淋與葡萄酒經驗，是在南澳的 Penfolds' Magill Estate 酒莊。當時是午餐時間，我故意不點甜點，想要吃掉朋友甜點的一半好激怒她。那道冰淇淋真是不可思議啊，由烤扁桃仁、巧克力、開心果仁、焦糖與葡萄乾組成，葡萄乾已先浸漬於風味飽滿的澳洲加烈酒「Penfolds' Grandfather Tawny」酒款。一旁的冰淇淋佐餐酒款是「Penfolds' Great Grandfather Tawny」酒款，比在冰淇淋裡的酒款更簡練強烈。只要依照這份以香草冰淇淋為基底的好食譜，就能做出類似的美味甜點，配上任何一款澳洲加烈酒或陳年茶色波特，或用來浸漬葡萄乾，作法一點也不難（這道甜點都會讓我想到童書作家羅德·達爾的作品《世界冠軍丹尼》，但不包含安眠藥）。克勞蒂亞·羅登（Claudia Roden）在她的著作《西班牙美食》（*The Food of Spain*）有一道大受歡迎的食譜，也使用了相同的酒漬葡萄乾與甜酒組合。她也喜歡用酒製作冰淇淋，或一邊吃著冰淇淋，一邊喝著酒享受。

更多細緻的點子：理論上，任何甜酒都能搭配冰淇淋，只要風味能與酒液互相呼應即可。記住，當口腔很冰冷時會嘗不到酒液的細微風味。某次我以飽滿香甜的金黃色匈牙利 Tokaji 甜酒，搭配由無花果與甜酒煮橘皮做成的冰淇淋，無敵饗宴。還有一次，則是開了知名的 Sauternes 產區陳年「Château d'Yquem」酒款，搭配香草冰淇淋佐新鮮椰仁片、鳳梨片、燈籠果與金橘，真是非常聰明的組合。

Indian 印度料理

　　印度雖產酒，卻不是擁有喝酒或餐酒搭配文化的地方。「我一到法國很快就

發現，法國人會花十五分鐘站著喝開胃酒，然後花三小時以酒佐餐，」在印度出生的侍酒師馬甘迪波‧辛格（Magandeep Singh）某次在印度酒品酒會告訴我，「在印度，剛好相反。表訂晚餐七點開始，人們就會八點才出現，花三個小時聊天與游走在自助餐桌前，然後匆匆忙忙在二十分鐘內吃完晚餐，才能趕在午夜前到家躺平睡覺。我們不大理解餐酒搭配，因為這不是我們在飯店或餐廳會做的事。」

因此，探索葡萄酒風味與印度料理的配對方式，大部分依靠移民到英國、澳洲與美國等世界各地開餐館的廚師，以及會在家看食譜書自己煮、叫外賣或在餐廳點印度菜時，一面希望搭配酒款的西方食客。

這表示當我們品嘗正統印度料理（各種改良版、近似版與各地區口味版本）時，會希望擺滿一桌各地風格截然不同的料理。

印度料理西化則帶來另一個重點。印度 Grover Zampa 酒莊的汀波‧阿薩維亞（Dimple Athavia）告訴我，他們的微甜維歐尼耶非常受歡迎，其香氣與香辣味互相呼應，而微甜口感能減緩灼熱辣感。這就是我會為辣味料理選擇的酒款風味。然而，該酒莊七成產品都在印度國內銷售，供給國際化大城市如孟買、德里與邦加羅爾（Bangalore）的餐廳。我與許多喜歡以酒佐餐的印度人聊過，他們喜歡的並非微甜白酒，而是桶陳紅酒，這是我吃重辣食物時會避開的酒款，因為熱辣感會讓單寧（來自橡木桶與葡萄）感覺更強悍。我一直都假設，這反映出兩種可能，印度人要不是對辣味的耐受性較高，要不就是偏好那樣的激烈口感。馬甘迪波提供了不同的觀點，「在印度，我們沒有副餐。麵包會擺在盤子的六點鐘方向，旁邊圍繞著其他不同的菜餚。我的一口是從麵包或米飯開始，然後再拿一點其他菜放進口中。滿滿一口大約有八成是碳水化合物。這有降低辣味的效果。」換句話說，如果吃同一桌菜，印度式吃法會與西式習慣的大啖醬料、辛香料、蛋白質的飲食方式很不一樣。

印度料理的世界很廣闊，同時也向外蔓延中，但如果各位同時分食好幾種菜餚，那麼，想要找到一支適合的酒款將會永遠是趨近藝術的學問。這就是為什麼我花了最長的篇幅介紹辣椒的威力，以及討論很常見的「咖哩」料理，同時也提供幾款最知名的印度料理詞條提供大家查詢。參考詞條：dhal 印度扁豆咖哩、Goan fish curry 果阿咖哩魚、rogan josh 喀什米爾羊肉咖哩、tandoori 坦都里爐烤料理。

jacket potato（with cheese）烤夾克馬鈴薯佐起司

　　如果馬鈴薯是在柴火餘燼悶烤，或沒有用鋁箔紙包覆外皮在烤箱烘烤，而出現酥脆、煙燻味的厚厚外皮，那麼可以試著搭配煙燻風味的 St Chinian 產區桶陳酒款，它有時聞起來有栗子皮的氣味。波爾多淡紅酒也是一個喝起來舒服的選擇。同樣地，澳洲卡本內蘇維濃與希哈混調也不錯。若是想要時髦一點，就挑內比歐露、Barolo 或 Barbaresco，都很適合充滿奶油香的起司與火烤味。不過，任何酒款都很適合這樣的療癒食物。

jambon persillé 火腿肉凍

　　這道做成果凍狀的法式火腿凍派，以豬肘肉與巴西里葉製成，上桌前切成厚片，搭配麵包或吐司一起吃就是非常美味的前菜或點心。開一瓶冰涼的輕盈過桶布根地白酒會非常完美。

Jansson's frestelse 焗烤醃鰻魚馬鈴薯派

　　這道料理的原文字意是「詹森的誘惑」，是一道聖誕節享用的傳統瑞典菜，為帶著魚香的馬鈴薯千層派（dauphinoise），由馬鈴薯、洋蔥與醃鰻魚（ansjovis）做成。瑞典文「ansjovis」是指以加了香料的滷水所醃漬的鰻魚，帶有一種溫醇與丁香的香甜風味，很可惜用地中海鰻魚片替代的話就不對味了。我第一次吃到這道菜，是由擁有一半德國血統與一半瑞典血統的美食狂人喬伊·韋德薩克為我烹煮。喬伊為這道菜用了從家鄉進口來的「阿巴鰻魚罐」（Abba ansjovis），雖然是錫罐裝，但仍須冷藏保存。裡頭的混合香料是機密，不過據說包含有肉桂、檀香與薑。適合來一小杯冰凍的伏特加，例如波蘭的「bison-grass Zubrówka」伏特加，可以在一口口又鹹又甜又辣，又有洋蔥味的焗烤馬鈴薯之間，讓味蕾清爽一下。不過，

烈酒是更好的選擇，因為它所擁有的香料味與這道料理完全絕配。

「事實上，」當我們坐下來開始討論烈酒時，喬伊這樣說，「越吃焗烤醃鯷魚馬鈴薯派，越覺得必須要配烈酒。」然後他開始給我一堂簡單扼要的各國烈酒版本簡介：「瑞典烈酒（最有名的牌子是 O. P. Anderson）擁有典型的純淨、絲滑與新鮮調性，整體帶有蒔蘿與茴香氣味。丹麥的烈酒（Aalborg 是最大的牌子）與瑞典類似，但更溫和，沒有那麼爽冽，若將 O. P. Anderson 比擬為曼薩尼亞雪莉，那麼 Aalborg 就是菲諾雪莉了，而後者的葛縷子味道更強烈。在挪威，則是 Linie 品牌子最有名，這款烈酒會裝在雪莉桶後出海。海洋提供了特別的濕度，加上船隻隨浪搖擺的振動，都讓它顯得更柔和，感覺像是陳年蘭姆酒，喝起來與其他兩款烈酒很不同。」

如把口感同樣純淨與銳利的葡萄酒（比如阿里哥蝶或阿爾卑斯山區賈給爾），冰鎮到相當於極圈的低溫再搭配這道菜，也是很好的選擇。

jerk (chicken, goat or pork) 牙買加香料烤肉（雞肉、山羊肉或豬肉）

蘭姆酒（加汽水）是最適合搭配這道又熱又辣、含有百里香、新鮮生薑、多香果與黃砂糖的加勒比海料理。第二棒的選擇是稍微帶甜的啤酒。葡萄酒的話，就選低調且稍帶甜味的深色粉紅酒。

kebab 中東烤肉串

　　在家裡製做中東烤肉串是處理吃剩烤羊肉最受歡迎的作法，但我會吃得很快、很多，又一片狼藉（大蒜辣醬從中東烤餅溢出，萵苣絲與番茄丁則撒得到處都是），其實根本幾乎沒有機會喝一口酒。雖然我很清楚知道烤餅包烤羊肉串很適合搭配厚實的粉紅酒（也許是黎巴嫩），或者結實並帶有一點攻擊性的紅酒（如希臘、土耳其、黎巴嫩或葡萄牙）。烤雞肉串則須搭配中性一點的平價白酒。

kedgeree 英式印度風香料飯

　　我從沒用葡萄酒搭配過這道混合了燻魚、雞蛋、米飯與孜然的料理。這是早餐吃的料理。正山小種茶（Lapsang souchong tea）是一種以松木燻製過的茶葉，它與有著濃厚煙燻味的魚肉來說最是對味，對我來說這是此料理唯一的飲品配法。

King George whiting 喬治王鱈魚

　　喬治王鱈魚是澳洲肉質最細緻的魚種，它滑嫩的白色肉質搭配年輕新鮮的澳洲麗絲玲最棒。在陽光閃耀的海邊一邊吃著這道魚料理（以燒烤處理最佳），一邊感受這支不甜酒款的銳利萊姆風味，讓每一口之間都有怡人的清爽感。

kippers 英式醃燻鯡魚

　　煙燻鯡魚與塗了奶油的全麥麵包，呼喚的其實是一杯英式早餐茶。正山小種茶或伯爵茶。唯一的酒精選擇是一小杯帶有泥煤氣味的艾雷島威士忌。

L

lamb 羔羊

　　羔羊肉很幸運地擁有一款天生絕配的葡萄品種。那就是卡本內蘇維濃。這表示羔羊肉的經典佐餐酒是波爾多紅酒，以左岸為佳，卡本內蘇維濃在那兒是混調紅酒的主幹葡萄。在高級酒款中，Médoc 產區的 Pauillac 村種植最多此品種葡萄，在這座小村可以輕易地大啖來自附近的 Pauillac 羔羊排；當地的羊隻，如同葡萄酒，都受到歐盟法定產區產品保護制度的認證。在一般日常裡，當把羔羊排放進橫紋鍋中，就可以開一支找得到最澀也最張牙舞爪的波爾多淡紅酒，任何一款有卡本內蘇維濃及梅洛的酒款都可以。當你邊吃邊喝時，小小的魔法就會發生。原本喝起來充滿砂土、舊布及宛如紅茶般又青又澀的這支酒款，將變得更成熟且鮮美。這招真像是派對魔術，也是讓平價葡萄酒大鳴大放的絕頂聰明辦法。

　　卡本內蘇維濃當然不一定得是波爾多產區的才行。Bergerac 與 Buzet 產區，以及南邊一點的 Pays d'Oc 產區，都有較為質樸的優質酒款。而也不是非得是法國酒款不可。許多極佳的卡本內蘇維濃混調紅酒來自美國 Napa valley、阿根廷、南非、托斯卡尼與澳洲，以及更多其他產地。

　　搭配羔羊肉出色的紅酒遠遠不只卡本內蘇維濃。我會把去骨羊腿肉攤平後，抹上由大蒜、鯷魚與迷迭香磨碎混合的醃料，送進烤箱烘烤，我已經不知道多少次如此料理羔羊肉了，而且不只是因為可以作為簡單晚餐。這道料理的芬芳風味可以搭配的紅酒太多了，我還得阻止釀酒師在本書第二部分推薦酒款時不要太失控，否則整本書可能只會讀到這個主題。適合羊肉的紅酒產地有 Rioja 與 Ribera del Duero（特別適合慢煮羔羊肉）；葡萄牙；法國普羅旺斯、隆河、Madiran、羅亞爾河；希臘與黎巴嫩。為了要達到餐酒組合的最好表現，請多留意羊肉的料理方式（直火燒烤、烘烤、鍋煎或砂鍋煮）、烹煮時間（炙燒或慢煮）以及其他風味的配料。料理前有無抹上辣味香料調味品？或者用新鮮綠色蔬菜包覆？上桌時會與明

亮的紅石榴籽一起吃？還是會有煙燻茄子與中東鷹嘴豆泥沾醬，或填餡的地中海蔬菜？或者，它是否用充滿煙燻味的炭火燒烤？請見下列各種羊肉料理的推薦酒單。

有沒有羔羊肉無法搭配的紅酒？事實上，有的。Gaucho Grill 餐廳舉辦過一場盛大的豬肉、牛肉與羔羊肉搭配阿根廷葡萄酒的品酒會，我當時很驚訝地發現，羔羊肉與馬爾貝克像是某種床伴類型，會尷尬地從床的兩側越過中間廣大的床墊深谷探向對方，然後因為棉被暖不暖而鬥嘴吵起來，最後分房。

不過，搭配羔羊肉也不需要都緊抓著紅酒不放。粉紅酒也很可口。一杯普羅旺斯的極淡色粉紅酒，配上感恩節宰殺的小羔羊肉，就是一場很棒的饗宴；肉質口味越是強烈、飽滿，就在價格可負擔的範圍內挑選越深色、越甜美的葡萄酒。也別把白酒排除在外。以香料香草植物、酸豆與橄欖做的填餡羊肉料理，配上以新鮮檸檬與奧勒岡烹調的希臘風格煮馬鈴薯，非常適合搭配活力十足的希臘聖托里尼島（Santorini）艾希提可或波爾多的桶陳白酒。參考詞條：cottage (or shepherd's) pie 農舍派（或牧羊人派）、curry 咖哩、kebab 中東烤肉串、Lancashire hot pot 蘭開夏燉羊肉、moussaka 希臘茄子千層麵、tagine 塔吉鍋料理。

烹調部位與方式

直火燒烤羔羊肉：在冒著煙的炭火或燒柴烤肉的巨大風味之前，需要搭配結實且勇猛的酒款。如果想選波爾多，就挑年輕且生命力旺盛，或又年輕又貴（價錢更高＝更簡練濃縮）的酒款。不然，這也是可以拿出北隆河或新世界紅酒的好機會，例如南非的煙燻風味希哈，或生氣蓬勃的澳洲 Barossa valley 產區希哈。醃料的食材也會影響選酒的方向（請見下列）。

慢燉羊膝：溫和風味的鄉村紅酒很適合這道慢燉平價部位羊肉的料理，其呈現濃郁、入口即化口感。Languedoc-Roussillon 產區紅酒，特別是 Corbières、Fitou、St Chinian 產區。黎巴嫩混調紅酒或平價的南非卡本內、希哈、梅洛或仙梭都是很不錯的選擇。

冷食烤羊肉：冷卻後的烤肉切片肉質比較乾柴，可以搭配年輕、具果香、帶點酸度的酒款，經稍微桶陳或未過桶都可以。試試隆河丘；南澳 Coonawarra 產區卡本內蘇維濃；薄酒萊優質村莊級或村莊級；基本款的波爾多淡紅酒，可選 Côtes de Castillon 產區；或者明亮且風味集中的義大利紅酒，如巴貝拉。

羊腎：澳洲溫柔、清淡的黑皮諾，或餐酒級法國黑皮諾，都可以搭配羊腎柔軟的口感。

羊肝：帶有酸櫻桃味的澀感葡萄酒適合羊肝料理，例如年輕的多切托、巴貝拉或加美。如果是一起享用羊肝與羊腎，那麼試試有著草本香料般緊致感的德國黑皮諾。另一個選擇是風味強烈的紅酒，像是智利的卡門內爾，或南非的卡本內蘇維濃或皮諾塔吉等品種酒款。

初生羊：肉質柔軟、風味細緻，值得搭配更突出的陳年酒款，像是成熟的波爾多或布根地，兩者風味雖然複雜，但遠比明亮年輕酒款來得更細緻。

粉嫩羊肉：來自羅亞爾河的黑皮諾與卡本內弗朗。後者帶有樹葉、紅醋栗與新削鉛筆香氣，都很適合帶有粉紅色澤熟度的羔羊肉，尤其是配菜有豌豆仁、萵苣與迷你紅蘿蔔等春季蔬菜。

烤羔羊肉：如果是簡單的羊肉烘烤，幾乎什麼酒款都很相配。可參考一開始的建議酒單，從波爾多左岸到 Supertuscans 酒款都很適合。

慢烤羔羊肉：羊肩肉是最常拿來慢烤的部位，在家享用時配上 Rioja 或 Ribera del Duero 產區的西班牙紅酒就很適合。試著找到年輕的酒款，讓烤得軟嫩的羔羊肉與明亮的草莓、乾草味的酒液形成對比，或者試試更有橡木桶風味的陳年酒款，這樣的酒款將開始變得如秋天葉子般的溫和，很適合融入柔軟的羊肉當中。

配料與配菜

鯷魚、迷迭香、大蒜：這些地中海或義大利式的風味適合當地酒款。如果是羊腿抹上或塞進這類鹹味調味料，試試看配 Bandol 或普羅旺斯其他產區紅酒、Languedoc（Corbières、Faugères、St Chinian）、隆河北部或南部（兩者都具有一種草本的野性風味，有時甚至有薄荷味，與迷迭香很對味）。義大利中部酒款，如 Rosso di Montepulciano、Montalcino 與 Chianti 等產區，也是很適合。更聰明一點的選擇是開一瓶帶有卡本內蘇維濃元素的 Domaine de Trevallon 酒莊酒款，在普羅旺斯以希哈與卡本內蘇維濃釀製，或是一支 Supertuscans，又或是一支以少量卡本內蘇維濃支撐著山吉歐維榭的 Chianti（Querciabella 與 Fontodi 是兩間 Chianti Classico 產區酒莊，會在自家特釀酒款加入一定比例的卡本內蘇維濃）。如果把鯷魚、迷迭香與大蒜放進白豆配菜裡，「義大利＋卡本內」的組合酒款會特別出眾，更棒的是，如果主菜是鍋煎羔羊排。

辣椒或辣味醃料：試試澳洲優質的希哈與卡本內蘇維濃混調的溫暖成熟擁抱，或來自智利、南非充滿明亮果香的紅酒。

北非小米（作為配菜）：味道飽滿且加了葡萄乾的北非小米，適合搭配帶有木頭、李子與菸草香氣的陳年級（reserva）Rioja。如果是羊肉與辣味北非小米拌紅石榴籽，則很適合搭配澳洲 Coonawarra 產區的卡本內蘇維濃、紐西蘭 Central Otago 黑皮諾或勁道較強的澳洲希哈，此款可選擇 McLaren Vale 或 Barossa Valley 產區。風味強烈一點的北非小米，例如有著蕪菁與青蔥，再配上主食粉嫩熟度的羊肉時，適合卡本內弗朗或未過桶 Costières de Nîmes 產區酒款。

菲達羊起司、檸檬、酸豆與／或綠橄欖：這個作法帶有強烈酸度與鹽分，需要一支帶有一些酸度與澀度且勢均力敵的酒款。巴貝拉的效果不錯，黎巴嫩或希臘紅酒也可以，或者非常年輕、酸度強且沒有過多木桶香氣的波爾多紅酒。如果使用很多菲達羊起司、檸檬、酸豆與橄欖，不管是當做羊肉的餡料或加進配菜的沙拉或馬鈴薯中，可以選擇白酒，像是有著烤葡萄柚、檸檬木髓與車葉草風味的過桶

波爾多白酒，但要選擇比較年輕的酒款，或 Santorini 產區的艾希提可，也會很美味。黛安娜‧亨利（Diana Henry）在她的著作《豐味美食》（*Food from Plenty*）中，就使用了這些食材的風味，製作美味又充滿希臘風的復活節羊肉料理。

香料香草酥皮：羊排、羊肋排或羊腿外裹一層酥脆麵皮的作法，適合來一瓶卡本內酒款（卡本內蘇維濃或卡本內弗朗都好）。可選擇波爾多、羅亞爾河或澳洲 Coonawarra 產區三地酒款。

薰衣草與迷迭香：灑上這兩種香料燒烤的去骨羊腿排，配上隆河丘（村莊級）酒款非常美味，可以選擇自大型產區酒款，或獨立村莊級酒款，例如 Gigondas、Vacqueyras、Rasteau。

地中海蔬菜（茄子、百里香與大蒜填餡番茄及甜紅椒）：讓我們回到普羅旺斯。那裡的淡色粉紅酒是好選擇。或我可能會稍微受到北邊酒款的誘惑，像是隆河北部的希哈，或隆河南部以格那希為混調主調的紅酒。

中東開胃小點或中東風味料理：如果羊肉只是晚餐的一部分，其他還有很多中東開胃小菜，那很可能會熱鬧滾滾：一堆翠綠巴西里、鹹橄欖、澀味鹽膚木粉、土壤味的鷹嘴豆、辛香料。在這群喧鬧的風味中，佐餐酒款得要嗓門夠大才能有立足之地。隆河北邊的 Crozes-Hermitage 與 St Joseph 產區酒款就能達到這個效果。深色粉紅酒也是可以的。而來自東歐更質樸且單寧較強的紅酒，或（近年來更為細緻的）黎巴嫩混調是另外的好選擇。一個聰明的解決之道，是選擇 Crozes-Hermitage 產區酒款明星釀酒師亞倫‧葛雷羅在熱力四射的摩洛哥釀製的猛烈的希哈。或者試試南非 Stellenbosch 產區的卡本內蘇維濃。

薄荷醬：強烈的醋味與薄荷味需要一瓶酸度夠的平價波爾多紅酒。

紅醋栗與其他果味配料：如果盤中同時有羊肉與紅色莓果，我會挑羅亞爾河明亮

的年輕紅酒（卡本內弗朗非常適合羊肉與紅醋栗的組合），或阿根廷、南非、智利、紐西蘭與澳洲的成熟紅酒。如果盤中也有帶土壤味的配料，例如扁豆或中東鷹嘴豆泥沾醬，那麼可以挑橡木桶味重一點的酒款。

大蒜馬鈴薯泥（skordalia）：搭配羊肉與這道檸檬杏仁薯泥的佐餐酒，參考詞條：feta 菲達羊起司、lemon 檸檬、capers and/or green olive 酸豆與／或綠橄欖。

Lancashire hot pot 蘭開夏燉羊肉

任何類型的紅酒都可以搭配這道料理，但我特別喜歡平價的 Rioja 或其他產地的田帕尼優，因為它的溫潤特質非常適合羊肉以及燉煮根莖類蔬菜的甜味。

lasagne 千層麵

指的是義大利人所說的「波隆納肉醬千層麵」（lasagne alla bolognese），一層層麵皮夾著番茄肉醬與奶醬。千層麵有許多的變化作法，從清爽、帶有月桂葉香氣的版本，到充滿濃稠起司的英國版本。所有類型的千層麵都適合搭配義大利紅酒，後者具備足夠的酸度可以解膩，並且擁有鮮美風味可以陪襯肉醬。山吉歐維榭是通殺酒款；如果想要更清爽，那就挑 Chianti Rufina 產區酒款。我個人喜歡過桶或稍微過桶的年輕內比歐露，奶油味較低、香料香草植物風味較重。不過義大利還有許多其他紅酒都很適合搭配千層麵，從易飲的 Biferno 產區紅酒到西西里島的黑達沃拉。參考詞條：ragù alla 番茄肉醬。

當然，千層麵是一種義大利麵類型的名稱。只要瞄一眼暢銷義大利料理食譜書《銀湯匙》（*The Silver Spoon*），就會發現書中有許多不同地區口味版本，包括拿坡里肉醬千層麵（由牛肉、莫扎瑞拉起司與片切水煮蛋所組成），以及各種口味，如菊苣千層麵、韭蔥黑松露千層麵、茄子力可達起司千層麵等等。再加上義大利境外各式各樣的蔬菜千層麵，大概可以寫成一本書了。從千層麵、水管麵到焗烤管麵，通常都比一般淋上醬汁的水煮義大利麵更豐腴、更重口味，不過，內餡仍是選酒的最佳依循方向。任何千層麵，不管是蔬菜口味或其他，只要是番茄醬底，通常都適合搭配山吉歐維榭。菊苣千層麵則需要有澀味的酒款。海鮮龍蒿千層麵

適合搭配蘇維濃與榭密雍混調。菇類千層麵幾乎可以配上任何一種豐厚且肉感的紅酒。

lemon 檸檬（翻轉食材）

檸檬是一種存在感很強的食材。它的味道極有穿透力又極酸，可以讓一些酒款喝起來平淡無味。小心看待檸檬調味的沙拉，或與切片檸檬一起烘烤的料理：例如含有鷹嘴豆、綠橄欖與檸檬的鍋烤雞，或加了檸檬薄片一起烤的魚類料理。

如果是用檸檬味沙拉搭配肉類主食（牛排與菠菜沙拉佐檸檬汁橄欖油醬等等），就要靠義大利紅酒的足夠酸度來處理。不然也可以很簡單地，找找具備檸檬或柑橘風味的白酒，因為它們通常都有活潑的酸度。建議選擇包括 Gavi 產區酒款、阿內斯、白蘇維濃、麗絲玲、維岱荷與艾希提可品種酒款。參考詞條：preserved lemon 醃檸檬。

lemon tart 檸檬塔

麗絲玲甜酒是酸度很適合這道甜點的酒款，建議尋找德國逐粒精選（beerenauslese）及乾葡精選（trockenbeerenauslese）麗絲玲。

lemongrass 檸檬香茅

這種熱帶草本有著木質莖部，活躍的柑橘香氣相當吻合香氣十足的白酒，如麗絲玲與白蘇維濃（尤其是紐西蘭、南非、智利的強烈白蘇維濃葡萄）及綠維特林納。但請小心，檸檬香茅經常用在泰式料理，當偏好較甜酒款的辣椒也出現時，請勿冒著忽視它的風險。不過，這些芬芳酒款與檸檬香茅原本就很相親相愛，所以料理泰國菜時，我常會打開一支不甜麗絲玲，或 Marlborough 產區白蘇維濃，在傍晚的廚房裡一邊切菜一邊喝酒聊天。阿爾薩斯不甜 Hugel 酒莊麗絲玲（一開始嘗起來就像新鮮現擠的萊姆汁沖刷過石頭堆，一會兒又膨脹飽滿地像桃子與克萊門氏小柑橘），在依照湯姆‧帕克‧鮑爾斯（Tom Parker Bowles）的《來吃吧》（Let's Eat）食譜做一大碗「檸檬香茅萊姆雞湯」時，這是最受歡迎的酒款。參考詞條：chilli 辣椒。

lentils 扁豆

當出現了帶有土壤味的深綠色小扁豆（不必然是普伊扁豆），或在義大利翁布里亞（Umbria）會遇到的棕色小扁豆，就端出整盤食物再開支紅酒。那道料理可能是一塊鱈魚搭配義式培根與扁豆，或蜜汁烤醃豬腿肉搭配以火腿高湯與切碎迷迭香、大蒜、一大匙鮮奶油所煮的扁豆，不管是哪種，這時候紅酒都比白酒來得好。我通常會依據盤中的其他食材決定搭配什麼酒款，也許是西西里島的馬斯卡斯奈萊洛搭配魚肉扁豆料理，也許是澳洲格那希搭配火腿。如果你想要找跟扁豆一樣有土壤風味的酒款，可以考慮西班牙、葡萄牙 Dão 產區的門西亞品種酒款，或者一支擁有農舍風味的 Chianti 酒款。參考詞條：dhal 印度扁豆咖哩。

lime 萊姆

就像檸檬，萊姆的酸度擁有強勁衝擊力，如果蘭姆份量很多，最好是選一支酸度也夠強的酒款。麗絲玲就是兼具萊姆香氣與活躍酸度的酒款。參考詞條：lime (dried) 萊姆乾、South-East Asian food 東南亞料理。

lime (dried) 萊姆乾

萊姆乾常見於中東料理。它們擁有強烈香氣，而萊姆本身也非常有砂土與土壤風味，而非尖銳感。萊姆乾很有機會主導整盤料理的風味，此時，我會選擇一支讓人想起大地與熱氣的紅酒。來自希臘、黎巴嫩、土耳其與葡萄牙的酒款都很適合。

下列提供一道經典伊朗料理改良版。我喜愛那強烈的萊姆風味，甚至會把它們撕開擠汁到盤上，吃起來會更有砂質檸檬調性。如果萊姆乾的風味對你來說實在太怪異，那麼第一次製作可以只使用一顆，這樣味道也夠強烈了。

伊朗燉肉（羔羊、萊姆乾與番茄砂鍋菜）
KHORESH GHEIMEH (LAMB, DRIED LIME AND TOMATO CASSEROLE)
三至四人份

· 橄欖油

· 洋蔥，1 顆，去皮切碎

· 大蒜，3 瓣，去皮切細末

· 羔羊肉，500 公克，切丁

· 番紅花，1 撮，與 2 大匙溫水攪拌均勻

· 肉桂粉，0.25 小匙

· 孜然粉，0.25 小匙

· 香菜粉，0.5 小匙

· 薑黃粉，1 小匙

· 罐裝番茄（整顆），400 公克（1 罐）

· 番茄糊，2 大匙

· 萊姆乾，3 顆，用金屬叉或開瓶器鑽頭插幾個洞

· 黃豌豆仁，150 公克，以冷水沖洗

· 水，500 毫升

· 茄子，1 條

· 原味優格，搭配上桌（視喜好）

將 2 大匙橄欖油倒進小砂鍋裡，小火熱鍋後，放進洋蔥，炒至軟化且半透明。加進大蒜，拌炒至大蒜與洋蔥都轉為淡金黃色。用有洞的舀杓將大蒜與洋蔥撈起，放置一旁備用。現在，使用同一個油鍋將羊肉煎到焦黃，過程中可視需求再添加點油。把大蒜與洋蔥放回鍋中，並拌進番紅花、肉桂粉、香菜粉與薑黃粉。繼續煮 2 分鐘，不停攪拌。加進番茄，利用杓子邊緣一邊攪拌，一邊把番茄搗碎，再加入番茄糊。倒些水進空番茄罐頭搖一搖，再把水加進鍋中，也放入萊姆乾。以小火煮滾，鍋蓋稍微蓋著，煮約 45 分鐘。然後拌入黃豌豆仁，讓整鍋持續小火沸騰，半掩蓋煮 45～60 分鐘。中途記得留意砂鍋沒有煮乾，視需要再加點水。當砂鍋還在燉煮時，將茄子縱向切成片後，再切成條狀。用油炒到金黃熟透，然後移到盤子上，用廚房紙巾將多餘的油吸乾。當豌豆仁完全煮透且醬汁變得濃稠，燉菜就完成了。將冰奶油小丁插幾顆進米飯裡，然後把茄子條散放在飯上，與砂

鍋一起上桌。另外，可以隨喜好附上一碟優格。

liver 肝

雞肝算是中性食材，可以加進菠菜培根沙拉，也可以煎熟後切碎，與酸豆放在脆麵包片上，可以搭配山吉歐維榭品種酒款或薄酒萊酒款。炙燒的小牛肝與培根可以搭配巴貝拉、波爾多紅酒、薄酒萊、Chianti 或 Valpolicella Ripasso 酒款。參考詞條：chicken: liver 雞：肝。

lobster 龍蝦

熱騰騰的烤龍蝦可以搭配布根地白酒（符合預算的最佳酒款），或一支過桶波爾多白酒，其口感質地、烤柑橘與松木香氣搭配龍蝦肉的甜味非常完美。如果龍蝦是與萊姆一起燒烤，而不是只有水煮或加檸檬奶油，波爾多白酒尤其適合。如果是冷食龍蝦美乃滋（也許還混合了新鮮手撕羅勒葉與對半切的櫻桃小番茄），一杯冰涼的夏多內就很適合如此乳脂滑順的質感。記得選一支不那麼濃郁的夏多內，例如 Chablis 或布根地其他地區；澳洲 Mornington Peninsula 產區或維多利亞省較冷涼地區的新風格澳洲夏多內；還有香檳。

M

macaroni cheese 焗烤義大利通心麵

能夠消解牽絲起司黏膩感的清新白酒，就選匹格普勒品種酒款或帶有柑橘香的未過桶義大利白酒，像是阿內斯、柯蒂斯、維門替諾、帶點刺激感的維納恰等品種酒款。不過，這是一道舊時光的撫慰料理，配上一杯老派的波爾多紅酒應當也會很滿足，例如年輕酒款（帶有清爽酸度）或卡本內比例很高的混調酒款。參考詞條：cheese 起司、pasta 義大利麵。

mackerel 鯖魚

選一支令人心曠神怡的白酒或紅酒，來搭配這種油脂豐富的魚。紅酒可挑選 Touraine 產區的加美或 Marcillac 酒款，白酒可選擇葡萄牙綠酒。

meatballs 肉丸子

肉丸料理有很多形式，所以能以調味方式做為選酒方向。義式風味（包括羅勒、佩哥里諾乳酪、茴香、茴香籽）可搭配義大利酒款。黑達沃拉、Teroldego Rotaliano 或 Cerasuolo di Vittoria 產區酒款（西西里島的弗萊帕托與黑達沃拉混調），都是搭配佩哥里諾乳酪與羅勒肉丸佐番茄奶醬很好的選擇。如果是辛香風味較重的孜然香菜肉丸，可以開一支口感濃郁的酒款，試試黎巴嫩紅酒。簡單率直的牛肉丸佐番茄醬汁，便可以開心地搭配任何適口的紅酒。

melon 甜瓜

瓜肉香甜而令人陶醉的歌利亞哈密瓜（gallia）與莎蘭泰斯哈密瓜（charentais）是夏天的滋味。將成熟的甜瓜剖半，挖除瓜籽，倒入甜酒，即是充滿懷舊氣氛的法式餐酒館必備甜點。位於法國西部的拉洛歇爾（La Rochelle）地區，出產外皮

淡綠色並帶有條紋的莎蘭泰斯哈密瓜，他們會在瓜中倒進「Pineau des Charentes」加烈甜酒，這是一種混合著熟甜的鮮澀葡萄汁與高酒精濃度、有燒灼感的烈酒（eau de vie，又名「生命之水」）。這是十足享樂的結合。如花似蜜的「Pineau des Charentes」酒款閃耀著光芒，搭配馥郁芬芳的哈密瓜，非常幸福，我實在想不到不一口接一口多吃一點的理由？另一種令人開懷的酒款便是波特，白波特或更棒的茶色波特，茶色波特以木桶陳年，所以帶有焦糖、果乾與烤榛果的放鬆調性。不論哪種波特，都是冷藏後風味更好。

哈密瓜與風乾火腿：一般來說，不管熟食冷肉盤的內容物為何，直覺通常以紅酒搭配享用。不過，充滿水果風味或香氣十足的白酒，更能帶出生火腿、塞拉諾火腿（serrano，譯註：以白豬肉製成，伊比利火腿則是使用黑豬肉，兩者都是著名的西班牙生火腿）或其他部位風乾火腿的多汁豐潤口感，中和過多的鮮鹹味。帶香氣的白酒，如維歐尼耶（讓人沉醉的忍冬與杏桃皮氣味）與蜜思嘉（葡萄味、花香）都很符合哈密瓜的歡愉縱情特質。如果是微甜酒款，這幾項品種特色會更為鮮明，否則哈密瓜的甜味會壓過葡萄酒的糖分，而幾乎感受不到酒液的味道。事實上，如果餐點包含大量哈密瓜，便需要具備某程度糖分的白酒，不然水果的甜味會把酒款給壓制在地，喝起來枯竭乾燥，像是在口中放進一把沙子。但不用太誇張地搭配超黏膩的甜酒，一瓶微甜或半甜白酒，又或是粉紅酒就可以了。可以試試羅亞爾河的微甜白梢楠，有著野花蜂蜜與楹梓香氣：法國 Vouvray 產區，或甚至是最便宜的 Anjou 產區白酒，都可以漂亮地搭配火腿與哈密瓜。帶有蘋果花香氣，宛如純真華爾滋般的卡比內特等級麗絲玲，挑選來自 Mosel 或 Nahe 產區酒款皆可，Rheingau 產區通常對於哈密瓜來說會過於嚴肅，土壤味較重。甜味稍微重一點的酒款，可以選擇氣泡溫和的蜜思嘉酒款。這個風格的酒款源自於義大利西北部，那裡正是口感愉悅、充滿花香以及石頭與桃子皮氣息的蜜思嘉氣泡酒（Moscato d'Asti）的產地。至今仍然是最好且最細緻複雜的蜜思嘉酒款。不過，另外還有兩個氣泡蜜思嘉也很受歡迎的產地，其一是加州，大型酒廠 E.&J. Gallo，另一則是澳洲，Innocent Bystander 酒莊販售的玫瑰色蜜思嘉有酒瓶、大酒瓶與小木桶（沒錯，超大的尺寸）三種容量。

meze 中東開胃小點

具備土壤風味與砂粒質感的鷹嘴豆；煙燻味茄子沾醬；中東白芝麻醬、炸菠菜辣香腸球與一堆堆加了蕪菁與脆麵包丁的綠色塔布勒沙拉（tabbouleh）；從炭燒圓塔型烤箱（taboon）沙沙地出爐的一張張麵包餅……，經常在一整桌擺滿中東風味料理大餐時，我會拿出「隨和好相處」的酒款，粉紅酒。這可不是憑空捏造，粉紅酒在這方面的表現真的很出色。這時候如果想喝白酒，千萬不要選帶有奶油風味的新世界夏多內，或殺氣很重的白蘇維濃，挑選戲劇張力較低的葡萄，例如平實帶有礦石風味的義大利 Abruzzo 產區 Terre di Chieti 子產區的白酒，或是新鮮且帶有柑橘香的希臘榮迪提斯（roditis）。紅酒方面，山吉歐維樹具有美好的沙質口感，是絕佳的選擇。其他理想的酒款還有來自希臘、黎巴嫩、摩洛哥與土耳其的紅酒，以及葡萄牙較深沉濃郁的紅酒，或者沉穩的 Languedoc 產區混調，如 Corbières、Fitou 或 St Chinian 產區。若想要清淡一點的酒款，可以把 Bardolino 產區酒款或 Valpolicella 酒款先放進冰箱二十分鐘，就能在飲用時感受到酸中帶著清涼感。

M

mince pies 英式百果餡派

酥脆餅皮與香甜碎果乾組成的這道餡派，很適合香甜歐羅索或鮮奶油雪莉的葡萄乾風味。有時，不甜雪莉也可以搭配，不過，建議挑選比較厚實的阿蒙提亞諾或強烈的菲諾雪莉，而不是曼薩尼亞雪莉。介於西西里島與突尼西亞之間的義大利潘泰萊里亞島（Pantelleria），釀有香甜帶花香的 Moscato di Pantelleria 產區蜜思嘉，配上百果餡派也非常美味。

monkfish 鮟鱇魚

肉量最多的魚類之一，可以醉醺醺地開心喝著白酒（如過桶 Rioja 或阿爾巴利諾），但鮟鱇魚經常是砂鍋菜的一部分或跟米飯一起吃，或以番紅花、番茄或朝鮮薊調味，如果是以上這些情況，就改喝紅酒，Rioja 與 Ribera del Duero 產區酒款都是很不錯的選擇。

moules marinière 法式白酒燴淡菜

充滿蒜香、鮮甜湯底與紫藍色貝殼的這道料理（加或不加鮮奶油皆可），如果少了一杯 Muscadet Sèvre et Maine 產區酒款（最好帶著經過泡渣的質地與風味），就很難真心覺得開懷。這是最經典的搭配，而且所向無敵。

moussaka 希臘茄子千層麵

由碎羊肉、白醬與茄子組成的濃厚層次，適合配上一杯帶有酸度與單寧感的希臘阿優伊提可。其他優質紅酒選擇還有 Montepulciano d'Abruzzo 產區酒款或風味簡單的義大利山吉歐維樹；帶煙燻風味的皮諾塔吉或南非的卡本內蘇維濃；智利擁有砂土質地的卡門內爾；黎巴嫩混調；或者西班牙的 Bierzo 產區酒款。夏天的話，希臘茄子千層麵適合粉紅酒。與其選擇普羅旺斯口感複雜的粉紅酒，不如挑選 Languedoc 產區、義大利或西班牙的深色粉紅酒。

mushroom 菇類

因為菇類是肉感的蔬菜，如果它是料理主角，會直覺尋找一支紅酒搭配。充滿香氣與大地風味的紅酒是最好的組合。中性的黑皮諾幾乎適合任何菇類料理。牛肝菌（porcini）與雞油菌（chanterelles），同時具備濃郁氣味與細緻口感，非常適合搭配義大利西北部的內比歐露（Barolo 或 Barbaresco 產區）或山吉歐維樹（例如托斯卡尼的 Chianti）。如果是綜合菇類，或較鮮美且具大地風味的平菇（flat mushroom）、白蘑菇（button mushroom）與栗蘑菇（chestnut mushroom），就可以挑選較雄壯的紅酒，如南法勇猛型混調紅酒、Bierzo 產區的門西亞與葡萄牙 Dão 產區或 Douro 產區等帶有砂土感的紅酒。黑皮諾（或類似的土梭品種）、Pomerol 以及陳年 Ribera del Duero 或 Rioja，其中的秋日鮮美特色更為突出，適合搭配菇類、野味或豬肉一起烹調的料理。如果是味道濃郁的菇類料理，也許是使用了酵母萃取物或牛肉高湯來加強風味，可挑選口感比較豐富的酒款，像是卡本內蘇維濃或南非的皮諾塔吉，都可成為口感堅實且冬季十足的佐餐搭檔。

假如想要強調菇類的鮮味，某些白酒的表現甚至會更好。桶陳夏多內（例如 Limoux、侏羅、布根地等產區）、過桶波爾多白酒與桶陳 Rioja，都可以加強菇類

的鮮味，而讓它們嘗起來更有森林感。這些酒款也很適合其他料理，像是大蒜蘑菇烤吐司（在醬汁拌進一大匙鮮奶油）、加了雞肉或豬肉、有著滑順醬汁的菇類砂鍋菜。

　　我特別喜愛加了檸檬百里香的法式蘑菇泥（duxelles），抹在吐司上或放進酥皮餡餅（vol-au-vents）中，然後配上波爾多白酒、澳洲榭密雍與白蘇維濃混調或香檳。如果酒款比較年輕且充滿活力，便可以吐司搭配口感明亮、以檸檬調味的苦菊苣。如果是較陳年的酒款，帶有香菇風味，那麼就降低一點醬汁的柑橘味。

　　一支優質波爾多淡紅酒也是搭配菇類烤吐司很棒的選擇，這也是把又累又遲的晚餐偷偷變成愉快盛宴的好機會。參考詞條：lasagne 千層麵、mushroom risotto 菇類燉飯、omelette 歐姆蛋。

mushroom risotto 菇類燉飯

　　任何適合菇類料理的酒款，從夏多內到左岸波爾多淡紅酒，也可以搭配燉飯。儘管燉飯作法多樣，最好的辦法就是以口味濃淡的相似程度選擇酒款。例如，如果以牛肉高湯、雪莉與保衛爾醬（Bovril）濃縮牛肉汁，製成非常濃郁的燉飯，千萬別配清淡型的法國黑皮諾，而是帶有煙燻調性的南非黑皮諾。

M

mussels 淡菜

　　參考詞條：moules marinière 法式白酒燴淡菜。

mustard 黃芥末醬（翻轉食材）

　　就像辣椒、肉桂與大蒜，我們對於黃芥末的感受不只是透過口中的味覺受器與鼻腔的嗅覺受器，我們也感覺得到痛感，這得感謝離子通道會經過三叉神經的分支，而三叉神經負責的是顏面感受，並溝通與傳遞咀嚼動作的指令。對於強悍艱澀的紅酒來說，黃芥末是神奇的幫手。當遇上紅酒時，黃芥末會安撫其中的單寧。如果吃牛排或烤牛肉時搭配黃芥末一起享用，便會發現紅酒喝起來比單獨搭配牛肉時來得更柔和。這表示能某一支酒款單喝時讓人感覺艱澀（例如 Madiran 產區或平價的青澀波爾多淡紅酒）的酒款，會突然變得更容易親近與可口。同時，

先前喝起來充滿果香的溫和酒款，在吃了一大口黃芥末後，可能會開始覺得有些鬆散無聊。

所以，簡言之，黃芥末的餐搭就是尋找單寧（特別高）或／及酸度，帶有攻擊性的酒款。另外，比起陳年酒款，年輕酒款的表現會比較好。除了強壯的 Madiran 產區與充滿澀感的年輕波爾多淡紅酒，也可以考慮年輕的山吉歐維榭、Cahors 黑酒或有胡椒香氣的冷涼氣候希哈，這些紅酒都適合搭配經典黃芥末料理，如法式芥末燉兔肉（lapin à la moutarde）。如果喜歡比較清新的酒款，而且不想要有強烈單寧，那麼就試試明亮、年輕且有著清晰酸度的不甜酒款。加美是這類型紅酒的先鋒；例如，薄酒萊就非常適合小牛肝佐黃芥末醬。白酒可以考慮阿內斯、柯蒂斯、維爾帝奇歐與維門替諾等品種酒款，這些酒款與黃芥末沙拉醬都很匹配。

M

octopus 章魚

　　淋上橄欖油、撒些紅椒粉的加利西亞章魚（Galician octopus）是西班牙西北部的海鮮珍寶之一。最美味的吃法是搭配一杯帶有鹹杏桃風味的阿爾巴利諾，不過，南非的白梢楠（或白梢楠混調）也是充滿果香的滿足享受之一。

olives 橄欖

　　琴通寧搭配橄欖很合適，伏特加馬丁尼也是。而一杯冰涼的曼薩尼亞或菲諾雪莉與一小盤橄欖也幾近完美。如果橄欖是料理的一部分，那麼它的鹹味與澀感會讓人傾向搭配比較鮮美的酒款。

　　黑橄欖可搭配鮮美且豐潤的酒款，綠橄欖則是酸度較高的酒款。例如，山吉歐維榭搭配黑橄欖完全沒問題。大部分從南法（從 Bandol、Corbières 到 Fitou 產區），隆河紅酒也都很適合。綠橄欖則須搭配帶有一點酸度的酒款。同樣地，山吉歐維榭及許多白酒也都可以勝任。

omelette 歐姆蛋

原味或起司：Bollinger 香檳以黑皮諾品種為主力，桶陳後的高雅烘烤風味，搭配 Burford Brown 品牌棕殼雞蛋做成的亮黃色煎蛋捲（不論有無加上濃稠的融化起司），都是一場貨真價實的犒賞。cava 氣泡酒是第二個好選擇。柔和的 Lugana 或 Soave 產區酒款（尤其比較濃郁、較多果與鹹奶醬風味的酒款）、阿爾巴利諾、較清爽的夏多內（不論是未過桶或稍稍帶點木桶香），都能融入這道料理的乳脂滑順，並提供清爽的底蘊。

香料香草：清淡型紅酒，甚至是尚未完全熟成的酒款，都可以提供鮮美多汁口感。

試試 Touraine 產區的加美。白酒可以選擇阿爾薩斯的白皮諾。

培根：灰皮諾的花朵香氣與煙燻培根，遇上煮得剛剛好的蛋，兩者能融合地相當美妙。

菇類：夏多內是很棒的選擇，此品種同時很適合雞蛋與蕈類。Limoux 產區酒款不輕不重非常剛好。不然，低調的布根地白酒、Mâcon 或帶有堅果調性的 Montagny 產區酒款。參考詞條：tortilla 西班牙煎蛋餅。

onion tart 洋蔥塔

其中有著流動的鹹奶醬，裡頭混著金黃的洋蔥絲，外面以酥脆起司香的酥皮包裹。法式反轉洋蔥塔（Onion tarte tatin）則有全焦糖化的洋蔥與風味濃郁的塔底，此為另一種洋蔥塔。兩者配上阿爾薩斯微甜灰皮諾都能達到漂亮平衡。阿爾薩斯灰皮諾不屬於流行風格。這些酒款散發香氣與女性化的一面，以及有種在亂流隨波滾動的感覺，並不是太開胃。它們出場時不會像一把閃亮亮的刀片，也不會有冷冽的柑橘氣息，但在洋蔥塔身上，反而是件好事。灰皮諾溫和地融入甜蜜的焦糖洋蔥裡，加上它擁有夠厚實的質地，可以舒適地與鮮奶油與雞蛋平起平坐。其他適合的酒款還包括馥郁的隆河丘、阿爾薩斯蜜思嘉或滑順的 Jurançon（兩種洋蔥塔都適用），或風味單純的法國維歐尼耶或阿爾薩斯麗絲玲（適合蛋味較重的洋蔥塔）。

然而，我其實最喜歡搭配洋蔥塔的是內比歐露（Barolo 產區）。我喜愛內比歐露的單寧與酸度，直接劃開洋蔥塔的濃郁口感。這款酒像是帶著鋸齒剪刀的炭砂，逐漸將乳脂感慢慢消蝕，進而創造出一種愉快的對比。內比歐露很適合雞蛋、鮮奶油與起司的組合，這三者也很愛內比歐露（它們能接納一些原本單喝可能會太單薄、艱澀與難相處的酒款，讓它們變得飽滿，尖角也變得圓潤）。有著堅實主幹的 Irouléguy 與 Madiran 產區也很適合滑順的洋蔥派。因為我喜歡在寒冷的日子裡喝帶有樹幹青澀、酒體輕的酒款，心曠神怡地暗示著春季新芽，我也會倒一杯 Marcillac 酒款，配上一塊熱騰騰的美味洋蔥塔，冷冷的冬夜裡，坐在火邊享用。

洋蔥塔
ONION TART
四至六人份

塔皮
· 中筋麵粉，175 公克
· 冰奶油，100 公克
· 鹽
· 格律耶起司，50 公克，磨細
· 蛋黃，1 顆，加入 2 大匙冰水後打散

內餡
· 奶油，50 公克
· 橄欖油，2 大匙
· 白洋蔥，775 公克，去皮切細絲
· 百里香的葉子，3 束，去梗
· 雞蛋，2 顆
· 蛋黃，1 顆
· 鮮奶油（乳脂比例 18%），150 毫升
· 鹽與黑胡椒

製作塔皮前，先把麵粉過篩至大碗。用刀將奶油切成小粗塊，用指腹將奶油塊揉捏入麵粉中。重複揉捏混合，直到變成像碎麵包丁。將一撮鹽與乳酪拌入。加進蛋黃與冰水的混合液，先用刀子攪拌，再用手混合成麵糰。用保鮮膜將麵糰包好，放進冰箱冷藏鬆弛。製作內餡的方法是，將奶油與橄欖油放入大型厚煎鍋，以小火加熱至奶油融化。加進洋蔥，小心拌炒 20 ～ 30 分鐘，中途偶爾翻動，直到變得柔軟且稍微上色。烤箱預熱至 200℃（400 ℉或瓦斯烤箱刻度 6）。在桌面灑上一層薄麵粉，然後把塔

皮擀開，鋪在已經塗了奶油、底部直徑 20 公分的烤盅，或上方直徑 23 公分的淺盤型烤皿。在塔皮放一張圓形的烘焙紙，然後以烘焙重石將塔皮往下壓住。用濕布巾包住，放進冰箱冷藏，直到烤箱預熱完畢，然後先將塔皮預烤 15 分鐘。取出後，拿開烘焙紙與重石，繼續烤 5 分鐘，讓塔皮乾燥。在此同時，將百里香灑在洋蔥上，拌進雞蛋、蛋黃與鮮奶油，然後好好調味。將混合蛋液倒進塔殼裡，然後烤 15 ～ 20 分鐘，直到奶餡烤熟為止（會看起來稍微還可以晃動）。最後與苦生菜沙拉一起上桌。

oranges 柳橙

有些料理使用大量的柑橘風味。例如，尤坦・奧圖蘭吉（Yotam Ottolenghi）的「番紅花、柳橙與雞肉香料香草沙拉」，用的糖漿是以整顆柳橙熬煮（網路找得到食譜）；茴香柳橙沙拉；或克萊門氏小柑橘豬肉排。享用這些料理時，我通常會開一支白皮諾或法蘭吉娜品種酒款。兩者都是清爽的白酒，帶有淡淡的柳橙與橙花香氣，剛好適合這些料理的味道。

osso buco 燉小牛膝

來自 Piemonte 的紅酒是理所當然的第一首選（內比歐露、巴貝拉與多切托）。不過，隆河的強壯白酒也可以非常匹配，清淡一點或較為陳年的 Chianti 酒款也很合適。

oysters 牡蠣

我想，每一位牡蠣饕客都有他或她搭配生蠔的最愛酒單。各位可以選擇銳利辛辣的酒款，像是曼薩尼亞雪莉、英國氣泡酒、葡萄牙綠酒、巴克斯品種、Sancerre 產區或無年份香檳。較溫和一點的匹格普勒或 Muscadet 酒款。溫和但無氣泡且更具鮮美口感的 Chablis 產區酒款，也很適合。如果牡蠣是與紅蔥頭、紅酒醋一起享用，記得要找酸一點的酒款。當然，一品脫的黑啤酒是最經典的搭配。

P

paella 西班牙海鮮燉飯

　　這道西班牙米飯料理同時適合白酒與紅酒，粉紅酒也行。不過，西班牙海鮮飯簡直就是一道內容物不確定性超高的料理。根據《牛津飲食指南》（*The Oxford Companion to Food*），貨真價實的瓦倫西亞料理的傳統食材有「米、雞肉、兔肉或瘦豬肉、四季豆、新鮮奶油豆、番茄、橄欖油、紅椒粉、番紅花、蝸牛（或令人好奇的替代品：新鮮翠綠的迷迭香）、水與鹽」。想搭配這道菜（以及素食版本）就會是當地紅酒，不過下列酒款也同樣很適合：平價的隆河丘、西班牙任何產區、風味簡單的田帕尼優、羅亞爾河的年輕卡本內弗朗、年輕的 Bierzo 產區酒款，或 Somontano 產區風格較國際化的紅酒。西班牙海鮮燉飯還有很多化身。由雞肉、朝鮮薊與歐羅索雪莉做成的話，可以搭配 Rioja 白酒、維岱荷或雪莉。如果是豬肉、西班牙辣腸與菠菜，那 Rioja 或 Ribera del Duero 紅酒多多少少能夠因應西班牙辣腸的甜味。而由朝鮮薊、鮟鱇魚、肥美蝦子與番紅花所組成的料理，就可試年輕的「佳釀級」（crianza）Rioja 酒款，或其他桶味不過於濃重的年輕田帕尼優；圓潤（較陳年）的「陳年級」Rioja；或者比較陳年的 Ribera del Duero（因為陳年會讓酒液變得比較柔軟溫和，而不是像年輕酒款莽撞）。可依據這道料理的主要食材調整搭配的酒款。

paprika 紅椒粉

　　充滿煙燻與土壤風味的紅椒粉，是由乾燥磨碎的辣椒做成，以此調味會讓料理帶有一股柔和的溫暖與厚實的塵土風味。匈牙利與西班牙料理經常使用紅椒粉（西班牙辣腸裡滿滿都是），這股砂土風味可以搭配優雅或親切的酒款，因此可以尋找暖心酒款。當料理加了大量紅椒粉，西班牙酒款可以是很好的選項。阿爾巴利諾與 Rioja 白酒（過桶與否都行）擁有香氣與酸度，但同時也帶有一股隱形

的力量可以面對紅椒粉的辣味，不管紅椒粉是灑在冷食的生章魚切片，或點綴在以橄欖油與水煮馬鈴薯搭配的狗鱈（hake）魚塊上。如果紅椒粉（特別是煙燻口味的紅椒粉）是加在肉類料理中，或隱藏在西班牙辣腸裡加進雞肉或鷹嘴豆燉菜裡，那就選 Bierzo、Rioja、Ribera del Duero 產區或 Ribeira Sacra 等產區酒款，這些酒款都能作為合適的厚實伴侶。匈牙利紅酒搭配紅椒粉也很適合，一點都不讓人驚訝。藍弗朗克（blaufrankisch）葡萄品種，又稱為 kekfrankos，擁有一種辛辣乾燥番茄味道，紅椒粉也有此特質。奧地利紅酒葡萄茨威格（藍弗朗克與聖羅蘭〔St Laurent〕的雜交培育種）是一種酒體輕盈、帶有櫻桃味的順口葡萄，非常適合將這樣的暖心料理順順地送進肚子裡。智利的卡門內爾有著起伏的質地，並聞起來有紅茶葉、烤甜紅椒與番茄乾的氣味，是另一個絕佳的夥伴。參考詞條：goulash 匈牙利燉牛肉。

parsley sauce 巴西里醬

白底醬汁混合著蜷曲的巴西里葉，這是一道老派又美味的佐料，用來搭配黑線鱈或鱈魚的水煮白肉魚，通常也還會有水煮馬鈴薯。巴西里醬還可以搭配平穩的白酒。平價的冷涼氣候夏多內，就是搭配口感略微濕潤的巴西里醬之絕佳選擇。試試未過桶布根地白酒或 Mâcon 產區酒款。

partridge 鷓鴣

搭配這種野味禽類最棒的選擇之一就是簡單大方的黑皮諾。葡萄酒協會的賽巴斯汀·沛恩（Sebastian Payne）在某場品酒會告訴我，「昨晚我以 Pommard 產區酒款配松雞。口感細緻、出色，啊啊啊。」其他優質選擇包括 Rioja 產區酒款（特別是格拉西亞諾品種比例高的 Rioja 產區）以及鮮美厚實且單寧不會太重的紅酒，例如 Languedoc、Montepulciano d'Abruzzo 或餐酒等級希哈。

pasta 義大利麵

義大利產區酒款是首選料理。義大利的紅酒與白酒通常擁有很好的酸度，而由風味強烈的濃縮番茄醬汁、鹹味的帕瑪森起司與鯷魚或橄欖、辣味的大蒜所組

成的義大利麵，味道突出，以義大利酒款搭配非常合適。這些酒款帶有清爽的酸味，也能解除橄欖油與起司的油膩感。如果只能提供一種義大利麵佐餐酒款的選配，那便是義大利紅酒搭配任何番茄醬汁，而義大利白酒配「白醬汁」（非番茄底）或以新鮮生番茄做的醬汁。不過，我當然可以立即想到一堆例外。

隨著義大利麵料理的英國化或美國化，餐酒搭配的世界迅速地變得更開放。我想到焗烤通心麵，如此肥厚飽滿的口感配上產自山區酸度尖銳白酒，會變得相當愉快；味道強烈且幾乎如同烤肉般的肉丸子義大利麵，比較像是在家裡或漢堡餐廳享用，而不是義式餐酒館，適合搭配來自加州、南非或智利的滑順熟果風味紅酒。

受到義大利口味啟發的當代義大利麵料理，口味偏向更清淡，並擁有更多細緻表現，因此得以搭配義大利半島以外的酒款。例如，從北倫敦的 Trattoria Nuraghe 餐廳帶回家吃的蟹肉細扁義大利麵（linguine al granchio），就是特別改良的清爽版本，搭配以日本甲州白酒，十分美味。

不過，即使還是想要開一支義大利酒款，想要從義大利約三千個法定葡萄品種挑選一種，可能會是一場探險之旅；就連珍妮絲・羅賓森（Jancis Robinson）、茱莉亞・哈迪（Julia Harding）與荷塞・瓦伊拉蒙（José Vouillamoz）合著的《釀酒葡萄》（Wine Grapes）已經非常鉅細靡遺，也只能涵蓋從「abbuoto」到「vuillermin」等三百七十七種最重要的葡萄品種。

各式義大利麵與建議酒單

醃豬頰肉番茄義大利麵與香辣茄醬義大利麵（加辣版）：適合 Tuscany、Emilia-Romagna 或 Umbria 帶有點力道的基本紅酒。

綠花椰大蒜貓耳朵麵：灰皮諾可為大蒜與帶點苦味的綠花椰帶來清新感。如想要品質較高的灰皮諾，可以找找義大利東北部與斯洛維尼亞交界山區的 Friuli 產區的優質酒款。

黑胡椒起司義大利麵：這是一道經典的羅馬料理，內容只有胡椒粒、圓直麵與

佩哥里諾羅馬諾羊奶乾酪（Pecorino Romano），所以照理說，如果不搭配 Lazio 產區的酒款是一種褻瀆。Frascati 產區是理所當然的首選。其他不錯的選擇還有 Vernaccia di San Gimignano 產區與維爾帝奇歐品種酒款。

蟹肉細扁麵：需要一支帶有輕微滑順奶油質地的白酒，但同時具備冷靜沉穩的風格，才能更加襯托蟹肉的口感。夏多內相當適合，但需要選擇某種風格，例如來自質樸低調的布根地法定產區（如 Mâcon 或布根地白酒）、Chablis、北義或澳洲清麗的夏多內。Soave 產區也不錯，但我偏好 Lugana 產區。這支產於北義地區的白酒，是葡萄酒界的駝色喀什米爾針織毛衣，它從不奢華，但其低調幹練讓整體晚餐（或打扮）呈現協調。Timorasso 是產於 Piemonte 產區的白葡萄，最近才從幾乎絕跡中復育，並釀出質地華麗的酒款，帶有堅果風味且充滿香氣，適合搭配棕色或白色蟹肉。如果想要開一支西班牙酒款，可以挑選阿爾巴利諾，它帶有杏桃香氣，清淡且芬芳；或比較清澈且中性的酒款，如義大利 Marche 產區酒款；或搭配帶有一抹柑橘風味的佩哥里諾或 Gavi 產區酒款。當這道料理含有鮮奶油（如下列食譜），我偏好稍微重一點且質地更緊實一些的夏多內或 Lugana 產區酒款。

蟹肉細扁麵
CRAB LINGUINE
兩人份

這道螃蟹料理也可以選擇使用圓直麵。祕訣在於輕柔拌勻白色與全棕色蟹肉。

· 橄欖油，2 大匙
· 紅蔥頭，2 顆，切碎
· 大蒜，1 瓣，切碎
· 細扁麵，175 公克
· 紅辣椒，0.5 ～ 1 根（視喜好），切細

‧全脂法式酸奶油，3 大匙

‧白色與棕色螃蟹肉，100 公克

‧平葉巴西里，3 大匙，切碎

取小鍋加熱橄欖油。加入紅蔥頭，翻炒 5 分鐘。再加入大蒜，繼續炒到軟化且金黃。另外準備裝了鹽水的大鍋，煮沸後加入麵條。把辣椒加進紅蔥頭混合物裡，繼續炒約 2 分鐘，然後關火。當麵條煮到只剩麵芯還沒透、口感彈牙時，舀起 2 ～ 3 大匙煮麵水加進盛著紅蔥頭混合物的小炒鍋中，然後拌進法式酸奶油與蟹肉，開小火。麵條到達彈牙狀態時迅速撈起，移到蟹肉混合物裡混合均勻。上桌前分裝到兩盤，最後以巴西里碎葉裝飾。

大蒜、辣椒與巴西里（大蒜、橄欖油與辣椒）：紅酒可選清淡的 Bardolino 或 Valpolicella 產區酒款。白酒可挑任何酸脆且具有草本風味的義大利白酒，如維爾帝奇歐、維門替諾、維納恰等等。

豌豆仁與春蔥：春天的豌豆仁與春蔥（spring onion，譯註：與臺灣青蔥類似，但球莖較大，經常生吃）等蔬菜需要一支明亮的白酒，像是維門替諾、阿內斯、佩哥里諾或年輕的獵人谷榭密雍。

新鮮番茄：簡單新鮮的生番茄醬汁適合搭配酸脆的未過桶白酒。維門替諾、維爾帝奇歐、佩哥里諾、Soave 產區酒款等等，同樣很棒的還有清淡但不過酸的白蘇維濃，例如基本款的未過桶波爾多白酒或 Pays d'Oc 產區酒款。

義式生火腿與紫菊苣：將一些生火腿乾煎直到變得酥脆，一同與撕碎的紫菊苣拌進奶醬，就馬上完成超讚的冬季晚餐。不過，尚有一項問題：紫菊苣味道很苦，幾乎會讓所有酒液失色。一如既往，義大利又要出手相救了，義大利酒款的釀製目的就是搭配他們的料理。紅酒可以試試多切托、巴貝拉或年輕的內比歐露。白酒可挑維爾帝奇歐。還有兩支我也喜歡拿來搭配這道菜的西班牙紅酒，那就是

Bierzo 與 Ribeira Sacra 產區酒款。

煙花女義大利麵：這道由橄欖、鯷魚與熟番茄醬組成的萬種風情（義大利原文 puttana 字意為蕩婦），是一道南義的料理，儘管沒有人能確定源自何方。這道義大利麵風味尤其吸引在熱力四射的 Puglia 產區釀造的紅酒，果香濃郁性感，例如 Salice Salentino 與 Brindisi 產區酒款。

義式香腸義大利麵：幾乎任何義大利紅酒搭配香腸義大利麵都很美味。

沙丁魚義大利麵：這道西西里料理是由葡萄乾、松子、沙丁魚與切碎茴香裝飾組成，食材讀起來很怪異，但實際上很好吃。白酒可以選菲亞諾紅酒可挑弗萊帕托等品種酒款。

蛤蠣義大利麵：我的大腦告訴我應該要用白酒搭配這道鹹鮮蛤蠣義大利麵，但不知為何我總想要來一杯酸度讓人精神一振的 Valpolicella 產區酒款。我的白酒選擇（如果真的選用白酒的話）會是簡單未過桶的白酒，如此一來比較不會干擾到魚與鹽分，例如灰皮諾、阿爾巴利諾、Muscadet 酒款、匹格普勒與維爾帝奇歐品種酒款以及 Frascati 產區酒款。參考詞條：bottarga 義式鹽漬魚子、carbonara 培根起司蛋麵、lasagne 千層麵、 macaroni cheese 焗烤義大利通心麵、meatballs 肉丸子、pesto、ragù alla 番茄肉醬、bolognese 波隆那肉醬、ravioli 義大利餃子、truffles 松露。

pâté 法式肉醬

任何種類的肉醬，都可以搭配西班牙、義大利、葡萄牙與法國的質樸紅酒。

peaches 桃子

想以桃子搭配葡萄酒最好的方法是，把桃子切片，放到一杯風味單純又美味的冰鎮白酒裡（隆河丘或維門替諾都是好選擇），然後桃子連同酒液一起入口。記

得鎖上門。我發現這種天堂般的吃法是當我在佛羅倫斯寄宿家庭當保母的時候，那時得要照顧一對三歲雙胞胎，每分每秒我都渴望衝出門逃走。

　　如果生桃子是主要的食材（例如在沙拉或脆麵包片上），記得它擁有香甜多汁的酸度，會需要加強酒款的酸度和／或甜度。例如，我有一道沙拉是先把桃子用萊姆汁、橄欖油與鹽醃漬過，再加上莫扎瑞拉起司或布拉塔起司，以及芝麻葉。這道沙拉很適合微甜得剛剛好的麗絲玲或非常成熟的 Marlborough 產區蘇維濃，後者嘗起來已經有甜桃香了。如果將桃子加進鹹味料理，白梢楠也是另一個好選擇。

peas and pea shoots 豌豆與豆苗

　　豌豆新鮮、青綠的風味，讓人想起春天。我喜歡以未過桶的明亮白酒搭配，因為它擁有一樣的特色。例如，Gavi 酒款、維門替諾、維爾帝奇歐、維納恰、年輕的獵人谷榭密雍、艾希提可、榮迪提斯、大蒙仙與小蒙仙、希臘克里特島白酒、酸剌不甜的年輕羅亞爾河產區河白梢楠與白蘇維濃。

　　智利與紐西蘭的白蘇維濃擁有一種明亮的特質，也特別適合新鮮的豆莢、荷蘭豆（snow peas）與嫩豆莢（mangetout），而豆苗帶有點筋性的口感，則很符合 Marlborough 的 Awatere Valley 產區白蘇維濃的特性。

　　由酸味的菲達羊起司、新鮮豌豆與豆苗做成的沙拉，佐以橄欖油與檸檬皮絲，搭配上述任何一支酒款，都會非常完美。參考詞條：broad beans 蠶豆的食譜「蠶豆、豆苗、蘆筍與力可達起司綜合沙拉」。

penne 通心粉

　　參考詞條：pasta 義大利麵。

peppercorns 胡椒粒

　　冷涼氣候及隆河谷地某些特殊希哈酒款，通常都帶有一股新鮮磨碎黑胡椒的土壤風味與花香。因此，這兩款希哈都很適合搭配黑胡椒酥烤牛排或牛排佐綠胡椒醬。我也喜歡用單寧較重的年輕波爾多紅酒或薄酒萊優質村莊級，搭配綠胡椒醬，這些酒款帶有一種活力（來自酸度與澀感），很適合胡椒粒的勁道。或者從另

P

一方面來看，這兩者都能讓你精力充沛。參考詞條：syrah 希哈的食譜「現磨黑胡椒牛排」。

pesto 義式青醬

這道充滿大蒜味、羅勒與松子的醬料，源自利古里亞（Liguria），當地的白葡萄是帶有草本香氣與青澀風味的維門替諾，此組合堪稱完美。其他的選擇有維納恰與維爾帝奇歐。但請小心，品酒之人都對松子很有戒心，因為某種稱為「松子嘴」（pine mouth）的症狀。參考詞條：pine nuts 松子。

pheasant 雉雞

如果是做成砂鍋菜，可以開一支波爾多淡紅酒、Madiran 產區與 Bergerac 產區酒款。如果是用燒烤雉雞，可選擇布根地紅酒，它將為乾柴的肉質帶來些許多汁的口感。

picnics 野餐

這類場合的重點搭配主要是心情而非食物。粉紅氣泡酒可提供全然的歡愉氣氛，找一支優質 Cava 紅氣泡酒或較神祕的酒款，例如法國 Mas de Daumas Gassac 釀造的「Rosé Frizant」。任何人在野餐時都會開心地見到一支冰得透涼的優質 Sancerre 產區酒款（或對岸的 Pouilly-Fumé 產區酒款）。另外，也可以選一支清淡的紅酒，如多切托、優質隆河卡本內弗朗或薄酒萊優質村莊級，帶有春天特有的潤澤氣息，會是一邊坐在草地上，一邊嗅聞著草皮的潮溼清甜味時，氣氛很對的酒款。很湊巧地，這些紅酒都剛好非常適合野餐這般各式各樣的食物大匯集。所謂「中性」或「低干擾度」的酒款也是野餐酒款的好選擇。它們通常有一種戶外感，恰好很符合野餐氣氛。最後，如果拎著一瓶香檳抵達野餐地點，我想是不會有人抱怨的。

pierogi 波蘭餃子

這些半月型的小巧波蘭餃子有許多種內餡，可以水煮或煮過後再以奶油與洋

蔥煎過。我請教過波蘭的葡萄酒作家沃伊切赫・邦考斯基（Wojciech Bońkowski），獲得以下建議。

混合醃高麗菜與森林蕈類的波蘭餃子：醃高麗菜的強烈酸味搭配過重的紅酒不大妙。邦考斯基建議紅酒選黑皮諾，或「白梢楠等質樸的白酒」。在此，奧地利茨威格品種酒款會是蠻有趣的選擇。

肉餡波蘭餃子：邦考斯基說，「傳統的小牛肉絞肉內餡會以馬鬱蘭（marjoram）與胡椒粒調味。這樣的口味剛好適合搭配清淡且酒體中等的紅酒；挑選有酸度的酒款，而不是有木桶香氣。」我建議未過桶巴貝拉、茨威格或未過桶的冷涼氣候希哈品種酒款，以及 Bardolino 產區酒款。

俄羅斯口味波蘭餃子（茅屋起司與馬鈴薯）：邦考斯基說，「這個口味的餃子通常是水煮，無須沾醬就可以直接吃，很適合不甜或微甜麗絲玲，或者非芳香型不甜白酒，像是希瓦那（sylvaner）、Soave 產區酒款或清淡型弗明品種酒款。

pigeon 鴿子

七十多歲的羅德維可・安提諾里（Lodovico Antinori）是托斯卡尼最富盛名、最有影響力的酒莊家族後代，他喜愛以自家的 Supertuscans 酒款搭配鴿肉料理。「義大利文的 Colombaccio sui crostini，指的是鴿肉砂鍋佐脆麵包丁，適合搭配我們家的『Insoglio del Cinghiale』，那是由希哈、卡本內弗朗、梅洛、卡本內蘇維濃與小維多（petit verdot）混調而成。鴿肉在義大利吃起來比較美味的原因是當牠們飛來這裡時，會在野外覓食橡實。獵到的鴿子胃裡常會發現七、八顆橡實。在英國，鴿子吃的是高麗菜。」Supertuscan 是在托斯卡尼使用波爾多淡紅酒的葡萄釀製，這也是搭配這種野禽的絕佳選擇，酒液具有結構，但同時帶有辛香味、飽滿且可口。三分熟粉嫩帶血的鴿肉料理也適合味道強烈的 Chinon 或羅亞爾河 Bourgueil 的產區酒款。

P

pine nuts 松子

　　吃進松子可能會引發一種稱為「松子嘴」的效果，這是一種謎樣的症狀，會短暫改變味覺，在口中留下不舒服的澀感或金屬味。我從未經驗過此症狀，但根據曾經體驗過的人說，這種感覺在吃進松子時馬上會出現，通常會持續十二至十八個小時，可能還會長達三週。

　　產生這種症狀的原因至今仍不明。由美國食品藥物管制署（FDA）進行的研究發現，松子嘴的受害者並沒有覺得松子本身有異常味道，並經常生吃松子（通常是在義式青醬或沙拉裡），雖然這有可能是反映出美國人偏好吃生松子，而非將它煮熟後再吃，也可能是與松子嘴症狀本身比較有關，目前尚未有定論。其他研究人員將問題鎖定某些從中國進口的華山松（*Pinus armandii*）的松子，比起歐洲松子，華山松松子較短且飽滿。

　　如果各位有松子嘴，恐怕酒喝起來都不會好喝。如果不是，那麼挑酒則依據整道菜的風味，而非其中有沒有加進松子來判斷。參考詞條：courgette flowers (stuffed and fried) 櫛瓜花（填餡、油炸）、pesto 義式青醬。

pissaladière 尼斯洋蔥披薩

　　任何人都可以一整天開心地喝著普羅旺斯粉紅酒，一邊搭配這道鋪滿焦糖化洋蔥、鹹鯷魚、橄欖與大蒜的尼斯披薩。現在也有普羅旺斯粉紅氣泡酒了，美味又令人沉醉。黎巴嫩粉紅酒通常會混調進一些絲滑的仙梭葡萄，風味更強一點，也同樣是可口餐搭酒款。一支酒色深邃的順口紅酒也很討喜，例如普羅旺斯紅酒或帶點酸度的餐酒級希哈。

pizza 披薩

　　某方面，我想說，「披薩是街頭小吃、沙發食物，是從柴燒烤爐熱騰騰端出來後，在花園裡隨性開心享受的食物，拜託，喝什麼都可以啦。」另一方面，我心裡出現電視劇《黑幫家族》（*The Soprano*）中的保利（Paulie Gualtieri），冷不防抓起一只危險的厚玻璃煙灰缸並說，「我知道我剛說喝什麼都可以，但你到底為什麼要去喝不是咱們義大利釀的東西？」

　　是這樣的，我在義大利住了一年，因此，我已經自動設定為用義大利紅酒配披薩。公平而言，它們也真的特別適合，因為大致來說，義大利紅酒的酸勁遇上番茄的酸與醃肉的辣，非常對味。不過，當我在寫這本書時，臉書收到一則訊息，來自親愛的艾蜜麗・歐黑爾（Emily O'Hare），她不但是義大利葡萄酒專家，也是 River Café 餐廳前任侍酒師，現今住在佛羅倫斯。她提供了一些遊說我的披薩酒單，因為所有她認識的義大利人都拿啤酒來配。我想也是！

　　我在家吃披薩酒款選用山吉歐維榭或 Montepulciano d'Abruzzo 酒款，或是一支特別的酒款，我的朋友將它命名為「偉大的 Biferno」——真正的名稱是 Biferno Rosso 酒款，在莫利塞（Molise）由阿里亞尼科、Montepulciano、特比亞諾三種葡萄所釀製。我也喜歡 Puglia 產區酒款。南義餐酒專家歐勒・烏德森（Ole Udsen）的配法特別多了，「傳統上，披薩的搭配對象是蘇連多海岸（Sorrento coast）年輕微甜的氣泡紅酒 Peninsola Sorrentina Gragnano 產區酒款（如果沒有啤酒的話）。否則，要挑什麼酒款就看披薩上有什麼餡料了。我通常會選清淡鮮美的紅酒。」

　　除了義大利，智利的卡本內蘇維濃與卡門內爾混調紅酒嘗起來渾圓，搭配披薩也很愉快。黎巴嫩紅酒或粉紅酒適合酥皮邊緣被柴火烤得有點焦的披薩，然後在戶外邊吃邊喝。法國、西班牙、南非或任何產地質樸、未過桶且可以大口喝的平價紅酒，不管配什麼餡料都不會過甜。我特別保留田帕尼優給西班牙辣腸披薩。我也會避開南非的皮諾塔吉，除非披薩上有風味很強的肉類，如南非生牛肉乾。可以想像了吧。披薩是一種可以用任何平常喜歡喝的酒搭配的食物（就像之前提到的，許多義大利人吃披薩其實不是搭配葡萄酒，而是啤酒）。另外有一種葡萄酒與披薩的組合真的讓我頭昏轉向（像牙膏與柳橙汁的組合般令人頭疼）那就是頂級布根地。如果是我，我會想這樣安排：一小段飲酒時間，然後吃東西，然後再喝一點。兩者不是彼此的真命天子，像是有些朋友你會希望在不同的晚上分別碰面一樣。雖然兩者都很棒。

　　有兩種披薩會誘使我開一支特別酒款。鯷魚橄欖披薩，我會很想搭配威尼斯紅酒（清淡型 Valpolicella 或 Bardolino 產區酒款），其帶有一種冷酷的酸度。由辣薩拉米臘腸、煙燻美式臘腸、焦糖化洋蔥與紅橘甜椒組成的披薩，帶有一股甜甜的風味，我喜歡以南義的甜熟紅酒搭配飲用，如 Salice Salentino、Copertino 與

Brindisi 產區酒款，而葡萄品種可以找普里蜜提弗與黑曼羅（negroamaro）。

plum and almond tart 洋李杏仁塔

烘烤過的洋李（或洋李乾）所帶來的甜味，加上杏仁奶油餡與烤杏仁片，需要的是雅馬邑白蘭地。

pork 豬肉

不管是白酒或紅酒，都可以搭配豬肉料理愉快飲用。事實上，我會進一步認為豬排或烤到表皮酥脆的豬膝，甚至配上白酒會更多汁美味：試試麗絲玲、白梢楠、夏多內（特別是布根地白酒）、澳洲馬珊、隆河混調白酒（從真正的隆河流域、美國、南非或澳洲）、維歐尼耶、格德約品種酒款或菲亞諾。如果想要挑選紅酒，那麼就選黑皮諾（任何地方皆可）、田帕尼優（也許是 Ribera del Douro 或 Rioja）、Etna 產區、仙梭、卡利濃以及很難發音的希臘黑喜諾（xinomavro）都是很棒的選擇。

當豬肩肉是慢燉烹調且油脂豐富時，那我會選用上述酒單的紅酒，特別是圓潤的 Rioja 產區。當享用慢燉豬肩肉時，我也喜歡優質中性紅酒充滿葡萄汁水潤的特質，像是南非 Lammershoek 產區的希哈與皮諾塔吉或法國艾赫維·蘇荷栽種的加美與希哈。

豬肉佐蘋果醬（或焦糖化蘋果）或焗烤蘋果馬鈴薯豬肉排：當甜蘋果為一旁的豬肉慷慨相助時，微甜麗絲玲或羅亞爾河的微甜白梢楠，例如 Montlouis 或 Vouvray 產區，剛好可以與水果彼此唱和。或者如果蘋果不是太甜，可以試試這些品種的不甜酒款。蘋果的多汁豐盈也很適合享樂主義的維歐尼耶；果樹風味的南非白梢楠基底混調；Rioja 產區白酒；世界各產地的隆河混調風格白酒，其中品種包括胡珊、馬珊、維歐尼耶、布布蘭克（bourboulenc）與白格那希。

豬肉與杏桃或其他硬核水果填餡：阿爾巴利諾、白梢楠、隆河混調與麗絲玲都能與多汁香甜的水果共襄盛舉。

豬肉與月桂葉、大蒜、鯷魚、鼠尾草在白酒裡慢燉，與瑞士甜菜一起享用：這是我從網路找到的英國主廚史帝維・帕爾（Stevie Parle）的食譜，刊登在 2011 年的《每日電訊報》（*Daily Telegraph*），可口的鮮鹹滋味很適合不甜粉紅酒，但產地不限普羅旺斯，可以考慮酒體較飽滿、多一點單寧但依然不甜的北義粉紅酒。帶點澀感的白酒與香料香草的鹹鮮很相襯，例如維爾帝奇歐或維納恰。格德約品種酒款與優質維岱荷提供絲滑的口感。布根地白酒帶有隱約的車葉草與烘烤味，超級美味。我也喜歡以紅酒搭配這道料理，最佳搭配為未過桶或稍微過桶的內比歐露。

豬里肌佐蘋果白蘭地奶醬：這道滑順充滿蘋果香的醬汁有一個古典搭檔，那便是微甜或中等甜度麗絲玲。不過，蘋果酒（cider）也非常適合，而且應該是我最喜歡的餐搭配法。各位不如閉上眼睛，想像一下 1970 年代。也許最適合的是先來一杯基爾調酒（Kir）或皇家基爾（Kir Royal，譯註：基爾調酒是以布根地白酒加黑醋栗香甜酒，而皇家基爾調酒則是把白酒換成香檳）。

豬五花與肉桂、八角、五香粉、薑與丁香：豬五花肉與亞洲辛香料搭配活潑花香的維歐尼耶，簡直棒極了。同樣的好搭檔還有以胡珊、馬珊、維歐尼耶、克雷耶特與白格那希的混調白酒（如果是南非混調還會添加白梢楠）。

豬肉與茴香籽：布根地白酒通常有強烈的洋茴香氣味，能與茴香籽可以互相呼應。義大利白酒也不錯，如果你想要來杯紅酒，偏酸的山吉歐維榭同樣可行。

豬肉炒萊姆與腰果：不甜麗絲玲帶有萊姆酸香，相當適合。

洋李乾奶醬煮豬肉：豬里肌排與甜味的洋李乾搭配濃郁的重鮮奶油醬，再與有著成熟梨子甜味與清爽酸度的中甜 Vouvray 產區酒款一同享用，會顯得更有滋味。

豬肉搭配榅桲：白梢楠可以呼應榅桲的花香果園氣息，搭配此道豬肉料理也非常美味，也許配菜還可以加上楓糖烤歐洲防風草。如果料理會出現很多甜味食材，

可以選擇微甜或中等甜度酒款（羅亞爾河有許多選擇，例如 Vouvray、Montlouis 與 Savennières 等產區）。否則，也可以選南非或羅亞爾河任何法定產區的不甜白梢楠，或選一支上述「豬肉佐蘋果醬」的推薦酒款。

豬肉與烤根莖類蔬菜：如果桌上出現充滿秋意的烤洋蔥、歐洲防風草、紅蘿蔔、南瓜、蕪菁與甜菜，我會選擇最前面豬肉料理的推薦紅酒。參考詞條：barbecues 烤肉、Cajun 肯郡料理、cassoulet 法式砂鍋菜、five-spice 五香調味料理、gammon 醃豬腿肉、jerk 牙買加香料烤肉、 meatballs 肉丸子、pork pie 豬肉派、pulled pork 手撕慢烤豬肉、rillettes 法式熟肉抹醬、 sausages 香腸、suckling pig 乳豬。

pork pie 豬肉派

我真心覺得豬肉派比較適合配啤酒，而不是葡萄酒；也許可以倒一品脫的「Black Sheep Best」？不過，風味單純的紅酒也不錯，也許是帶有酸櫻桃氣味的質樸西班牙博巴爾品種酒款。

potted shrimp 罐裝奶油蝦

小小的蝦子與很多很多的奶油，請選用夏多內或阿爾巴利諾，謝謝。

prawns 蝦

有許多臨海產區的酒款都能夠搭配，從葡萄牙綠酒（它的機靈活潑很適合大蒜炒蝦）到粉紅酒、細緻的 Cassis 產區酒款、智利 San Antonio 產區的白蘇維濃，或桃子風味的阿爾巴利諾品種酒款，這類經典海鮮白酒，可帶出粉紅蝦肉最鮮美多汁的精華口感。

如果是奶油炒蝦或蝦子美乃滋，直接開一支夏多內了（可選布根地或其他產區，最經典的則是 Chablis；Mâcon 在圓潤與酸度之間有很好的平衡）。

雞尾酒蝦佐瑪麗玫瑰醬，拌切半櫻桃小番茄與碎蘿蔓生菜：「Coteaux du Giennois」酒款是不錯的選擇，此酒款選用羅亞爾河的白蘇維濃，比起鄰近法定產區的白蘇

維濃，它更溫柔，並帶有檸檬蛋白霜派般的酸度。其他的選擇是 Sancerre 或 Reuilly 產區，可帶來青草與香料香草風味的酸味。

大蒜炒蝦並擠上大量的檸檬汁： 試試粉紅酒與平價氣泡酒款；我喜歡有著細緻的泡泡與發泡錠口感的 Basque 產區的 txakoli 白酒，或清爽不甜白酒，也許帶著檸檬氣味的酸度，像是佩哥里諾品種酒款或義大利的 Gavi 產區 Gavi 酒款、年輕的澳洲榭密雍或希臘的艾希提可。過去人們最喜歡搭配的是西班牙「Torres Viña Esmeralda」酒款，由蜜思嘉與格烏茲塔明那組成花香型混調，擁有一種節慶與夏日度假感。

泰式風味蝦（檸檬香茅、辣椒、薑及其他）：找一支明亮的 Marlborough 產區白蘇維濃，或酸度夠又帶有萊姆香氣的新世界麗絲玲（也許是閃耀光澤的簡單美國華盛頓州麗絲玲；酸度純淨的智利麗絲玲；帶有萊姆皮與紫丁香氣味、來自澳洲 Clare 或 Eden valley 產區的麗絲玲；帶有柑橘、萊姆香氣的澳洲 Great Southern 產區麗絲玲。如果考慮增加酒款甜度以平衡辣椒的灼熱口感，紐西蘭 Marlborough 產區有好幾款可口的微甜麗絲玲可以選擇。

preserved lemon 醃檸檬（翻轉食材）

醃檸檬的厚皮口感強烈且直接，遠比新鮮檸檬的明亮氣味來得更具攻擊力，而且只要用上一點，就足以改變整道菜的平衡。各位可以參考詞條：lemon 檸檬的任何一支帶檸檬味的酒款，但我特別喜歡聖托里尼島的艾希提可，此葡萄可是長自火山土壤，其酒液帶有某程度的重量，幾乎可以嘗到包覆葡萄藤根部的黑色熔岩，如同喝到一種能量補給。Gavi 產區的 Gavi 酒款（與清淡 Gavi 酒款相反）也是很好的選擇，因為它通常有檸檬與葡萄柚皮層的厚實感。也不要害怕選擇過桶白酒，如過桶白蘇維濃的烤葡萄柚風味及過桶艾希提可，都與醃檸檬很有共鳴。

pulled pork 手撕慢烤豬肉

來自希臘的黑喜諾對於有著香甜果味的手撕慢烤豬肉與烤肉醬來說，並不是

正統的佐餐飲品，但如此搭配真的很美味。這款紅酒讓人聯想起內比歐露，如同品飲帶有熟透野草莓香的內比歐露，黑喜諾溫暖的收斂感搭配一大口甜漢堡包、涼拌高麗菜絲沙拉與豬肉，真是一大享受。加州金芬黛慵懶的成熟溫暖感也適合手撕慢烤豬肉，而較平價的智利黑皮諾有著明亮感，也很不錯。隆河之外（加州或南非）的隆河混調風格白酒或紅酒帶有親近隨和與飽滿成熟調性，也相當不錯。再不然，一瓶便宜的美國啤酒就很讚了。

pumpkin and squash 南瓜

　　各式各樣的南瓜像是變色龍，一方面風味濃郁，橘色瓜肉的味道幾近甜味；另一方面，水分含量令人驚訝。

較濃郁的南瓜料理，也許加了香料烤過：烤過的南瓜有加強風味的效果；這種料理方式帶出豐富的陽光甜味。為了配合這樣的特質，可選擇較肉感且奔放的酒款，白酒、紅酒皆可，例如過桶夏多內、鮮美的梅洛（如智利產區），以及美國或義大利 Puglia 產區的活力十足金芬黛。這些酒款都可以搭配加了香料（如孜然、卡宴辣椒粉與八角）與辣椒片的南瓜料理（包括加了香料的南瓜濃湯，不過要小心湯與酒的組合，兩個液體真不是一種太妙的搭配）。香甜的黑皮諾，也許可挑加州或智利，也會有同樣的效果，尤其是南瓜與烤鴨一起上桌，黑皮諾會感覺特別奢華。

　　如果想讓整體感受鮮美一點，就挑選清瘦且單寧緊實一點的紅酒。這表示鮮美的黑皮諾、西班牙的門西亞或義大利紅酒，例如 Piemonte 產區的內比歐露或 Tuscany 產區中部的山吉歐維榭，這些酒款都擁有風味奔放的單寧。事實上，山吉歐維榭最能帶出兩者的特色，它既飽滿溫暖，又帶酸度與單寧感。這些義大利酒款特別適合與義大利培根、鼠尾草、大蒜或百里香一起烘烤的南瓜料理。參考詞條：ravioli (and other filled pasta) 義大利餃子（與其他填餡麵點）、risotto 義式燉飯。

quail 鵪鶉

　　如果鵪鶉以鼠尾草與鹽調味，烤到酥脆，並搭配菠菜葉與大蒜醬汁，那麼，我喜歡搭配 Brunello 產區酒款、Rosso di Montalcino 酒款或內比歐露品種酒款。如果是簡單調味烘烤，沒有額外添加香草香料，門西亞、波爾多淡紅酒與黑皮諾都會是很好的搭配。

R

rabbit 兔肉

　　如果只是簡單的煎煮（也許搭配起司濃厚的麵條），清瘦的白肉適合搭配清爽或中等酒體的紅酒，如卡本內弗朗（世界各產區可以；法國可找羅亞爾河，如 Chinon、Saumur、Saumur-Champigny、Bourgueil 與 St Nicolas de Bourgueil 產區）；薄酒萊加美；清爽質樸的山吉歐維樹（試試 Chianti Rufina 產區）；或較清爽的南非黑皮諾。其他還有 Marcillac 酒款（帶有強烈鐵味）；緊緻的 Irouléguy 產區酒款；酒體較飽滿的粉紅酒，如 Tavel 產區酒款。侏羅產區帶有堅果風味的夏多內也可行。

兔肉、蠶豆與義式培根砂鍋菜佐馬鈴薯泥：這道是我第一次為（前任）男朋友做的晚餐，他對於即將要入口的兔肉感到非常恐懼，僅禮貌地吃了一點，然後拒絕再碰這道菜。料理中的濃厚鮮奶油與馬鈴薯泥，讓圓潤的白酒成了很棒的選擇。我喜歡帶溫和桶味的夏多內或芳香的維歐尼耶，或維歐尼耶、胡珊與馬珊混調（隆河、加州或南非）。

兔肉佐黃芥末醬（與培根）：任何前菜喝的清淡紅酒都可以繼續搭配這道料理，不過，較重口味的酒款會更好，單寧強一點的酒液與黃芥末也很配。試試托斯卡尼以山吉歐維樹為基底的較飽滿紅酒（Chianti Classico、Carmignano 或 Rosso di Montepulciano）；義大利的阿里亞尼科或內比歐露，以及普羅旺斯粗獷結實的紅酒；Médoc 產區清爽酸度的年輕波爾多；帶有煙燻風味的南非卡本內蘇維濃，可強調培根的煙燻香氣。

兔肉義大利寬麵：帶些許澀感的義大利紅酒，例如內比歐露、阿里亞尼科、

Sagrantino di Montefalco 產區酒款。

燉兔肉（添加鮮奶油）：與濃郁起司麵條 ，可挑選酸度不錯的阿爾薩斯麗絲玲，以好好化解這道料理的濃郁乳脂感；紅酒可以開一支鮮美清淡的 Marcillac 酒款，或風味簡單帶有顆粒感的山吉歐維榭。

燉兔肉（無添加鮮奶油）：許多釀酒師，從義大利（山吉歐維榭）到澳洲（希哈），都很捍衛以自家酒款配燉兔肉了。那就挑一支吧！

radicchio 義大利紫菊苣

這種萵苣有著誇張的胭脂紅與白色葉脈，又苦又美麗。煮越久，苦味就消退更多。因此，特別要注意生吃紫萵苣的衝擊。如果搭配甜味果香的過桶白酒，生紫萵苣會變得很可怕；相反地，帶草本風味的清瘦白酒，像是維門替諾、阿內斯或維納恰，就是比較好的選擇。

幾乎義大利全境的義大利紅酒，都最能應付紫萵苣的澀感苦味。如果是紫萵苣沙拉，我喜歡內比歐露的美好平衡（尤其是較質樸的 Ghemme 或 Valtellina 產區）。其他義大利紅酒，我會忍不住開一支同樣來自北義的巴貝拉或多切托，或比較生澀年輕的山吉歐維榭，如 Chianti Rufina 產區。

如果煎炒或炭火烤紫萵苣，除了很適合上述紅酒酒款，也可以挑西班牙的 Bierzo 產區與茨威格品種酒款（是聖羅蘭與藍弗朗克的雜交培育種），後者是一種酒體較輕的奧地利版黑皮諾。煎或烤到有點焦的紫萵苣，帶有苦甜風味，若是再淋上甜稠深黑的巴薩米克油醋醬汁，酸甜、帶有櫻桃與砂土氣息的 Valpolicella 產區酒款正好可配成一對。參考詞條：risotto 義式燉飯。

ragù alla bolognese (with pasta) 波隆那番茄肉醬（義大利麵）

這道由肉與番茄做成的義大利麵醬汁包括許多版本，不過從名稱可知源頭於艾米利亞─羅馬涅地區的波隆那市，那兒的人們經常會以一杯不甜藍布魯斯科紅酒搭配（是的，不甜，你沒讀錯）。這款氣泡酒經常是呈現深紫羅藍色澤，並帶有

一點土壤氣息，最近成為時尚界文藝復興的主角之一，再度風行於東倫敦的酒吧與餐廳。最好的方法是倒一大杯藍布魯斯科，隨性地搭配一大盆番茄肉醬通心粉（penne con ragù）。

北義 Piemonte 產區有一種使用大量雞蛋製作的細麵（tajarin），為手切細麵（tagliolini），口感非常柔軟，當地人喜歡以巴貝拉搭配享用。這樣的組合讓酒與食物都變得非常絲滑。若是造訪義大利的小鎮 Barbaresco，記得去一趟 Trattoria Antica Torre 餐廳。這家餐館以鄰近的一座中世紀古塔為名，該古塔興建於約一千年前，用來抵禦薩拉森人（Saracens，即當時的阿拉伯人）的攻擊，這家餐酒館在當地以美味的蛋香濃郁手工細麵享有盛譽。各位可以在那裡點這道料理與一瓶 Bruno Rocca 酒莊的巴貝拉品種酒款。

其他搭配番茄肉醬的好選擇是義大利中部紅酒，像是 Chianti、Rosso di Montalcino 或 Montepulciano d'Abruzzo 產區酒款。一般的山吉歐維謝（Chianti 產區酒款的主要葡萄，帶有經典城牆般的感受，同時具備酸櫻桃與砂土氣息），或更溫和且更有果味的紅酒，像是義大利鞋跟地區釀造的 Salice Salentino 酒款，也是物美價廉的選項。如此簡單的料理也可以成為展示高級義大利紅酒的機會：也許是一瓶優質的 Brunello di Montalcino 產區酒款。

如果不是一定要選擇義大利紅酒，智利的卡本內蘇維濃與卡門內爾混調也非常棒。

ratatouille 普羅旺斯燉菜

這道普羅旺斯風味的蔬菜雜燴砂鍋有著慵懶的香氣，在同樣擁有香料香草風味與充滿陽光的葡萄酒液中，也感覺很放鬆。不管是把這道燉菜當做主餐，然後配上脆脆的法國麵包切片或馬鈴薯千層派（dauphinoise potatoes），或把它與法式北非香腸（merguez sausages）、烤羊腿或燉羊肉一起吃，都推薦以下酒款 Chianti、Bandol 產區、Palette 產區（以及普羅旺斯其他紅酒）、St Chinian、希臘 Nemea 產區的阿優伊提可品種酒款、Vacqueyras 產區、Gigondas 產區、Douro 產區，以及北隆河帶有胡椒味的希哈。我有一位朋友堅持不在普羅旺斯燉菜裡放櫛瓜，結果變成更濃郁油潤的茄子番茄燉菜，然後告訴我這個作法的燉菜非常適合搭配有著溫

暖懷抱的澳洲希哈。最後，夏夜裡很難不開一瓶普羅旺斯淡色粉紅酒來搭配普羅旺斯燉菜啊。

ravioli (and other filled pasta) 義大利餃子（與其他填餡麵點）

　　通常我會看內餡是什麼醬料，然後看該醬料做成一般義大利麵時我會選什麼酒款。不過，填餡義大利麵通常（儘管不總是）是生麵做成，這就有差別了，因為它較為柔軟的口感，完全不同於一般義大利麵煮到麵芯將透未透時的彈牙。再加上，有些餡料口味不會拿來當一般義大利麵的醬汁。

南瓜：上頭有融化的奶油與帕瑪森起司粉，維爾帝奇歐或維門替諾可提供具對比的酸度重擊，而清澈（過桶或稍微過桶）的夏多內或優質 Soave 產區白酒的甜美風味，也可以與這道口味料理的圓潤口感合作無間。我料理南瓜義大利麵的方式通常是搭配稍微焦化的奶油與炒過的鼠尾草，可以開一瓶夏多內或 Soave 產區白酒一路搭配整頓到底，但我也喜歡清淡紅酒的香料香草清爽感，像是未過桶或稍微過桶的 Chianti Rufina 產區酒款。

力可達起司與菠菜口味：想要有檸檬酸香的白酒，可挑 Gavi 產區酒款。要多一點香料香草風味，但依然擁有柑橘香的選擇包括維納恰、維爾帝奇歐與維門替諾酒款。如想溫柔地搭配麵點的柔軟感覺，就搭配一支 Soave 產區酒款。

red mullet 紅鯔魚

　　紅鯔魚是一種特別適合搭配紅酒的魚類，同時也可以很開心地轉換到白酒，端看用什麼其他配料食材。某次在倫敦的 River Café 餐廳，我嘗到了紅鯔魚煮番茄與黑橄欖，此作法可完美搭配 Valpolicella 產區酒款，例如 Corte Sant'Alda 酒莊的「Ca' Fiui」酒款。如果是與茴香和橄欖油一起料理紅鯔魚，那麼 Etna 產區紅酒或黑達沃拉會很棒。黑皮諾也一樣可行，帶著複雜香氣與溫暖口感的隆河白酒，以及普羅旺斯或義大利的新鮮侯爾／維門替諾也可以考慮。

red pepper 紅椒

　　紅甜椒帶有紅椒粉般強烈的水果味，在經過砂鍋或熱烤箱煮熟後，與一些酒款特別契合，像是有著單寧土味的智利卡門內爾，還有南非的野性紅酒（特別是隆河混調與帶菸草風味的卡本內蘇維濃）；智利的卡本內蘇維濃；以及 Rioja、Ribera del Duero 產區與 Navarra 產區等活力十足的西班牙紅酒。爽脆的生紅椒葉香，也適合卡本內蘇維濃釀製的粉紅酒，以及西班牙 Navarra 產區粉紅酒。同樣也適合南非 Robertson 或 Darling 產區帶有新鮮豆莢味與草味的白蘇維濃，以及智利帶有甜荷蘭豆風味的白蘇維濃。在烤架、烤爐或橫紋鍋中烤到部分焦香的紅甜椒（也許在烤肉串中），帶有一半煮熟甜椒的甜味，與一半生椒的明亮酸味，我喜歡以帶甜或帶酸的酒款搭配，而明亮的紅酒如薄酒萊的主要葡萄加美與巴貝拉品種酒款，也很適合。

紅甜椒酥皮派：烤紅甜椒酥皮派可以搭配上述所有酒款。如果酥皮含有酸性食材，如菲達羊起司，那麼就選適合生紅椒的酒款。

填餡甜椒：如果餡料是由米、櫛瓜、新鮮番茄、橄欖、百里香、大蒜（以及羊肉），就尋找普羅旺斯、隆河或 Languedoc 產區（白酒、紅酒或粉紅酒都可以），或找南非的隆河混調。如果是加了氣味強烈的菲達羊起司與奧勒岡，我會挑酸度心曠神怡的酒款，像是白蘇維濃、希臘島嶼酒款（帶有葡萄柚內果皮與檸檬風味的艾希提可最好），或白酒挑佩哥里諾，而紅酒挑巴貝拉。希臘黑喜諾的香氣如乾燥百里香與成熟野草莓，也非常適合。如果甜椒內餡是以高湯泡過的糯米、洋蔥與甜椒做的香炒蔬菜調味醬、番茄糊，也許還有一點番紅花，那麼可以嘗試溫和滑順的田帕尼優，如「佳釀級」Rioja 酒款。

red snapper 紅真鯛

　　這種熱帶魚類有著又甜又緊實的肉質，經常與芬芳的香料香草與辛香料一起烹煮。我曾吃過紅真鯛加了檸檬香茅與新鮮香菜、以紙包魚的方式烘烤，以及用萊姆與辣椒調味以直火燒烤，還有將紅真鯛直接烤熟後，搭配以孜然與新鮮香菜

調味的馬鈴薯。要享用這些方式料理的晚餐，我會挑選類似的酒款，有著輕快的萊姆、檸檬或佛手柑皮絲風味，同時帶著檸檬香茅、楊桃或甜桃氣味的輕盈白酒。麗絲玲（來自南非、紐西蘭、智利、美國華盛頓州或澳洲的 Eden 與 Clare valley 產區、Great Southern 或 Tasmania 產區）可以與綠萊姆相襯；澳洲 Adelaide Hills 產區的白蘇維濃擁有一種輕描淡寫的梅爾檸檬（Meyer lemon）與楊桃香，可強調魚肉的多汁美味；智利 Leyda 產區的白蘇維濃則帶來爽脆荷蘭豆與青椒般的活潑口感；澳洲年輕的榭密雍以草地與柑橘風味讓魚肉顯得清爽；而 Margaret River 產區的過桶榭密雍與白蘇維濃混調帶來一種蠟的質地並有微微檸檬、木瓜、吐司的氣息。如想要冷靜清晰、帶有些許柳橙氣息的酒款，試試義大利東北部或阿爾薩斯的白皮諾。如果紅真鯛是與味道濃烈的辛香料或／和辣椒（例如牙買加調味料），就找一支較甜的酒款，像是德國麗絲玲或紐西蘭較甜酒款。不管如何料理，一如往常，另一個好選擇也是粉紅酒。

rillettes 法式熟肉抹醬

　　將鵝肉或豬肉熟肉抹醬與法式幼條酸瓜（cornichons）放在法國麵包上的吃法，我很喜歡搭配 Cornas 或 St Joseph 產區酒款。這些深邃的北隆河希哈嘗起來既堅硬又粗啞，就像裸足踩在小石頭上；然後嘗到如麵包裹層奶香絲白的柔軟感；然後是酒液愛鬧脾氣、爭論不休；接著是冰涼滑順的奶油；再出現醋味十足的幼條酸瓜；最後又是氣勢強且礦石感十足的酒液。這完全是極樂享受。貨真價實的絢麗搭檔。如果找不到這些酒款，那就找一瓶風味單純且過去曾稱為地區餐酒（vin de pays）的法國紅酒，或義大利同等級的地區餐酒。

risotto 義式燉飯

　　我選擇搭配的酒款時，大部分須看燉飯裡有什麼食材。經典的燉飯是內容物很簡單的米蘭燉飯（milanese，僅有紅蔥頭、雞高湯、番紅花），其經典搭法是義大利當地紅酒，例如巴貝拉，或清淡型的內比歐露或多切托；我之所以喜歡這些酒款因為它們都帶有一股土壤氣息的鮮美味道，可以襯托出米粒的細緻粉質口感。米蘭燉飯也適合搭配清澈的 Soave、Frascati、Lugana 產區白酒或帶有櫻桃味的清淡

Valpolicella 產區酒款，這些酒款都有一種透明澄澈感，更能好好享受米飯的滋味。如果是完全原味的燉飯（未添加番紅花），德國 Pfalz 產區麗絲玲的自制、欲擒故縱或微妙的白皮諾，都很清新怡人。如果是風味比較複雜的燉飯，同時又搭配其他料理，燉飯的食材越濃郁，搭配的酒款也要跟著更醇厚。雖然我比較喜歡米飯的味道不被酒液淹沒，因為米飯應該是這道料理的主角，不該是隱形的風味陪襯。以下提供幾個建議。

蘆筍：奧地利綠維特林納的冷冽架構，與義大利帶有檸檬內皮氣味的阿內斯，是最受歡迎的選擇，不過，只要是以適合蘆筍的酒款搭配這道料理自然也會很出色。

雞肉：精力充沛的清淡紅酒非常適合滋味鮮美的雞肉燉飯，例如澄澈的 Valpolicella 產區酒款，或擁有夏日風情的冰鎮薄酒萊優質村莊級酒款。Lugana 與 Soave 產區白酒是微妙口感的好選擇。享用這道料理時也是拿出夏多內的好機會，它尤其適合乳脂濃郁的雞肉燉飯，為此可能須拌進一些法式酸奶油，並放上特別多奶油與起司；試試 Mâcon 產區夏多內的冷靜爽脆酸度，或者就盡情沉溺在極優質的布根地白酒。另一方面，Limoux 產區夏多內是被低估的酒款，搭配雞肉燉飯非常完美。

新鮮番茄：一支青草味的羅亞爾河白蘇維濃與新鮮番茄燉飯，就能組成一頓迷人的夏季戶外晚餐。義大利 Collio 或 Colli Orientali 產區酸度很夠的灰皮諾，或是帶有檸檬香氣的克里特島白酒，都能夠與番茄的新鮮酸度相配得宜。也可以為燉飯加入檸檬百里香。如果是生番茄搭配奧勒岡等具有溫暖感的香料香草，我會很想試試來自義大利 Campania 產區較為奢華辛辣的 greco di tufo 酒款。

菇類：這是一道廣受歡迎的口味。參考詞條：mushroom 菇類。

豌豆（risie bisi，義式豌豆飯）：這道威尼斯經典料理真的很適合搭配當地的酒款（Lugana 與 Soave 產區），以及灰皮諾。我也喜歡以義式豌豆飯搭配很罕見的薄酒萊白酒（Beaujolais Blanc）這種溫和、清新的夏多內酒款。

春天（豌豆、蠶豆及其他新鮮綠蔬）：如果加了盧筍，就搭配適合盧筍的酒款。否則，挑選任何酸脆清澈的白酒，灰皮諾、維爾帝奇歐、Soave 產區酒款或未過桶維歐尼耶。

南瓜：散發光芒的烤南瓜燉飯搭配任何地方的過桶夏多內或隆河白酒，都會非常美味。如果南瓜沒有預先烤過，口感會比較微妙；南瓜類在燉飯裡通常嘗起來水分多得驚人，像是威尼斯潟湖的晨光禮讚。可挑選柔和但帶有米粒質地、同時圓潤又富柔和堅果風味的義大利白酒，比如華麗的 Soave 產區酒款。非常清淡的未過桶夏多內，例如布根地白酒，也很適合這類口感細緻的燉飯，加上這款酒非常圓潤，所以不會破壞南瓜的絲滑感。prosecco 氣泡酒則是另一個好選擇。

義大利紫萵苣與義式培根：紫萵苣的苦味與培根的鹹味肉感搭配紅酒最是美味，巴貝拉、內比歐露、山吉歐維榭、多切托的表現都值得驕傲。Valpolicella 產區酒款也可以。葡萄牙的杜麗加是酒色比較深邃、味道較濃烈的搭配。智利的帕伊斯（País）品種酒款同樣也很適合。

紅酒、栗子香菇、香腸：任何適合紫萵苣與義式培根燉飯的紅酒，也可以搭配這個口味。另外，也可以挑選薄酒萊優質村莊級，以及門西亞釀造的西班牙紅酒，或者冷涼地區生長的清爽黑皮諾（堅毅的德國黑皮諾就頗為適合）的清爽口感可以抵擋燉飯的澱粉感，質樸的希哈則可提供暖心的感受。請記得，做這道燉飯時別選甜酒，會毀了這道燉飯。我可是有深刻的經驗！許多便宜紅酒的確包含糖分，這份甜味在搭配食物時會比單飲時更明顯。

海鮮：魚類與海鮮燉飯的版本眾多。我吃過最美味的海鮮燉飯都是在潟湖城市威尼斯，那兒燉飯的水分經常非常高。一杯澄澈的 prosecco 氣泡酒會是很好的佐餐酒，不過一定不能是便宜的商業酒款，嘗起來會像是糖水。而是要找帶有礦石、脆梨子與冬季清晨感的爽脆 prosecco 氣泡酒，而且是由小規模酒莊精心釀造的酒款。其他適合的威尼斯白酒包括 Bianco di Custoza 與 Soave 產區酒款。我也喜歡有

土壤風味的 Crémant du Jura 酒款（法國東部以夏多內釀製的氣泡酒），以及純淨輕盈的 Crémant d'Alsace 酒款。否則，就找一支相對透明、不帶有強烈果香的白酒。法國 Muscadet 酒款、匹格普勒、特比亞諾或灰皮諾等品種酒款都頗為理想。

松露：如果沒有內比歐露（任何形式或產地都可以），我會覺得很不踏實。

rocket 芝麻葉

芝麻葉的苦會讓溫和、甜味或豐滿的酒液枯萎。過桶夏多內、果醬般的希哈或甜熟的黑皮諾都不是這題的答案。咬勁（不管是單寧或酸度）比較有幫助。土壤風味也可以。可以挑選柑橘風味白酒搭配簡單調味的芝麻葉沙拉；活潑的過桶白蘇維濃搭配芝麻葉與醃火腿沙拉或芝麻葉、藍紋起司與梨子沙拉；山吉歐維樹或內比歐露，搭配切片牛肉、芝麻葉沙拉佐檸檬汁與橄欖油；門西亞則可搭配無花果、芝麻葉與火腿沙拉。以此類推。

rogan josh 喀什米爾羊肉咖哩

這道芳香且以番茄基底的料理經常是由羊肉做成，搭配粗礫感、椒類氣味的智利卡門內爾，是絕妙美味的組合。Soul Tree 酒莊的馬文・迪蘇沙（Melvin D'Souza）說，這道料理他喜歡搭配自家的希哈與卡本內蘇維濃混調，該紅酒使用印度生長的葡萄，並經過桶陳，帶有一股溫順的果香。

rollmop herrings 醋漬鯡魚捲

將鯡魚的內臟清除、去骨、捲起後（有時包着醃酸黃瓜），再浸泡保存於醋汁或醋酒混合醃汁（以蒔蘿或其他香料調味），如此料理而成的鯡魚風味非常強烈。最好的吃法不是配葡萄酒，而是一小杯冰凍伏特加或烈酒。

Roquefort, pear and endive salad 侯科霍藍紋起司、梨子與苦苣沙拉

藍紋起司的辛嗆味與梨子的多汁口感，需要一支酸度恰當的潤澤白酒。以大蒙仙與小蒙仙釀造的不甜 Jurançon 產區酒款，帶有白柚的強烈氣味與葵花子香，

很適合這道沙拉，而過桶白蘇維濃也可以。結合藍紋起司、苦生菜與梨子甜味的組合會讓我特別享受過桶白蘇維濃與榭密雍混調的單寧澀味與花香，波爾多與澳洲 Margaret River 產區都是很好的選擇。

rosemary 迷迭香

　　迷迭香堅定的香氣如同直接置身地中海，那兒開著藍色小花的香草植物就生長在石灰質灌木叢裡。來自如浮石般乾燥的隆河南部不甜紅酒（可選擇 Vacqueyras 產區、教皇新堡、Gigondas、Sablet、Cairanne 或一般的隆河丘混調），聞起來像大熱天裡乾燥多石的山丘，簡直就是為迷迭香量身打造的酒款。普羅旺斯（包含 Bandol 產區）充滿香料香草的紅酒也能夠與迷迭香的濃烈氣味相襯。從 Montepulciano 與 Brunello di Montalcino 產區的 Chianti 紅酒，也與這種香料香草濃郁香氣合作無間，尤其是料理添加肉類。例如，托斯卡尼紅酒搭配迷迭香佛卡夏麵包就很美味，但如果再加上煎兔肉與迷迭香馬鈴薯將更棒；充滿迷迭香與杜松香氣的燉豬肉或肉醬；還有迷迭香烤羊肉搭配迷迭香大蒜煮白豆。Rioja 產區酒款也適合迷迭香，不過它的青草調性就不如較有大地風味的法國格那希基底紅酒那般天生相配，所以我傾向選擇的較陳年的 Rioja，它開始變得柔和圓潤，並帶有秋天氣息。澳洲 McLaren Vale 產區帶有尤加利樹香氣的希哈，以及澳洲 Heathcote 產區帶有土壤風味的希哈，也都能與迷迭香有所共鳴。

R

S

saffron 番紅花

　　番紅花是一種帶有微妙力量的辛香料，有著甘草與碘鹽氣味，它會溫柔但堅定地改變整道料理的風味。搭配的酒款風味無須太過張揚，但有點衝擊力總不會錯。例如，一道加了蔬菜的雞肉或海鮮燉飯，或其他米飯料理，番紅花便能在料理中堅守到底，很適合開啟一瓶尾韻悠長的紅酒，而不是風味強烈的白酒，例如鮟鱇魚與朝鮮薊佐番紅花飯配西班牙田帕尼優；或混合了米飯、橄欖、鷹嘴豆、孜然與番紅花的鍋煮雞肉，可搭配狂野的 Bandol 產區酒款。相反地，如果是以番紅花調味的配菜，比如加了葡萄乾與松子的北非小米，我通常會開一瓶花香型白酒，例如維歐尼耶或隆河混調白酒，即使這樣的配菜與烤羊肉或塔吉鍋煲羊肉的紅肉主食一起享用也沒問題。維歐尼耶帶有《一千零一夜》的阿拉伯情調，在冷靜的番紅花身旁，媚惑地舞動著。

　　也許簡單通則是，低調的酒款比較能夠與番紅花合得來，這部分就跟粉紅酒與白酒有關。像是普羅旺斯粉紅酒（口感微妙，但帶有隱藏的力道與辛辣的檀香基調）；橘酒（以白酒葡萄釀製，但延長葡萄外皮接觸時間讓它擁有單寧、澀度與淡琥珀色的質地）；Douro 產區白酒混調；以及隆河混調（花香與杏花香）。

　　如果是加了番紅花的魚類料理，像是馬賽魚湯（bouillabaisse）或烤海鱸魚佐番紅花大蒜蛋黃醬，曼薩尼亞雪莉帶有鹹味、麵包般的質地，就很適合正面迎戰料理中的辣味。

salade niçoise 尼斯沙拉

　　半熟蛋、鮪魚、黑橄欖、鯷魚與四季豆的景象一入眼簾，立即就會引發我渴望喝上一杯普羅旺斯最有假日感的淺色粉紅酒。這可能是一種古典制約，也成為我的固定組合班底之一：粉紅酒本來就應該搭配尼斯沙拉。備案可以考慮 Bandol

產區或普羅旺斯其他地方的白酒，或帶有草本風味的 Corsica 產區維門替諾。

salads 沙拉

留意使用何種醬汁。檸檬橄欖油醬或油醋醬的酸味會讓低酸度、帶桶味的酒款喝起頗怪異。使用大量黃芥末、生大蒜或鹽的醬汁也會扭轉喝酒時接收到的風味。當然，如果只是吃了一盤小份沙拉，或者（像我）是在吃完主餐用沙拉清盤，那就不用太擔心了，但如果沙拉份量很大，或是一頓飯的主角之一，那麼可能值得你好好選一支適合的酒款了。為了平衡醬汁中的生大蒜、檸檬汁、醋或黃芥末的影響，可以挑一支酸度比較高的酒款。

沙拉中其他需要考量的強烈味道食材（或醬汁），包括藍紋起司、山羊起司、山羊凝乳、苦生菜（請見下列）、辣椒、香草植物與任何甜味食材（醬汁的糖、楓糖漿或蜂蜜，或沙拉裡的甜味水果，也請見下列）。

苦味葉菜與蘿蔔嬰沙拉：菊苣、水田芥、芝麻葉、義大利紫萵苣與辣味蘿蔔嬰（radish sprouts），需要搭配有澀度的紅酒，或清爽酸度的紅酒或白酒。義大利酒款是簡單的解決之道。阿內斯、維門替諾、維爾帝奇歐、維納恰與柯蒂斯等品種酒款都是活力充沛、足以應付的白酒。內比歐露、多切托、山吉歐維樹、Sagrantino、Montepulciano 產區等酒款，黑達沃拉有時也可以，以上都是紅酒隊的代表。

爽脆泰式沙拉：不管使用什麼蔬菜都沒關係（鮮脆的紅蘿蔔與長豆等），因為整道沙拉的風味通通都是由棕櫚糖、萊姆汁、青木瓜、辣椒、香菜與薄荷提供的甜酸辣等滋味所驅動。最愉快的搭配是中等甜度麗絲玲。它的香氣與香料香草、萊姆的活潑氣息完美結合，酸度與柑橘的嗆酸合拍，而甜度則撫平了辣椒的辛辣。微甜灰皮諾是另一個好選擇。

甜沙拉醬與其他甜味食材：像是糖煮榲桲、梨子或桃子等甜熟水果沙拉，若能與酒款的甜度對等且平衡是最好的。這很微妙，像是選擇羅亞爾河柔潤的微甜

粉紅酒或白梢楠搭配加了甜無花果、榅桲或多汁梨子的沙拉。如果沙拉的甜味非常突出（比如，使用很多蜂蜜或楓糖漿做成的沙拉醬），那麼選擇中等甜度的酒款（試試德國或紐西蘭的麗絲玲），感覺會比極不甜酒款來得舒服順口。參考詞條：aubergine 茄子、avocado 酪梨、chili 辣椒、chorizo 西班牙辣腸、duck 鴨、esqueixada 醃鱈魚、fennel: in salads 茴香沙拉、Greek salad 希臘沙拉、liver 肝、peaches 桃子、radicchio 義大利紫萵苣、rocket 芝麻葉、Roquefort, pear and endive salad 侯科霍藍紋起司、梨子與苦苣沙拉、salade niçoise 尼斯沙拉、Thai beef salad 泰式牛肉沙拉、Waldorf salad 華道夫沙拉、watercress 水田芥。

salmon 鮭魚

經典的鮭魚晚餐是一塊淡粉紅色的水煮魚排，搭配一堆奶油小馬鈴薯與荷蘭醬，而圓潤光澤的夏多內正是漂亮佐餐酒款。夏多內的圓滑口感完美地烘托著鮭魚，也強調了荷蘭醬的柔軟奢華感。任何形式的夏多內都可以，充滿烘烤味、桶陳、肥潤的飽滿酒款；緊緻、帶有火柴棒氣味及檸檬清新感的新流行風格澳洲夏多內；Chablis 產區；澄澈、具蘋果花爽脆感的年輕未過桶 Mâcon 產區酒款。

簡單、精緻的食材是享受較嚴肅酒款的最佳方法。一塊野鮭魚與灑上新鮮香草的皇家澤西島馬鈴薯，搭配一支優質布根地白酒，我想不出比這更細緻的晚餐了。其他適合搭配鮭魚、馬鈴薯和／或簡單沙拉的酒款有普羅旺斯、隆河白酒與淡色粉紅酒。

如果鮭魚是油煎而非水煮，那麼試試格德約品種酒款或澳洲榭密雍，它們擁有的青草、乾草與檸檬風味，可以好好應對酥脆油膩的魚皮。

因為夏多內的質地很適合任何包含濃郁奶醬、雞蛋與奶油的料理，所以也可以搭配鮭魚與水波蛋、菠菜與荷蘭醬；豐富奶油味的瑞士馬鈴薯煎餅（rösti）；美乃滋；或法式鮭魚千層酥派（salmon en croute）。來自南非或羅亞爾河的白梢楠是另一個好選擇，因為它結合了活潑的柑橘味（像是擠檸檬的效果）與圓潤感。

不同的配菜很可能會把風味送往不同的方向。例如，有時會做成熱馬鈴薯沙拉，也許拌進小黃瓜或野蒜，或以蒔蘿油醋汁調味。味道強烈的食材，如八角味的蒔蘿、野蒜或黃芥末醋醬的辣味，都需要一支至少有點個性的酒款。有些布根

地酒款帶有車葉草風味，可以漂亮精準地對上這些食材，不過我會轉而選擇擁有年輕力道且更能好好與醬汁的醋味搭配的酒款。像是比較清新、帶有草本風味且酸度足夠的白酒，例如維爾帝奇歐、維門替諾或綠維特林納，可以接續蒔蘿的八角風味，而羅亞爾河的白蘇維濃或波爾多白酒（過桶或未過桶），則可提供青草的風味背景。以上這些酒款也很適合鮭魚與蘆筍。

　　鮭魚多肉的口感搭配清淡、酸度夠的紅酒也會很美味。黑皮諾似乎可以強調魚肉的粉嫩與滑嫩的肌理肉質。如果用直火燒烤或橫紋鍋煎炙鮭魚，讓魚皮呈現酥脆焦黃，而呈現較飽和的風味，會讓紅酒成為很有風格的選擇，可以是西班牙的 Bierzo 產區酒款、Etna 產區的馬斯卡斯奈萊洛、加美、羅亞爾河的卡本內弗朗，或較清淡的希哈（酒精濃度約 11.5 ～ 12.5％），像是來自南非 Swartland 產區由克雷格·霍金斯（Craig Hawkins）釀製的細膩酒款；又或法國 Ardèche 產區由艾赫維·蘇荷（Hervé Souhaut）所釀較少人為干預的酒款。如果配菜有堅果風味的扁豆，那一定要搭配紅酒，最理想是選擇較具有土壤風味，而非果味，例如德國的黑皮諾、法國 Puy de Dôme 產區絕佳的黑皮諾或北義的 Bardolino 產區。

　　如果作為配菜的沙拉包含辛辣、胡椒味的蘿蔔嬰，或是帶有芥末味的苗菜、奧圖蘭吉式的沙拉是醃料含有醬油、辣椒與香菜，那就比較有理由挑選清淡型紅酒，加美（薄酒萊產區主要葡萄）就是個好選擇。把要搭配的紅酒先冷藏 20 ～ 30 分鐘，足夠的冷度會讓它風味更為顯著俐落。

焦香鮭魚佐味噌茄子：我的首選是香檳，但避開尖酸的無添糖酒款，也不要挑有如比首般直接的風格酒款，因為這類酒款會降低料理美麗絲質般的質地，把它們砍成碎片。果味較濃的香檳像是 Canard-Duchêne 酒莊酒款，帶著糯黏的甜味，會令人感到愉悅。日本清酒很顯然是另一個選擇，或者試試中等甜度的 Vouvray 產區酒款。

鮭魚餅：如果是加了很多馬鈴薯與英式食材，就選夏多內或白梢楠。如果是泰式風味（檸檬香茅、辣椒、薑），則可搭配芬芳型麗絲玲與榭密雍，而白蘇維濃則是大鳴大放的絕佳選擇。

熱燻鮭魚與辣根：辣根的熱辣感與煙燻魚肉搭配陳年澳洲榭密雍最是完美。這些酒款在成熟之後，嘗起來會有烘烤香氣；雖然你可能會發誓它們一定待過木桶，但它們都是用不鏽鋼桶發酵的。

炒蛋與煙燻鮭魚：這對我來說比較像早餐，所以喝酒有點太早，除了搭配氣泡酒，這組合頗令人愉快。

煙燻鮭魚：帶有柑橘皮香的酒款，如 Sancerre 到 Marlborough 產區的白蘇維濃、義大利 Gavi 酒款、奧地利綠維特林納，呈現出像是把檸檬擠在煙燻魚肉上的效果。我偏好比較飽滿的酒款，它們有的在木桶裡待比較長的時間，所以風味顯得更豐富，剛好對上魚肉的油脂質地。如果這道料理搭配奶油麵包（奶油的確會讓鮭魚嘗起來更美味，油脂是非常有效的風味強化劑），Chablis 產區酒款的圓潤感（或其他布根地白酒，以及任何產地的夏多內）在此非常迷人，當然，因為 Chablis 產區酒款也擁有一抹檸檬香氣。搭配鮭魚的濃郁感最受歡迎的酒款是羅亞爾河的白梢楠。任何 Vouvray、Savennières 到 Saumur 產區的白酒都值得一試。不甜、微甜或甚至是中等甜度都可以，這些酒款同時具備適合的質地與酸度，可以為鮭魚帶來多汁的感受。鮭魚的煙燻風味搭配擁有烘烤與爽脆感的桶陳白酒也十分適合，如波爾多、Margaret River 與其他地區的白蘇維濃與榭密雍混調帶有一股熱葡萄柚的煙燻氣味，與擠在魚肉上的檸檬汁與魚肉本身的煙燻味，非常共鳴合拍。同樣地，艾雷島威士忌的煙煤（火堆）碘鹽氣味，會讓人聯想起大海與陸地，帶出鮭魚的煙燻鮮美滋味。也許能以酒水 3：1 兌些水之後再享用。如果煙燻鮭魚是放在全麥麵包上，一小杯冰凍的麥芽伏特加或烈酒所帶來的強烈葛縷子香氣，將可以帶出麵包與魚肉鮮美煙燻的香氣。

韃靼鮭魚：以生鮭魚來說，請避開充滿奶油味的夏多內。這種冰涼帶筋性的魚肉適合搭配有酸度的酒款，像是白蘇維濃、稜角分明的綠維特林納、白梢楠。不過有一個條件要注意，高酸度的酒款也會改變魚肉的質地，會像酸醃生魚般在口中被「煮熟」。如果這道韃靼料理是搭配醃酸黃瓜，我喜歡挑口感較青澀，帶有草本

風味的酒款（如維爾帝奇歐或維納恰）或帶點甜味的酒款，例如冰涼的中等甜度 Vouvray 產區酒款，那會讓人想起燉蘋果與野蜂蜜。阿爾薩斯的灰皮諾是另一個有趣、充滿層次的選擇，而來自義大利東北部的 Collio 或 Colli Orientali 的灰皮諾或麗波拉吉亞拉等其他白酒，擁有清澈的酸度，也能夠帶來冰涼的精準感與冷靜。

照燒鮭魚：年輕的未過桶新世界黑皮諾所擁有的明亮感，與黏稠的薑味醬油風味很相配。日本清酒、甲州白酒、菲諾與曼薩尼亞雪莉，也都是好選擇，而且似乎能讓照燒醬的鮮味更加散發出來。參考詞條：gravadlax 蒔蘿醃鮭魚。

salsa verde 義式莎莎青醬

找一支酸度出色的酒款，便能應對這道青醬神祕有趣的辣味。如果莎莎青醬是與魚類料理一起享用，那麼就選擇白酒，如羅亞爾河的白蘇維濃、西班牙維岱荷、阿內斯、Gavi 酒款、艾希提可、年輕不甜羅亞爾河白梢楠。義式莎莎青醬似乎與橡木桶風味頗為合拍，所以可以找一支過桶艾希提可或波爾多白酒。過桶白酒也會特別適合莎莎青醬搭配羊肉與大量的沙拉，尤其是在炎熱傍晚的戶外晚餐。然而，羊肉可能會讓人想到波爾多紅酒，這的確是非常棒的點子。帶醋味的莎莎青醬與羊肉擁有一種奇蹟般的效果，能夠補救青澀、單寧強勁的波爾多淡紅酒，造就開一瓶澀度較強的年輕波爾多淡紅酒或 Fronsac 產區酒款的絕妙時機。

salt 鹽

鹹度很高的食物，不管是因為含有鯷魚、鹹味酸豆、鹽漬橄欖或只是加很多鹽， 都需要一支酸度很好的紅酒或白酒。這是因為鹽分會降低我們對酸度的感受，所以如果是一支圓潤、低酸度的酒款，一開始就會覺得嘗起來太平淡了。很多酒款的酸度都很好，香檳、白蘇維濃與麗絲玲等酒款都是。義大利北部與中部的紅酒在優良骨架與酸度表現上通常深受信賴。

saltimbocca alla romana 義式生火腿小牛肉捲

這道經典料理是用打薄的小牛肉肉片捲進鼠尾草與義式生火腿，然後以奶

油煎熟盛盤，再以瑪薩拉酒洗鍋收汁後淋上，可以挑 Valtellina 或 Langhe 產區帶有酸刺感的內比歐露；Südtirol 產區有著鮮美風味的勒格瑞；帶砂土風味的不甜 Lambrusco 產區紅酒；皮革味的 Montepulciano d'Abruzzo 酒款；或 Chianti Rufina 產區酒款。白酒可挑當地的 Frascati 酒款，不過我也喜歡帶有花香的瑞士 chasselas 氣泡酒（如果找得到）。

salty snacks 鹹味點心

我要很開心地說，洋芋片與其他鹹味點心最好的葡萄酒搭檔，就屬香檳了。千真萬確。香檳有很高的酸度，很適合鹽分。英國氣泡葡萄酒也可以，任何其他不甜氣泡酒也不錯。白蘇維濃也很適合帶有醋酸味、又鹹又油的點心。

samphire 海蓬子

有微風感的葡萄牙綠酒很適合鹹味海蓬子。Douro 產區白酒與 Muscadet 酒款也可以（它們都是經典的魚類料理餐酒），而海蓬子幾乎總是與魚類一起出現。帶有蕁麻味的英國巴克斯品種酒款，也與這種稍微潮溼口感的海邊蔬菜彼此契合。

sardines 沙丁魚

在海邊烤肉架或強力烤爐中，把沙丁魚與紅洋蔥、番茄塊一起烤到魚皮迸裂，金黃焦酥，此時沙丁魚會大叫希望可以搭配一杯粉紅酒被吃下肚。我不會挑選顏色淡薄到幾乎透明的酒款，而是比較強烈的深色粉紅酒。試試 Rioja 或 Navarra 的西班牙粉紅酒（rosado）酒款，或在名聲不大好的 Utiel-Requeña 產區以博巴爾釀製的粉紅酒。除此之外，葡萄牙 Dão 產區或 Douro 產區的粉紅酒，黎巴嫩粉紅酒或智利混有一些仙梭的混調粉紅酒，都是好選擇。油脂豐富的沙丁魚也適合紅酒。甜紅洋蔥與羅勒香氣適合年輕、深色、實惠的 Ribera del Duero 產區紅酒（但不要選用美國桶味過多的酒款）可能不是第一個想到的選擇，但它會是很棒的搭配。另外還有托斯卡尼的山吉歐維樹；智利或南非明亮、帶點煙燻味的未過桶黑皮諾；西西里島的平價馬斯卡斯奈萊洛、弗萊帕托或 Cerasuolo di Vittoria 酒款；葡萄牙 Dão 產區的紅酒。極明亮、帶有檸檬香的白酒也很適合在每一口之間愉快暢飲，

例如 Roussette de Savoie 酒款。

sashimi　生魚片

　　我發現日式生魚、大根、山葵與醬油沾醬最棒的搭檔，是由甲州葡萄釀造的未過桶白酒；菲諾或曼薩尼亞雪莉；日本清酒；以及香檳或混合夏多內、黑皮諾與莫耶皮諾釀製的英國或其他地區的氣泡酒。如果是比較清瘦的魚種，奧地利綠維特林納精準敏銳的酸度，可以美妙地提供清爽感。多油脂的魚種，像是鮪魚較豐腴的部位，可以好好融入甲州酒款與日本清酒的溫柔口感中。參考詞條：sushi壽司。

sausages 香腸

　　每一種紅酒搭配香腸是否都很棒？從結實的塔那到清淡的多切托品種酒款，再到 Barossa valley 產區的希哈，很難想到有什麼酒款不適合，所以挑酒款變成要看場合設定。以下有幾個我很享受的組合。

　　在寒冷的冬夜我喜愛一杯冰涼鮮美又充滿礦石味的薄酒萊，將滿口奶油馬鈴薯泥、洋蔥醬汁與香腸送進胃裡。紮實的智利紅酒感覺舒適撫慰，不過與其喝卡本內蘇維濃、卡門內爾或希哈，何不開一瓶比較非主流的葡萄品種酒款，例如巴依絲或卡利濃？

　　夏天的戶外，若是香腸搭配一盤沙拉，讓我想要喝有紅醋栗葉氣息的冰涼Bourgueil 或 Chinon 產區酒款。蒜香香腸、烤香腸或香腸配普羅旺斯燉菜，與香草香料味的 Bandol 產區非常可口，這支酒款會讓人想起在普羅旺斯的夏天，就算太陽下山了，空氣還是熱呼呼地。這些菜色同樣也適合閃電般的黎巴嫩紅酒。如果在炭火上烤到焦香的香腸，我也會忍不著想喝澳洲希哈與卡本內蘇維濃混調。

　　乾燥香料香草與無花果，以及野外山丘覆蓋著香料香草植物的氣味，這些會是在 Languedoc 產區紅酒發現的風味（像是 St Chinian 酒款），或 Côtes du Roussillon 產區紅酒的狂野、閃亮燃燒火焰感覺，似乎都很適合夏末或秋天夜幕降臨之時。如果是帶有托斯卡尼的感覺，也許是香料大蒜茴香香腸，晚餐由烤麵包小點開啟，接下來是迷迭香與橄欖油煮的馬鈴薯，或一道紅點豆（borlotti bean）沙拉，那麼，

S

要不要來一瓶暖心的 Rosso di Montalcino、Chianti 或 Supertuscans 產區酒款？

如果是餐廳菜單上的香腸，任何酒款都會適合。而且，簡單的晚餐很顯然永遠都是拿出一瓶好酒的絕佳時機，但香腸與馬鈴薯泥配上啤酒也是無敵棒的組合。一大杯「London Pride」啤酒也非常理想。

scallops 干貝

干貝擁有一種天然的甜味，讓它很自然地適合搭配夏多內（我想的是昂貴的布根地白酒），特別是鍋煎干貝時染上的焦糖化金黃邊緣。不同酒款的選擇須看配菜為何。例如，豌豆泥就挑年輕一點、清爽一點的夏多內，如果是木質感的歐洲防風草泥或西班牙辣腸，那就挑濃郁些的過桶夏多內。

搭配表面稍微炙燒的干貝通常適合陳年波爾多白酒以及香檳。另外，一小杯冰凍干邑白蘭地也很棒。

如果是干貝搭配味道較為新鮮清新的食材，像是豌豆泥、豆苗、苗菜、萊姆或香菜，白蘇維濃會表現得很好。我偏好選一支較成熟的白蘇維濃，喝起來有甜桃氣味，而且在口中有種較厚實柔軟的感覺，產地可以選紐西蘭 Marlborough 產區、澳洲 Adelaide Hills、Margaret River 產區或智利。這些地方的白蘇維濃通常有種明亮特質，能與這盤料理相得益彰。

干貝與法式白醬的組合，則適合一支微甜麗絲玲，例如「Donnhoff」酒款，它的酸味與甜味剛好可以抗衡法式白醬的醋味。如果干貝是搭配西班牙辣腸，或以培根或生火腿包裹干貝，幾乎沒有什麼酒能比過香檳；任何地方以香檳葡萄品種釀製的氣泡酒（夏多內、黑皮諾、莫耶皮諾）；或 cava 氣泡酒。過桶 Rioja 白酒也可以。而肉質甜度依舊的義式生牛肉薄片搭配柔軟、白色半透明的干貝切片，帶出一種幾乎像是草地花朵的氣氛，非常適合法國西南部的高倫巴與白于尼混調或西班牙的蜜思嘉。

sea bass 海鱸魚

這是一種肉質細膩的魚類，適合優雅細緻或輕柔觸感的白酒。如果海鱸魚是簡單烹煮，那麼可挑隆河白酒；義大利東北部或德國的白皮諾；義大利東北部

Friuli-Venezia Giulia 產區的優質灰皮諾，或桃紅灰皮諾（pinot grigio ramato），桃紅酒的釀製含有葡萄皮所以呈現像是粉紅酒的淡紅銅色，而且帶有一抹淡淡的巴西莓味道。如果料理出現比較犀利的味道，可能就會增加賭注了。如果海鱸魚搭配烤帶莖珍珠小番茄，那也適合風味準確的灰皮諾，不過紐西蘭 Awatere Valley 產區的白蘇維濃的涼爽青澀味道與鐵絲刺網感覺，能夠加強番茄明亮強烈的口感。如果是檸檬香茅、萊姆與薑煮海鱸魚，試試紐西蘭 Martinborough 產區或澳洲 Clare 與 Eden valley 產區的檸檬風味年輕麗絲玲所帶來的閃電感受。如果有辣椒，你也可以開一瓶微甜麗絲玲。

sea urchin 海膽

這強烈的海水碘鹽滋味非常適合搭配酸度夠、香氣濃郁的花香型酒款。我腦中就有一個非常鮮明的回憶，是在一個非常炎熱的傍晚，坐在巴勒摩 （Palermo）一家咖啡店外的人行道上，邊吃海膽義大利麵，邊享受由西西里島釀酒師馬可‧迪‧巴托里（Marco de Bartoli）所釀造的不甜蜜思嘉。

shepherd's pie 牧羊人派

參考詞條：cottage pie 農舍派。

skate 鰩魚

鰩魚有著味道強烈、結實多肉的特性，適合阿爾薩斯礦石風味的不甜麗絲玲、帶鹽土風味的 Muscadet 酒款，以及波爾多白蘇維濃混調。經典的鰩魚料理如果搭配酸豆與焦化奶油醬，合拍的酒款有 Vernaccia di San Gimignano 產區、維爾帝奇歐或阿爾薩斯的白皮諾。

skordalia 大蒜馬鈴薯泥

這道希臘的杏仁馬鈴薯泥充滿大蒜味，所以我通常會配上酸度夠的白酒，像是聖托里尼島的艾希提可，它有著強力的柑橘味與勁道很足的能量，面對大蒜無所畏懼。義大利的 Gavi 酒款也會是一個檸檬味的好選擇。

slaw 涼拌高麗菜絲沙拉

不同於預先做好、已經癱軟疲乏，裝在小小塑膠盒裡的涼拌高麗菜絲沙拉，自家現製的口感爽脆，並帶有酸酸甜甜的撫慰感受。儘管這道沙拉可能毀了一瓶細緻微妙的酒款，但如果桌上出現它的話，基本上這就不會是一頓講求精緻高級的晚餐。涼拌高麗菜絲沙拉比較常與風味濃郁的食物一起吃，像是手撕慢烤豬肉、烤肉或蔬菜串烤、重口味醃漬物、漢堡或冷食烤醃豬腿肉。所有盤中其他的食物可能會影響選酒方向，不過當一口生洋蔥與醬汁裡黃芥末的胡椒嗆辣味一現身，也許就會轉向選擇比較酸和／或單寧較強，或力道強一點的酒款。例如，我會挑麗絲玲而非 Chablis 產區酒款；有個性的年輕紅酒，而非溫和的陳年波爾多。黃芥末具有這種魔幻能力可以讓艱澀的酒款變得較為沉靜溫和，所以涼拌高麗菜絲沙拉的確能夠讓一瓶不完美、單寧又重又青澀的紅酒，變成比較高級昂貴感，這是打開一瓶艱澀年輕波爾多淡紅酒的好機會。不過，如果餐點裡有辣椒或濃郁調味的醬汁，就不要這麼做了。

墨西哥煙燻辣椒與紅椒粉口味：墨西哥煙燻辣椒結合煙燻與水果的溫暖，很適合搭配美國金芬黛的高酒精濃度燒灼感與咳嗽糖漿綜合氣味。成熟的智利、澳洲與阿根廷紅酒也很適合，以及有著大量桶味的流行酒款。現代感的年輕 Ribera del Douro 產區紅酒帶有煙燻香草莢與甜草莓味剛好適合此口味，尤其是將這道沙拉跟手撕慢烤豬肉一起享用。

snails 蝸牛

令人感到神經質的口感，可能會很想要挑一支酒體宏大的酒款，來抹除正在吃軟體動物的任何暗示。事實上，搭配的醬汁通常強烈放送著的大蒜味，正是在幫進行這項分心任務。某次我在阿爾薩斯吃到蝸牛披薩，其實有點震驚，那些窩身在融化起司之間、有著灰棕色光滑外觀的塊狀物，我必須假裝它們其實是菇類。把披薩成功送進肚子的是白皮諾氣泡酒。此組合還可以，雖然我不會推薦，因為腳趾會感到些許刺麻。蝸牛可以搭配幾乎所有的年輕法國紅酒。從羅亞爾河清淡的年輕 Chinon 或 Saumur 產區；任何質地層次的布根地紅酒，像是 Mâcon 產區紅

酒；搭配風味簡單的 Corbières 或 Fitou 產區；或者任何一種的法國產地酒款，不論在釀酒廠用闊底玻璃壺裝著賣的，或像汽油水汞般可以自己沽酒進瓶子、煎鍋、浴缸的那種。

sole (Dover and lemon) 比目魚（多佛比目魚與檸檬連鰭鰈）

一瓶優質布根地白酒是搭配多佛比目魚與檸檬連鰭鰈很漂亮的搭檔，不管是以燒烤或奶油鍋煎都適合。

soufflé 舒芙蕾

起司口味的舒芙蕾可以搭配夏多內，但溫度不要太低；布根地紅酒；成熟的波爾多淡紅酒；或內比歐露（如果舒芙蕾加了松露會特別棒）。如果是味道強烈的藍紋起司舒芙蕾，也許可以搭配義大利東北部口感準確的麗波拉吉亞拉品種酒款、南義充滿礦石風味 greco di tufo 酒款，或帶有花香且結構優良的克羅埃西亞 Istria 半島的馬爾瓦西亞品種酒款。

soup 湯品

以酒配湯頗為棘手。液體加液體的組合不大高明。然而，有一種酒款搭配很多湯品都很可口，從西班牙冷湯、南印咖哩肉湯到魚湯都很適合，那就是不甜雪莉。菲諾（稍微強烈一點並較有酵母味），或者曼薩尼亞（較細緻、柔和），都帶有可以抗衡湯裡大蒜的酸度，也有鮮美的飽和感可以與高湯相襯。雪莉同時也像是番茄基底湯品的風味強化劑，就像是血腥瑪麗調酒（Bloody Mary）加進一抹阿蒙提雅諾雪莉，風味頓時增強一般。雪莉可以杯裝放在湯品旁，或直接加進湯裡。不管是菲諾或者曼薩尼亞，都須冰鎮後再上桌，並且是新鮮剛開瓶的。參考詞條：riesling 麗絲玲的食譜「Riesling soup 麗絲玲湯」。另外，參考詞條：fish soup 鮮魚湯、gazpacho 西班牙冷湯。

South-East Asian food 東南亞料理

這部分包含的是泰國、越南、新加坡、柬埔寨、印尼與馬來西亞。把範圍如

此廣大的料理包在一起講似乎古怪，但在當代烹飪中，這些區域料理的概念與食材都被重新演繹、交錯使用，並重新發揮。世界上有很多酒類可供佐餐的地方，吃的可能都是這些料理的某個版本，而非原始版本。這些料理經常是各式各樣的菜色，同時擺滿一整桌，大家一起分食，而要以何種佐餐酒搭配這些料理中常見的食材，的確有一個共通點可以參考。

現在，免責聲明已經完成，讓我們快速看一下這些重點食材。

辣椒是第一個。除非目標是想要加強辣度到不舒服的程度，否則低單寧、無過桶、帶點甜度的酒款是最佳選擇。

萊姆汁、羅望子、青木瓜與青芒果的尖銳味道需要酸度夠高的酒款。

泰國羅勒、檸檬香茅、薄荷、檸檬葉、魚露、高良薑或薑這類的風味，需要滑順明亮的酒款。而非帶有塵土、線香、鋸齒般口感的酒款，例如 Chianti 產區酒款，或某些舊世界紅酒的農場馬廄風味，也會覆蓋住這些食材的風味。

這裡推薦的酒款都是山姆・克里斯帝（Sam Christie）所說的「擁有好的酸度、自然果香與微微桶味或根本不過桶」。他之前當過侍酒師，現在則開設並營運四間餐廳，包括 Longrain 餐廳的墨爾本分店，該店供應著可口的東南亞料理與絕佳的酒單。

克里斯帝說，Longrain 餐廳搭配料理的酒款包括「非常酸脆的奧地利與澳洲麗絲玲。我喜愛那樣的酸度與純淨溪石的口感。我們也有很多黑皮諾，來自澳洲、紐西蘭，但也有法國。我尋找的是能夠解膩的酸度，而不是拙劣的過度尖酸。通常粉紅酒搭配較辣的食物效果滿好，如果想要找一支擁有可以包覆並融化辣度的殘糖酒款，較甜的西班牙或澳洲風格會最好。」

「某些特定的料理，要找能夠增強香料氣味的酒款。新鮮綠胡椒搭配葡萄酒尤其棘手，幾乎是惡夢等級。香菜與檸檬香茅可以搭配有著香料香草風味的麗絲玲、白梢楠或白蘇維濃，但夏多內就不大適合了。很令人驚喜的是薄荷可以搭配紅酒，只要那支紅酒溫和且鮮美就行。奧地利綠維特林納與泰國羅勒、檸檬香茅配起來也很美味。維歐尼耶適合香料香草而不是辣椒。白皮諾、榭密雍與新風格緊緻清瘦的澳洲夏多內，也都值得一試。」

在此，真正要找的不是一支完美的「絕配」酒款，而是一支盡量不會阻礙食物、同時又不會被盤中食物完全打敗的酒款。一旦料理出現辣椒，就會需要酒液

帶點甜度。如果辣椒加的不多，除了以上克利斯帝推薦的酒款以外，我也會考慮 Adelaide Hills 產區的白蘇維濃、灰皮諾、阿爾巴利諾、未過桶澳洲榭密雍、德國氣泡酒與馬斯卡斯奈萊洛。

spaghetti 義大利圓直麵

參考詞條：pasta 義大利麵。

squid 烏賊

如果是最簡單的料理形式，燒烤或橫紋鍋炙煎後淋上檸檬汁、大蒜與橄欖油，這樣的烏賊可以很開心地搭配幾乎任何粉紅酒或明亮年輕的未過桶白酒。例如南非白蘇維濃擁有青草清新感、北義的 Gavi 產區 Gavi 酒款強調了檸檬味的澳洲年輕榭密雍增添酸度與活潑感、阿爾巴利諾帶來杏桃核與海洋鹹味的觸動，以此類推。

冰涼小黃瓜、孜然與烏賊冷沙拉：這道料理的食譜可見《萊斯料理聖經》（*Leith's Cookery Bible*）。搭配中性不甜白酒非常棒，像是義大利的 Terre di Chieti 產區酒款或法國的匹格普勒品種酒款。

萊姆辣椒烤烏賊：麗絲玲搭配萊姆超級適合，而澳洲、智利、華盛頓州或南非的不甜或微甜酒款，都帶有愉悅清晰感，配上這道料理十分到位。

椒鹽烏賊（以及辣椒鹽烏賊）：我只有在餐廳的午餐或前菜吃過這道香氣衝鼻的點心，不過奈潔拉（Nigella）說它「出乎意料地容易買到，自己做也很簡單。」在她的網站「nigella.com」可以查到這道食譜。如果想要搭酒一起吃，選一支酸度夠強的不甜白酒，也許可以是帶氣泡，以劃開酥脆的麵皮。cava 氣泡酒就是好選擇。粉紅氣泡酒也不錯；羅亞爾河 Touraine 產區的加美氣泡酒擁有一股可口怡人的清新感，不過任何不甜氣泡酒都可以有此效果。但我應該會調一杯清酒馬丁尼（saketini）；以兩份冷凍的坦奎瑞琴酒（Tanqueray Ten gin）與一份冰涼大吟釀（daiginjo sake）與冰塊，搖勻後篩進雞尾酒杯裡。

S

烏賊墨汁燉飯：艾蜜麗·歐黑爾是義大利葡萄酒專家、River Café 餐廳前任酒類採購與首席侍酒師，她有一個最棒的建議：用 Soave 產區酒款搭配這道燉飯簡直是天堂，這正是我在餐廳裡的吃法。我的意思就是直接以 Soave 產區酒款，而不論任何果香風格，因為這已經是一道滋味微妙的料理了，重點全在它的質地、烏賊風味與顏色。你才不會想要有什麼會讓你分心的東西。不然，也許 Liguria 產區的皮亞圖（pigato，即維門替諾）或五漁村（Cinque Terre）白酒的其中一款也可以；它們現在比以前好太多了。」另一位認真的饕客朋友（喬伊·韋德薩克）記得自己曾非常享受地以一支來自 Graves 產區的柔和花香白酒搭配烏賊墨汁燉飯，那是特殊的非義大利式組合。

西班牙辣腸與甜紅椒燉烏賊：紅椒粉和甜椒適合紅酒更勝於白酒。試試稜角柔和的西班牙紅酒、田帕尼優或 Navarra 產區酒款都可以。

Stilton 史帝爾頓藍紋起司

　　這款有著藍色血管般紋路的起司最傳統的餐搭酒款是波特。我從未被單寧的搭配法完全說服過，因為單寧會與味道強烈的藍紋起司大打出手，不過，這是一個很有喜慶感的組合，我也就慢慢接受了此配法。甜味的確有幫助。經典的選擇會是晚裝瓶年份波特或有點年紀的年份波特，不過茶色波特的和緩甜味，可以營造出比較溫和的口感組合。藍紋起司會讓細緻成熟波爾多淡紅酒完全癱軟，不過要是配上澳洲或美國 Napa 產區老年份卡本內蘇維濃就會非常棒，較明亮的果味與陳年之後變得柔和的單寧能成功地抵擋起司菌絲的攻擊。在寒冷冬天裡，一杯歐羅索雪莉也很不錯。所有組合我最喜歡的是餐酒專家費歐娜·貝凱特（Fiona Beckett）所建議的，她的餐酒搭配網站「matchingfoodandwine.com」是超讚的資料庫。貝凱特認為，一小杯野莓琴酒（sloe gin）搭配史帝爾頓藍紋起司非常美味。

strawberries 草莓

不加鮮奶油：我生命中最完美的午餐之一，是在羅亞爾河天氣依然冷冽的六月天，與七十多歲（看起來一點都不像）的釀酒師保羅·菲列托（Paul Filliatreau）在花園

一起享用的。我們喝著他以卡本內弗朗釀製的 Saumur Champigny 產區酒款，帶有夏季莓果葉子的氣味，搭配以葡萄樹幹燒烤的羊肉，但壓軸是甜點：一大盆的草莓淋上 Saumur Champigny 產區酒款。以紅酒（準確地來說是卡本內蘇維濃）搭配草莓是一種另類與意外的結合。羅亞爾河的卡本內弗朗和波爾多卡本內蘇維濃都可以，其他就不大推薦了。草莓的品質要好（野生或在戶外成長茁壯的草莓；碩大多汁的荷蘭溫室草莓），而酒款的單寧如果夠突出且桶味較隱晦會更好。芬芳的 Margaux 產區是特別適合草莓的酒款。冰透的粉紅酒（幾乎任何產地都可以）不管是搭配草莓飲用，或淋在草莓上，也都很可口。建議選擇不甜普羅旺斯粉紅酒搭配沒有灑糖粒的莓果，而深色較甜的粉紅酒則可以灑上些許糖粒。

至於白酒，純粹華麗的香檳無可取代；微甜到中甜的香檳雖然不那麼流行，但它感覺很奢華。在夏天發懶的下午或傍晚，來一杯蜜思嘉氣泡酒是比較不昂貴的另一個選擇。發泡甜滋滋的酒液聞起來有花朵和桃子的氣味，與甜香的草莓是相當堅強的陣容組合。蜜思嘉最近重新受到夜店人們歡迎，得要感謝嘻哈音樂界的提攜，它的音樂人粉絲包括莉兒金（Lil' Kim）與肯伊‧威斯特（Kanye West）。最創始也最好的是義大利 Piemonte 產區的蜜思嘉氣泡酒；不過世界到處都有製作蜜思嘉。是否搭配音樂就看個人偏好囉。

鮮奶油甜點：鮮奶油把草莓轉變成華麗的甜點。我跟很多人不同，傾向甜點不要加進酒類，而是另外搭配適當甜度的酒款，像是 Jurançon 產區甜型酒款或花香調的 Muscat de Beaumes de Venise 產區蜜思嘉就可以切中目標。香橙干邑甜酒（Grand Marnier）與草莓也是天堂般的絕配；把香橙干邑甜酒加進鮮奶油裡或單獨品飲，即可享受結合著干邑白蘭地的強勁柑橘味與紅色果實的融合口感。

stroganoff 俄羅斯酸奶牛肉

想好好享受這道菜的話，就配匈牙利的巴爾幹半島的萊弗斯科（refosco）或 kekfrankos 品種酒款。理想狀況是找一支厚實帶酸的紅酒，喝起來像是直接從聖餐杯飲盡的那種。要找到擁有酸度同時帶有野地調性的酒款，希臘與土耳其會是不錯的選擇。

suckling pig 乳豬

　　一般的烤豬肉可能會太乾柴，但烤乳豬的肉質既軟又多汁。所有烤豬肉的白酒推薦酒款都很適合，但紅酒是我最愛的搭配，因為烤乳豬的肉質如此濕潤，葡萄牙 Douro 產區或波爾多有著鹹鮮單寧的正經八百酒款也不會有問題。西班牙 Rioja 與 Ribera del Duero 產區也是非常棒的選擇。曾任 El Bulli 餐廳侍酒師的法藍·桑德耶，同時也是西班牙人說，「陳年田帕尼優與乳豬是經典組合，不過我也喜愛乳豬搭配味道強勁有力的 Médoc 產區酒款，特別是有點陳年的酒款。」參考詞條：pork 豬肉。

sushi 壽司

　　同時品嘗好幾種不同口味的壽司是很正常的事，所以須選擇基本款的佐餐酒搭配。日本清酒是漂亮的常見選擇，而西方口味比較偏好清淡一點的大吟釀風格，通常會冰鎮飲用。日本的甲州葡萄如介於灰皮諾與白蘇維濃之間，帶有楊桃的微妙風味，非常適合。這是一款單喝時幾乎沒有存在感的酒款，但一旦搭配食物就會充滿激情地綻放開來。建議稜角分明、冷靜的酒款，像是不甜弗明（經常帶有壽司薑片與日本梨子的氣息）、德國或義大利東北部的白皮諾、阿爾巴利諾、淡色粉紅酒、綠維特林納、羅亞爾河白蘇維濃（Menetou Salon 和 Reuilly 產區尤其適合）、阿里哥蝶、德國 Pfalz 或 Rheingau 產區的不甜麗絲玲、維爾帝奇歐、粉紅香檳與英國氣泡酒。灰皮諾的花香比較強，也比較柔和，但搭配米飯也很好。紅酒同樣可行，可挑德國黑皮諾或加美。

swordfish 旗魚

　　旗魚有著厚實白肉，是最多肉的魚類之一。以檸檬大蒜醬或八角風味調味（灑上葫蘆巴、洋茴香、茴香 Pernod 保樂茴香利口酒烹煮）都很好吃，可搭配過桶白蘇維濃與榭蜜雍混調，以及過桶艾希提可，同樣也帶有茴香濃郁香氣與烤檸檬風味。風味強勁但清新的葡萄牙 Douro 產區白酒也很適合，就像南非榭密雍與過桶 Rioja 產區白酒也不錯。如果把旗魚當做牛排般料理，然後佐以卡菲奶油醬（Café de Paris butter）或胡椒奶油，那就把它當成牛排來思考搭配酒款，可以搭配未過

桶的年輕紅酒，如隆河丘或西班牙 Calatayud 產區格那希。原味的旗魚擠上檸檬汁
與一抹橄欖油的料理方式，也適合紅酒，不過也可以挑多一點單寧的年輕加美或
Marcillac 產區酒款。

tagine 塔吉鍋料理

　　想為結合熱氣、辛香味、水果的塔吉鍋料理選擇餐搭酒款頗有難度。如果辣度不是太高、辛香料也不是太強烈，主要使用的是清淡型食材，如雞肉、蔬菜或豬肉，那麼就挑帶有金銀花與杏桃味的芳香型維歐尼耶，會帶來一種天方夜譚式的氣氛。如果是較重口味的肉類，我喜歡黎巴嫩紅酒的溫暖辛香味，或一瓶陳年的 Gran Reserva Rioja 產區酒款或絲滑的 Montsant 產區酒款。然而，我其實最後常常開的是粉紅酒，低辣度的塔吉鍋搭配淺色不甜粉紅酒，較辣的口味則配深色較甜粉紅酒。

tandoori 坦都里爐烤料理

　　坦都里爐烤料理給人的印象就是肉類或魚類的多汁口感，這便是挑選配酒的核心；不像湯湯水水的咖哩，其中的醬汁幾乎蓋過所有其他食材的味道。如果能找到一瓶不錯的不甜蜜思嘉，搭配坦都里烤鮟鱇魚或海鱸魚會很可口。市面上有許多充滿便宜香味水的糟糕蜜思嘉，但我有喝過幾支很棒的西班牙蜜思嘉，帶有幽微的橙花伴隨花香，而這樣清淡酒感圍繞著辛香味輕輕舞動著。不甜弗明是另一個好選擇。坦都里烤蝦搭配花香型綠維特林納非常美味。坦都里烤雞適合南非、澳洲或智利非常明亮但橡木味不過重的夏多內。酒裡的溫暖感覺會隨著料理的辣度逐漸上升，但搭配辛香味仍然顯得清澈透明。多汁的坦都里羊肉可以搭配紅酒，不過因為單寧會對風味濃縮的乾香料起作用，所以選一支比較滑順的酒款，例如平價地中海黑皮諾或南法混調。土耳其紅酒也適合，不過如此搭配的話，可能會感覺辛香味更為刺激。

tapas 西班牙下酒菜

　　一杯曼薩尼亞雪莉、菲諾雪莉、田帕尼優或 cava 氣泡酒，搭配一桌堆滿各式風味的西班牙下酒菜是最經典的配法。不過，還是看你的心情如何。

tarragon 龍蒿

　　這種香料香草風味強烈，帶著淡淡的洋茴香氣味。它最好的搭檔是榭密雍（特別是木桶發酵），這讓波爾多白酒成了明智的選擇，例如搭配雞皮下抹了龍蒿奶油的烤雞。如果是簡單料理的餐點，龍蒿也同樣適合搭配年輕過桶布根地白酒的車前草香。而沙拉使用的是新鮮龍蒿，通常白蘇維濃與榭密雍混調的強烈活潑氣息非常適合。如果是龍蒿黃芥末（加進熱狗裡），我喜歡搭配充滿活力草本風味的年輕德國黑皮諾。

　　陳年希哈，例如成熟的 Cornas、Hermitage 或澳洲陳年 Heathcote 產區希哈，與龍蒿也是無敵匹配。參考詞條：béarnaise 法式伯那西醬。

tarte tartin 反轉蘋果塔

　　反轉蘋果塔以奶油酥皮包裹已經焦糖化的果餡，是少數真的適合甜酒的甜點。最直覺的選擇是逐粒精選與乾葡精選麗絲玲，它們擁有濃郁的蘋果捲風味，反映出這道甜點的蘋果滋味。甜型羅亞爾河白梢楠、Sauternes 產區酒款的番紅花與糖漬水果風味，以及其他的甜型白蘇維濃與榭密雍混調（Monbazillac 與 Loupiac 等產區）都很適合。蘋果塔的金黃色焦糖強調了這些酒款裡的蜂蜜風味。

Thai beef salad 泰式牛肉沙拉

　　牛排表面炙燒以保持中間粉嫩、外部炭燒煙燻；手撕泰國羅勒、薄荷與香菜葉的香氣席捲鼻腔；清脆的生青蔥絲；米粉的砂粒感；醬汁裡的酸萊姆味等等。品嘗泰式牛肉沙拉是一個充滿香氣、感官強烈的經驗。而且我還沒提到辣椒。

　　如果這道沙拉做成辛辣口味，就會整個把酒款的風味轟炸殆盡。要搭配口味非常溫和的泰式牛肉沙拉，我的最愛是絲滑、芬芳的 Marlborough 產區黑皮諾。另外還有紐西蘭、澳洲或智利的年輕黑皮諾；也可以試試智利帶有柔和、濃郁果香

T

的老藤卡利濃；南非帶有白胡椒與柔和桑葚味的仙梭；帶有黑莓灌木味的未過桶 Fitou、Minervois 或 Costières de Nîmes 產區酒款；擁有蔓越莓與茶葉風味的未過桶智利卡門內爾；或有著溫暖草莓棉花糖味的風味單純未過桶西班牙格那希。記得預先冷藏 20～30 分鐘，稍微退冰後，立即可享受與香料香草及萊姆抗衡的清新酸度。

Thai green curry 泰式綠咖哩

紐西蘭 Marlborough 產區的白蘇維濃帶有穿透性且明亮的酸度，與這道料理的新鮮萊姆、多汁的水茄與爽脆的長豆非常契合，但就不大能應付辣味了。我經常是打開一瓶當做開胃酒，或一邊料理一邊喝，為晚餐暖身感覺非常棒。就這道料理本身來說，一支微甜酒款會比較好。澳洲、智利或紐西蘭（首選）的非不甜麗絲玲或德國麗絲玲（第二首選），可以調和辣椒的火熱感，而讓香菜與萊姆的香氣悠游其中。一支優質灰皮諾或智利格烏茲塔明那帶有一點甜味的酸度也是很好的選擇，而且溫和的花香特質更是幫襯了椰奶風味。

Thanksgiving 感恩節料理

感恩節餐桌一定會有一隻火雞。端看各家傳統與文化背景，可能還會有鼠尾草、香腸、栗子、蔓越莓、地瓜、培根、蘋果、葡萄乾、馬鈴薯泥、整穗玉米、玉米麵包、蔬菜派與南瓜。最大的影響是豐富的甜味，不僅是果乾或新鮮水果的香甜、油脂豐富的培根甜味醃料，還有來自玉米與地瓜的甜度。以白酒來說，可選擇比較飽滿的夏多內，從中可以嘗到陽光、奶油與橡木味。紅酒則選擇柔順的黑皮諾（可挑美國 Sonoma 產區），足以調和所有風味；而金芬黛將能以溫暖果香席捲整桌盛宴。仙梭與卡利濃（尤其是自然酒風格）也非常適合。在 Santa Cruz 產區製造極佳加州酒款的藍道‧葛蘭姆（Randall Grahm），是以隆河葡萄的變種釀酒，他在推特（Twitter）上說，「提醒一下，基本上每一支 Bonny Doon 酒莊的酒款似乎都很適合火雞。」事實上也是真的。大部分的隆河風格混調，不管是紅酒或白酒，或隆河本地與其他地方，都具備芬芳的特質，皆能充分融入整桌料理的風味。

　　既然感恩節的原意是感謝豐收，這便是享受自然酒的好理由，但可以找遠一點，像是薄酒萊優質村莊級幾乎可以像是蔓越莓醬一樣扮演解膩的角色。更多其他選擇有流動感佳、酒體輕盈、清爽的 Etna 產區紅酒；侏羅產區土梭或普薩品種酒款所帶來的優雅；南非 Swartland 產區的白梢楠（或白梢楠、胡珊與馬珊混調）所擁有的溫暖果樹水果的香氣，其質地也特別適合地瓜泥與玉米。參考詞條：Christmas dinner 聖誕節晚餐、turkey 火雞。

thyme 百里香

　　百里香擁有木質調香氣且非常芬芳，要搭配酒款並不難，但它也很有可能讓一般商業（果香與微甜）紅酒與白酒喝起來有點微不足道，並且令人尷尬地簡單普通。百里香與黑皮諾特別合拍。它同時適合地中海紅酒，Collioure、Bandol 與 Cannonau di Sardegna 產區酒款聞起來很像沐浴在陽光底下、布滿灌木叢與香料香草植物的斜坡。

tofu 豆腐

　　豆腐本身並沒有太濃烈的風味，搭配酒款就由料理中其他的食材來判斷了。豆腐經常拿來替代雞肉或其他肉類，如果是這樣，就沿用該料理的建議酒單搭配。

tomatoes 番茄

　　白蘇維濃的酸冷與青澀香氣頗能接續番茄的酸味（尤其是生番茄）。這是特別的組合，但當然不會是唯一的組合。番茄的重點是它們酸度特別高，這會改變食物的平衡而讓一支低酸度的酒款嘗起來平淡無聊，所以最好是找一支酸度帶勁的酒款。以下是我最愛的一些番茄料理搭酒的經驗。

新鮮番茄沙拉、加泰隆尼亞番茄麵包與義式三色沙拉：如果我現在身在巴塞隆納，我希望可以坐在面海的位置，開著一瓶「Torres Viña Sol」，這是由 cava 葡萄釀致的經典暢飲假期酒款。cava 氣泡酒也是很不錯的選擇。如果是午餐或戶外晚餐，吃著烤雞與一大盤灑了新鮮切碎的細香蔥或羅勒的番茄切盤，或搭配一盤義式三色

沙拉（番茄、莫扎瑞拉起司與羅勒），為了搭配清涼鮮綠的香料香草植物，我會挑選一瓶帶有青草味的羅亞爾河蘇維濃；南非的白蘇維濃；紐西蘭 Awatere vallry 產區；Touraine 產區一般白蘇維濃；Coteaux du Giennois；或 Sancerre 與鄰近產區（如 Pouilly-Fumé、Quincy、Reuilly、Menetou Salon）。帶有草本風味的義大利酒（維門替諾、維爾帝奇歐）也很適合這些料理。另外也可選擇年輕的羅亞爾河白梢楠。紅酒可以挑 Bardolino、薄酒萊（或者任何地方的加美）或一支年輕低酒精濃度（例如 12%）的酒款，這些酒款都是在葡萄酸度還很高時便採收釀造的。

烤箱烘乾番茄：將番茄對半切開後，送進烤箱以低溫慢慢烤到風味變得濃縮，讓番茄的酸味可以搭配更飽滿且更強悍的酒款。可以搭配有甜桃與百香果風味的紐西蘭成熟白蘇維濃；帶以溫暖鵝莓與白醋栗香氣的智利白蘇維濃；寬闊且帶有一絲粉紅葡萄柚香的加州白蘇維濃；或品質更高且經過稍微桶陳的羅亞爾河白蘇維濃。同時也要注意其他的食材；這些酒款特別適合將番茄乾加入由桃子、莫扎瑞拉起司與芝麻葉組成的沙拉。西西里島 Etna 產區生長於山坡的白梢楠與卡里坎特也是很好的選擇，端看料理方式，例如白梢楠很適合烘乾番茄搭配山羊乳酪。卡里坎特則適合當做重鹹料理的解膩酒款，例如烘乾番茄大蒜橄欖義大利麵，或烘乾番茄搭配香煎白肉魚與酸豆。

粗切番茄莎莎醬：以此料理方式製成的生番茄義大利麵醬，也許還會加上切碎的平葉巴西里，以及炒茄子與帕瑪森起司粉，我會挑如水般清新的平價法國白蘇維濃，它的青草風味會融合進醬汁的葉綠素，而不會整個覆蓋細緻的醬汁。在「新鮮番茄沙拉、加泰隆尼亞番茄麵包、義式三色沙拉」所提到的酒款也同樣適合。

焗烤番茄：在希波・克博爾（Sybil Kapoor）的食譜《當代英式料理》（*Modern British Food*，可惜已經絕版）中，有一道焗烤番茄的食譜：將番茄放進鮮奶油，灑上起司焗烤，再搭配冷食烤牛肉或雞肉，極致呈現如天堂般的夏季料理。奶醬會大幅度地吸收番茄的酸味，所以我會以黑皮諾酒款搭配牛肉、清淡型夏多內則搭配雞肉，可挑選 Mâcon 產區，或澳洲風味強烈的低酒精濃度新風格夏多內。

番茄塔：將番茄薄片層層疊在酥皮底之上，點綴以酸豆、橄欖與鯷魚（視喜好），然後以烤箱小火慢慢烤熟，這道番茄塔是尼斯洋蔥披薩的變化版。下列食譜是由我的朋友史蒂芬為我研發，那是某次在普羅旺斯的別墅假期中，一本史考特·費茲傑羅（F. Scott Fitzgerald）的小說《夜未央》（*Tender is the Night*）在泳池旁躺椅傳閱了快三十次之後，造就了這道「迪克·戴佛的番茄塔」食譜（譯註：該小說的主角）。這是在我家最常使用的食譜。我常把它切成小方塊，當做餐前品飲琴通寧或苦艾酒通寧的下酒點心，不過每次總是吃太多，以至於主菜剩一堆。搭配的酒款須更鮮美，以襯托料理中的鹹醋風味。普羅旺斯白酒（或粉紅酒）、羅亞爾河的白蘇維濃、Gavi 酒款與阿內斯品種酒款，或任何在「新鮮番茄沙拉、加泰隆尼亞番茄麵包、義式三色沙拉」中「V」開頭的義大利品種酒款，都會非常美味。

迪克·戴佛的番茄塔
DICK DIVER'S TOMATO TART
三至四人份（主餐），六人份（前菜）

· 酥皮半成品，350 公克
· 番茄糊，3 ～ 4 大匙（也可以用橄欖油炒一些大蒜直到金黃，再將大量番茄糊加進蒜味橄欖油，溫和地煮到味道融合，然後用這份大蒜味番茄糊塗抹在酥皮上）
· 中型番茄，1.5 公斤，洗淨後均勻切片（大約 5 公釐厚）
· 酸豆，1 把（視喜好）
· 黑橄欖，1 把（視喜好）
· 鹽與現磨黑胡椒
· 橄欖油，1 大匙
· 新鮮羅勒（視喜好）

烤箱預熱至 200℃（400 ℉或瓦斯烤箱刻度 6）。將酥皮擀至直徑 30 公分的圓形，或者大約 20 X 35 公分的長方形。在酥皮上抹一層非常薄的

番茄糊，然後依照酥皮形狀，將番茄片排成交疊的同心圓狀或平行線狀。因為番茄片烘烤過會縮水很多，所以須留意放進足夠的份量，並好好重疊。不僅每一排之間要交疊，每一排本身也要放兩層。如果有準備酸豆與黑橄欖，就灑在番茄片上。以鹽與黑胡椒調味。淋上橄欖油。進烤箱烤約 25 ～ 30 分鐘，隨時注意不要讓番茄派烤焦，然後將溫度調至 150℃（300 °F 或瓦斯烤箱刻度 2），接下來慢烤 45 分鐘，如需要可以再烤久一點。番茄需要烤乾，而酥皮也要烤脆。出爐後灑上新鮮撕碎的羅勒葉（如使用），這樣就完成了。

做得好，史蒂芬會這樣說。

番茄醬汁：風味強烈的義大利紅酒所具備的酸味，非常適合這樣的義大利麵醬汁。煮過的番茄醬汁比生番茄醬還來得飽滿，因此足以應對比較濃郁的酒款。參考詞條：pasta 義大利麵。

tortilla 西班牙煎蛋餅

氣泡酒經常是蛋類料理佐餐酒款的贏家，cava 氣泡酒、香檳，或世界任何地方的黑皮諾與夏多內混調氣泡酒都是可將中間厚實、柔軟滑順的西班牙煎蛋餅，一一送進肚子的愉快辦法。雪莉（曼薩尼亞、菲諾皆可）也是很好的選擇。

西班牙馬鈴薯蛋餅：上述任何一款氣泡酒都很適合搭配這道料理。帶有土壤風味的馬鈴薯也讓紅酒變得更迷人。未過桶的年輕 Navarra 產區或明亮的陳年 Rioja 產區酒款會感覺隨性且暖心。我的西班牙朋友有次做了我嘗過最美味、最入口即化的馬鈴薯蛋餅。她還用大型 Le Creuset 琺瑯鑄鐵鍋盛了家常手工炸薯條及一盤青翠沙拉。她的先生開了一瓶中級酒莊（Cru Bourgeois）等級酒款「Château les Ormes de Pez」。所以，當時是一支波爾多左岸風格酒款，搭配西班牙蛋捲餅。非傳統，但棒極了。將樸實的西班牙蛋餅變成週六朋友聚會備受歡迎的晚餐，真是聰明的作法。法藍・桑德耶是 El Bulli 餐廳 2000 ～ 2011 年的侍酒師，並擅長為高級料理

搭配佐餐酒款，我很好奇他認為什麼酒款適合西班牙蛋餅。他說，「雞蛋料理總是很難搭配任何酒款。不過，如果有使用洋蔥與馬鈴薯，並且好好烹煮，西班牙蛋餅就會比較容易找到佐餐酒款了。我喜歡搭配的是來自 Navarra 產區帶點桶味的粉紅酒，不過普羅旺斯細緻的粉紅酒也是很棒的組合。」參考詞條：omelette 歐姆蛋、tapas 西班牙下酒菜。

trifle 英式乳脂鬆糕

　　如果是雪莉乳脂鬆糕，一定要搭配雪莉了；最理想的是使用什麼類型的雪莉就喝那種類型的雪莉，我們家裡總是備有奶油雪莉。奶油雪莉雖然總讓人倒退三步，不過我們家的乳脂鬆糕也是。裡頭有一層明亮的粉紅色法式奶凍（blancmange），與搖搖晃晃的黃色 Bird's 品牌卡士達醬，這麼漂亮的傑作，只是其他人似乎都不懂。上一次被我餵食這道甜點的人說，「一座渾然天成的核子反應爐。」但我們都愛死它了，而且我們也很愛奶油雪莉的飽滿葡萄乾風味。

　　如果是比較細緻的水果口味乳脂鬆糕，也許是用新鮮卡士達醬與新鮮夏季莓果，搭配香檳產區的加烈酒（ratafia champenois）會很可口。這酒款相當罕見，因為香檳本身的價格非常好。此酒款是混合了葡萄汁與烈酒，所以帶有葡萄甜味。Champagne Dumangin J. Fils 的加烈酒尤其美味，酒款曾在木桶陳年，聞起來有非常溫和的無花果乾與辛香味，以及糖霜馬德拉蛋糕烘烤時的奶油味，同時具備芬芳甜瓜的甜味與烈酒的勁道。

trout 鱒魚

　　這種細緻的河魚如果配上太強烈的酒款會頓失風味。新鮮鱒魚如搭配奧地利綠維特林納、英國巴克斯品種、不甜弗明，或風味單純的未過桶布根地（例如 Mâcon 產區或布根地白酒），都會十分迷人。熱呼呼的煙燻鱒魚則適合優雅溫順的麗絲玲，奧地利、德國 Pfalz 或 Rheingau 產區都是不錯的選擇。

truffles 松露

　　松露的氣味令人心醉神迷。至少的確有些人這麼覺得；全世界約有 20 ～ 50%

T

的人口（依研究文獻不同）無法好好接收松露的味道，某些人甚至根本聞不到。我為他們感到可惜。對其他人來說（像我），松露聞起來迷人極了，甚至我光想到就會像狐獴般反應敏銳地心跳加速。

松露能引起嗅覺興奮的主要原因至今仍爭論不休。在佩里哥里黑松露（black Périgord truffle），學名為「黑孢松露」（*Tuber melanosporum*）與其他超過兩百個品種的松露中，已經大約被辨識有五十種揮發性氣味分子，數量仍持續增加中，因為有越來越多可以辨認揮發性物質的精密儀器也不斷推陳出新。

時間回到 1981 年，三位德國研究者發表了一份研究報告，指出松露含有一種稱為雄甾烯酮（androstenone）的類固醇，帶有一種麝香氣味，是野豬費洛蒙的主要成分。雄甾烯酮不但在野豬唾液與松露中被發現，也出現在男性腋窩汗水與培根裡，出乎意料地，芹菜也有雄甾烯酮。因此科學家合理推測，一定是這樣的氣味吸引野豬到處嗅聞，然後奮力刨地直到挖出一塊髒兮兮又臭味十足的團塊，接著，人類也滿足地吁了一口氣。然而，後來也有一項松露的研究，其表示其實吸引野豬與狗尋找地下隱密氣味來源的原因，看來不是雄甾烯酮，而是二甲硫（dimethyl sulphide，DMS），這種物質被描述有「海洋的氣味」，或在高濃度時出現一種比較不吸引人的形容：「高麗菜的腐敗味」。

而雄甾烯酮會對人類有什麼的影響？根據一項研究指出，女性在排卵時會覺得雄甾烯酮特別迷人，所以也許對松露的喜愛程度可能會因為女性生理週期而有所改變。我自己倒是都沒有影響。老實說，我實在太喜歡了，有一刻我還認真考慮過一位朋友的提議，策劃史上第一場葡萄酒與松露的配對比賽，「想想看你會吃到多少松露、喝到多少好酒！」不過後來我意識到他其實在嘲弄我。一小部分的我仍然在想這項活動成真的可能，然而現實的我則持反對意見。

大多數與松露搭配後，展現無敵美味的酒款，包括任何一種內比歐露、年份香檳、布根地白酒、Pomerol 產區酒款。

白松露：我覺得品嘗白松露最棒的三種方式是，削成細絲，撒在加了奶油的雞蛋風味義大利麵裡、炒蛋上或加進起司鍋裡。白松露當然也會用來增進燉飯與南瓜泥的風味。另外也會搭配義式生牛肉薄片芝麻葉沙拉、韃靼牛肉或小牛肉等料理。

以上這些料理，搭配有著乾燥玫瑰與檀香味的內比歐露（Barolo 產區、Barbaresco 產區、Valtellina、Ghemme，或一支風味單純的 Langhe 產區），都是最棒的選擇。如此的香氣宛如置身天堂。內比歐露也適合加了白松露的濃郁乳脂、滑順雞蛋香的料理，在每一口讓人迷茫的油脂與香氣裡，它的單寧提供了充沛的活力。既然都下重本買了松露，花點力氣挑選酒款也是值得的。年輕或陳年都可以，但別打開一瓶年輕的超級宏大酒款，木桶味會太重，酒精感太強烈，不僅喝起來不舒服，而且會淹沒松露的味道。如果沒有內比歐露，那就找義大利 Alba 產區的酒款，像是巴貝拉。

刨些白松露在海鮮或魚類料理上時，搭配年份香檳也會有增進風味的效果。

佩里哥里黑松露：成熟的 Pomerol 產區酒款有著一種柔軟、奢華的質地，而且帶有溫和的蕈菇味，剛好呼應著類似雞皮下塞著黑松露的烤雞料理。成熟布根地紅酒也是好選擇。布根地白酒的奢華感搭配黑松露雞肉料理也很可口，如果換成加了黑松露的海鮮也會同樣美味。

在東倫敦 The Clove Club 舉辦過一場貴腐葡萄酒午宴，我那次嘗到干貝切片佐黑松露、酢橘（一種帶有柑橘嗆味的日本水果）與榛果，搭配一杯年輕的「Jacques Carillon Puligny-Montrachet」。干貝的甜、堅果的爽脆、松露刨片與柑橘幽微的嗆酸，讓這支酒成了完美的對比。一道天才料理，搭配天才酒款。

其他松露：英國夏季松露、澳洲松露、伊斯特拉黑松露等松露的風味溫和，需要比較幽微的酒款。粉紅香檳很完美，我是在一場尋找松露之旅後發現的。那時我與主廚身兼餐廳經營者羅傑・瓊斯（Roger Jones）以及他的曼聯足球迷兒子理查，一起在英格蘭南部一處祕密的地點找尋松露蹤跡，理查才十一歲，但採集松露的本事與任何一隻佩里哥里小豬仔一樣棒。他說他可以在運動鞋底感覺到松露的存在。當我們在樹下挖出一些帶土的松露時，羅傑隨即拿出一只迷你露營火爐；煎了一些大比目魚魚肉，再刨些味道幽微、帶有堅果香的新鮮剛出土英國夏季松露，然後，打開一支「rosé Gosset」。食物與酒都很細緻、優雅，讓人感到幸福。香檳與布根地白酒也一樣可行，不要太濃郁就好。在克羅埃西亞的伊斯特拉（Istria）

當地松露，特別適合當地由馬爾瓦西亞葡萄釀製的白酒，充滿香氣與花香，結構良好。伊斯特拉的夏季松露搭配義大利麵餃、野蘆筍與一大壺當地酒款，非常美味可口。

tuna 鮪魚

鮪魚是最能搭配紅酒的魚界佼佼者，這組合美味到我真的不記得上次煮鮪魚配白酒是什麼時候的事了。以炙燒表面讓鮪魚外部焦黃、內部呈現如半透明花窗玻璃般的粉嫩，美味的搭配是冰涼、輕盈或酒體中等的紅酒，如薄酒萊；Cerasuolo di Vittoria 酒款；西西里島 Etna 產區紅酒；奧地利的茨威格；智利、布根地、德國或奧地利的爽脆黑皮諾；卡本內弗朗；Bierzo 產區；多切托品種；Valpolicella 產區酒款；Bardolino 產區；勒格瑞品種酒款等等。如果鮪魚裹有一層碎胡椒粒酥皮，可考慮更清淡的冷涼氣候希哈，像是帶有微微桶味的年輕 St Joseph 產區酒款。

生鮪魚薄片：稍微淋上橄欖油、再灑上青蔥細絲的生鮪魚薄片，搭配擁有檸檬香氣的白酒，如柯蒂斯、艾希提可或檸檬調性白蘇維濃，嘗起來非常棒。我曾以產自土耳其 Sevilen 酒莊的絕佳白蘇維濃酒款搭配這道料理。

turkey 火雞

一瓶鮮美芬芳的酒款（紅酒或白酒都可以），可以防止火雞肉通常會有乾柴狀況。多切托、薄酒萊、黑皮諾、未過桶西班牙格那希、格里洛與法蘭吉娜都是搭配火雞肉的常勝軍，而灰皮諾的柔軟香氣則為火雞肉帶來多汁口感。其他與火雞肉一起吃的食材，則會讓整體感覺有所不同。參考詞條：Boxing Day leftovers 節禮日剩食、Christmas dinner 聖誕節晚餐、Thanksgiving 感恩節料理、turkey sandwiches 火雞肉三明治。

turkey sandwiches 火雞肉三明治

這是受到大家喜愛的歡樂食物，經常是在被揉皺包裝紙與親戚包圍之下，以盡情玩樂的心情與呆滯的雙眼一起享用。可以打開一支不甜 Lambrusco 產區紅

酒，或義大利 Emilia-Romagna 產區被低估的超讚氣泡酒。它不但有著氣泡，還帶點土壤沙塵味，並且經常嘗起來有蔓越莓的特質，讓它很適合搭配加了香腸絞肉、蔓越莓麵包醬的火雞肉三明治。參考詞條：Boxing Day leftovers 節禮日剩食、Christmas dinner 聖誕節晚餐、Thanksgiving 感恩節料理、turkey 火雞肉。

T

veal 小牛肉

　　這是種變化多端的肉品，可以搭配紅酒及白酒，雖然我比較常選擇紅酒。義大利西北部由內比歐露、多切托與巴貝拉等品種釀製的酒款，帶有活潑的酸度與美好輪廓，一直都是小牛肉的好搭檔，在同一條血脈下，山吉歐維樹也是。我也喜歡義大利 Alto Adige 山區以勒格瑞或特洛迪哥（teroldego）葡萄釀製的紅酒，或一杯冰鎮的 Veneto 產區的 Valpolicella 產區。如果是簡單不加任何醬料的小牛肉牛排或烤小牛肉，除了上述酒款外，可試試波爾多淡紅酒（較清淡的平價酒款，或任何左岸酒款；但不要 St Emilion 產區酒款）；Marcillac 產區；或者一支風味單純的年輕黑皮諾。門西亞的土壤氣息（西班牙 Bierzo 或 Ribeira Sacra 產區）也很不錯，而來自 Brunello、Rioja 與布根地的陳年優質紅酒，因為時間而顯得柔和，也很適合。然而，與小牛肉一起烹煮的食材會大大影響選酒方向。

小牛肉佐燉茴香，或搭配鼠尾草、芝麻葉和白豆沙拉：有著良好酸度的紅酒可以搭配難纏的茴香，包括山吉歐維樹、弗萊帕托、內比歐露、加美，或必要時的巴貝拉。白酒可試比較複雜的 Gavi 酒款、過桶布根地白酒、波爾多白酒或 greco di tufo 酒款。

小牛肉佐奶醬：滋味飽滿、口感滑順的奶醬，餐搭酒款有兩種方向，其一從上述義大利紅酒挑選一支，它們都有足夠的酸度可以在每一口之間去油解膩；或是從波爾多挑一支較為飽滿濃厚的酒款，足以匹配這道料理的濃郁口感。

奶油煎小牛肉薄片，擠上檸檬汁：搭配白酒跟紅酒一樣棒，也許可以挑風味更飽和的 Gavi 產區 Gavi 酒款或 Chablis 產區酒款。

小牛肉與松子、佩哥里諾起司做成肉丸子：可選一支北義紅酒或比較飽滿的義大利白酒，像是菲亞諾或 greco di tufo 酒款。

焗烤番茄小牛肉：從義大利帶到美國的這道菜，經過幾個世代之後滋味變得更為濃郁豐富，成為經典的義式美國料理。內有層疊的起司、番茄與小牛肉薄片，味道濃厚且療癒。搭配山吉歐維樹、弗萊帕托或多切托，可降低料理黏稠的質地，也可以搭配與料理相擁的飽滿金芬黛。

veal milanese 米蘭小羊排

參考詞條：wiener schnitzel 維也納式炸肉排、osso buco 燉小牛膝、saltimbocca alla romana 義式生火腿小牛肉捲、vitello tonnato 義大利小牛肉佐鮪魚醬。

venison 鹿肉

這種肉類有著強勁風味，可以搭配（有時是強烈需要）酒體較宏大的紅酒。

三分熟鹿肉排或鹿肉里肌：黑皮諾是個好選擇。紐西蘭或美國奧勒岡州渾圓討喜的酒款可帶來鮮美多汁與緩解的效果，正如盤中那一小塊紅醋栗果凍的作用。如果鹿肉是搭配甜味紫高麗菜或味道飽滿的煎肉汁。年輕教皇新堡所擁有的簡練紅色水果風味，或以格那希為主的隆河丘，都為粉紅色鹿肉排提供很好的對比。如果搭配比較鮮味的配菜，如菇類，可以試試堅毅的德國黑皮諾或成熟的布根地。一支過桶的巴貝拉、Montepulciano d'Abruzzo 酒款或甚至較年輕且果香較強的 St Joseph、年輕的澳洲希哈，都可以勝任這個任務。

鹿肉漢堡佐紅醋栗果凍：為了與此料理中的香甜水果相應，可挑選澳洲、北美或紐西蘭黑皮諾、薄酒萊優質村莊級、年輕未過桶或稍微過桶的鮮美希哈（任何產區），或者帶有果香的卡利濃。

砂鍋鹿肉或燉鹿肉：當鹿肉慢燉，會加入香料香草，很有可能還會加上培根與

V

杜松子，鹿肉的野性氣味會到達最高峰。這刻就需要召喚一些粗壯的大塊頭酒款了，可以試試富野性風味的希哈，老年份或年輕皆可，挑選北隆河 Cornas、Côte Rôtie、Crozes-Hermitage、Hermitage 或 St Joseph 等酒款；帶有土壤味或尤加利樹味的澳洲希哈（也許分別試試 Heathcote 或 McLaren Vale 產區）；葡萄牙充滿野性的杜麗加；帶有草本風味的過桶卡利濃；St Chinian 產區；或閃耀著煙燻風味的 Côtes du Roussillon 產區。慕維得爾也特別棒，因為這種葡萄帶有加美風味，所以 Bandol 產區也很不錯。砂鍋鹿肉也有點像「Brettanomyces 菌類的腥騷味」（這是一種會讓葡萄酒有老舊皮革馬鞍味或馬廄味的酵母），所以推薦開一支 brettanomyces 酵母菌感染的紅酒（也許是一支 Bandol、波爾多淡紅酒或隆河酒款）。撇開葡萄酒，黑啤酒的苦味搭配深邃濃郁、肉味十足的砂鍋鹿肉，超級美味。啤酒選擇有兩個方向，一種是飽滿順口、帶有麥芽味、酒精濃度強的老派棕艾爾（brown ales）；另一種是新鮮芬芳、帶有百里香與啤酒花香的黑啤酒（black beers），同時具備酸度，並以苦巧克力味收尾。試試「Fuller 1845」、「Beavertown Black Betty」或「Yeastie Boys Pot Kettle Black」。

vitello tonnato 義大利小牛肉佐鮪魚醬

如果你喜歡白酒，挑選有清澈酸度的維爾帝奇歐、維門替諾、檸檬調性的 Gavi 酒款或阿內斯；粉紅酒可挑有單寧刺激感的山吉歐維榭粉紅酒；或一支帶草本風味而非草莓味的普羅旺斯粉紅酒。我個人最愛的其實是以紅酒搭配，例如冰鎮過的 Valpolicella 產區酒款或較清淡的內比歐露，又或是多切托或巴貝拉。

Waldorf salad 華道夫沙拉

又冰又脆的青蘋果、充滿輕快口感的芹菜，以及美乃滋的涼感，都讓這道沙拉適合搭配布根地 Mâcon 產區清爽的未過桶 St. Véran 產區酒款。然而，很少人品嘗華道夫沙拉時，不會同時享用其他食物（鹹派、火腿片、豬肉派、醃酸黃瓜、米沙拉等等，經典 1970 年代自助餐菜色），所以選什麼酒款並不是太重要，不過，我也滿享受以 St. Véran 產區酒款搭配以上所有提到的食物。

walnuts 核桃

如果坐在火邊，正在撬開核桃，身邊還擺著一杯酒，也許，你會希望杯子裡盛的是罕見的陳年馬德拉。馬德拉酒是一種幾乎永垂不朽的酒，當它的年紀不僅僅只是幾十年，而是邁入超過一世紀時，嘗起來仍然美味，而且它擁有一種果乾與堅果的風味，再再都讓它成為核桃最完美的沉靜伴侶。

否則，核桃很少是料理中主導選酒方向的強硬食材。部分原因是核桃與大部分白酒都合得來。爽脆新鮮、帶著果香的白酒，就像華道夫沙拉裡的蘋果與核桃一樣，提供類似的愉快對比口感。比較複雜的過桶白酒，也許是延長續留浸泡葡萄皮的時間，賦予它們更多的質地與單寧，不管是不甜或香甜飽滿的陳年馬德拉，可以引出更複雜的風味，如同無花果乾與葡萄乾很適合大部分的堅果一樣。

不過，核桃有時會與其他食材一起把整盤料理帶往鮮鹹方向，例如黛安娜・亨利（Diana Henry）《每一天，每一種心情的雞肉料理全書》（*A Bird in the Hand*）中的「菊芋與雞肉佐鯷魚核桃巴西里醬」。這類料理需要搭配鮮美的紅酒，像是由門西亞釀製的酒款（如 Bierzo 或 Ribeira Sacra 產區），或葡萄牙 Dão 產區的混調。參考詞條：Waldorf salad 華道夫沙拉。

wasabi 山葵

　　大多數的量產型山葵僅含有很小比例的真山葵，大部分是辣根與染成淡綠色的芥末。然而，還是可以產生爆炸性的效果。某次我把整個茶匙的山葵放到嘴裡，以為那是酪梨（那時我人在南非，也不是在日本餐廳用餐，所以也許可以理解這個錯誤是怎麼發生的）。幾秒鐘之後，鼻子感覺到燒灼，像是電流劃過頭顱前半部，很像潛入一池冰水後可以想見的感受，以此大聲警告我犯了錯。山葵可以活化三叉神經，傳遞口中的痛覺感受。它的強烈衝擊性讓選酒變得很棘手。最好的建議是，如果還想嘗到酒液的味道，就別一次吃太多山葵，不過，如果份量不多，那可以搭配滋味飽滿的白酒，如綠維特林納。參考詞條：sushi 壽司。

watercress 水田芥

　　水田芥清涼、胡椒味的葉子，適合感覺冷冽、帶有蕁麻與山楂味的英國巴克斯品種，它正是搭配水田芥沙拉與鱒魚的白酒好選擇。我常把水田芥跟木瓜一起做成沙拉（各位有注意它們的風味很相似嗎？）還有菲達羊起司，這樣的沙拉搭配酸味足夠的白酒是選酒關鍵。巴克斯品種當然可以滿足這個條件，但我喜歡比較有光澤的白酒，例如不甜 Jurançon 或 St Mont 產區白酒就會很理想。水田芥沙拉搭配牛排時，我會想要找一支比較有個性或帶有葡萄葉風味的紅酒，而非溫和酒款，推薦山吉歐維樹、充滿椒類調性的希哈、卡本內弗朗或波爾多淡紅酒，取代溫暖的 Rioja 產區或甜潤的梅洛品種酒款。

wiener schnitzel 維也納式炸肉排

　　酥脆、裹著炸麵包粉酥皮的小牛肉薄片需要一支有點酸度的白酒。清爽的綠維特林納或不甜麗絲玲會是這道奧地利料理的不二首選。一支嚴謹自制的白蘇維濃，例如羅亞爾河的 Reuilly 產區或澳洲 Adelaide Hills 產區的白蘇維濃，也很適合，以及來自北義精準、酸度又夠的酒款，如 Gavi 產區或阿內斯品種酒款，就像檸檬汁一樣的效果，而弗留利（friulano）與麗波拉吉亞拉品種酒款則比較芬芳。

Z

zander 白梭吻鱸

　　這種生活於湖泊與溪流的魚種，又稱為歐洲梭鱸魚，鍋煎後簡單調味就上桌的話，很適合搭配不甜白酒，例如羅亞爾河的白梢楠、阿爾薩斯的麗斯玲或不甜 Jurançon 產區酒款。在羅亞爾河，白梭吻鱸會與紅酒一起煮，如果是這樣，可以搭配一支羅亞爾河紅酒。參考詞條：sauvignon blanc 白蘇維濃的食譜「白梭吻鱸菲力佐柑橘醬」。

從葡萄酒搭配料理
FROM WINE TO FOOD

葡萄酒 A to Z

來到本書的這個部分時，我們反過來從一瓶葡萄酒為起點計畫該準備什麼食物：也就是酒款選好了，現在想尋找能夠與之搭配的食物。為了長遠計畫著想，我決定以葡萄品種分類，從阿里亞尼科（aglianico）開始，最後以金芬黛（zinfandel）收尾。為了讓各位更容易找到相應的葡萄品種，我們在下頁簡單列出了一個對照名單，各位可以利用此名單，找到酒標上與產地名稱的相應葡萄品種。例如，如果各位正在找 Chinon 產區紅酒，它會引導你前往卡本內弗朗（cabernet franc）。

此對照名單並非詳盡無缺地對應所有產地。為求簡潔明瞭，如果某個產地的酒標通常已經會標註葡萄品種，這些產地便不會出現在這份名單中。各位在酒瓶上看到像是「Sauvignon de Touraine」、「Vin d'Alsace Riesling」或「Coonawarra Cabernet Sauvignon」時，應該就能輕易看出葡萄品種是什麼。當然，我也並不想編錄一份地名表，例如布根地（Burgundy），但仍收錄了少數幾個知名地區。

另外，許多酒種並非釀自單一葡萄品種，而是混調。我認為這種情形的合理作法，就是把這些混調酒種放在占比最高的主要葡萄品種之下。例如，教皇新堡（Châteauneuf-du-Pape）就放在葡萄品種格那希（grenache）之中。另外，某些特殊的產區與酒種擁有獨立的詞條；例如，Priorat 產區就從葡萄品種格那希與卡利濃（cariñena）獨立出來。再者，粉紅酒與橘酒也都有各自獨立詞條，這兩個酒種都是單純以酒色定義。

少數幾個葡萄品種的介紹則散落在不同詞條之中。例如，白蘇維濃（sauvignon blanc）不僅出現在本身的詞條內，在不甜蘇維濃─榭密雍混調與 Sauternes 產區之中，另外松塞爾（Sancerre）的詞條也稍有介紹。

同樣地，為了長遠考量，我試著專注於最常見的葡萄酒種與品種，讓詞條自由茁壯形塑本書。我也特地把食物標示為粗體，讓急需靈感的各位可以快速找尋。

詞條內的「釀酒人怎麼搭」則是我訪問了許多我相當仰慕的葡萄酒生產者，請他們分享常用什麼食物搭配自家酒款。

葡萄與葡萄酒

詞條以粗體標示，非粗體者的介紹則可參考後方的參見詞條。

aglianico 阿里亞尼科

albariño 阿爾巴利諾

aligoté 阿里哥蝶

alvarinho，參見 albariño

Amarone 阿瑪羅內

amontillado 阿蒙提亞諾，參見 sherry

Anjou (b) 安茹（白酒），參見 chenin blanc

Anjou (r) 安茹（紅酒），參見 cabernet franc

arneis 阿內斯

assyrtiko 艾希提可

Bandol 邦斗爾，參見 mourvèdre

Barbaresco 巴巴瑞斯柯，參見 nebbiolo

barbera 巴貝拉

Barolo 巴羅鏤，參見 nebbiolo

Barsac 巴薩克，參見 Sauternes

Beaujolais 薄酒萊，參見 gamay

Bergerac 貝傑哈克，參見 cabernet
    sauvignon、sauvignon blanc-semillon blends

Bierzo，參見 mencía

Bolgheri 博給利，參見 Supertuscans

bordeaux (r) 波爾多（紅酒），參見 cabernet
    franc、cabernet sauvignon、merlot、
    Pomerol

bordeaux (s) 波爾多（甜酒），參見
    Sauternes、sweet sauvignon blanc-semillon
    blends

bordeaux (w) 波爾多（白酒），參見
    sauvignon blanc-semillon blends (d)

Bourgueil 布戈憶，參見 cabernet franc

Brouilly，參見 gamay

Brunello di Montalcino 蒙塔奇諾布雷諾，參
    見 sangiovese

burgundy (r) 布根地（紅酒），參見 pinot
    noir

burgundy (w) 布根地（白酒），參見
    chardonnay、aligoté

cabernet franc 卡本內弗朗

cabernet sauvignon 卡本內蘇維濃

Cahors 卡奧爾，參見 malbec

carignan 卡利濃

cariñena 卡利濃，參見 carignan

carmenère 卡門內爾

Carmignano，參見 sangiovese

cava 卡瓦

Chablis 夏布利，亦參見 chardonnay

champagne 香檳

chardonnay 夏多內

Châteauneuf-du-Pape 教皇新堡，參見
    grenache noir、mourvèdre

chenin blanc 白梢楠

Chianti 奇揚替，參見 sangiovese

Chinon 希濃，參見 cabernet franc、chenin
    blanc

Chiroubles，參見 gamay

claret 波爾多淡紅酒，參見 cabernet
    sauvignon、merlot、Pomerol

Condrieu 恭得里奧，參見 viognier

Cornas 高納斯，參見 syrah

cortese 柯蒂斯

Côte Rôtie 羅第丘

Côtes du Rhône 隆河丘，參見 grenache、
    syrah、Rhône white blends

Crozes-Hermitage 克羅茲─艾米達吉，參見 syrah

dolcetto 多切托

Douro (r) 斗羅河谷（紅酒）

English sparkling wine 英國氣泡酒

fer servadou 菲榭瓦杜

fino 菲諾，參見 sherry

Fitou 菲杜，參見 Languedoc-Roussillon reds

Fleurie，參見 gamay

gamay 加美

Gavi 加維，參見 cortese

gewürztraminer 格烏茲塔明那

Gigondas 吉恭達斯

graciano 格拉西亞諾

Graves (w) 格拉夫（白酒），參見 sauvignon blanc-semillon blends (dry)

grenache 格那希

grüner veltliner 綠維特林納

Hermitage 艾米達吉，參見 syrah、Rhône white blends

Juliénas 朱利耶納，參見 gamay

koshu 甲州

Lambrusco 藍布魯斯科

Languedoc-Roussillon (r) 隆格多克─胡西雍（紅酒），亦參見 cinsault、grenache、syrah

Mâcon 馬貢，參見 chardonnay、gamay、pinot noir

Madeira 馬德拉

Madiran 馬第宏，參見 tannat

malbec 馬爾貝克

manzanilla 曼薩尼亞，參見 sherry

Marcillac 馬爾希拉克，參見 fer servadou

marsanne 馬姍，亦參見 Rhône white blends

Médoc 梅多克，參見 cabernet sauvignon

mencía 門西亞

Menetou-Salon 默內圖薩隆，參見 sauvignon blanc

merlot 梅洛

monastrell 慕維得爾，參見 mourvèdre

Monbazillac 蒙巴茲亞克，參見 Sauternes

Montlouis-sur-Loire 蒙路易，參見 chenin blanc

Montsant 蒙珊特，參見 Priorat

Morgon 摩貢，參見 gamay

Moscato 蜜思嘉，參見 muscat

Moulin-à-Vent 風車磨坊，參見 gamay

mourvèdre 慕維得爾

Muscadet 蜜思卡得

muscat 蜜思嘉

nebbiolo 內比歐露

nerello mascalese 馬斯卡斯奈萊洛

nero d'avola 黑達沃拉

oloroso 歐羅索，參見 sherry

orange wine 橘酒

palo cortado 帕洛科達多，參見 sherry

palomino 帕洛米諾，參見 sherry

pedro ximénez 佩德羅希梅內斯，參見 sherry

Pessac-Léognan 貝沙克─雷奧良，參見 cabinet sauvignon、sauvignon blanc-semillon blends (dry)

picpoul 匹格普勒

pinot blanc 白皮諾

pinot grigio 灰皮諾

pinot gris 灰皮諾，參見 pinot grigio

pinot noir 黑皮諾

pinotage 皮諾塔吉

Pomerol 玻美侯

port 波特

primitivo 普里蜜提弗，參見 zinfandel

Priorat 普里奧哈

Prosecco 普賽克

Quincy 昆希，參見 sauvignon blanc

Reuilly 荷伊，參見 sauvignon blanc

Rhône white blends 隆河混調白酒

Ribera del Duero 斗羅河岸，參見 tempranillo

riesling 麗絲玲

Rioja 利奧哈，參見 tempranillo、graciano

rosé 粉紅酒

Rosso di Montalcino 蒙塔奇諾羅素，參見 sangiovese

Rosso di Montepulciano 蒙鐵布奇亞諾羅素，參見 sangiovese

St Amour 聖愛慕，參見 gamay

St Emilion 聖愛美濃，參見 merlot

St Joseph 聖喬瑟夫，參見 syrah

St Nicolas de Bourgueil 布戈憶—聖尼古拉，參見 cabernet franc

Sancerre 松塞爾，亦參見 sauvignon blanc

sangiovese 山吉歐維榭

Saumur (b) 梭密爾（白酒），參見 chenin blanc

Saumur (r) 梭密爾（紅酒），參見 cabernet franc

Saumur-Champigny 梭密爾—香比尼，參見

cabernet franc

Sauternes 索甸

sauvignon blanc 白蘇維濃

sauvignon blanc-semillon blends 白蘇維濃—樹密雍混調

savagnin 莎瓦涅

Savennières 莎弗尼耶，參見 chenin blanc

semillon 樹密雍

sherry 雪莉

shiraz 希哈，參見 syrah

Supertuscans 超級托斯卡尼

syrah 希哈

tannat 塔那

tempranillo 田帕尼優

torrontés 多隆帝斯

touriga nacional 杜麗佳，亦參見 Douro (r)、port

Vacqueyras 瓦給哈斯，參見 grenache

Valpolicella 瓦波利切拉

verdejo 維岱荷

Vino Nobile de Montepulciano 蒙鐵布奇亞諾貴族酒，參見 sangiovese

viognier 維歐尼耶

Vouvray 梧雷，參見 chenin blanc

zinfandel 金芬黛

aglianico 阿里亞尼科

風味描述：這是義大利南部的原生品種，釀出的紅酒酒色深沉，鮮鹹味美，富含野禽香氣、結構札實且深邃，可謂一頭貨真價實的沉睡野獸，擁有無可比擬的單寧質地，宛如黑色岩漿火舌撩動（此品種的確常種植於火山岩質土壤），伴隨煙燻、薩拉米臘腸（salami）腸衣、櫻桃果乾與甘草根等香氣特徵。阿里亞尼科生長於坎帕尼亞（Campania）與巴西里卡達（Basilicata），兩地最知名的產區為 Aglianico del Vulture 與 Taurasi。

餐搭建議：阿里亞尼科很適合搭配**口味重且肉量高的番茄義大利麵、臘腸、番茄醬燉牛肉肉捲（beef braciole）、肝臟料理、中東羊肉料理、希臘麵米**（youvetsi，一種希臘料理，以剩餘的羊肉、番茄罐頭、肉桂、米粒麵〔risoni pasta〕與帕瑪森起司烹製而成）、**巴薩米克醋、各種慢燉料理（sticky dark stews）與義大利南部硬質起司。**

釀酒人怎麼搭

義大利坎帕尼亞，Luigi Tecce 酒莊的路易吉・泰池（Luigi Tecce）：

「如果挑選的是酒體宏大、豐厚且經過陳年熟成的酒款，適合搭配燉肉料理，以及野禽與豬肉料理。一般的經典搭配就是以羊腸衣裹製的羊肝腸。如果是簡單且年輕的酒款，可以配上相對簡單的菜餚，如碎豬肉醬義大利麵。請注意，別搭配海鮮料理，最好都選擇源自陸地的食材。」

albariño 阿爾巴利諾

風味描述：阿爾巴利諾（也稱為 alvarinho）源自伊比利半島（Iberian peninsula），

是一種擁有水蜜桃香氣的白葡萄，在西班牙稱為「albariño」，在葡萄牙邊境則稱為「alvarinho」，而葡萄牙清新怡人的綠酒（Vinho Verde）便是以百分之百或一定比例的阿爾巴利諾混調而成。阿爾巴利諾也常在一些意想不到的地區出現，我就曾經在烏拉圭與紐西蘭嘗過一些相當美味的阿爾巴利諾酒款。不過，此品種的精華區域就是西班牙西北角的下海灣（Rías Baixas）。但是，想在此處度假得冒點風險。這兒不僅不是陽光普照的西班牙海岸，還經常碰到大西洋氣團挾帶大量雨水，在觸陸的同時落下傾盆大雨。雖然這種氣候不利於比基尼假期，但非常適合釀出清新的白酒，此地白酒常有白桃香氣，並伴隨萊姆花香，有時也有一絲鹽味或礦物的特色。西班牙釀酒業有一波泡渣（on the lees／sur lie，浸泡酵母殘渣）的實驗趨勢，這類阿爾巴利諾酒款就像是一種香氣十足、清鮮，並且富含木瓜、杏桃、堅果與萊姆香味的泡渣 Muscadet 酒款。葡萄牙阿爾巴利諾的水蜜桃香氣則較淡，也應有更尖銳鮮明的青蘋果與明亮的柑橘香氣。

餐搭建議：西班牙北部的西班牙餐酒館，通常會以平底杯或玻璃水瓶盛裝風味清鮮的阿爾巴利諾；不過巴斯克（Basque）一帶裝的大多是巴斯克白酒（txakoli），阿爾巴利諾酒款則較少見。不論是隨性小聚、午餐與晚餐，只要是擺滿一桌各式各樣料理的場合，或是任何只想要倒滿一杯美味怡人白酒的時刻，例如準備享用一盤沙拉、歐姆蛋（omelette）或甚至是豪華誘人的中式料理，阿爾巴利諾都絕對不會搞砸，人人都能把精確餐搭原則拋諸腦後，盡情享受。不過，阿爾巴利諾真正的好朋友其實是**海鮮料理**。更甚者，它可謂是**貝類料理**的專屬白酒。阿爾巴利諾的水蜜桃香能夠強化白色**蟹肉**的細緻，另一方面，濃郁的褐色蟹肉還會再度勾起酒中的鮮鹹柑橘風味。任何類型的**甲殼類動物**都是阿爾巴利諾的愛人，不論你正在大啖**蟹肉三明治**、正剜下一大塊**龍蝦肉**，或是正埋首對付一盤用奶油、大蒜與檸檬煎炒的**粉嫩肥美海螯蝦**，還是緩緩享用經典的**鮮蝦**雞尾酒沙拉，一杯阿爾巴利諾就是絕配。另外還有通常會做成西班牙下酒菜或慢火燉軟的**小烏賊**（chipirones），以及淋上橄欖油、撒上一點點乾辣椒的一整盤**章魚薄片**，再佐以黃澄澄的馬鈴薯沙拉。阿爾巴利諾酒款中微微的海味，也很適合**煎白魚**，如真鱈（cod）、海鯛或無鬚鱈（hake）。如果是在餐廳點了一大盤鋪在**碎冰上的貝類**拼

盤，阿爾巴利諾就是最佳葡萄酒選擇。

另外，酸味更鮮活且更爽口的綠酒，能為口味豐厚的料理帶來精神為之一振的反差感，例如**酥炸海鮮什錦**（fritto misto）或調味較豐郁的蟹肉餅。

西班牙阿爾巴利諾酒款的風格也並非極為單一，有時也有怡人的溫潤特性，幾乎嘗得到白米的香甜，再加上品種本身的海洋清新風味，阿爾巴利諾因此也很適合搭配**壽司捲**，尤其是蟹肉或鮭魚壽司。

如果有機會到下海灣旅遊，請千萬記得品嘗阿爾巴利諾與優質大西洋海鮮連袂演出的美味。

英國的西班牙葡萄酒專業進口公司 Indigo Wine 的班‧漢修（Ben Henshaw）想起某次的探訪行程，那時他到了一座擁有寬大淺灣的海岸小鎮坎巴多斯（Cambados），當地不僅擁有許多餐廳與酒吧，還有一片廣闊的沙灘。「我與 Bodegas Zarate 酒莊的歐洛吉奧（Eulogio）約了見面，所以我們就一面喝著他釀的酒，一面吃著剛從海灣撈起的**當地蚌蛤**，這些蛤類長得跟我從前見過得很不一樣，很像吃生蠔。牠們極為鮮甜、肥厚，再搭上 Bodegas Zarate 酒莊的阿爾巴利諾，相當美味。那是很特別的一刻。」

雖然出了西班牙，許多地區都沒有這類新鮮蚌蛤，但仍可以用罐頭代替（西班牙人的海鮮罐頭品質相當高）。

阿爾巴利諾也很適合搭配清爽的**越南春捲**，我的越南春捲有時會用鮮嫩多汁的明蝦與金柑（kumquats），酒中的杏桃與金柑鮮活的橙橘香氣十分合拍。

阿爾巴利諾的水蜜桃與杏桃風味，很適合**豬肉與夏日燒烤料理**。各位可以試試**慢烤豬排搭配鷹嘴豆與菠菜**，或搭配**茴香芹與柳橙沙拉**，或許也可以嘗試**豬里肌裏杏桃與紅蔥**（shallots）。

aligoté 阿里哥蝶

阿里哥蝶是一種沒沒無聞的布根地品種，但也是它讓布根地白酒擁有高冷、爽脆如針尖的特質。以白葡萄酒與黑醋栗香甜酒（Crème de Cassis）做成的調酒基爾（kir），白酒用的就是阿里哥蝶酒款（個人認為基爾的無氣泡版本比冒著泡泡的豪華版本美味太多，我通常會把它當成開胃酒，無須搭配食物）。

　　阿里哥蝶是完美的魚類料理酒款，我會選擇**白肉魚**（也許是無鬚鱈），以牛油或油與檸檬簡單加熱即可。此品種酒款的鋒利以及缺少果香的特性，讓人們在享受**起司鍋**或**炸小魚條**，又同時渴望純淨、尖酸白酒清清味蕾的時刻，就可以選擇阿里哥蝶。

Amarone della Valpolicella 阿瑪羅內一瓦波利切拉

　　這款來自 Veneto 產區的宏偉紅葡萄酒，宛如文藝復興全盛時期的威尼斯祭壇畫（altarpiece）或閃爍微微黃金光澤的教堂濕壁畫一般宏大、深邃與複雜。此酒款主要混調三個葡萄品種：柯維納（corvina）、柯維諾尼（corvinone）與羅蒂內拉（rondinella）。葡萄果實會先乾燥成葡萄乾，接著發酵至幾乎沒有殘餘糖分，此酒款因此擁有無與倫比的複雜度，並伴隨櫻桃乾、無花果與雪茄香氣。義大利人稱它為「*vino da meditazione*」，一個幾乎無法用其他語言表達的義大利名詞（譯註：大意為沉思之酒）。我永遠不會把它當作佐餐酒，但當晚餐過後，我會切一**大塊表面粗糙的頂級帕瑪森起司**，再倒一杯阿瑪羅內一瓦波利切拉，好好享受。

arneis 阿內斯

　　這個來自義大利北部的品種特色即是鮮明且純淨的檸檬香氣。就像搭配 Gavi 酒款，阿內斯也很適合任何淋上檸檬汁的料理。例如，淋上現擠檸檬的**貝類料理**，或是**薄荷葉、碗豆與豆苗佐力可達起司沙拉**。

assyrtiko 艾希提可

　　艾希提可來自希臘，是一種令人心神清爽的白葡萄品種，知名的艾希提可生長地就是聖托里尼（Santorini）火山島，島上的葡萄藤會相互纏繞，保護果實不受過度的日照。此地培育出風味強烈且酸度高的葡萄酒，入口有如瞬間雷擊，伴隨礦物風味的是爆炸般的奔放葡萄柚與檸檬木髓香氣。

　　鮮活的柑橘風味十分適合搭配**佐以檸檬汁的白魚肉、生鮪魚薄片、酥炸海鮮**或**檸檬希臘馬鈴薯**。桶內發酵的豐郁艾希提可酒款擁有煮過的葡萄柚香氣、鮮明的檸檬木髓特色，以及木質辛香料風味。**炭烤劍魚排**，以及魚肉或羔羊佐**綠莎莎**

醬（salsa verde）搭配此類艾希提可也是絕妙。艾希提可的活力也很適合搭配**綠蘆筍、醃檸檬、淋上橄欖油的烤大塊雞肉與塊切檸檬**，還有**摩洛哥烤雞佐橄欖、鷹嘴豆與米飯**（此道料理請參考電視節目〈Delia's Winter Collection〉）。

B

barbera 巴貝拉

風味描述：巴貝拉能讓酒款擁有怡人的柔和特性，同時帶著有力的酸度。就像許多義大利紅酒，巴貝拉酒款的風味也帶有阿馬雷納櫻桃（amarena cherries）與草莓香氣，有時還伴隨荳蔻類的辛香料特色。巴貝拉酒款既非乾瘦，也不全然豐厚。木桶風味強烈的酒款擁有驚人的堅實感，但同時保有美妙的豐富香氣。

餐搭建議：巴貝拉是義大利 Piemonte 產區位居第二的葡萄品種（第一名為內比歐露），許多當地食物都很適合搭配巴貝拉；例如**皮蒙手工捏餃**（agnolotti del Plin），由新鮮義大利麵皮包製的小巧餃子，裡面裹著燒烤過的肉類（兔肉、牛犢肉或豬肉），上桌前再撒上帕瑪森起司、荳蔻，並淋上燒烤帶骨肉類的肉汁。其柔和滑順的特性也能完美搭配當地口感絲滑的雞蛋義大利麵，並淋上**波隆那番茄肉醬**，另外也可以來一盤**鼠尾草義大利餃佐南瓜**。酒中花梨木（rosewood）類辛香風味與尖酸特性的結合，很適合搭配任何類型的紅肉或野味料理，尤其是以慢燉或慢烤烹調。巴貝拉也熱愛**鼠尾草、迷迭香、牛肝菌、荳蔻、荳蔻皮，以及以酒燉煮而成的較濃郁醬汁**，如以加烈酒馬德拉或馬薩拉（Marsala）燉煮的紅酒醬汁。建議的料理包括**兔肉或羔羊義大利寬麵；燉雉雞；義式香草香腸燉棕色小扁豆；或是加入栗子、蘑菇與義式培根的紅酒燉牛肉**。

cabernet franc 卡本內弗朗

風味描述：卡本內弗朗的香氣相當獨特，它就像是碗豆公主床墊下的那顆碗豆。就算酒款裡的卡本內弗朗的比例很小（例如只有 10%），依舊能輕易地捕捉到它輕快又怡人的香氣。就像是穿過紅醋栗花盛開的樹叢，而擾動的葉梢把花香帶到了空中；這股搭配樹葉清香的花香，讓人想起夏日紅莓剛要轉熟變褐時的香氣。

卡本內弗朗的核心地帶位於法國的羅亞爾河谷（Loire Valley），此區的卡本內弗朗酒款不會再進行混調，產區包括 Anjou，酒款柔軟滑順，但常會顯得太淺薄；Saumur 與 Saumur-Champigny 產區的酒款則有趣得多；以及受到高度讚賞的 Chinon 產區、St Nicolas de Bourgueil 和 Bourgueil 產區，這些酒款則較複雜且酒體較厚。此地酒款架構類似波爾多（Bordeaux）以卡本內蘇維濃為基底的酒款，但少了那副嚴峻的單寧與強力。它們如同少女，美好春天裡的少女。不過，基因學告訴我們，其實青春洋溢的卡本內弗朗，反倒是嚴肅的卡本內蘇維濃的父母親。

雖然我個人一直都不太喜歡波爾多地區受到眾人稱頌的溫暖年份酒款，但我倒是很愛羅亞爾河地區溫暖年份的卡本內弗朗，例如 2003、2005、2009 與 2014 年。這是因為卡本內弗朗擁有清亮的酸，若是少了足夠的陽光，則會顯得有點單薄且稍微青生；相反地，一旦給了足夠的溫暖，此地的卡本內弗朗將會變得豐厚且更為寬宏。

波爾多也種有卡本內弗朗，最知名的產區為 Pomerol。比起羅亞爾河谷，這兒的卡本內弗朗較為成熟，也更華麗些，它迷人的花園香氣也在此地的混調酒款中扮演關鍵角色之一。在波爾多丘（Côtes de Bordeaux）的 Castillon 產區以及部分 St Emilion 的地塊，卡本內弗朗一樣擁有重要地位。

除了法國，卡本內弗朗也能在加州、阿根廷（Pulenta Estates 酒莊釀造的就很不錯）、澳洲與智利找到。最近，卡本內弗朗在 Supertuscans 酒款的家鄉托斯卡尼

海岸區，似乎遇見了特別合拍的氣候與土壤，正漸漸成為一種重要且受到重視的葡萄品種。此處的氣候較為溫暖，卡本內弗朗也因此又更豐富華麗，宛如厚實的緋紅天鵝絨，嘗起來較多熟果與李子風味，有時甚至就像喝進一口巧克力。

餐搭建議：卡本內弗朗與羊肉料理的搭配相當美味。不過，不像卡本內蘇維濃能與所有羊肉料理合拍，卡本內弗朗尤其適合與**粉嫩的羔羊料理**一起享用。帶骨羊肉特別相襯，因為羊排中間依舊帶有部分未熟且充滿肉汁。卡本內弗朗的紅色莓果口感，以及**在烤架上炭燒得外表焦香，而切開仍粉紅鮮嫩的現宰羊排**，兩者能譜出美妙的滋味。卡本內弗朗的明亮水果調性，能夠強化半熟肉質鮮美多汁的特質。而那如同英國夏日布丁的口感，尤其適合紅醋栗醬羊肉漢堡；另外，在冰箱微微冰鎮大約半小時的卡本內弗朗，則可以搭配**乾煎鮪魚**或烤鱒魚，也可以單純洗刷一下**烤雞**或**側腹牛排佐薯條**的油膩，餐點旁也適合再擺上一點**塔布勒沙拉**（tabbouleh），或是淋上些許橄欖油、鹽與巴西里的簡單沙拉，因為羅亞爾河谷卡本內弗朗對待巴西里等香料香草特別柔和。

　　卡本內弗朗同樣很適合**綠莎莎醬羊肉、雞肉或烤鮭魚料理**，它輕快的酸味與綠莎莎醬的苦味很是合拍（我個人喜歡以風味十足的綿羊肉料理，搭配成熟的波爾多淡紅酒）。

　　年輕且香草特質強的羅亞爾河谷卡本內弗朗最適合搭配的蔬菜，就是新鮮多葉的綠色蔬菜，例如**奶油清炒宛如綠寶石的迷你萵苣與碗豆**，或是**一鍋裝滿蠶豆、碗豆、小馬鈴薯、紅蘿蔔與薄荷的夏日蔬菜雜燴砂鍋**（非素食者也可以考慮再加上雞肉）。

　　較為嚴肅或年份較長的酒款則可以考慮口味比較重的料理，例如**兔肉、蠶豆、培根與一大堆馬鈴薯的雜燴砂鍋；烤珠雞**（guinea fowl）；或是**菲力牛肉佐檸檬與香草奶油冷盤**。

　　卡本內弗朗沒有力道兇猛的單寧，而來自氣候溫暖地區更華美且溫柔的酒款，更適合搭配烤牛肉，還可以選擇帶有一點點辛香料調味的肉類料理，例如**以孜然與香菜籽料理的羊肉菜餚**，能讓人瞬間感到備受寵愛。這類溫暖地區酒款的特色，也很適合搭配烤肉。雖然我會選擇不加烤肉醬，但是戶外烤肉讓食物擁有的飽滿

風味與煙燻香氣，可謂是與卡本內弗朗的本質相合。

我曾與 Saumur-Champigny 地區的酒莊莊主菲列托（Filliatreau），在天候稍涼的日子裡享受了一頓戶外午餐。我們的羊排以葡萄樹藤升起的明火炙烤，杯裡裝的是 Saumur-Champigny 產區酒款，接著上桌的是**一盆滿滿的新鮮草莓**，撒上些許糖，剖半後再倒上 Saumur-Champigny 產區酒款。卡本內弗朗與草莓譜出了一盤非常美味的佳餚。

最後，若不論食物，我對於卡本內弗朗的主要感覺就是它帶著一股春天氣息。陳年之後，會逐漸變得更貼近秋天，但迷人的是，對我來說它更像是早秋轉熱的秋老虎，而非深冬。

釀酒人怎麼搭

法國羅亞爾河谷 Bourgueil 產區，Domaine de la Butte 酒莊的尚菲利浦・布洛（Jean-Philippe Blot）：

「我喜歡家鄉 Bourgueil 產區肉汁滿溢的烤牛肉。」

法國羅亞爾河谷 Saumur 產區，Château du Hureau 酒莊的菲利浦・瓦當（Philippe Vatan）：

「我最愛的食譜之一就是馬倫戈小牛肉（veau marengo），也就是蘑菇與番茄燉小牛肉。我常常煮這道菜，通常會再搭配一瓶精緻且豐郁的紅酒，如我們家 2013 或 2014 年份的『Tuffe』，或是 2011 或 2014 年份的『Fours à Chaux』。」

cabernet sauvignon 卡本內蘇維濃

風味描述：卡本內蘇維濃最鮮明的特色，莫過於飄散在空中的黑醋栗果香，或是一股更深沉、更甜、更柔和的香甜酒黑醋栗酒（cassis）香氣。

釀酒葡萄之王卡本內蘇維濃賦予酒款驚人的陳年潛力，這些潛力全看酒款本身的結構與組成，也幸好卡本內蘇維濃擁有充滿單寧的厚實果皮。

卡本內蘇維濃的靈魂家鄉就是法國波爾多，它與這裡的梅洛（merlot）組成波爾多混調紅酒，卡本內蘇維濃為骨，而梅洛為肉；其他混調品種還包括卡本內弗

朗、馬爾貝克（malbec）與小維多（petit verdot）。

　　卡本內蘇維濃分布波爾多全境，包括 Médoc 產區的礫石地、吉隆特河口（Gironde estuary）左岸以及 Graves，該市南部的酒款釀有全球最受尊崇、以卡本內蘇維濃為基底的葡萄酒。此品種酒款的香氣不僅只有黑醋栗香甜酒，還具備諸如雪松木、鉛筆木屑、雪茄盒、乾菸草與老舊的馬鞍皮革等香氣。它們不但令人心安，也帶有實在的莊重與架構感，就像風格經典的建築，如萬神殿（Pantheon）、古羅馬圓形競技場（Colosseum）與雅典衛城（Acropolis）。這些酒款的曲線、比例與架構的雅緻，都與其香氣擁有同等重要的地位，而最佳酒款更是有著足以陳放數十年的陳年潛力。

　　在 Médoc，聖艾斯臺夫（St Estèphe）、Pauillac、聖朱里安（St Julien）與 Margaux 等四個區域的酒款都有鮮明的特色：聖艾斯臺夫的酒風較為深沉、帶黑色水果風味，甚至可能有沉重的澀感；Pauillac 則宛如貴族，就像是身穿一襲貴得嚇人的手工訂製服；聖朱里安如同精緻的古董，或是一間用心打造且溫馨舒適的農舍；Margaux 則是其中最為女性化的酒款，擁有精巧的架構，偶爾妝點些許紫羅蘭香水。

　　在 Bergerac 產區，不論是位於波爾多較內陸地區的多爾多涅（Dordogne）或是較南邊的 Buzet 產區，都找得到更為粗獷版本的波爾多混調酒款。

　　卡本內蘇維濃遍布於法國眾多葡萄酒產區，也同樣廣布根植於全球各產地。在不同產地，卡本內蘇維濃能展現像是薄荷、樹葉或尤加利樹葉等香氣特色，有時還帶點綠辣椒或紅色水果的風味。

　　全球最重要的產區還包括熱愛卡本內蘇維濃的美國，尤其是加州，其中那帕谷地推出的酒款堪稱波爾多最強勁的敵手。相比於對手 Médoc 產區的酒款，此處酒款的酒精濃度可能較高，也更有鮮美的特色，也許還會散發些許香草莢與肥美深色水果的香氣。

　　卡本內蘇維濃對智利而言也相當重要，當地釀有眾多厚重且頗具野心的「膜拜」酒款。一般而言，智利的卡本內蘇維濃都力道十足，伴隨豐厚的果香，入口有時會讓人想起葡萄酒軟糖（wine gums，譯註：一種以水果口味為基底的軟糖，源自英國，其中不含酒精）的滋味，也常常帶有一絲青椒的氣味。

C

在澳洲，卡本內蘇維濃的重點產區則是南澳的庫納瓦拉（Coonawarra）與西部海岸的瑪格麗特河（Margaret River）。瑪格麗特河區域的波爾多混調尤其成功，酒款常有些微石墨特徵，伴隨柔滑且明亮的莓果香。酒款風味會比那帕更嚴謹，比法國擁有更多果感。庫納瓦拉的葡萄在紅土地區生長茁壯，所釀酒款富含土壤風味，悠久綿長的香氣如同帶著飲者深入地底，就像潛進壺穴，一路直抵地心。各位也可以嘗嘗澳洲的卡本內蘇維濃混調希哈（syrah）酒款。

南非的卡本內蘇維濃也十分傑出，結構堅實、香氣飽滿，有時更帶有一絲皮革風味。這裡也釀出優質的波爾多混調，有些酒款擁有怡人的皮革香氣，有的酒款則因為加入了皮諾塔吉（pinotage），而增添了一股烘烤南非咖啡豆的煙燻特色。

西班牙的卡本內蘇維濃風味寬廣且豐郁，似乎還嘗得到一點點 Chewits 品牌水果軟糖的味道。義大利的卡本內蘇維濃則是 Supertuscans 產區中極為重要的角色，如酒款「Tignanello」與「Sassicaia」。

本質上，如果黑皮諾（pinot noir）象徵的是精神與靈魂，那麼卡本內蘇維濃也許代表的就是大腦，傳導串連神經的訊息。不像黑皮諾的單騎獨行，卡本內蘇維濃能襯托各個混調夥伴。

餐搭建議：雖然我很少在尋找餐搭葡萄酒時想起卡本內蘇維濃，但我的確很常在想喝葡萄酒時選擇卡本內蘇維濃，尤其是波爾多的酒款，這是獻給完美時刻的酒。

若是想要試著餐搭卡本內蘇維濃（或其混調酒款），首先，我會選擇紅肉料理。用任何方式烹煮出的**羊肉料理**，搭上卡本內蘇維濃都很美味，不論是帶生羊排、慢烤到骨肉分離、直火燒烤或砂鍋料理。如果手邊的卡本內酒款比較乏味、青生（也許是一款來自冷涼年份的廉宜波爾多淡紅酒），一道**簡單的羊排**料理就能讓葡萄酒如同施展魔法般搖身一變，變得較不平庸與枯燥，輪廓更為立體。

另外，幾乎所有類型的卡本內蘇維濃，都會因為**經典的烤羊腿佐大蒜、迷迭香與鯷魚**而變得更美味。較為清鮮、富果香的酒款通常更適合比較清亮的調味與佐料。舉例而言，你可以試試**羊肉佐紅醋栗果醬漢堡**，搭配源自瑪格麗特河產區的卡本內蘇維濃與梅洛混調酒款；或者，碗豆與春季蔬菜煎羊排，可以搭上年輕活潑的酒款。若是酒款風格比較粗獷，例如南非的波爾多混調，便能駕馭辛香料

的調味，像是**香菜與孜然煎羊排**，或**咖哩口味的中東羊肉烤肉串**（kebabs）。

雖說牛肉是黑皮諾的經典搭檔，不過我也很享受卡本內蘇維濃與牛肉的組合——這是一種情調。萬一你今天打算開一瓶架構宏偉的酒款，最佳餐搭就是最簡單的料理。例如，**沙朗牛排、烤牛肋排**或**烤菲力牛排**，就能與波爾多淡紅酒或豪奢的那帕卡本內蘇維濃，一同譜出一場所費不貲的盛宴。熟度較高的牛肉料理通常會比較適合配上一瓶比較年輕的酒款，或是一支來自較溫暖氣候的富果香酒款，以柔潤口中較乾瘦的肉質。我也比較喜歡以大地風味較強的酒款，配上野地風味豐富的料理。例如，滋味深沉濃重的牛肋排，就能相互呼應風味深邃豐郁的波爾多淡紅酒、帶有煙燻風味的南非開普（Cape）卡本內蘇維濃，或卡本內蘇維濃比例高的 Chianti 產區酒款；而充滿遠古原始風味的**骨髓料理**，就真的很需要林下灌木、雪松木與菸草的波爾多淡紅酒襯托。說到**側腹牛排佐薯條**，任何卡本內蘇維濃酒款應該都能相得益彰。

紅蘿蔔或防風草（parsnips）等**香甜根莖類蔬菜**燉成的牛肉砂鍋，也相當適合搭配波爾多淡紅酒，另外也尤其適合與庫納瓦拉的卡本內蘇維濃一起享用。**肉質粉紅肥美又肉汁滿溢的起司漢堡**，與果香歡樂繽紛的平價智利卡本內蘇維濃也是絕配；如果漢堡再夾上一點煎得焦香的洋蔥，也許可以選用價格更便宜一點的加州酒款。當料理的滋味和香氣越多元與寬廣，我就會試著找尋更宏大的酒款。**慢燉煙燻牛肋排**與涼拌高麗菜絲的搭檔，就有機會搭配智利、美國、澳洲或南非的卡本內蘇維濃。這些來自較溫暖地區的豐厚、粗獷酒款，很適合與滋味濃郁的慢燉料理一起享用，尤其是果香豐富或至少擁有明亮、辛香料或香甜氣味的酒款。其他適合的料理還包括**紅醋栗與迷迭香醬悶小羊脛、直火燒烤香辣小羔羊、烤鴨胸佐胡桃醬**，或**石榴庫司庫司**（couscous）**佐慢烤摩洛哥小羊肩**。我喜歡**青椒與紅椒煎羊肉料理**，搭配智利的卡本內蘇維濃，因為這類酒款有時帶有一絲青椒等辣椒屬植物的風味。

年輕酒款的鮮活果香，尤其是來自智利、美國或南非的卡本內蘇維濃，能與**黑胡椒中東烤羊肉串佐辣醃哈羅米起司**（halloumi cheese），相應出美味的火花。

瑪格麗特河地區的 Xanadu 酒莊餐廳就有兩道料理，相當適合當地土生土長、擁有莓果與明亮香氣的卡本內蘇維濃混調酒款，分別是牛肉片佐醃櫛瓜、焦香洋

蔥與蒜香美乃滋；以及煎牛排佐阿根廷青醬（chimichurri）、煙燻馬鈴薯與紅椒。

年輕波爾多淡紅酒則很適合與肥美的禽類料理搭配，例如**鴨**或**鵝**，因為這類酒款的較高酸度與渾身長滿刺的單寧，能減緩一點油脂的溜滑感。許多人也很喜歡知名主廚羅伯特・卡里爾（Robert Carrier）料理禽類的風格，例如**紅酒燉雉雞**。每年春天的波爾多期酒（en primeur）品飲之旅是我最愛這份工作的時刻之一，我們會品飲一支支去年採收且現在還在桶中熟成的年輕、雄壯酒款。這也是嘗到最棒料理的絕佳機會，波爾多最棒的廚師都會在此時想盡辦法端出能襯托各式酒款的佳餚。或是說，理應能夠襯托。不過，我每天早上必須大約五點起床（回電子郵件與寫點東西），接著就開始品飲、討論，然後駕車四處拜訪，直到天色已晚卻依舊不會有想要吃晚餐的感覺（通常如果這時能來一片披薩配啤酒，我會相當感激）。不過，我想各位還是應該不會太同情我。有時，也還是會有例外，就像某次我跟我的品酒夥伴撞見一群「波爾多最強廚師」正在 St Emilion 酒莊 Château Soutard 的大型品飲會「一起吃午餐」。我們那時還不小心轉錯了一個彎，筆直地橫越葡萄園（四野空曠，只剩我們一輛車很有自信地勇往前行），直到我們終於抵達一塊狹小花圃，面前就站著一位表情頗不以為然的停車管理員，他很有耐心地指引我們，重新回到正軌。不過，那場品飲會的食物也很不錯。

在波爾多左岸，料理通常就是最能搭配當地的酒款，一樣是各式**羊肉料理**（口味厚重的食物搭配較為年輕的酒款）。同樣地，**法式肉凍**（搭配年輕酒款）、**烤珠雞、煎鮮切牛肉佐波爾多醬汁（以紅酒、骨髓、紅蔥與奶油慢燉而成）**，以及精緻小巧的**法式油封鴨佐綠色蔬菜沙拉與馬鈴薯千層派**（這道料理特別適合較年輕、正在熟成與更強健的酒款，換句話說，就是精力與銳利依舊不低的酒款）。

接下來為各位介紹的幾道料理也常出現在法國酒莊餐廳，這些料理也特別適合成熟的波爾多老年份淡紅酒的精緻，所以，不僅可以搭配你的優質頂級酒款，它們也準備好與更清淡或更優雅的年輕酒款共鳴，這些料理包括**小牛肉鑲松露、小牛肉排（也可以再配上蘑菇醬）、香煎小牛胸腺佐牛肝菌**與烤鵪鶉。

我個人最愛的搭配之一，就是年份不會過老的中級酒莊（Cru Bourgeois）等級淡紅酒（因為我喜歡葡萄酒依舊帶點銳角），搭上**韃靼牛肉**。酒中的單寧與酸度在生牛肉的柔軟之下突顯出美妙的爽脆，與調味佐料相遇之時仍保有足夠的活力。

C

平價的年輕波爾多淡紅酒，以及來自 Buzet 與 Bergerac 等稍稍粗獷的波爾多混調，都很適合搭配**粗肉醬（rough pâtés）**、**現煎香腸與香腸冷盤**，以及**牛肉三明治（冷熱皆宜）**。也可以選擇較溫暖地帶的卡本內蘇維濃，它們能為盤中料理增添溫潤與鮮美多汁的感受，不過，如果加上了醃製黃瓜，我會選擇風格比較銳利的酒款，如酸度較高且產區氣候較冷涼的酒款。

每當遇上擺滿了卡本內蘇維濃的酒宴時，我總要絞盡腦汁地尋找為素食者準備的食物。這是多麼適合肉類的葡萄呀。不過，還是有些非肉類的食物很適合卡本內蘇維濃。我有一份稍微七〇年代風格的食譜，它叫做**格律耶起司捲（Gruyère roulade）**，作法是先將許多蛋與起司混合，然後倒進瑞士捲烤盤後加熱，最後放入切半的櫻桃番茄、鮮綠生菜與美乃滋再捲起來。這道料理真的很適合未經桶陳或稍稍經過桶陳的較清淡波爾多紅酒（比較上一輩的稱呼則是「午餐波爾多」〔luncheon claret〕），或者也可以搭配更清鮮、豐厚果感且未經桶陳的新世界風格酒款，尤其是帶著強烈青椒香氣的智利酒款。加上了**格律耶起司**的料理都奇妙地非常適合卡本內蘇維濃，你可以試試馬鈴薯千層派，或單純在漢堡（或素食漢堡）裡面放進一片格律耶起司。開胃的**深綠小扁豆**也很適合。另一種選擇則是各種磨菇料理，如**蘑菇鑲餡**、**香菇蘑菇醬**（也可以搭配牛肉），或是**野菇拌大蒜三明治**，年份較高或辛香草本與鮮鹹風味較明顯的卡本內蘇維濃酒款，都能以本身具備的蘑菇風味與這些料理相應。

隨後我們也會介紹瓦尼雅·庫倫（Vanya Cullen）描述卡本內蘇維濃充滿土地風味的黑醋栗香氣，也與甜菜根十分合拍。

如果想要假借品嘗起司的名義，飯後再為自己斟上一杯酒（或兩杯），那麼，你可以考慮一下熟成**康堤起司（Comté）**。另外，切一片**米摩勒特起司（Mimolette）**也是不錯的選擇（同樣地，這種搭配在波爾多很常見）；米摩勒特起司是一種法國里耳（Lille）附近生產的熟成起司，有著英國人行道號誌燈（Belisha beacon）一般的亮橘色。雖然我覺得成熟波爾多淡紅酒的細緻會被藍紋起司破壞，而遇到比較年輕酒款裡的單寧時又會宛如凝結，但是，澳洲與那帕的陳年卡本內蘇維濃很適合藍紋起司之一的**史帝爾頓起司（Stilton）**：起司的滑順濃郁與酒中逐漸褪色的明亮果香，創造出一種奇異的和諧。

釀酒人怎麼搭

澳洲瑪格麗特河產區，Cullen Wines 酒莊的瓦尼雅·庫倫：

「我們家的卡本內蘇維濃搭上甜菜根真是相當絕妙，同時突顯了甜菜根與酒裡的土地風味。我們是一間生物動力酒莊，園裡的蔬菜也都是用生物動力法栽培，我很愛用酒莊園裡的甜菜根煮一鍋義大利燉飯，一旁再搭配一些根莖類蔬菜與水田芥（watercress）。」

義式甜菜根燉飯
BEETROOT RISOTTO
四人份

· 視準備米量，稍稍增減高湯用量。
· 甜菜根，400 公克
· 橄欖油
· 蔬菜或雞肉高湯，1.25 公升
· 奶油
· 大顆洋蔥，1 顆，切細
· 橄欖油漬鯷魚（anchovy fillets），瀝乾並切碎。（視喜好選用）
· 阿柏里奧米（Arborio rice）或卡納羅利米（Carnaroli rice），175 公克
· 紅酒或白酒，1 小杯
· 黑橄欖，10 顆，切成四等份
· 切碎細香蔥（chives），2 大匙
· 平葉巴西里，1 把，切碎
· 鼠尾草，1 把
· 鹽

烤箱預熱至 200℃（400 °F 或瓦斯烤箱刻度 6）。將甜菜削皮並切成大約 1 公分的骰子狀。把大約一半的甜菜骰子放進不沾烤盤，淋上些許橄欖油與調味，接著烤到柔軟，大約 20 ～ 30 分鐘。

C

把剩下的甜菜根與高湯倒進鍋子，小火慢燉直到恰好柔軟，用濾勺把甜菜根撈出，剩下的高湯持續以小火溫熱。

將一湯匙的橄欖油與一小塊的奶油在寬淺的平底鍋加熱。倒進洋蔥並加熱至柔軟且半透明，接著加入鰻魚並再煮數分鐘。加入米之後攪拌約 3 分鐘，持續攪拌讓每粒米都裹上奶油。倒入葡萄酒，並滾煮一段時間讓酒精幾乎全部揮發。將一旁以小火溫熱的高湯倒入，一次倒入幾個大湯勺的滿勺，同時持續攪拌，直到高湯被吸收後，再倒進更多高湯。

一旦米快要變得柔軟，便拌入剛剛以高湯煮過與烤箱烤過的甜菜根。最後，淋上橄欖油、細香蔥、平葉巴西里與一點點高湯或水，以及一塊奶油與調味，拌勻。蓋上鍋蓋，靜置 5 分鐘。

取出另一個平底炒鍋，倒入一塊奶油，加熱至冒泡。丟進鼠尾草，並煎到酥脆。用已溫熱的碗盛裝燉飯，頂端放上煎炒好的鼠尾草。

法國波爾多 Pessac-Léognan 產區，Château Haut-Bailly 酒莊的維洛妮卡・桑德斯（Véronique Sanders）：

「我很喜歡以鵪鶉料理搭配一支細緻且充滿果香的紅酒，例如我們的二軍酒『La Parde Haut-Bailly』。這支酒款帶有新鮮與辛香料風味，也很適合搭配魚類料理，例如這裡的特殊料理波爾多七鰓鰻（lamproie à la bordelaise），或是其他佐上紅酒醬的料理。」

「我們酒莊裡的主廚喜歡拿一軍酒款搭配禽肉、小牛肉或牛肉料理。還有可口的『松露馬鈴薯派』（truffat de pommes de terre），這是一種塞滿馬鈴薯、鮮奶油與松露等內餡的派，可說是冬季的亮點！聖內泰爾起司（Saint-Nectaire）或熟成康堤起司也是完美搭配。史蒂芬・史普瑞爾（Steven Spurrier）曾說：『酒窖的樂趣在於找得到一支與當下心情吻合，而且不會破壞食物的酒。』我十分同意。」

美國加州，Arnot-Roberts Wines 酒莊的鄧肯・邁爾斯（Duncan Meyers）：

「我們的卡本內蘇維濃來自好幾個葡萄園，每個地塊釀出的酒款都相當不

同，也都能反映出不同地塊的特色。尤其是我們釀自聖塔克魯山（Santa Cruz Mountains）的卡本內蘇維濃酒款『Fellom Ranch』，展現了鮮活的草本與沉靜的鮮鹹風味，同時混合了深色醋栗與苦甜巧克力的香氣。這支酒款的深沉與暗調的性格及架構，源於險峻山頂結下的小顆果實。我想，這支酒款可以搭配炙燒豬肉或羊肉佐溫和的綠莎莎醬或香草奶油，契合蘊含在酒中的草本特質。酒裡的酸度以及單寧能夠溫柔地減緩羊肉與豬肉的油膩感，創造出美妙的和諧。」

法國波爾多 Pauillac 產區，Château Pichon Baron 酒莊的克里斯汀・希利（Christian Seely）：

「為大家介紹一下我會如何料理波雅克小羔羊（Agneau de Pauillac）；這兒真的有一間羊肉生產商。我會買一條羊腿與一副羊肩，因為我覺得這兩個部位嘗起來稍稍不同。用鋒利的刀在兩塊肉上戳出許多洞，每一個洞都塞進一瓣大蒜與鹽漬鯷魚。然後再戳出很多很多洞，塞進很多很多鯷魚。接著為羊腿與羊肩都裹上橄欖油後，再滾上新鮮百里香。」

「在此同時，拿出大量木炭開始生火，讓炭火有時間慢慢燒透並降溫，但須留下厚厚一層燒得紅通通的木炭。接著開始燒烤兩塊羊肉，這需要一段很長的時間慢烤。烤好之後再撒上更多百里香，並準備一瓶我們家的酒款。我們最近才剛用這道料理搭配一支 2008 年份的大瓶裝（magnum，1,500 ml），非常美妙。」

「魔鬼在細節，讓波雅克小羔羊完美的就是大蒜醬。水煮一大塊羊骨，讓它滾煮一陣子，做成高湯。接著拿出大約四球完整的大蒜，為所有蒜瓣剝皮，每一顆蒜瓣都切成兩半，並削切掉一點點中間不好消化的部分。用滾水川燙蒜瓣約 1 ～ 2 分鐘，以除去粗糙口感。接著，把川燙過的蒜瓣丟進高湯，並用小火長時間慢燉，讓高湯濃縮。一段時間後，大蒜會飛散融入高湯，形成擁有蘋果醬般濃稠的完美大蒜醬。這真是天殺地好吃，而且隔一天起床時，會感覺自己每一個毛孔都散發出大蒜的精華，所以切記，如果隔天要跟心儀對象見面，記得前一天一定要邀請他一起享用這道料理。」

C

carignan 卡利濃

風味描述：卡利濃（carignan 或 cariñena）又稱為馬菱羅（mazuelo）與珊素（samsó）。說到卡利濃，我最常想到的風味包括蔓越莓、無花果乾、薩拉米腸衣和乾燥香料香草等香氣。偶爾還有像是無花果捲酥等特別的香味；南法 Languedoc-Roussillon 的 Corbières 與 Fitou 等類似地區之酒款，都會散發出這樣的香氣，即使在這些混調酒款中，卡利濃在眾多如希哈、仙梭與格那希等品種之間僅占有一小部分。卡利濃在南法地區並不被視為高品質品種，而且此地在過去幾十年以來，更是有系統地在卡利濃身上嫁接更多的希哈。不過，到了西班牙東北部的加泰隆尼亞（Catalonia），卡利濃變得較具價值，Montsant 產區與 Priorat 產區酒款絲絨般的溫潤中，卡利濃就扮演相當重要的角色。老藤卡利濃也贏得美國加州與智利茂列（Maule）一群小眾的賞識，智利茂列所經歷的葡萄酒革命正是將古老、枯瘦的旱作葡萄樹叢，轉生成為質地豐富、令人印象深刻且如同人造般的酒款，讓人憶起黑橄欖、紅色水果與草本的香氣。

餐搭建議：最年輕、最簡單且最便宜的卡利濃，嘗起來就像是明亮又新鮮的蔓越莓果汁，適合搭配伴隨撲鼻的濃郁且**肥滿之肉香**，例如**鴨肉**或**豬肉抹醬（rillettes）**。卡利濃也很適合搭配**慢烤豬肩**或**肥滿的豬五花**。法國卡利濃則可搭配香氣飽滿的茴香籽肉類燒烤料理；而來自智利、西班牙或加州等風味更豪華的酒款，則能配上更多異國香料，如八角或五香調味的料理。這些更為豐郁飽滿的酒款也很適合**聖誕節**或**感恩節火雞滿滿一桌的大餐**，它們會欣喜地融入燒烤各式瓜類（squash）、南瓜或地瓜。適合搭配卡利濃的香草與辛香料，包括磨碎的**孜然**、**香菜籽**、**百里香**、**迷迭香**與**中東綜合香料（za'atar）**，尤其當香料與葫蘆類蔬菜一起燒烤，或是裹滿烤鴨，又或是混合羊肉做成香料羊肉丸，也可以做成烤或煎羊肉的醃料醬汁。風味較鮮鹹豐厚的酒款（同樣地，可以尋找法國或智利等草本特性較強烈的酒款），一樣很適合與**烤紅椒佐橄欖醬（tapenade）**以及**百里香、鯷魚與紅蘿蔔燉牛肉**一起享用。你也能以口感質地與豐厚程度相似的智利卡利濃酒款，搭配**香腸薯泥佐辣黑豆醬**或**牛排三明治**。平價卡利濃酒款也適合與鹽醃牛肉馬鈴薯泥一同大口吞下。

釀酒人怎麼搭

智利茂列，The Garage Wine Co. 的德瑞克・摩斯曼・克那普（Derek Mossman Knapp）：

「我非常喜歡卡利濃清新、鹹鮮且豐富的風味，還有充滿花草草本特質的香氣，而這樣的酒其實可以搭配曾經被認為太過濃郁的料理。倒上一杯活潑清新的卡利濃，其實我們就可以不帶罪惡感地縱情大啖，最後還不會肚子痛。記住，越濃郁的食物，能搭配越清新的酒款。」

「再者，在我們開始學著不再吃得如此『鋪張』之時，許多以往被忽略的肉類部位，如今也得到被認真做出美味料理的愛與關注，例如薄牛腩或牛腩排（tapabarriga/palanca）。當料理香氣更強、更豐富且或許還帶有一點點油脂的焦香，我們需要一款酸度更活躍的酒。所以我總是留著一支這樣的卡利濃。」

參見詞條：Priorat 普里奧哈。

carmenère 卡門內爾

風味描述：卡門內爾幾乎就如同智利的招牌品種，但其實一直到了 1996 年，南美洲官方紀錄裡完全沒有卡門內爾，它根本不存在，一棵也沒有。

這個奇特的現象其實是因為重大的行政疏失。智利的第一株卡門內爾插枝大約是在十九世紀從法國波爾多某些最佳莊園飄洋而至，接著，卡門內爾逐漸傳布開來。專家能分辨出大多數的葡萄樹品種，他們不僅會利用葡萄果實的味道，以及果串的大小、形狀與疏密程度，也會利用葡萄葉緣彎彎曲曲的輪廓判斷。而卡門內爾與梅洛的樹葉形狀幾乎一模一樣。不久前，卡門內爾在智利還有「智利梅洛」（merlot chileno）之稱，也就是智利版的梅洛。誤解自此根深。

這也是為何這項誤解能逃過二十世紀末大量的智利葡萄酒專家之法眼，而許許多多掛上梅洛標籤的葡萄樹，其真面目其實是卡門內爾。難怪這些酒款會這麼好喝。

梅洛柔順、豐滿（討厭它的人會說無趣）。卡門內爾則架構堅實且粗獷，帶有現沖茶香與肥滿紅椒的香氣。聞起來有辣椒粉的味道，有時也會有烘咖啡豆的香味。它擁有草本、菸草、柏油與土壤氣息。釀酒師怎麼可能沒有發現它們的差異？

彼得・理查斯（Peter Richards）在他的《智利葡萄酒》（*The Wines of Chile*）談到，酒農對於彼此口中的「merlot merlot」（梅洛）與「merlot chileno」（智利梅洛）之差異，一直都心知肚明。但是，一想到全球對於國際品種的需求量如此龐大，也許一點點模稜兩可似乎對所有人都好。1994 年，葡萄品種學家尚—米歇爾・布希廓（Jean-Michel Boursiquot）終結了這場謬誤，辨識出所謂的智利梅洛其實就是卡門內爾。1997 年，基因檢定技術也證實了此說法，隔年，卡門內爾在智利終於有了正式葡萄品種的合法地位。

如今，智利的梅洛還隱藏了多少比例的卡門內爾依舊具爭議。當地釀酒師堅信這項問題早已解決，各間酒莊也都以梅洛與卡門內爾分別創造了獨具特色的酒款。這麼說吧，我偶爾會巧遇一些嘗起來分外有趣的智利梅洛。

餐搭建議：卡門內爾天生粗獷的個性，讓它很適合搭配週六午餐的**薩拉米臘腸佐麵包**，還有**小火慢燉料理（如果加了牛肉會更棒）**。由於卡門內爾的辛香料特性，所以**香料香腸、卡拉布里亞辣香腸**（'nduja）、**墨西哥辣肉醬**（chili con carne），以及**香辣牛肉燉鍋**（例如著名的**智利燉鍋料理 plateada**，通常一旁還會配上新鮮沙拉，其中包括番茄、洋蔥、高麗菜、酪梨與芹菜佐辣豆醬）。不過，我愛的組合是**匈牙利燉牛肉**，因為酒與料理中的辣椒粉與紅椒類的香氣旗鼓相當（卡門內爾會有一絲鮮明的辣椒粉氣息）。另一道類似的料理則是**巴斯克燉雞**，以紅椒、雪莉酒、辣椒粉、西班牙辣腸、百里香、洋蔥與番茄燉燒雞肉塊，這道料理與卡門內爾也是超級合拍。

卡門內爾的辛香料特性，也讓它很適合搭配**辛辣度溫和的印度料理**，或是帶有**印度風的料理**，例如**醃野味肉餡的拉賈斯坦香料派**（Rajasthani spice paste）；**咖哩羊肉、番茄與紅洋蔥烤肉串佐茄子沾醬**（baba ganoush）；**香料乾醬羊**（lamb bhuna）。如同刮擦口中味蕾的**印度香料、洋蔥的焦香**與**青椒**的風味，再加上卡門內爾都會變得特別美味。卡門內爾粗獷起伏的香氣與躁動不已的**香菜、肉桂**及**荳蔻**產生了共鳴；但記得酒中的單寧與辣椒相斥，所以只要維持辣度溫和適中，就最有機會達成與辛香料風味的完美和諧。

cava 卡瓦

cava 是一種白葡萄氣泡酒（有時候也會製成粉紅氣泡酒），許多西班牙產地都有生產，但主要集中在東北部的佩內得斯（Penedes）。許多葡萄品種都有釀造卡瓦的正式授權，例如當地的薩雷羅（xarel-lo）與帕雷亞達（parellada），以及國際品種的夏多內與黑皮諾，也因此，cava 的風格與品質的變化範圍極大。從前，cava 被視為廉價酒品，但最近出現許多由精品酒莊釀造的高品質 cava 酒款。它能搭配各種**西班牙下酒菜**或**西班牙竹籤小點（pinchos）**。cava 天生的親切與中性性格（尤其是平價酒款），表示它不會與大膽或強烈的料理風味相斥，而且酒中的氣泡也有去油解膩的作用，例如**西班牙可樂餅（croquetas）**或**炸烏賊圈（calamares fritos）**。

chablis 夏布利

在法國布根地，酒農常常會端出剛從烤箱出爐的**法式起司鹹泡芙（gougères）**，來搭配自家酒款。一杯冰涼 Chablis 產區酒款的柔滑曲線與檸檬調特性，能與濃濃起司及泡芙派皮（這道料理意外地非常容易製作）的香氣搭出相當美妙的體驗。因為我實在太愛這個組合，所以特別闢出一個專屬於 Chablis 的詞條。不用我說，想必大家都知道 Chablis 必須以百分之百的夏多內釀造，所以我會在夏多內的詞條多介紹一點適合搭配該品種的料理。

法式起司鹹泡芙
GOUGÈRES
大約 20 顆

· 水，125 毫升

· 奶油，50 公克

· 鹽，一小撮

· 中筋麵粉，50 公克

· 卡宴辣椒粉（cayenne），一小撮（視喜好選用）

· 蛋，2 顆，打散

· 格律耶起司，75 公克，磨碎

C

烤箱預熱至 200℃（400 ℉或瓦斯烤箱刻度 6）。把水倒入平底鍋中，與奶油及鹽一同煮沸。離火，在鍋中倒入麵粉與卡宴辣椒粉（視喜好），以木勺混合拌勻，然後放置數分鐘等其冷卻。接著，加入大約三分之一的蛋液後揉勻，以此方式一批一批地加入蛋液並揉勻，蛋液全數倒入之後加入起司，持續攪拌直到麵團滑順。在烤盤上鋪好烘焙紙，利用兩個湯匙舀出一顆顆大約是核桃般大小的麵團，放到烘焙紙上。記得為一顆顆麵團之間空出足夠的間隙，因為待會兒進烤箱之後它們會開始膨脹。烘烤大約 20 ～ 25 分鐘，直到泡芙表面金黃。將泡芙移到冷卻盤上，溫熱時就可享用。

釀酒人怎麼搭

法國 Chablis，Domaine Bernard Defaix 酒莊的迪迪耶・狄菲（Didier Defaix）：「我們在 Chablis 擁有三個法定產區：風味直接的 Chablis 產區釀出的酒款清新且親切怡人；1er Cru 礦味十足，剛開瓶頗為直接單純，但讓它在杯中或瓶中待上一段時間後，香氣口感便能綻放；最後是 Grand Cru，酒款力道最強，並伴隨更堅實的架構與豐厚感。我們風味直接的 Chablis 酒款適合搭配烤魚，或是添加了檸檬汁的酪梨醬（能與酒中的柑橘香契合）。而一級園的『1er Cru Côte de Léchet』礦物感鮮明且尾韻頗鹹，所以能配上些許辛香料，我喜歡搭配一盤咖哩椰汁雞肉飯（記得別加太多辣椒）。我們某位客戶會為這支酒料理一盤檸檬火雞肉薄片，這也相當美味。至於我們的特級園酒款『Chablis Grand Cru Bougros』帶有些許煙燻風味，或許可以為它準備一道紙包焗魚佐甲殼海鮮醬。」

champagne 香檳

風味描述：這種最尊貴奢華的氣泡酒經常會用以下形容詞描述：法國奶油麵包布里歐（brioche）、檸檬蛋黃醬（lemon curd）、蜂蜜、金合歡（acacia blossom）、鮮奶油、吐司、辛香料、餅乾、榛果與扁桃仁（almonds）。就像這一連串形容詞所表現的，香檳擁有一種其他氣泡酒無所可及的豐厚與複雜。如此的豐厚豪華源自酒中死酵母所形成的酒渣（這並非只是我們常看到空談幻想般的「酵母味」形容

詞），並經年累月而逐步打造。

香檳由主要三種釀酒葡萄釀製，三種葡萄都分別為香檳帶入不同的特性。夏多內提供了優雅與鮮奶油感；黑皮諾為酒款注入了鮮活的精力；皮諾莫尼耶（pinot meunier）增添了寬廣且複雜的辛香氣息。依釀酒師的需求，可自由混調這三種品種，不過「白中白」（blanc de blancs）酒款僅用白葡萄，多為夏多內釀造，而「黑中白」（blanc de noirs）則是僅用黑葡萄釀成，可以選擇百分之百黑皮諾、百分之百皮諾莫尼耶或兩者混用。

無年份香檳以不同年份的「基酒」混調而成。釀酒總監就像是一支五十人交響樂團的指揮，生長在不同地塊、不同時空的不同葡萄品種，裝在尺寸各異的木桶陳年，每一個角色都擁有獨特的性格與音色，而他將以這些角色奏出樂章。他可能會以些許珍貴的古老皮諾莫尼耶當作辛香根基，以如鮮奶油般的夏多內增添柔滑感等等。在多數的情況中，尤其是知名的大型香檳酒廠，釀酒師的目標都是讓一批批酒款保有一致性。少數酒廠的看法則不太一樣，他們將目標放在做出每一批最佳酒款，即使這表示每一批的酒款會有不一樣的特性，Jacquesson 香檳酒廠就是此概念的著名酒廠之一，它們的每一款混調都會標上編號，因此飲者可以依照編號的變化，知道自己是不是又該收入一支擁有新編號的香檳了。

年份香檳則是只有在年份傑出之時，才會以單一一次採收的果實釀造。年份香檳的推出時間通常會比無年份香檳晚上許多。絕佳的年份香檳擁有長年陳放熟成的潛力，年輕時可能會顯得堅硬且頑固，只能待時間柔化並解開所有風味層次的全貌，此時的年份香檳將更為溫潤，並帶有煙燻、杏桃乾、蜂蜜、蘑菇與乾燥花瓣的香氣。

香檳的甜度對於品飲感受也有強烈的影響，當然也對食物的搭配帶來變化。

最不甜的香檳類型（也是最近最為流行的香檳類型）稱為「無添糖」（zero dosage/pas dosé/brut nature）。香檳本身的酸度已相當顯著，若是少了糖分的緩衝，無添糖的香檳酒液入口後，將如同雕刻刀劃過咽喉。

極不甜（Extra Brut）香檳類型酒中糖分濃度低於 6 公克／公升。不甜（Burt）香檳則是最常見的類型，糖分濃度低於 12 公克／公升。實際上，優質香檳品牌通常會把糖分濃度緊守在 6 ～ 8 公克／公升，而超級市場常見的便宜酒款，則會將

糖分濃度拉到最高的 12 公克／公升。甜度就像是化妝，粉飾了各式各樣的缺陷過錯，而且也比較容易入口，因此也是比較符合大眾口味的類型。

少甜（Extra Dry）香檳類型的糖分濃度為 12 ～ 17 公克／公升。微甜香檳類型的名稱是有點令人疑惑的「Sec」，其糖分濃度為 17 ～ 32 公克／公升。中等甜度（Semi-Sec）香檳類型的糖分濃度為 32 ～ 50 公克／公升。濃甜（Doux）則是最甜的香檳類型，其糖分濃度超過 50 公克／公升。

最後一點，香檳在一般口語交談中會變成氣泡酒的統稱，但其實唯有來自法國特定區域的香檳才能叫做香檳，範圍大約在漢斯（Reims）與埃佩爾奈（Épernay）一帶。香檳人致力維護「香檳」一詞的專屬權，確保只要看到「champagne」一詞，就能準確預期將喝到什麼。一支忙碌萬分又不屈不撓的法律團隊每年都會提出上百份抗議，阻止「香檳」遭到濫用，例如，日本葡萄酒、手機殼的顏色，以及瓶裝水標榜的「香檳般的礦泉水」（礦泉水廠牌沛綠雅〔Perrier〕就曾試圖這麼標示）。

餐搭建議：餐前開胃通常就會先開一瓶香檳。這時，常常也會奉上一些零食，除了開一包**馬鈴薯片**或一碟**加鹽烤堅果**，通常不會另外準備太費勁的菜餚。我會建議避免有古怪口味或那種亮橘色且散發臭味的馬鈴薯製品（尤其是面前放上一杯好酒時），不過，加鹽薯片或開心果都很適合，因為鹽是香檳兇猛酸度的良好陪襯。其他適宜的小點，包括**法式起司鹹泡芙**；來自奈潔拉・羅森（Nigella Lawson）《如何吃》（*How to Eat*）的**起司星星餅乾**；以及特別合拍的**起司條**（cheese straws），香檳中由酵母帶出的層次，能完美搭配**帕瑪森起司**的豐厚、鹹鮮。

香檳也很適合魚類料理，尤其是以麵包、馬鈴薯或乳製品柔化的魚類小點心。例如**明蝦**（prawn）、**螯蝦**（crayfish）或**螃蟹美乃滋**吐司或夾生菜；**海鮮抹醬**配長棍麵包切片；**溫熱的燻鮭魚或圓鰭魚魚子醬**（lumpfish caviar）**俄羅斯薄煎餅**；**生蠔**（尤其是再**搭配現煎西班牙辣腸片**，其辛香肉味與香檳的豐厚相得益彰）；**義式生火腿**（prosciutto）**包扇貝**，然後烤到生火腿酥脆；還有**熱烘烘的小馬鈴薯，鋪上冰涼的法式酸奶油**（crème fraîche）**與魚子醬**（或是圓鰭魚魚子醬）。

雖然雞肉聽起來有點了無新意，但它也很適合搭配香檳，尤其是白中白香檳，

而且雞肉很容易做成各式「吐司小點」，例如煙燻雞肉塊佐羅勒、酸豆與自家美乃滋等等。

漢斯與埃佩爾奈地區的晚餐通常都是以香檳一路伴隨。酒廠通常會以主餐展現自家酒款，主餐通常都是魚類或雞肉佐羊肚菌奶油醬。我就曾經在參觀香檳酒廠時嘗過相當美味的料理。我在筆記本畫上星星的餐搭，包括**煙燻豬肉佐無花果**搭配「rosé Veuve Clicquot」；**比目魚佐烤雞油菌（girolles）、黑松露與施點薄鹽的現煎馬鈴薯片**，配上「Moët & Chandon 1993」，這款酒經年累月發展出的風味，與料理中的真菌類香氣真是絕配；還有以豐滿且堅果調性十足的「Collard Picard Essentiel 2006」搭配**鵝肝**。

同樣地，財力比較雄厚的香檳酒廠經常會與頂尖主廚合作，打造一道料理與一支特定酒款一同出場的晚宴。來自優質葡萄酒商 BI Wine & Spirits 的賈爾斯・庫柏（Giles Cooper）說，他曾在英國格倫依格斯（Gleneagles）的餐廳 Andrew Fairlie 見識過類似的晚宴：「我們吃了**半隻龍蝦佐龍蒿奶油**。龍蝦先是蒸過並從殼中取出，接著煙燻龍蝦殼，然後再把龍蝦肉放回殼裡，龍蝦就像是用煙燻過的盤子盛裝，然後搭配香氣十足的『Krug Grande Cuvée』。我幾乎連襪子都嚇掉了。」

香檳酒廠 Krug 也曾出過一本食譜，其中蒐羅了來自世界各地主廚為 Krug 設計的馬鈴薯料理。向各位保證，我永遠不會做一道來自主廚萊恩・克里夫（Ryan Clift）的手指馬鈴薯（ratte potatoes）佐酥脆海藻片，一旁點綴的松露曾吹拂過泡著橡木塊、夏多內酒醋與黑松露溶液的超音速波，不過我相信一定很好吃。同樣地，我大概也不會嘗試做出主廚村上（Tsuyoshi Murakami）的割烹地瓜（Kappo Sweet Potato），挖空的地瓜填進波斯萊姆（Persian lime）與地瓜泥，頂端輕輕放上柚子和鮭魚卵，一旁飾有可食用的花瓣，不過若在餐廳享用應該很不錯，而且以上所有食材都描繪出能與香檳合拍的風味輪廓。我會在我的食材名單加上**松露**與**蘑菇**；香檳與蘑菇似乎有相互強化彼此的效果。

侍酒師的餐搭香檳經常都是無添糖香檳。這類酒款振奮人心的爽脆在滿口食物嚥下後，擁有驚人的掃除味蕾之效，酒中精確的銳利感也特別適合與**羊肚菌海鮮濃湯**一起享用。

若是要以香檳貫穿整頓晚餐，我個人比較喜歡更隨性的食物與熱情歡樂的心

情。與誠摯樸拙的食物相合的是素色亞麻衣，米其林的星星與泡泡總是讓我胃痛。我喜歡一大群朋友圍著餐桌，一面往盤子裝進**香腸、馬鈴薯泥與洋蔥肉汁**，然後大口喝進皮諾基底的無年份香檳。或是兩人晚餐約會到餐廳點一道**龍蝦羅勒沙拉**或**烤龍蝦與厚切薯片**，再點一瓶我們負擔得起的最佳白中白香檳。也可以來一點**壽司**或**點心**，搭配粉紅香檳（rosé champagne）。粉紅香檳是絕佳的餐搭酒種，而且非常適合豪華的中式料理。宏大、明亮、年輕爽脆且帶有鮮明紅莓果香的粉紅香檳，相當適合與**豬肉料理**一同享用。較低調與優雅的粉紅酒款，則能以林下植物風味搭配細緻的魚類料理。我曾經在一座英國森林間的空地開了一支 Gosset 粉紅香檳，桌上還擺了**比目魚佐香濃奶油醬，最後撒上現挖的英國夏日松露切片**。主廚羅傑·瓊斯（Roger Jones）用一臺小小的露營爐料理，比目魚的海洋風味與松露的真菌香氣，兩者結合只能說絕妙。這一餐的回憶自此永遠烙印在我的腦海。

許多人喜歡以**撒上鹽與醋的炸魚薯條**搭配香檳。這樣的搭配的確不錯，但我比較傾向搭配一杯茶。

釀酒人怎麼搭

Moët & Chandon 酒廠的釀酒總監（Benoît Gouez）：

「我們喜歡以食物中的酥脆特性搭配，對我來說，這種特質可以與香檳活潑的氣泡相襯。兩者的感受並不相同。我認為搭配香檳的關鍵特質之一就是鹽。我個人的餐搭理論之一，就是餐搭的和諧並非來自餐酒兩方的相反特質，而是來自雙方組合而成的完整。一杯香檳中，可以感受到甜、鮮、酸、苦，唯一欠缺的就是鹹，所以我們需要食物裡的鹽。」

Collard Picard 酒廠共同擁有者奧立佛·柯拉德（Olivier Collard）：

「我認為我們家的香檳最適合配上簡單料理的最高品質食材。例如，清蒸扇貝或龍蝦，無須再加上濃郁的醬汁。」

Bollinger 酒廠的總經理傑羅姆·菲利浦（Jérôme Philipon）：

「我跟我太太很常招待客人，所以我們常常吃很多也喝很多，不過每當到了

只剩我們兩人的週末，而且我也想要少吃一點時，總是喜歡開一支我們家的香檳，再準備一碟硬質起司。兩或三年的熟成康堤起司每每令人驚艷，我們在辦公室也常準備一盤每種起司切一點的拼盤。阿爾卑斯山區（Alps）的博福特起司（Beaufort）也很不錯。起司、一塊優質麵包、一支我們家的白香檳，『Grande Année』或『Special Cuvée』，或再加上一盤沙拉，就是十足的享受。」

「在為 Bollinger 酒廠工作之前，我曾經在亞洲住了十二年，包括菲律賓、南韓與泰國。我現在依然很喜歡亞洲料理，我建議若是到中國、日本或東南亞餐廳吃飯，同時想要點一支能搭配幾乎所有料理的酒，各位可以選擇粉紅香檳。」

chardonnay 夏多內

風味描述：夏多內是一種能混調入香檳的品種，它的風格或清瘦，或平淡，或豐郁圓潤地複雜，夏多內也是一種能釀出全世界最佳氣泡與非氣泡酒款的品種。它不僅身為全球種植面積第二大的品種（根據 2012 年之數據，夏多內的冠軍地位被主要生長在西班牙的阿依倫〔airén〕取代），其深根之處也遍及各地。我在此處只會討論非氣泡酒的夏多內，即使如此，它依舊是一種可塑性極高的全方位品種。用心品飲夏多內吧，因為你永遠不知道會打開一瓶什麼樣的夏多內。這是一種同時擁有深度與活力，同時具備曲線及溫潤鋒芒的品種，它能從低調且別緻，一路轉變為豐滿而喧騰。光譜一端的極致夏多內可以幾乎如同消失無蹤，就像是一疊純白的紙張，也許再點綴些許星點般的檸檬色。另一端，若是夏多內果實能在充滿陽光、溫暖和煦的大地發展至非常成熟，再於經過焦燒的全新橡木桶沉睡，葡萄酒將搖身一變，成為充滿奶油吐司的肥潤深黃色酒液，加上鳳梨丁的鮮活、熱帶水果與豐富的木質辛香。兩種極端之間，則散落著變化萬千的夏多內。

　　夏多內在法國布根地攀上它的極致，布根地變化多端的地質條件，創造了寬廣龐大的風味變化，這樣的變化不僅發生在小型區域與區域之間、村與村之間，甚或園與園之隔。在散發檸檬馨香的 Chablis 酒款中，能嘗到已膠結壓密的貝類殼層與海相化石風味，那是它扎根的土地（若是懷疑，各位可以親身前往 Chablis

C

產區任何一間地下酒窖，隨意剝下一塊牆上的石塊，聞聞看是否也有那股神似酒裡喝到的石灰岩氣味）。Montagny 的酒款則是充滿讓人憶起榛果香的堅果調性。Meursault 產區一樣歸屬於較豐郁且較多堅果特質的一端，但相較於 Montagny 酒款，則更為寬廣且纖細。Mâcon 與 St. Véran 酒款的風味則多是青蘋果與哈密瓜香。最優質的酒款則擁有絕妙的宏大架構與細節，如 Puligny-Montrachet 與 Chevalier-Montrachet 酒款。部分生產者（例如 Meursault 產區的 Patrick Javillier 酒莊）的夏多內酒款綻放令人驚豔的濃郁香水，以及車葉草、乾燥野花與花梨木的香氣。

其他法國著名的夏多內產區，還包括庇里牛斯山（Pyrenees）山腳下的 Limoux 產區，這裡的酒款尚未受到重視且十分傑出，幽微的風格幾乎就如同布根地，但強度多了一點點，並增加了些許溫和的蘑菇調性；另外還有侏羅（Jura）地區的酒款，帶有堅果與氧化如雪莉酒風格的調性在此處風行。

全球其他各地的香氣風格實在極難描繪出大致輪廓，一方面是因為釀酒師能為酒款帶來強烈影響，一方面也是因為近十幾或二十幾年來，釀酒技術的精進與風格轉變。不過，世界各地依舊有許多地方能找到絕佳的夏多內。首先是紐西蘭，尤其是南島（South Island）的馬爾堡（Marlborough），其風格如能發光般明亮，就像當地著名的白蘇維濃風格一樣。馬爾堡的夏多內常讓人有檸檬花或檸檬蛋白派的感受。值得注意的還有紐西蘭西部尼爾森（Nelson）的 Neudorf 酒莊，以及紐西蘭北島（North Island）的 Kumeu River 酒莊。

由於澳洲夏多內在 1990 年代生產過剩，因此或許常有一碗鳳梨丁桶味夏多內湯的感覺，但是，這裡的情況也有所改變。許多今日的澳洲夏多內都相當令人興奮，它們纖瘦、多酸、採用氣候較冷涼地區的果實、較早採收且酒精濃度較低（大約是 12％）。這樣的夏多內常有一絲劃開火柴與一道檸檬酪的明亮閃光。我非常喜歡。也可以找找來自瑪格麗特河（Margaret River）流域；維多利亞（Victoria），包括 Yarra Valley、Gippsland、Henty、Mornington Peninsula 等產區；阿得雷德丘（Adelaide Hills）與塔斯馬尼亞島（Tasmania）。

南非也有品質很高的夏多內，架構扎實且十分豐郁。美國加州的夏多內則傾向酒色金黃、頗高的酒精濃度、量大且豐厚（即使是種植於較冷涼氣候地區且較早採收的新風格，也是如此）。美國奧勒岡（Oregon）的氣候比較冷涼，這裡的夏

多內因此擁有鮮活的白桃風味。美國華盛頓夏多內的酸度也一樣比較明亮。智利的夏多內則多種植於較冷涼的沿海地區，還有利馬里（Limarí）的北部谷地，這些地區的夏多內已經比從前少了許多熱帶與濃厚風格，並帶有銳利的檸檬特性，也常常伴隨一絲石灰泥的氣味。

　　最優質的夏多內酒款能夠沉放數年到數十年不等。當它進入熟成的高峰時，能解開原有的閉鎖，原先明亮果香的香氣會減少，而增加蘑菇與土壤調性；另一方面，某些酒款（尤其是新世界風格酒款）則常常會開始出現蜂巢的味道，就像是 Crunchie 品牌的蜂蜜太妃棒。

餐搭建議：夏多內是極度好客的絕佳餐搭酒，不過，它最好的朋友則是**雞肉**。溫潤的白肉相當適合夏多內奶油般的寬厚。這種搭配原則能套用在世上任何角落、任何風格的夏多內，其實我完全想像不到有任何一支夏多內與簡單烤雞肉相遇後，會有不美妙的表現，更理想的話，還可以把**抹在雞肉上的**橄欖油換成**奶油**。

　　例如宛如能瞬間綻放光芒與多酸的夏多內（例如早摘的澳洲夏多內），就適合**搭配烤雞肉佐烤紅蘿蔔與地瓜**；或是酒色清澈、未經桶陳的布根地夏多內，一旁擺上**雞腿肉炒新鮮豌豆、蠶豆、馬鈴薯與薄荷葉**（各位可以參考塔馬欣・戴路易斯〔Tamasin Day-Lewis〕《簡單最美味》〔*Simply the Best*〕的食譜）。

　　想像一下，雞肉在白脫牛奶（buttermilk）浸泡至軟嫩，接著裹上辣椒粉與卡宴辣椒粉麵糊，做成**美國南方經典炸雞**。這時你會想要拿出的葡萄酒就是夏多內，可以選擇氣候比布根地暖和的酒款，例如智利、澳洲、美國或是帶點桶味的清亮型南法 Languedoc 夏多內，酒精濃度可以選擇低至中等（13.5％以下）。這類酒款帶有來自陽光的溫暖厚度，很適合辣椒麵衣，而酒液中的年輕活力及興奮躍動的檸檬酸，還能去油解膩。

　　裡面**夾著培根、雞肉與美乃滋的總匯三明治**，非常適合倒上一杯爽脆的Mâcon 產區夏多內。**雞肉酪梨沙拉**中，酪梨切片的絲滑口感能對應酒液的質地，很適合找一支來自任何地區、未經桶陳或稍經桶陳的平價夏多內。

　　鮮奶油、起司、牛奶與**蛋**等乳製品，也都很適合擁有奶油般滑順口感的酒款。各位可以試試豐厚型夏多內搭配**起司舒芙蕾**（cheese soufflé）。

難以與葡萄酒搭配而聞名的蛋，也能輕鬆與夏多內一同享用，尤其是 Chablis 的酒款，特別適合**班尼迪克蛋（eggs Benedict）佐火腿與荷蘭醬（hollandaise）**，以及**佛倫提納蛋（eggs fiorentina）佐菠菜與荷蘭醬**，這兩道料理都讓我很想在早午餐就倒上一杯酒。其中的最大功臣其實是荷蘭醬，所有加了奶油的濃郁滑順醬汁，從**奶油白醬（béchamel）、美乃滋**到**荷蘭醬**，都是能與夏多內好好做伴的祕訣。

若是桌上擺了一盤**烤鱒魚佐荷蘭醬、小馬鈴薯與菠菜沙拉**，可以開一支冷涼氣候地區的夏多內。任何你喜愛的夏多內類型，再搭配**水煮鮭魚佐荷蘭醬**都是美味。其實，不論手邊有沒有荷蘭醬，夏多內（尤其是 Chablis）都極為適合搭配鮭魚與一大盤小馬鈴薯。

優質布根地或 Limoux 夏多內，能美妙地融合**奶油香煎比目魚（sole meunière）**中的奶油。經過桶陳的澳洲、智利海岸地區或 Limoux 的新型夏多內，還有帶堅果調性的 Montagny 與豐厚濃郁的 Meursault，配上**焗烤蟹肉盅**都是絕妙。食譜請參考 crab 螃蟹詞條。

至於**白肉魚佐巴西里醬**，可以選擇盡量不過桶的冷涼氣候夏多內（例如布根地或 Limoux），因為巴西里裡的綠色植蔬香氣，遇到果實較成熟酒款裡的熱帶水果風味時，嘗起來會有點古怪。充滿濃郁奶油的**魚派**，也很適合夏多內；裡面的魚肉煙燻程度越高，我就越喜歡搭配嚴謹的還原風格酒款（會有劃開火柴的氣味）。還未開瓶實在無從判斷酒中是否有此特性，不過，各位可以先從低酒精濃度（11 或 12%）的澳洲夏多內開始嘗試，這些酒款至少會有明亮的酸度。

來自較暖氣候且帶有滿滿吐司桶味的飽滿型夏多內，**能與雞肉佐墨西哥辣美乃滋（chipotle mayonnaise）美妙地互相襯托。把吃剩的烤雞肉裹滿奶油白醬，包進餅皮後再烤過**，或是把**烤雞肉重新溫熱過，再手撕雞肉沾上自家美乃滋與烤至酥脆的麵包片一起享用**，這兩道美食都非常適合絕大多數類型的夏多內。

同樣地，絕大部分的**焗烤料理**配上夏多內也是絕佳。我個人喜歡**濃郁的番茄焗烤佐龍蒿或檸檬百里香（lemon thyme）**，一旁可以加上一些雞肉，或是配上堅果糙米飯與綠色蔬菜沙拉，成為扎實的一餐，而且也相當適合再倒一杯時下流行的新風格澳洲夏多內，或是年輕、時髦且桶味盡量降至最低的布根地夏多內。

有時候，其實一**匙鮮奶油**就可以征服夏多內。如果今天吃的是明蝦義大利寬

C

麵佐生番茄（或川燙過）與新鮮羅勒醬，其實夏多內不會是我的首選酒款，但是，如果番茄裹上了法式酸奶油或淋上一點重乳鮮奶油（double cream），這時我就會試著找一支未經桶陳或稍經桶陳且酒色不深的夏多內。酒體較輕與未經桶陳的夏多內，很適合簡單但拌入一茶匙鮮奶油的**海鮮燉飯**，甚至是酒體更重一點的夏多內也可行。**甜玉米、雞肉**與**培根的濃郁巧達濃湯**（chower），搭配稍稍經過桶陳的夏多內也相當美味。說到甜玉米，它真是怎麼料理都很適合夏多內，想像一下，整穗玉米在烤架翻烤至焦黃，然後塗上厚厚一層奶油，大口啃下之後，再與充滿木桶與熟果香的怡人夏多內一起嚥下。

順著料理膽固醇陡升的趨勢，告訴各位，夏多內與**貝類**也是另一組天生一對，而且同樣地，再加上一點點乳製品會更棒。例如簡單以奶油或自家美乃滋炙燒**龍蝦**，一旁放些番茄切片，再摘一點羅勒。記得別選太過厚重或桶味太強的夏多內，布根地就極為美妙，或是新風格的澳洲或南非酒款也不錯，千萬別選酒色如同憋了很久的尿液的夏多內。

來自智利、澳洲、南非和紐西蘭的明亮澄澈夏多內酒款，都與**螯蝦**很對味，不論是沾美乃滋或拌進沙拉都合適，佐上一點**奶油與大蒜的炸明蝦**也很不錯。檸檬與海鮮都能和新世界風格酒款的活力搭配出美妙的滋味，因為這類夏多內的酸調能反映柑橘類的香氣。

螃蟹也是經典選擇。**簡單調味過的螃蟹**與優質布根地或高雅 Limoux 譜出的滋味，又有什麼比得上？以美乃滋拌勻**蟹膏與蟹肉**，並灑上現擠檸檬汁與碎切香菜莖，最後鋪在全麥或酸種麵包吐司（sourdough toast）上，再搭上 Chablis 酒款與銳利的紐西蘭夏多內也是絕妙。

另一方面，夏多內與**豬肉料理**也是驚人地契合，不過，酒款類型的選擇還要看看與豬肉一起料理的有哪些食材。如果食材包含茴香籽，那麼布根地白酒中強烈的車葉草與茴香調性，就能與料理中的香草相互襯托。香氣較豐厚的豬肉料理則需要來自陽光更為普照的酒款。

蘑菇與夏多內也是合作無間。Limoux 與布根地夏多內裡常有褐色栗蘑菇的香氣，即使是年輕酒款也常有，隨著夏多內陳年的時間拉長，酒中的這股蘑菇氣息也變得更加陳舊、更加強烈。綜合以上餐搭要點，再為各位奉上兩道夏多內完美

C

餐搭料理：**蘑菇歐姆蛋**，與**雞肉蘑菇砂鍋佐鮮奶油醬汁**。

夏多內的圓滑曲線也很適合**南瓜**與**各式瓜類**，當然，與**地瓜**的豐厚濃郁也很合拍。各位也可以試試加了許多起司的**烤胡桃南瓜**（butternut squash）**燉飯**；**南瓜派**；**烤大塊洋蔥南瓜**（onion squash）、**辣椒碎片、高湯與酸種吐司混合燉煮的湯**，質地濃稠，甚至不能稱之為湯，而是燉湯；還有**南瓜佩哥里諾羊奶起司義大利餃**（Pecorino ravioli）；或是塗上一層厚厚奶油與漸漸融化磨碎起司粉的**烤地瓜**。如果想為菜餚帶進清新的感受，可以選擇生長在較冷涼地區的檸檬調性夏多內，或者至少挑選較早採收的酒款（線索之一就是酒精濃度較低）。充滿陽光般熟果類型的金黃色酒款，或木桶特質較強的夏多內，則適合搭配滋味更豐郁的料理。

帶吐司香、經桶陳的夏多內還有另一個意想不到的搭檔，那就是將**雞肝醬**（chicken liver pâté）**塗抹在吐司上**，若是再撒上一點切成小片的椰棗，引出酒液的豐厚特性，還能更加美味。

夏多內也相當適合搭配起司。若是有從 Keen's 或 Quicke's 品牌買來**優質的切達起司**（Cheddar），我最喜歡開一瓶草本風味的布根地。

如果手邊有一支特別的夏多內，建議各位可以為這支酒準備龍蝦、螃蟹或烤雞肉料理，但料理方式盡可能地簡單。我最棒的一頓布根地晚餐是在現今已歇業的 Café Anglais，對面坐著當時我與其瘋狂墜入愛河的一位老兄。那晚沒有前菜、沒有其他配菜，只有**奶油炙燒龍蝦、薯條**，以及一支 Jacques Carillon 酒莊的 Puligny-Montrachet。

釀酒人怎麼搭

美國奧勒岡，Bergstrom Wines 酒莊的喬許・伯格斯通（Josh Bergström）：
「奧勒岡夏多內的經典餐搭，就是當地季節限定的珍寶蟹（Dungeness crabs），當地又小又鮮美的現採生蠔也相當適合。不過，我最喜歡與我們酒莊『Sigrid Chardonnay』酒款一起享用的料理之一，則是我自己做的夏日義大利麵，我會盡可能把院子裡找得到的食材都放進去。首先，先煎一下培根，但別煎至太焦脆。接著，再切一點新鮮番茄，把大顆的紅番茄、小而甜的橙色番茄與一些黃色的櫻桃番茄，切了切並混合拌勻。然後摘一點細香蔥、法式

龍蒿與薄荷葉並切成細絲。」

「我也會先稍微蒸一下甜玉米，然後放進冰水裡冷卻，玉米粒因此還能保有一些爽脆感，再把玉米粒直接從整穗玉米切下。接著，煮一些有嚼勁的義大利寬麵。把所有食材與一點培根油、少量橄欖油與鮮奶油，全部拌在一起。最後在上面削一點帕瑪森起司，完成了！非常適合帶有草本、果香、酸度、香甜與吐司調性的夏多內。」

法國夏山—蒙哈榭（Chassagne-Montrachet），Domaine Bernard Moreau 酒莊的艾利克斯·摩洛（Alex Moreau）：

「我喜歡在我們家『Chassagne-Montrachet』與『St Aubin』酒款還嘗得到新鮮果香，但並非處於全然年輕時品飲，最佳時機點就是酒齡四到八年之間。某次我招待朋友來家裡吃晚餐，那天我做了法式小焗蛋（œufs en cocotte）佐羊肚菌與一點點鮮奶油及帕瑪森起司，然後我開了一支『Chassagne-Montrachet 1er Cru Les Grandes Ruchottes』。我也做了小牛胸腺，所以又開了一支黑皮諾，但後來我們又回到夏多內配起司。我越來越喜歡以夏多內搭配起司，它與起司會比紅酒更合拍，而且，如果是長長的晚餐，從紅酒再喝回白酒會更清新。我們家的酒款特別適合搭配山羊起司，搭配西托修道院起司（Cîteaux）也非常美味；這是西托修道院以蒙貝利亞爾牛（Montbéliarde cows）牛奶製作的極少量起司。那晚我們也喝了一支 1995 年的夏多內，這是產量相當少的一個年份，因此一般認為當年酒款酒體過重而不適合陳年，不過，它因為絕佳力道仍有良好的陳年表現。」

紐西蘭尼爾森，Neudorf Vineyards 酒莊的茱蒂·芬恩（Judy Finn）：

「我們在阿瓦羅亞（Awaroa）亞伯塔斯曼國家公園（Abel Tasman National Park）的正中央有一棟夏日小木屋。我們與一些朋友共住，然後一起拖了一些木材在海岸邊搭建這棟木屋，各位可以想像真的沒幾個人參與那次旅行。海邊的小灣港可以直接走近，也可以讓小船停靠。沒有任何電力，也沒有手機訊號。那幾天的生活就圍繞在乘著潮汐釣魚、蒐集一些淡菜、岩隙間

的牡蠣與捕撈點扇貝。傳統上，捕撈到的第一個扇貝必須直接打開，就著些許海水隨即吸進口裡。剩下的扇貝會帶回岸上，洗刷後打開再清洗。此時，小鍋已放在火上，我直接用雙手掰開一點奶油，並打開一瓶『Neudorf Chardonnay』。僅僅如此，一切簡單，但喜悅滿溢。」

南非艾爾金（Elgin），Iona Wine Farm 酒莊的羅菈・岡恩（Rozy Gunn）：
「我真的非常喜歡各種蛋料理。簡單到幾乎可笑的美麗小點心烘蛋，可謂是最不受重視，但也最適合我們夏多內酒款的料理；我們用的放養雞蛋來自成天在我們花園跑來跑去的母雞。使用的野蘑菇（horse mushrooms）直接從野地蒐集，它們肥厚又具肉感，形狀完整且保有極為驚人的香氣。任何棕色蘑菇都能替代（但別找有毒的）。」

Iona 酒莊特製烘蛋
IONA BAKED EGGS
10 顆

- 培根，300 公克，切塊
- 奶油，用於塗抹與鍋煎
- 堅實的棕色蘑菇，150 公克，隨意切成大塊
- 新鮮香草，如巴西里、細葉香芹（chervil）或龍蒿，約一把，切細
- 鹽與現磨黑胡椒
- 蛋，10 顆
- 馬斯卡彭起司（mascarpone cheese），60 毫升

烤箱預熱至 200℃（400 ℉或瓦斯烤箱刻度 6）。乾煎培根至焦脆，在 10 個烘蛋小杯內大方地塗抹上奶油後，將培根塊平均分到各個杯中。開火將平底鍋加熱到相當高溫，以一點奶油煎蘑菇，如此一來就能鎖住水分、保持原色，並避免蒸散出水氣。將炒好的蘑菇平均分到各個杯中，並灑上香草與些許調味。在每個烘蛋小杯都打進一顆生蛋，然後加入約一小匙的馬

斯卡彭起司。放入烤箱，烤到雞蛋剛好定型。與帶脆感的麵包一起上桌。

澳洲 Mornington Peninsula 產區，Ocean Eight 酒莊的麥可・艾偉德（Mike Aylward）：

「我們酒莊有兩款夏多內，兩款風格相當不同。但兩款都擁有豐富的自然酸度，以此目標種植的葡萄果實，一來能在釀酒時無須再添酸，二來也能釀出極度渴望食物的酒款。兩款夏多內都能與香氣較細緻或滋味較豐厚的料理搭配，相互平衡。」

「我們的酒款『Verve Chardonnay』十分銳利，充滿爽脆的柑橘特質，尾韻帶有些許鋼鐵般的堅硬調性。它很適合現開的新鮮生蠔，更特別適合再加一點日式風格的柚子醋調味。它也很適合搭配山羊起司，以及味道細緻的海鮮，例如挪威龍蝦（scampi）、巴爾曼螯蝦（Balmain Bugs）或摩頓灣螯蝦（Moreton Bay Bugs）。這些都是小型龍蝦，也都適合僅略微經過料理，你可以用任何你喜歡的方式簡單煮熟，然後撒上一點奶油與香草，或是倒上以香茅與辣椒切片調味的精緻高湯。」

「另一款『Grande Chardonnay』則具有白花與帶核水果香，伴隨豐郁口感，以及綿延不絕的溫潤且不甜尾韻。帶殼扇貝炙烤後再淋上一點橄欖油與新鮮香草，也幾乎就是完美的搭配。這款酒也很適合與滋味豐富的魚類一起享用，例如以白酒與鮮奶油醬汁料理的鮭魚或偷捕的海鱒（ocean trout）。其他非海鮮的料理，可以考慮充滿草本風味、滋味豐富的越南河粉中的雞肉。」

法國布根地 Mâcon，Domaine Daniel Barraud 酒莊的朱利安・巴勞（Julien Barraud）：

「我們的『Mâcon』酒款適合年輕時品嘗，大約是兩到三年之間，因此它是良好的開胃酒，也很適合搭配蝦與生蠔。我們的『St Véran Les Pommards』就不一樣了，它更堅實，比較像是普依一富塞產區（Pouilly-Fuissé）的酒款。開瓶之前大約須等待三、四年，能與白肉料理或山羊起司這類硬質起司一起品嘗。」

C

法國布根地法國夏山—蒙哈榭，**Domaine Fernand et Laurent Pillot 酒莊的羅蘭‧彼洛特（Laurent Pillot）：**

「去年跨年我與一群朋友一起度過，我們烤了一隻龍蝦，加了一點奶油與檸檬，在烤箱烤了約 15 分鐘。美味！我們還開了一支 2004 年的『Chassagne-Montrachet 1er Cru Vide Bourse』。」

澳洲瑪格麗特河的 Vasse Felix 酒莊給了我這份食譜，他們的酒莊餐廳就是以這道料理搭配自家夏多內。

力可達起司麵疙瘩佐朝鮮薊、蠶豆、榛果與檸檬
RICOTTA GNUDI WITH ARTICHOKE, BROAD BEAN, HAZELNUT AND LEMON
主菜為三人份，開胃菜為六人份

- 力可達起司，250 公克，瀝乾並放隔夜（若是硬質力可達起司，瀝乾前先破開）
- 帕瑪森起司，75 公克，磨細
- 鹽
- 蛋，2 顆，打散
- 蛋黃，1 顆
- 麵粉，1 大匙
- 中筋麵粉，500 公克
- 球狀朝鮮薊，4 顆
- 檸檬，1 顆
- 加鹽奶油，1 塊
- 橄欖油，1 大匙
- 菊苣，大型 1 顆或小型 2 顆，一葉葉剝開
- 蠶豆，100 公克，連殼秤重，燙過（如果想要，也可以雙層皆去皮）
- 醃檸檬，1 顆，切絲

C

· 榛果，100 公克，烤過之後略為切塊

取一個大型不鏽鋼鍋，把瀝乾過的力可達起司、帕瑪森起司、一小撮鹽、蛋、蛋黃與一大匙的麵粉放入，混合攪拌到像是一整個均勻的麵團。盡可能地讓這團混合物表面平順光滑，如此才能做出形狀良好的起司麵疙瘩。把混合物裝進擠花袋。接著，在一個托盤撒上 350 公克的麵粉，大約三公分厚，然後以拇指撥出約二十到三十個洞（因為會做出大約二十到三十顆起司麵疙瘩），用擠花袋在每個洞中擠入混合物。如果家中沒有擠花袋，可以舀出小團混合物並用兩支湯匙來回傳遞，讓混合物形成表面光滑的橢圓球，就像製作肉丸。每個起司麵疙瘩的大小都大約是一湯匙的混合物。最後，把剩下的麵粉撒在上面，放入冰箱，等候 3 小時。

取出朝鮮薊，先摘除外面粗硬的葉片，直到露出白黃色的核心。切到葉片頂部，露出中心的絨毛，再用茶匙或尖銳的小刀挖除絨毛。為朝鮮薊擦上一點檸檬，防止其變色，然後倒入以小火煮滾的一鍋水中，繼續加熱 20 ～ 30 分鐘或煮到熟透。

從冰箱中拿出起司麵疙瘩，振動托盤，把多餘的麵粉倒掉，再把起司麵疙瘩放到另一個撒上麵粉的托盤，靜置備用。準備用餐時，拿一個裝了水的大鍋在爐上加熱（你應該會需要準備兩個以上的鍋子）。取出另一個鍋子，倒入橄欖油與奶油加熱，接著倒入朝鮮薊加熱到呈金黃色，再把菊苣、蠶豆與醃檸檬也倒進去。加入一小撮鹽調味，同時持續開小火保持溫度。

把起司麵疙瘩放入煮滾的水中，煮大約 3 分鐘。用濾勺撈出起司麵疙瘩，瀝乾並放進數個碗中或盤中，一旁擺上剛剛準備好的蔬菜及堅果裝飾。最後灑上一點蔬菜鍋裡的湯汁，再擠上一點檸檬汁。

chenin blanc 白梢楠

風味描述：風味最單純的白梢楠，是一種帶有蘋果與梨子香氣且相當直接了當的白酒。不論非氣泡或氣泡酒，或不論來自北半球或南半球，它也都可以是一種擁有椴樹花美麗香氣、風味更加複雜且令人為之興奮的白酒或甜白酒。法國羅亞爾

河谷與南非是產出如此高品質白梢楠的主要地區。

白梢楠已成為今日南非的招牌白酒葡萄，占全球白梢楠葡萄園約18％的面積。白梢楠深植於釀產日常量產型葡萄酒的葡萄園，同時，它也遍布於古老的野地葡萄園，例如南非斯瓦特蘭（Swartland）空廣的山脈與旱地間，繁茂叢生的曲扭多節白梢楠葡萄樹都至少八歲樹齡以上。

如此獨具特色的南非白梢楠與生長在另一端的法國白梢楠則相當不同，法國白梢楠更為圓潤，擁有更鮮明的蜂蠟感，有時會讓人聯想到另一個葡萄品種菲亞諾（fiano），也具備更多熟果風味，就像是沐浴在秋季金黃色陽光之下的糖漬西洋梨、甜柿、杏桃與哈密瓜。若是再經過桶陳，還能增添香草莢與蜂巢的香氣。

來自羅亞爾河谷地的白梢楠則帶著讓人難以忽視的酸度。年輕的白梢楠酒款嘗起來甚至可能粗野且力道強烈（有時也可以是好的特質）。白梢楠的釀造類型也極為多變，可能是不甜、微甜、半甜到甜。此地的氣候比南非更為冷涼，酒中風味就嘗得出差異。擁有較多柑橘與青蘋果香氣，也能嘗到礦石，聞到野花蜜與複雜的蔬菜香氣，有時也有楬梓香，或是潮濕牧草與濕羊毛的氣味。探索羅亞爾河谷地的酒款必須備好法定產區的知識。首先，Anjou Blanc 法定產區的酒款傾向較為柔和、溫順。Savennières 法定產區則釀出強烈、鹹鮮的秋日不甜酒款。Montlouis 則是活力十足的產區，集合了許多年輕釀酒師，話題不斷，他們的酒款常擁有豐沛的細節及礦石調性。Vouvray 則是最知名的產區，酒款的風格與品質都相當多元，也有許多商業酒款釀自這裡。在混調酒款中，清新的氣泡酒也會使用白梢楠，具有讓人聯想到蘋果與灌木樹籬的香氣。Bonnezeaux、Quarts de Chaume 與 Coteaux du Layon 等法定產區的葡萄果實，有機會發展出長相可怕的貴腐黴，能夠以此釀成價格昂貴的甜酒。

餐搭建議：海鮮與白梢楠是天生一對。羅亞爾河谷的年輕白梢楠酒款，能以單刀直入的酸度與如野生酸蘋果（crab-apple）的酸味，劃開**生蠔**的鹹味與滑溜感。若是準備大口掃進一整盤明蝦，或一旁**以檸檬綴飾的明蝦酪梨沙拉**，又或是**粉紅醬雞尾酒蝦**，便可以開一瓶來自任何地方的白梢楠。如果正要來一份**蟹肉拌蟹膏三明治**，可以直接從冰箱拿一瓶風味單純的平價白梢楠好好享受。

C

通常會佐以蘋果醬的**慢燉或燒烤豬肉料理**，與白梢楠中的果樹水果香氣也非常合拍。如果有機會使用柴燒披薩烤爐，可以串一些帶皮馬鈴薯，放在烤爐後方烘烤，同時吸收煙燻木材的香氣，烤後去皮壓碎成帶有煙燻風味的馬鈴薯泥，再準備一盤燒烤豬肉，以及一支桶陳風味的白梢楠。

橡木、陳年與氣候都會對餐搭結果形成很大的變化。例如，釀造時間短、年輕且未經桶陳的白梢楠是活潑而爽脆的風味，如同在料理擠進一顆橙橘。而橡木及陳的圓滑與厚實，就像是在著陸之際感受到輕托，而越厚重的酒款越適合更豐厚、濃郁的食物，這類酒款依舊帶有酸度，但它的清新就不會達到劃開食物般地激烈。就拿較冷涼區域生長的白梢楠來說，最為極端的例子應該就是寒冷年份的羅亞爾河谷酒款，它更鹹鮮、土地調性更強，並帶有更多冷涼地區柑橘香，能搭配像是**煎鮭魚佐酸模（sorrel）與菠菜**。

來自美國加州或南非等溫暖地區的白梢楠，則帶有更溫潤與更多熱帶水果的香氣特色（例如楊桃、杏桃、甜瓜、柳橙，而不是檸檬），以及一種能搭配**秋季蔬菜**（如**各式瓜類、葫蘆**與**地瓜**）的光芒。所以，例如**炙燒扇貝**表面以火染上的褐色邊緣與內部多汁鮮甜的白肉，再搭配來自南非或羅亞爾河谷較厚重類型白梢楠（可以選擇溫暖年份、稍稍陳年或帶有些許微甜）一起品嘗時，就能勾起其中微微的蜂蜜調性。

以濃郁白醬混合了肉汁鮮美明蝦與煙燻過的粉紅魚肉，再蓋上一層奶油馬鈴薯泥的**魚派**，與幾乎任何一種類型的不甜白梢楠一起享用，都是美妙體驗。不過，如果魚派加了一層菠菜，又準備了帶苦味的冬季葉菜類沙拉，那麼我會選擇經過桶陳的羅亞爾河谷白梢楠，如 Montlouis、Vouvray、Jasnières 或 Savennières 等產區，這些酒款的複雜鹹鮮風味，能夠優雅地撥開馬鈴薯泥與充滿魚鮮濃郁白醬組成的雲霧。

如果料理的是一盤**明蝦佐迷你寶石萵苣（little gem lettuce）**，我會選擇如春天般明亮的年輕未桶陳羅亞爾河白梢楠；但若是**明蝦的美乃滋沾醬加了切碎的溫暖香菜**，就應該會挑一支略為傾向熱帶溫暖的南非白梢楠混調酒款，或至少是經過桶陳的羅亞爾河白梢楠。

煙燻鮭魚佐法式酸奶油的話，可以選一瓶充滿活力的年輕羅亞爾河酒款，以

其宛如擠了一顆檸檬的特質，對比料理的質地；年份較老的酒款也能與之相配，為料理增添更多層次的酒體、煙燻橡木與榅桲香。

若準備的是**烤雞料理**，不論是以**甜玉米填餡**，或是一旁堆了**烤胡桃南瓜與地瓜**，我都喜歡以帶有陽光豐饒的溫潤南非白梢楠搭配。**明火燒烤至焦黃的烤雞**，其所帶有的強烈香氣，也是另一個開一瓶南非開普白梢楠的好藉口。

南非白梢楠或加了白梢楠的混調酒款，例如混調了維歐尼耶（viognier）、胡珊（roussanne）、馬珊（marsanne）、夏多內與克雷耶特（clairette），可以搭配豬肉及香辣肋條、明火炭烤豬肉或**慢燉手撕豬肉**，更棒的是一旁準備了蔬菜種類多元、**色彩繽紛的沙拉**。

南非沙拉十分與眾不同。每次南非開普的葡萄園品飲之旅，都讓我為之驚豔。我知道以沙拉搭配聽起來有點奇怪，但不是只我有這般感想。我問過南非葡萄酒協會（Wines of South Africa）英國辦公室的克勞蒂亞·布朗（Claudia Brown），曾以什麼食物餐搭南非白梢楠時能感到真正的十足享受，她回寄給我幾張照片，照片包括**烤防風草根**與一盤**「橘沙拉」**，沙拉裡包括炭烤玉米、芹菜葉、金蓮花（nasturtium flowers）、克萊門氏小柑橘（clementines）切片與迷你紅蘿蔔，並配上翠綠的萵苣，在盤中放成一堆一堆。這些花朵的活力真的很適合當地葡萄酒。我很愛**熱呼呼鷹嘴豆番茄沙拉**與南非白梢楠的組合（可以再搭配豬肉、雞肉、魚肉或單純再加上其他沙拉）。南非的 Marvelous Wines 酒莊建議它們的酒款「Yellow」，可以搭配煙燻馬鈴薯沙拉、橙橘佐茴香沙拉與醃鮭魚，聽起來近乎完美。

相反地，擁有兇猛酸度、蔬菜調性與如檸檬溜進口中的羅亞爾河谷白梢楠，則很適合搭配風格完全主打鮮鹹且風味強烈的沙拉，例如**菊苣與芝麻葉沙拉**，或裝著苦核桃、清爽芹菜與冰鎮青蘋果的**華道夫沙拉**。如果手邊剛好有一些清爽又透著香甜的食物，例如榅桲，或其他像是醃漬西洋梨的水果，也許就可以選擇比較溫潤的酒款，不論是南非或微微帶點甜味的酒款都不錯。

年輕且未過桶的羅亞爾河谷白梢楠，很適合**蘆筍**；年份較老且經過桶陳的羅亞爾河谷白梢楠，與**肉質緊實的魚肉以松露一同煎煮並佐上白蘆筍**的料理，也是相當美妙的搭配。開始熟成的不甜羅亞爾河白梢楠，配上**白蘆筍與格律耶起司塔**（Gruyère tart）也是很美味。到了冬季，羅亞爾河谷白梢楠還可以駕馭另一

個很難搭配葡萄酒的蔬菜，那便是香氣鹹鮮強烈的**焗耶路撒冷朝鮮薊**（Jerusalem artichokes），也許同時可以配上烤豬肉，或是再做一道菠菜沙拉，直接打造成一頓素食晚餐。

微甜白梢楠與水果極為契合，很適合準備結合水果與豬肉香甜的料理。例如，法國古老經典料理**豬里肌燉黑棗**（pork noisettes cooked with prunes），就是 Vouvray 產區微甜酒款的理想料理。喜歡將蘋果醬大匙大匙淋在烤豬肉上的各位，我也推薦你們一定要試試。

我應該好好跟大家介紹一下**榲桲**。白梢楠與榲桲之間有驚人的一致。白梢楠酒液透著榲桲的花香與果樹果香，因此兩者猶如天生一對，不論是幻化成起司拼盤上的**榲桲醬**（membrillo）、佐以沙拉或與肉類的水煮榲桲皆可。我曾經在烹飪人類學家安娜・柯洪（Anna Colquhoun）位於倫敦北部的家中，吃過**水煮榲桲、白菊苣、史第奇頓起司**（Stichelton）、**水田芥**與**烤核桃沙拉**，搭配混調白酒「Mullineux White Blend」，這支酒款來自南非斯瓦特蘭，並以白梢楠為基底，再混調少量維歐尼耶與克雷耶特，以增添更多香氣。兩者的搭配相當可人。若再加上慢烤榲桲豬肩佐**香辣糖漬榲桲**，以及一些香甜的烤根莖類蔬菜，便是一頓絕妙的白梢楠晚宴。

滋味鮮美的半甜白梢楠，搭配**熟美的多汁甜瓜與義式生火腿**，也是堪稱完美。

還有**起司**，例如白色硬質起司佐榲桲醬，就很適合風味較複雜的白梢楠，不論是不甜、微甜或甜皆可，可視喜好選擇。明亮且輕盈的年輕白梢楠與白色軟質起司（包括**軟質山羊起司**）的搭配也很怡人。我最棒的白梢楠與起司餐搭經驗之一，就是單純將**軟質山羊起司鋪在吐司上，烤過之後再擺上多汁的水蜜桃切片**，最後再開一瓶 Domaine aux Moines 酒莊的年輕酒款「Savennières La Roche aux Moines」，此酒款釀自溫暖年份且稍稍晚摘。酒液嘗來帶有油桃（nectarines）與野生蜂蜜風味，並具備滑順的酸度，能在一口口吃下風味強烈的起司之間，洗刷味蕾。

如果手邊有一支甜度恰當的甜型白梢楠，例如來自 Coteaux du Layon 或 Bonnezeaux 產區的酒款，那麼，就像是與起司及榲桲醬的搭配，酒中的張力、十足的甜度與果樹水果的調性，也很適合與填入**蜂蜜、葡萄乾與辛香料的翻轉蘋果塔**一同享用。

釀酒人怎麼搭

南非，Marvelous 與 Yardstick 酒莊 Mulderbosch 葡萄園的亞當・曼森（Adam Mason）：

「最近，我正在實驗各種使用煙燻箱的效果，這臺煙燻桶還是我用金屬資源回收桶改造的。別擔心，我在改造之前有好好洗刷一番。現在，我似乎已經抓到一次煙燻 2.5 公斤豬肩肉的方法了。」

「前一晚，先讓豬肉在濃度約 8% 的鹽水裡浸泡一夜，鹽水可以再額外加進一些塊切洋蔥、芹菜、紅蘿蔔與月桂葉。隔天，以劈好的新鮮橡木直接燻烤 2 小時。賦予肉質一股怡人且鹹鮮的煙燻調性。接著，用鋁箔把豬肩肉包起來，以 6～7 小時的低溫（大約 60～70℃）加熱，直到骨肉自動分離。這道料理我們會再配上現烤的馬鈴薯捲以及數道冷菜，包括傳統高麗菜絲沙拉佐自家美乃滋，以及用玉米、甜椒和香菜做成的莎莎醬與一顆小萊姆，當然還有一小碟是拉差辣椒醬（sriracha）。」

「想像一下，將這些食材一樣樣疊進現切的小圓麵包，張口咬下會先是遇到正散發熱氣的多汁豬肉、香氣撲鼻的自製美乃滋、脆脆的高麗菜，以及猛然現身的辣椒醬帶來的小轉折，接著，灌進一大口清鮮絕妙的白梢楠（當然是 Mulderbosch 葡萄園的酒款！）酒液竄進一道道多元的香氣、水果鮮美的酸度，以及味蕾感受到的美妙酒體。我想不到還有其他更棒的品種，可以與這道眾人熟知的療癒食物如此合拍。」

法國 Savennières Roche aux Moines 產區，Domaine aux Moines 酒莊的泰莎・拉赫司（Tessa Laroche），在面對喜歡以什麼食物搭配自家酒款的問題時，就像是許多釀酒師一般，總會開始談論年份。「2013 年可以配生蠔」，她一邊說，一邊挑出一支纖瘦且年輕的酒款，伴隨著怒火般的酸度與張力。「2012 年就不能搭配生蠔」，她一面向我左右搖著食指，一面又說，「2012 年適合龍蝦」。這支酒款有更多濃郁奶油調性。「年份較老的酒款，我喜歡用它搭配小牛胸腺、小牛肉佐烤雞油菌；酒齡介於中間，大約是五、六年時，則適合與起司一起享用。」

南非斯瓦特蘭，Mullineux & Leeu Family Wines 酒莊的安德莉亞・馬利諾（Andrea Mullineux）：
「我們白梢楠最鮮明的組合就是貝類佐異國風味的香料（例如薑與番紅花）。口感濃稠、溫潤且充滿丁香風味的滷豬五花，與我們的白梢楠也是天造地設的一對。我們的白酒擁有優質酒體，但沒有過高酒精濃度，並擁有與主要果香相襯的辛香料特性，因此能拓展食物的風味光譜。」

法國羅亞爾河谷，Domaine de la Taille aux Loups 酒莊的尚菲利浦・布洛（Jean-Philippe Blot）：
「我們的『Montlouis Sec Clos de Mosny』相當適合生蠔，但別選用體型較大的生蠔種類，例如不太適合搭配普通芬蒂克雷生蠔（fine de claire）。我也喜歡與扇貝一起享受，表面微微炙燒即可，一旁佐以羊肚菌。」

cortese 柯蒂斯

這種活潑爽脆的白酒葡萄，來自義大利西北部，並釀產 Gavi 酒款，擁有新鮮檸檬汁與糖漬檸檬的風味。風格爽淨的白酒很適合在餐搭過程讓味蕾清新，也能夠搭配幾乎任何一道添加了或擠上一點檸檬的料理。例如，混著**明蝦串燒**一同吞下；**百里香、薄荷、葡萄柚與開心果雞肉沙拉佐優格醬**；或**白肉魚佐檸檬希臘馬鈴薯**。我曾經在義大利北部的 Tenuta la Giustiniana 酒莊，嘗到開胃酒 Gavi 與清爽且酥脆的**鼠尾草天婦羅**之搭配，十分美妙。

D

dolcetto 多切托

　　可憐的多切托（dolcetto），明明就是如此活力奔放且靈活的怡人葡萄品種，不僅帶有令人精神為之一振的酸度，還有一股柔滑且直射般的黑莓風味。若是多切托並非出身於義大利西北部，而是在任何地方，它一定能擁有更好且更廣的聲譽。不幸地，多切托在義大利 Piemonte 產區僅位居第三，輕鬆地被內比歐露（nebbiolo）遠遠拋在腦後，更遙遠的前方還有巴貝拉。或是，就像 Manuel Marinacci 酒莊第一代釀酒師在我詢問喜歡如何以自家酒款餐搭時的回答，「在我們 Alba 產區，多切托就是一種伴隨每天生活的葡萄。所以，我喜歡用薩拉米臘腸配多切托。」持平而論，多切托與**薩拉米臘腸**的搭配極佳。它能在每一口富嚼勁與韌性的肉質口感之間，竄進果汁般的清鮮，並讓唾液不停地分泌。配上**簡單的燉飯**也很不錯。如果還想為多切托準備一些具巧思的料理，推薦可以與**烤鴨**一起品嘗，它能清爽地劃開鴨肉的油脂。另外，我也喜歡搭配**手撕烤雞與莓果乾沙拉佐麵包**，或是**北義風乾牛肉（bresaola）及芝麻葉沙拉**（絕大多數的義大利葡萄都能大方地面對苦味）。多切托也是很棒的**野餐**與剩菜餐搭酒，它的果汁般清鮮特性能喚醒稍稍變硬的冷肉，還能搭配種類非常多元的食物。甚至是與**聖誕節隔天的火雞大餐**吃到飽也都相當神奇地契合，尤其是因為多切托酒款裡的明亮果香，就如同多加了一道水果類醬汁或填餡。

Douro reds 斗羅河谷（紅酒）

風味描述：全球所有種植釀酒葡萄的地方，葡萄牙的 Douro 產區是最引人注目的產地之一。想要實地親訪 Douro，便必須從波特市（Oporto）循著斗羅河向內陸深入。隨著越漸深入，河岸邊升起了多處地勢多變且陡峭的片岩崖壁，許多崖壁都已用炸藥闢出一般梯田與頁岩土堤式梯田（patamares），有的梯田甚至僅能容納窄

窄的一列葡萄樹，緊貼在再度向上竄升的陡坡，大約高過一位男子的身高後，再裝進另一列葡萄樹，如此逐漸向上。此處讓人感到遺世獨立，荒野中僅帶有些許文明痕跡，而此處釀出的酒，嘗來就是這般風味。

　　Douro 產區最著名的是加烈酒波特（port），但是在過去數十年間，有越來越多酒莊也開始致力於釀製「普通」的葡萄酒（絕大多數為紅酒，少數為白酒）。這裡的紅酒風格多元，但最主流的是，以波特酒主要葡萄為基底釀造的混調酒，基底葡萄品種包括杜麗佳（touriga nacional）、羅意茲（tinta roriz，譯註：田帕尼優〔Tempranillo〕在 Douro 產區的名稱）、紅狗（tinto cão）與紅巴羅卡（tinta barroca）。這些酒款都相當堅實，擁有如同波爾多酒款的架構，但同時具備高酒精濃度、更深沉、帶著更多土壤調性、酒色更深且更加粗獷。也可能散發一系列複雜的香氣，能讓人聯想到花崗岩與乾燥香料香草。我經常把 Douro 紅酒推薦給喜歡波爾多紅酒，又同時想嘗點不同（或更棒）酒款的人。

餐搭建議：當地料理口味較重且較質樸。有許多**山羊、豬腳、高麗菜湯與燉兔肉**之類的料理。

　　Douro 紅酒的餐搭要點就是記得遠離肉類的細緻部位，例如菲力牛肉。除了可以選擇豐盛的**燉鍋與慢燉料理**，它也能大方應付**香料香草植物**（尤其是**百里香與迷迭香**）、**辛香料**（與杜松的松木類香氣很合拍），以及黑或白胡椒的強烈力道。適合的料理包括**杜松鹿肉砂鍋；手撕豬肉佐辣醬；裹上大蒜、迷迭香與百里香的烤羊腿**，或**烤羊腿一旁再加上肉桂、香菜與大蒜的辛香料麵包**。Douro 紅酒的單寧也能輕巧地切穿鵝肉油脂，再者，粗獷又帶有溫暖調性的酒液，同時充滿水果的香甜，這般優質的 Douro 酒款能在聖誕夜扮演完美契合**烤鵝肉**的絕佳酒款。

釀酒人怎麼搭

我曾經拜訪過酒莊 Quinta do Noval，這片古老的地塊坐落在河岸邊高處，一旁巨大高聳的雪松如同長久守衛著酒莊。我在一個炎熱的午後抵達，由**酒莊 Quinta do Noval 隸屬的安盛集團（AXA Millésimes）的總經理克里斯汀·斯利（Christian Seely）**接待。他說，「希望你不會介意，因為今晚只有我們兩人一

起晚餐，所以我已經點了我最愛的料理，烤乳豬。」

只有克里斯汀能夠訂下只給兩人的烤乳豬。當晚我吃了大量表皮焦脆的烤乳豬，以及米飯與斯利特製的胡椒醬，一面大口喝進該酒莊「Quinta do Noval」與「Quinta do Romaneira」的紅酒。胡椒醬應該是六瓣蒜瓣、鹽、半瓶白酒、熬製豬脂 125 公克、白胡椒 30 公克、一小把巴西里、烤乳豬滴下的肉汁以及大量黑胡椒，一同慢燉。這分食譜我尚未實際嘗試製作，但在 Douro 這裡嘗到的滋味相當美好。

義大利 Douro 產區，Quinta do Vallado 酒莊的法蘭西斯柯・費瑞拉（Francisco Ferreira）：

「我會選擇風味強烈的肉類，山羊就相當適合，豬肉也不錯。」

English sparkling wine 英國氣泡酒

風味描述：從前，英國氣泡酒以白榭爾瓦（seyval blanc）、赫雪麗（huxelrebe）與雷昌斯坦（reichensteiner）釀造，但今日絕大多數的英國氣泡酒已經不是如此，而是以夏多內與黑皮諾等香檳葡萄釀造。過去幾十年來，英國氣泡酒的品質經歷了難以估量的提升，而且英國南部丘陵（South Downs）、漢普郡（Hampshire）與肯特（Kent）也種下了有史以來最大量的葡萄樹。英國葡萄酒業如今已能自詡為一同在全球競逐的強力對手，不過，英國整體產量在全球占比依舊微小，因此仍只像是一種愛國酒款。英國年產量僅 527 萬瓶，其中大約三分之二都是氣泡酒。

英國氣泡酒最鮮明的特點是酸度，像是鏟子敲到凍冰的反彈，因此擁有潔淨口腔的清爽。有些酒款比較簡單、平淡，但較優質的酒款則擁有十分誘人的精緻與濃郁滑順感。

餐搭建議：我覺得氣泡酒大部分都是僅僅為了喝醉，或並非為了晚宴餐搭的純粹品嘗，但是，粉紅氣泡酒非常適合亞洲料理。粉紅氣泡酒的單純風味與溫和的莓果香氣，再加上讓味蕾煥然一新的特質，讓它與各式**壽司**極為契合，另外也很適合搭配西方版本的**廣東料理**及東南亞菜餚。英國氣泡酒也是**酥炸海鮮什錦**與炸**魚薯條**餐搭的常勝選手，因為其酸度與氣泡能一路順利抗衡油脂與鹽。還有就像 Camel Valley 酒莊的鮑勃・林度（Bob Lindo）點出的，「選擇以英國氣泡酒餐搭，在各個層面都相當合理，尤其是經濟方面，如此一來便能以相對稍稍昂貴一點的酒款，搭配較為平價的料理。」

在點心類方面，就像是香檳，**雞肉與明蝦為主的點心**與任何帶點氣泡的夏多內都十分合拍。**帕瑪森起司脆片**與**起司條**也是很不錯的零食搭配。專門販售英國葡萄酒的專賣店 Wine Pantry 之擁有者茱莉亞・斯塔福德（Julia Stafford）說過，她

喜歡以粉紅氣泡酒搭配番茄冷湯；不甜氣泡白酒則喜歡和油煎食物（fry-up，我覺得聽起來很像一種解宿醉的酒）一起享用；然後微甜的氣泡酒會搭配蘋果與大黃（rhubarb）派或葡萄乾布丁。

釀酒人怎麼搭

我問了位於薩塞克斯（Sussex）Nyetimber 酒莊的布萊德·格利特里克斯（Brad Greatrix），他喜歡怎麼搭自家的酒款，他花了一星期才回覆：

「我興奮萬分地試著回想我的終極餐搭經驗。但是，其實我最愛也最常在家與我們家各式酒款搭配的是蘇格蘭煙燻鮭魚。煙燻鮭魚小餡餅是我的最愛，但在家最容易準備的還是一點點法式酸奶油、煙燻鮭魚與海鹽（有時會再加上少許蒔蘿），直接放在薄煎餅或鹹餅乾上。完美。」

Camel Valley 酒莊的鮑勃與安妮·林度（Annie Lindo）分享了招待訪客的義式麵包棒（grissini）食譜。安妮表示，「這些美味的麵包棒相當容易製作，而且是我們氣泡酒款 Cornwall 的完美搭檔。義式麵包棒源自杜林（Turin），以下就是酒款品飲時，我們招待訪客的義式麵包棒食譜，這些麵包棒在晚餐前的品飲總是十分受歡迎，訪客們通常都難以抑制大開的胃口。各位可以視喜好決定，是否在撒上海鹽時，額外多加一些茴香籽或芝麻，」

安妮的義式麵包棒
ANNIE'S GRISSINI
40 支

· 溫水，275 毫升

· 乾酵母，2 小匙

· 高筋白麵粉，500 公克，篩過

· 鹽，1小匙

· 橄欖油，3 大匙

· 杜蘭粗麥粉（semolina），麵糰用

· 雞蛋，稍稍打散，塗刷麵團表面
· 粗鹽

將 125 毫升的水倒入食物調理機中，撒上酵母後攪拌以溶解。靜置十幾分鐘，等待其起泡。接著加入麵粉、鹽、橄欖油與剩下的水，來回啟動調理機以攪拌數次，直到混合均勻、滑順且有彈性。扣上蓋子後，放在溫暖的地方醒麵，約 1～2 小時。

　　預熱烤箱至 200℃（400 ℉或瓦斯烤箱刻度 6）。我們會把麵包棒放在 Aga 烤箱裡的最底層，烤 5 分鐘。再度攪拌麵團，接著把麵團放到撒了杜蘭粗麥粉的工作檯上，平均分成大約四等份，每個小麵糰都擀平成約 12 X 25 公分的長方形，上方再撒些許杜蘭粗麥粉。刷上稍稍打散的蛋液後，再撒上一點粗鹽，然後輕輕地用麵棍擀過，讓粗鹽黏在麵團上。以銳利的小刀切成大約十條，一一放在矽膠烤墊上，間隔約 1 公分。其他麵團一樣如此處理，同時將完成的麵團條靜置於溫暖的地方。不過，第一批的麵團條現在可能已經稍稍膨大了一些。進烤箱烤約 15 分鐘之後，放在網架上冷卻。麵包棒剛烤完時的確會讓人忍不住很想大快朵頤，但請放進錫罐裡靜置數日，或冷卻之後可以冷凍。

F

fer servadou 菲榭瓦杜

這是一種酒體輕且香氣撲鼻的葡萄品種，來自法國西南部，菲榭瓦杜在這裡會釀成 Marcillac 產區等各式酒款類型。此品種酒款嘗起來會有鮮血與鐵鏽之感，在品嘗當地重口味料理時，如油封鴨（confit de canard）、法式砂鍋菜（cassoulet）與大蒜起司馬鈴薯泥（aligot）等等，也有洗刷味蕾的效用。它也很適合搭配牛排、砂鍋料理與法式北非香腸（merguez sausages）。

G

gamay 加美

風味描述：加美是一種清爽鮮美的法國小酒館經典酒款，冰鎮過飲用最佳。優質加美能讓人想起夏日布丁中的紅莓與石墨風味。品質不佳的廉價加美聞起來則有泡泡糖與香蕉的味道（請盡量遠離這類酒款）。加美種植於法國羅亞爾河谷地及隆河流域（Rhône），它也是薄酒萊（Beaujolais）最有名的紅酒葡萄。薄酒萊產區酒款分為四個等級，以下由低至高依序排列：

- 新酒（Nouveau）：當地每年十一月第三個星期四推出的酒款，釀自當年剛採收的果實，口感較為生澀。
- 薄酒萊（Beaujolais）：一般酒款，相當於飛機的經濟艙等級。
- 薄酒萊村莊級（Beaujolais Villages）：比一般酒款品質稍高，所以相當於豪華經濟艙等級。
- 薄酒萊優質村莊級（Cru du Beaujolais）：品質最佳，相當於商務艙等級。

　　當地共有十個村莊獲得薄酒萊優質村莊級。每個村莊都有獨特的風格，並且能在酒標上標明村莊名稱。它們分別是 Brouilly 村（規模最大，酒款數量最多）；Chiroubles 村（海拔最高，因此酒款爽脆、尖酸）；Fleurie 村；Morgon 村（陽剛氣質最強，擁有深色水果果香及礦石底蘊）；Moulin-à-Vent 村；Côte de Brouilly 村；Chenas 村與 Regnié 村。

　　加美在法國之外並不多見，不過在瑞士與紐西蘭霍克斯灣（Hawke's Bay）的泰瑪塔山（Te Mata）一帶的加美也值得一提，因為當地釀有相當美味的加美酒款，比法國加美更為豐厚，但依舊帶有紅醋栗的清鮮。

餐搭建議：一般都認為由於加美酒體輕，所以通常會做為夏日葡萄酒。但是，我最喜歡在新年之初一片死寂的冬季，當大地宛如靜止而初雪即將降臨之際，品飲加美。加美充滿生氣的活力，也如同提醒我們春天就在不遠處。將冰鎮過的加美倒入透明玻璃瓶中，一旁是熱氣騰騰的**南法紅酒燉雞**（coq au vin）與帶皮馬鈴薯；**紅酒燉牛肉**；或是自家鴨肉抹醬與胡椒水田芥沙拉。也可以搭配**側腹牛排佐薯條**；**一大塊法式肉凍**；或香腸佐洋蔥肉汁馬鈴薯泥。如果是在夏日時分開了一瓶加美，也可以搭配稍稍煎過、中間依舊透紅的鮪魚排；**烤雞佐新鮮小馬鈴薯**；或淋上一點**現擠檸檬汁與現磨黑胡椒的劍魚排**，與一大碗加了**巴西里、薄荷葉與番茄塊的庫司庫司**。最近在英國 Galvin Bistrot de Luxe 餐廳舉辦的「BojoNuvo」十一月新酒歡慶，主廚湯姆・杜菲（Tom Duffill）開出的菜單就包括法式鄉村肉凍佐醃黃瓜與酸種麵包，以及烤春雞佐烤至焦黃的榲桲、法式清湯（consommé）與蒜香香腸。我也曾在臉書（Facebook）看到薄酒萊女王安妮維多利亞（Anne-Victoire Jocteur Monrozier）搭配法式內臟香腸（andouillette）。加美也很適合與**冷肉**及**隔夜剩菜**一起享用。在帶有箭矢突刺般**胡椒調性的葉菜**（如芝麻葉、水田芥與蘿蔔芽）中，加美的明亮特質依舊能脫穎而出，所以也能以這類葉菜的沙拉為餐桌增添清爽氣息。

釀酒人怎麼搭

法國薄酒萊 Moulin-à-Vent 村，Château du Moulin-à-Vent 酒莊的愛德華・帕利南特（Edouard Parinet）：

「我們的『Cuvée Château du Moulin-à-Vent』酒款酒體輕，但依舊強而有力，所以撐得起佐有醬汁的清淡肉類料理。我喜歡以雞肉佐蘑菇醬汁搭配。我在巴黎一間有合作關係的餐廳，嘗過一個比較不常見但非常傑出的搭配：魚佐紅酒醬。」

gewürztraminer 格烏茲塔明那

風味描述：這個令人頭暈目眩的香水般品種，聞起來就像是玫瑰花瓣與荔枝，甜度類型從不甜、微甜或一路到極甜都有。最遠近馳名的格烏茲塔明那酒款生長在

法國阿爾薩斯（Alsace），這兒能找到各式甜度的酒款，包括以晚採葡萄果實釀成的極甜晚摘酒（Vendange Tardive）。格烏茲塔明那也生長於德國與東歐。此品種在智利非常少量，但我特別偏愛 Cono Sur 酒莊的格烏茲塔明那，冰鎮後，它嘗起來就像是同時擁有冰川與葡萄酒勁道的玫瑰荔枝調酒。想要尋找純淨且花香風格強烈的酒款，紐西蘭與美國奧勒岡是各位可以一試的地方，這類風格的格烏茲塔明那，可說是與香氣濃重如置身按摩店的版本頗為相反。

餐搭建議：一般認為，格烏茲塔明那是一種吃亞洲料理時會點的葡萄酒（多年來，我每次吃中華料理都不曾忘記點上一杯格烏茲塔明那，反之亦然）。不過，我現在有點不太相信這套搭配準則了。絕大多數的格烏茲塔明那，對於絕大部分的中華料理而言都有點太過頭了，濃重的芳香再結合中式料理的各色辛香氣味，只會讓人覺得很是疲累。

不過還是有例外，例如不甜格烏茲塔明那令人頭暈目眩的香氣，搭配**以青蔥與薑調味的白肉魚料理**，便極為美味。不僅是因為格烏茲塔明那本身就擁有生薑的香氣，所以能捕抓到料理內薑的特質。

再者，其實中華料理並不一定是格烏茲塔明那餐搭的最佳夥伴，許多亞洲食材也都與它很合拍，例如**薑、椰奶、南薑（galangal）、荳蔻**與**香茅**等，都是優質格烏茲塔明那具備的香氣。也許這就可以解釋為何阿爾薩斯酒商 Hugel 很驚訝地表示，格烏茲塔明那在亞洲的銷售量會遠遠高於麗絲玲（riesling）。我特別喜歡以微甜格烏茲塔明那搭配**泰式薑香辣牛肉**及**泰式椰奶咖哩**，尤其是比綠咖哩更甜且更濃郁的泰式紅咖哩。

法國阿爾薩斯的格烏茲塔明那，則完美呈現了其與**煙燻肉類**及豐郁型食物之間的奇妙親密關係。**黏稠的法國修道院起司**（Munster cheese，當地的洗浸起司）；**格律耶起司洋蔥塔；蛋香十足的法式鹹派**（quiches）；**阿爾薩斯酸菜**（choucroute）；以及**法式焗烤起司馬鈴薯**（tartiflette），這是以馬鈴薯、瑞布羅雄起司（Reblochon cheese）、洋蔥與鹽醃肥豬肉丁（lardon）製成的焗烤料理。充滿花香，同時又神奇地維持厚實口感（甚至可以頗為油滑），格烏茲塔明那也能夠搭配在法國阿爾卑斯山找得到的飽足感十足的山間料理，那是滿滿起司、高麗菜與煙燻肉類的

食物。例如**起司香撲鼻的蘑菇義大利玉米糊**（polenta）；**以融化的塔雷吉歐起司**（Taleggio）**製成的白披薩**；**風提納起司**（fontina cheese）**通心粉**；**以史貝克煙燻火腿**（speck）**製成的提羅爾餃**（Tyrolean dumplings），上桌時再加上融化的奶油與現磨起司粉。我曾經在一場葡萄酒協會（The Wine Society）的午宴，一面看著阿爾薩斯選酒人馬瑟・奧福德威廉斯（Marcel Orford-Williams）為大家斟上 1999年的「Humbrecht Clos Windsbuhl Gewürztraminer」，一面忍著快流出來的口水，這是一支擁有豐富低調香氣的優雅美麗酒款。而且光看就知道配上**香氣無與倫比的艾帕斯乳酪**（Epoisses）一定非常美味，桌上還有**法式肉醬**。當時正懷著寶寶的我只能守著我的薯片與水。

　　阿爾薩斯的格烏茲塔明那晚摘酒，其玫瑰與荔枝馨香若再加上一片檸檬塔，就是最佳的享樂搭檔。

graciano 格拉西亞諾

　　格拉西亞諾是西班牙 Rioja 地區才華受到埋沒的葡萄品種，它在此處會與其他品種一起混調或單獨裝瓶。相較於田帕尼優，格拉西亞諾更為低沉且辛香感更強，也常常有乾菸草與桑葚的特質，此品種酒款與這種柔軟脆弱水果（光是摘採過程就有可能擠漏出果汁並變色）一樣，都擁有飽滿的特色。它有時也會有一抹尤加利樹葉或荳蔻皮的香氣。格拉西亞諾的圓潤果香，結合了其強烈的酒色、秋季滋味與煙燻深色梅子，相當適合搭配**慢燉羊肉**或**豬肉料理**，甚至能再加上一點辛香料調味，例如**八角**、**肉桂**、**杜松**、**孜然**或**香菜籽**。此品種也有實力搭配**野禽料理**，如**竹雞**（partridge）、**山鷸**（woodcock）或**雉雞**（pheasant）。另外，它也適合與以**水果燉肉的料理**一起享用，像是**葡萄**、**無花果**或**深色莓果**。推薦各位搭配**野禽派**，或辛香料豐富的**法式肉凍佐糖漬水果**。格拉西亞諾與**烤根莖類蔬菜**也能奏效，而且可以撒上些許辛香料。

釀酒人怎麼搭

西班牙 Rioja 產區，Contino 酒莊的喬瑟斯・馬德拉佐（Jesus Madrazo）：
　　「經過這麼多年，我終於開始了解格拉西亞諾。它不是單純直接的品種，它

比田帕尼優更麻煩、更具挑戰,但是它擁有絕佳的潛力。在我的混調酒款中,格拉西亞諾帶進了深沉的酒色、酸度與新鮮度,不過我也有釀造單一品種的格拉西亞諾酒款。此品種與香辣料理非常合拍,搭配墨西哥混醬(Mexican mole)簡直是完美,例如墨西哥巧克力辣醬(mole poblano)或來自瓦哈卡(Oaxaca)的黑混醬(black mole)。某些咖哩醬以及中華料理也很不錯,我們的格拉西亞諾酒款就有列在倫敦的 Hakkasan 餐廳酒單上。它也很適合竹雞,我喜歡用它搭配竹雞佐西班牙莎莎醬。」

grenache 格那希

風味描述:年輕的格那希(也稱為 garnacha、garnacha tinta)嘗起來擁有現榨紅色莓果的甜美明亮,並隨時間化成糖漬草莓。這不是一個整齊劃一的品種,它擁有多層次且充滿力道,也常常伴隨高酒精濃度,酒色亦是隨性,常是以深紅色誕生,並迅速地褪成茶褐色。

市面上找得到單一品種釀成的格那希酒款,但它更常釀成混調酒款。主要的混調夥伴包括希哈與慕維得爾(mourvèdre,西班牙稱為 monastrell),酒標上出現的縮寫「GSM」代表的就是它們三種葡萄。對我而言,格那希在與其他品種一起混調時的表現總是比較好(甚至是某些最棒的單一格那希酒款,我也都會很想幫它再加進 5% 的希哈或慕維得爾)。

格那希就為南隆河的混調紅酒注入了屬於獨特的個性。再到蟬鳴四響、密斯特拉風(mistral)吹拂的普羅旺斯(Provence)北部,格那希不僅擁有紅色莓果的香氣,也多了日曬野生香草的風味,如百里香、橄欖葉與枯樹叢,嘗起來還經常有浮石般的乾燥感,如同望見臥龍山(Dentelles de Montmirail)一帶崎嶇的石灰岩。

到了教皇新堡,格那希會釀成單一品種酒款,也會與最多高達十七種葡萄一起混調(但格那希幾乎總是扮演主導酒款方向的角色),這些混調酒款的高酒精濃度如同火焰散發的光芒,賦予酒液火辣的暖意。類似的風味能在附近許多地區找到,如 Gigondas 村(擁有鮮明的紅色水果特性)、Vacqueyras 村(通常比較堅實且富黑色水果特質)、Vinsobres 村、Rasteau 村與 Cairanne 村;另外,Côtes du Rhône

與 Côtes du Rhône Villages 兩產區也有更厚重的格那希酒款。

Languedoc-Roussillon 產區也有格那希酒款，這裡也同樣經常與希哈混調，其他混調品種還包括卡利濃、慕維得爾與仙梭。Languedoc-Roussillon 內的 Maury 與 Banyuls 產區，會將格那希釀成極為華麗的甜型紅酒：「天然甜味葡萄酒」（vins doux naturels）。

到了薩丁尼亞（Sardinia），稱為卡諾娜（cannonau）的格那希除了風味變得更具野性、更寬廣且更多草本調性，有時還多了一點野生動物的特色，如風乾香腸與茴香籽。

西班牙格那希乾燥、穀物類的調性通常會比較少，在這裡生長繁茂的格那希會釀成比較傾向豐滿的酒款。法定產區 Calatayud、Cariñena 與東北部的 Campo de Borja（就在薩拉戈薩市〔Zaragoza〕西邊）擁有許多古老葡萄園，枝枒曲扭的老藤釀成了香氣深沉又清鮮甜美的酒款。

在 Priorat 與 Montsant 產區，格那希會與卡利濃等其他品種混調成華美的紅酒，香氣宛如厚厚的深紅絲絨。

酒莊 Bodegas Palacios Remondo 的阿爾瓦羅・帕拉修（Álvaro Palacios）在 Rioja 與 Priorat 兩地，都以高比例格那希釀成相當受歡迎的酒款，格那希在他口中就像是永生妙藥：「格那希是最如樂曲、最具詩意，又最令人興奮的地中海葡萄，它從烈日之中幻化成令人精神一振的果實。地中海有時十分炎熱，但那兒的格那希看起來明亮且翠綠。人們都覺得我瘋狂獨愛格那希。不是這樣的。我也不討厭黑皮諾。Priorat 的格那希擁有靈魂與極度特別且神祕的力量（這時他的聲音放低，手指著他的玻璃杯），但黑皮諾有時沒有這般樂音。」

澳洲南部某些地區也一樣以華美的格那希著名。這裡的格那希經常混調入瓶，但也同時有單一品種的酒款。溫暖的巴羅沙谷地（Barossa Valley）擁有部分相當傑出的老藤格那希。它的風格奢華，帶有覆盆子果汁香氣、糖煮桑葚與烘焙香，以及一絲絲甘草氣息。值得一提的是巴羅沙谷地南邊大約 100 公里的 McLaren Vale 產區，位於阿得雷德丘（Adelaide Hills）的另一側，此處的格那希會開出一顆顆如同裝飾球的厚實果實，酒款擁有高酒精濃度與豐沛的香氣。

深根於美國的格那希也比法國擁有較寬大的架構，草本的香氣則較弱，不過，

一旦與希哈及慕維得爾聯手之後，就能創造出品質極高的混調酒款。最著名的酒款大多集中於加州，但華盛頓州（Washington State）也有。

在許多粉紅混調酒款中，格那希也扮演關鍵角色。例如，普羅旺斯就產有色淺的不甜粉紅酒；它在澳洲最有名的粉紅酒款，也支撐了豐郁口感與深沉酒色及香氣，例如都來自巴羅沙谷地的 Turkey Flat 酒莊與 Charles Melton 酒莊的「Rose of Virginia」；還有西班牙北部的 Navarra 產區，此處的格那希創造了擁有亮粉紅酒色與草莓奶油風味的粉紅酒。

餐搭建議：最完美也最容易準備的格那希晚宴，應該就是**裹上碎大蒜、迷迭香與鯷魚的烤羊腿**。羊腿蝶形切割後在預熱過的烤箱燒烤，如此一來便能完成外表焦黃、內部依舊帶血的粉紅肉質；我特別喜歡以還很生的羊肉，搭配年輕、鹹鮮的酒款，如年輕 Vacqueyras 村或 Gigondas 酒款。加熱速度較慢且熟度稍稍高一點的帶骨羊肉，搭配任何類型的法國（料理中的辛香料與酒中的草本調性相合）或西班牙（酒中的鮮美水果香甜，能強調入口即化的柔軟肉質）格那希酒款，都幾乎堪稱完美。若是要搭配隆河的格那希混調酒款，有時我會在肉類料理上再撒些許**薰衣草或百里香**，或是一旁附上**番茄鑲米、百里香、櫛瓜與大蒜**。

在西班牙法定產區 Calatayud 釀產葡萄酒的蘇格蘭人諾雷・羅伯森（Norrel Robertson），推薦了一道融合西班牙風味的蒜香羊肉料理（後面還有更多他的料理建議）：「亞拉岡羔羊（Ternasco de Aragón），也就是羔羊羊脛或羊肩料理（還記得西班牙把任何體重超過 18 公斤的羊稱為羊肉，所以這道料理的確就是宰殺羔羊）。此道菜最棒的是撒上大蒜之後慢烤，最後鋪放在一層烤馬鈴薯上；馬鈴薯先切成薄片再加進一點高湯、白酒及些許鮮奶油，最後丟進麵包師完成一整天烘焙工作的烤箱中。」很明顯地，他一定搭配了一支來自西班牙東北部的高品質酒款，此處酒款中的水果調性能徹底融合慢烤或慢燉的肉類料理，還有油亮的馬鈴薯，不過法國與澳洲的格那希也能十分合拍。

擁有乾燥草本香氣的格那希，十分適合搭配**普羅旺斯式鑲蔬菜料理**，與**燉菜料理**中的地中海風味也有美味互動，這類酒款包括來自隆河南部的陽光格那希混調，以及某些鹹鮮特質較強的澳洲酒款。

教皇新堡酒款的經典餐搭夥伴就是**威靈頓牛排**（Beef Wellington），不論年輕或較老酒款皆宜。帶有野禽料理與野生動物氣息的教皇新堡，也很適合**烤松雞**，尤其若是混調了慕維得爾。**表皮烤得焦脆的烤鴨**，一旁附上烤根莖類蔬菜，與單一品種或混調格那希的和煦辛香料調性，也是相當歡樂的組合。來自 Gigondas 村、Côtes du Rhône 或 Costières de Nîmes 等產區，或是澳洲的格那希—希哈—慕維得爾（GSM）混調酒款，搭配**寒夜裡的燉菜**及**小火慢燉的肉類或豐盛的滷肉料理**，都相當舒服且撫慰人心。例如，**紅酒燉牛肉佐些許柳橙皮**，很適合搭配某些年輕時豪華豐潤、陳年後轉瘦的格那希酒款；換句話說，就是鹹鮮的法國與薩丁尼亞風格酒款。**濃郁豪華版本的法式砂鍋**，也很適合擁有深色水果與草本調性，且來自南隆河或 Languedoc 的格那希與希哈混調。

我也曾經以薩丁尼亞格那希搭配薩丁尼亞當地菜餚，例如**綜合燒烤蔬菜**（混有茄子、茴香與根芹菜〔celeriac〕），**佐以水牛莫札瑞拉起司**（buffalo mozzarella），**再撒上些許松子**（我喜歡薩丁尼亞格那希的扎人口感，配上濃郁滑順的起司）。或者，也可以搭配**薩丁尼亞香腸或薩丁尼亞麵疙瘩**（malloreddus，**當地傳統麵點**），**佐以番茄肉醬或番茄香腸醬**。**番茄與卡拉布里亞辣香腸醬義大利麵**，也相當美味；卡拉布里亞辣香腸是一種口感柔軟的香辣紅胡椒豬肉香腸，其實來自義大利卡拉布里亞（Calabria），不過此醬料如閃電般的辣感，與薩丁尼亞格那希烈焰般的火光，十分相襯。

來自西班牙 Navarra 或 Campo de Borja 產區等更具鮮美果香的明亮格那希，酒風更加澄澈，十分適合**法式火腿**（jambonneau）或**西班牙特魯埃爾火腿**（Teruel ham）。延續豬肉料理系列，還有可人的主廚絲凱·金格（Skye Gyngell）的這道**「慢燉豬肩佐芹菜與煨大黃」**，這料理搭配西班牙東北部的格那希也是極佳，其實絕大多數的格那希酒款與簡單的豬排料理都很合拍。黑布丁（Black pudding，譯註：血腸）也很適合厚重的格那希或格那希混調。**自家烤帶骨醃豬腿肉**也尤其適合深沉、豐厚且擁有烤覆盆子香氣的巴羅沙格那希，這類酒款似乎也強化了火腿的鮮美多汁。

格那希的單寧不高，所以如果選擇的是柔順、果汁感豐沛的酒款，甚至可以擺脫搭配辛香料調味的束縛，也許可以只加一點點香菜與孜然或肉桂。例如，加

在**梅果乾羊肉塔吉鍋**（tagine）裡風味溫和的摩洛哥辛香料；或是克勞蒂亞‧羅登（Claudia Roden）在著作《摩洛哥、土耳其與黎巴嫩料理》（*Arabesque: A Taste of Morocco, Turkey and Lebanon*）收錄的這道更香甜的食譜：**「慢燉羊肩佐庫司庫司、橙花水、肉桂、扁桃仁與椰棗」**。這些料理與西班牙東北部的格那希一同享用都十分美味。

　　鮮美的澳洲老藤格那希混調，也能挑起或強化亞洲豬肉料理的特性。尤其是巴羅沙谷地酒莊 Spinifex 所釀的酒款。例如來自產區 Campo de Borja 風格更柔軟、更香甜的未經桶陳格那希，也能搭配**牙買加山羊咖哩**。

　　至於充滿果香與辛香料調性的陳年酒款（或是來自美國加州與澳洲等世界各地的 GSM 混調酒款），都能和帶甜的醬汁或蔬菜搭配得宜。像是聖誕節或感恩節大餐桌上的**火雞佐蔓越莓醬**；**摩洛哥雞翅與扁豆沙拉，一旁綴有石榴糖蜜；地瓜泥**；**香甜的烤根莖類蔬菜；南瓜派**；或是**烤奶油地瓜，一邊附上淋著酸甜辣醬的沙拉**。

　　另外，Maury 與 Banyuls 產區的甜酒搭配**巧克力**簡直完美，最理想的是表面閃爍著絲滑光暈的**巧克力百匯**（parfait）、**油亮的慕斯**，或是**豐郁的櫻桃、草莓或覆盆子黑森林蛋糕**。參見詞條：Languedoc-Roussillon red 隆格多克—胡西雍、Priorat 普里奧哈、rosé 粉紅酒。

釀酒人怎麼搭
法國教皇新堡，Domaine du Père Caboche 酒莊的艾蜜莉‧布瓦松（Emilie Boisson）：

「我真的很喜歡以烤箱烤製的羔羊料理搭配我們家的『Domaine du Père Caboche』，裡面可以放一點普羅旺斯香草、馬鈴薯與櫛瓜。如果是『Elisabeth Chambellan Vieilles Vignes』，我則喜歡配上炙燒牛肋佐波爾多醬（bordelaise sauce，奶油與紅蔥頭）與四季豆。至於我們的『Le Petit Caboche』地區餐酒（IGP），則適合千層麵，但是肉類炙燒與披薩也都很適合。」

澳洲 McLaren Vale，S. C. Pannell 酒莊的史蒂芬‧帕內爾（Stephen Pannell）：

「我是個瘋狂廚師。每年到了這個時分（三月底）、採收季結束與秋日剛啟，當榅桲成熟之時，只要有到葡萄園巡視，我就會把車停到路邊，採一點榅桲，然後回家做成塔吉鍋。我最愛的食譜就是羔羊肉佐鷹嘴豆與榅桲塔吉鍋（在網站 delicious.com.au 可以找到食譜）。這份食譜在克勞蒂亞‧羅登的經典食譜裡，添加了一點點亞洲風。榅桲的香氣，完美地融合了羔羊肉的野性及孜然、薑黃、番紅花與肉桂等辛香料的混合香氣。某天，我花了幾乎一整天品飲剛釀成的葡萄酒，下班後我煮了一鍋塔吉鍋，然後開一支 2006 年的格那希，再邀請一些法國朋友，他們都很驚訝這支酒嘗來竟然依舊如此年輕。」

「還有許多料理都十分適合搭配格那希，野禽就是我最愛的料理之一，不只是因為 G 開頭的鴨都幾乎是美味首選（例如北京烤鴨），我也很喜歡帶有一絲絲辣味的油炸五香鵪鶉；各位可以試試賈絲汀‧席菲爾德（Justine Schofield）放在網站 everydaygourmet.tv 的食譜。」

西班牙北部 Calatayud 產區，El Escoces Volante 酒莊的諾雷‧羅伯森：

「任何結合了高品質西班牙紅椒粉（pimentón）、大蒜與肉類的料理，通常都能良好地襯托格那希。我喜歡西班牙豬肉串竹籤小點，也就是將切成方塊的豬腰肉串在竹籤上，通常會先以適量的西班牙紅椒粉、孜然、大蒜與牛至草（oregano）醃漬，然後現煎或以明火炙烤。這道料理源自北非，原本應是使用羊肉。如果喜歡，也可以嘗試製作中東烤羊肉串。」

「我也喜歡搭配鹽漬鱈魚（bacalao）佐鷹嘴豆，將鱈魚脫鹽之後，與鷹嘴豆、紅椒粉、磨碎的扁桃仁，以及許多烤得金黃的蒜瓣與麵包丁，製作出的美味菜餚。我目前覺得荷西‧安德里斯‧普爾塔（José Andres Puerta）的食譜最為美味。」

「血腸也很不錯。我其實最喜歡布哥斯血腸（morcilla de Burgos），裡面多加了一些米與松子，另外也用孜然代替肉桂（肉桂在亞拉岡地區比較常見），適當煎烤之後便能擁有天堂般的美味。」

「最後，羊雜（haggis）也是一道能與格那希一起體驗天堂的料理。格那希能劃開綿羊的油脂，掌握內臟的野味，還能同時調和白與黑胡椒及其他任何香

料香草。我們每年一月都會自己做一些羊雜，西班牙友人每每造訪都為之瘋狂。」

法國 Côtes Catalanes 產區，Domaine of the Bee 酒莊的賈斯汀・霍華德史奈德（Justin Howard-Sneyd）：

「野豬肉！大約是牠們開始在採收季的葡萄園裡大啖果實一個月之後。燉牛肉或紅酒燉牛肉也很不錯。」

美國加州，Bonny Doon Vineyard 酒莊的藍道・葛蘭姆（Randall Grahm）：

「我開始販售『Le Cigare Volant』（格那希、希哈、幕維得爾與仙梭的混調）時，多數美國人還不太認識隆河混調這類酒款。大約是 1987 或 1988 年，我踏上了我的第一個東岸的大量銷售之旅，我吃了無數頓午宴與晚宴，絕大多數都是在很時髦的餐廳。主廚們都很想先知道該為『Le Cigare Volant』準備什麼樣的料理。此酒款比許多教皇新堡的酒款具有更強的果香且更深邃，但同時擁有一定程度的野味或鹹鮮調性，聽起來其中包括許多能與鹿肉料理相合的特質；同樣也可以搭配羊肉、鵪鶉、竹雞與珠雞等野禽料理。總之，我就告訴了各主廚此酒款很適合搭配鹿肉，我也因此帶著懊悔的心一連吃了八天的鹿肉午宴與晚宴。此後我有好一陣子試著避開鹿肉（大約十年）。不過，此酒款非常適合鹿肉（還有剛剛提過的料理，不知為何，也很適合黑胡椒炙燒鮪魚）。另外，任何肉類或禽類加上蘑菇（尤其是羊肚菌）一起料理之後，也似乎與此混調酒款很合拍。」

grüner veltliner 綠維特林納

風味描述：奧地利的招牌白酒葡萄，能釀製充滿活力的酸度且果香不會過重的清新白酒。綠維特林納微妙地融合了白胡椒、白柚或紅柚，以及蘿蔔或壽司的醃薑。通常也會有一點點和緩的辛香料調性，讓人想到昌蒲根（orris root）。許多綠維特林納酒款都擁有像是晶格般的質地，如同能在口中嘗到輪廓清晰且長度精確的線條，好似經過鑽石切割。有的綠維特林納喝起來則比較宏大且厚實，也許還有一

點油桃香，但依舊是時不時如針刺般出現的零星香氣。

餐搭建議：綠維特林納是最能合理搭配幾乎所有食物的白酒葡萄之一，而且是各式難以搭配葡萄酒料理的好夥伴。例如**新鮮白或綠蘆筍**的搭配它都可以駕馭，面對**朝鮮薊**，它也襯托得宜（不論是朝鮮薊獨秀、做成沙拉或其他料理）。主廚絲凱・金格有一道相當美味的烤蔬菜拼盤，裡面包括朝鮮薊、番紅花、茴香、醃漬檸檬、番茄與黑橄欖，料理中的所有香料香草及味道強烈的食材都相當難以搭配白酒，但是綠維特林納依舊能夠勝任。此品種也是帶**苦味綠色蔬菜**的好朋友，所以也能搭配**菊苣、燉球芽甘藍或芝麻葉沙拉**。

綠維特林納充滿活力的柑橘調性與刺痛般的熱力，與**壽司**也十分相襯，因為它就像是為生魚片與米飯帶來活力的醃薑。此品種的這項特質也與某些**東南亞食材**吻合（尤其是越南與泰式料理），例如**香茅、九層塔、薄荷葉、新鮮香菜、南薑、萊姆汁、青江菜、芒果青、包心白菜**與**荸薺**。不過，就與許多白酒一樣，綠維特林納也很難搭得上辣椒的火辣。各位可以嘗試以此品種搭配**豬肉鮮蝦燒賣**，或是**口感爽脆的越式沙拉**。

在奧地利吃**維也納炸肉排**（wiener schnitzel）時，常常會倒上一杯綠維特林納。清爽的酒液能夠在咬下一口裹了炸得酥脆麵衣的小牛肉排，為味蕾帶進一股清新。同樣地，綠維特林納也很適合與**濃郁高澱粉佐鮮奶油醬的料理**搭配。例如，**起司通心粉；克恩頓餃子**（kärntner kasnudeln，傳統奧地利菜餡，裡面包了馬鈴薯、洋蔥、起司、酸奶油與香草）；或是**杜蘭粗麥番紅花麵疙瘩佐鮮奶油燉蔬菜**。他也很適合**豬肉、煙燻火腿**與**小牛肉**，特別是加了爽亮的亞洲食材或搭配帶了油脂的濃郁醬汁。適合一同享用的優質料理包括**培根蛋義大利麵**（spaghetti carbonara）、**以奶油煎製的小牛肉排、亞洲蔬菜炒五花肉、豬排佐瑞士馬鈴薯煎餅**（rösti potatoes）、**義大利麵佐藍紋起司與烤核桃**，以及**提洛戈斯登**（Tiroler gröstl，略為油炸阿爾卑斯山馬鈴薯、培根與洋蔥後，再鋪上炒蛋）。

它也很適合與**小牛胸腺**一起享用，而且多虧綠維特林納的優質酸度，它也很適合搭配**海鮮與魚類料理**。各位也可以試試**煎明蝦；紙包鱸魚佐香茅與香菜；河鱒佐清涼的水田芥沙拉**；或是**裹了奶油海鮮與細香蔥的煎餅**。

釀酒人怎麼搭

奧地利坎普塔（Kamptal），Arndorfer 酒莊的馬汀（Martin）與安娜・亞多佛（Anna Arndorfer）：

「甜菜根薄片（Beetroot carpaccio）佐橄欖油、鹽之華（fleur du sel）與新鮮辣根，搭配『GV Strasser Weinberge』相當美味。而且不只很容易『煮』，還超級美味。」

K

koshu 甲州

甲州是相當纖細的白酒葡萄。雖然現今日本許多地區皆有種植，但甲州的出身依舊成謎。此品種酒款嘗起來有點像是介於文靜版白蘇維濃與灰皮諾（pinot grigio）之間。風味呈中性，在平和的調性間藏著一絲絲柑橘與微微的香氣。單獨品嘗甲州會有種它在口中近乎消失的感覺：除非詢問，否則文靜的甲州不會多說什麼。一旦搭配食物，就能看見甲州如何施展魔法，它將明顯地凌空於一切之上，挾帶著勁道與神祕的特色。甲州是**壽司、燒賣、蕎麥麵、清蒸魚佐日式沙拉**，以及**魚肉與蔬菜天婦羅**等料理餐搭的極佳選擇。此品種相當喜愛帶有魚肉的料理，例如**黃瓜義大利麵**佐**多油脂魚肉**，也可以再搭配**米飯**（甲州非常擅長強調米飯的香氣）。它也能駕馭**雞肉番紅花烤肉串**，還有經典美味的**英式馬鈴薯鮮魚派**。

L

Lambrusco 藍布魯斯科

　　曾經一度被視為無趣的品種，喝起來比較像是充滿氣泡又誇張甜膩的酒款，如今，藍布魯斯科已受到許多行家喜愛。此品種的美味名聲逐步成長，人們會預期深紫紅酒色的它，帶有深沉的乾果香、酸櫻桃、薩拉米臘腸與土壤風味。很適合倒上一杯，然後與家鄉義大利 Emilia-Romagna 的當地料理一同享用。各位可以試著與各式各樣豐盛的前菜搭配，像是生**蘑菇佐橄欖油與檸檬汁，再灑上一點鹽及胡椒**（上桌前先靜置半小時）；**無花果與義式生火腿**；**蕃茄鑲巴西里、羅勒、青蔥與大蒜**；**義大利麵佐戈貢左拉（Gorgonzola）起司醬**或**波隆那肉醬**。與一大塊富嚼勁的**風乾薩拉米臘腸**一同品嘗也是極為美妙。

Languedoc-Roussillon reds 隆格多克—胡西雍（紅酒）

　　粗獷的 Languedoc-Roussillon 混調紅酒，經常帶有一股讓人想起地中海一帶林間覆滿草本的灌木叢。經典的 Languedoc-Roussillon 混調紅酒包括希哈、卡利濃、格那希、仙梭與慕維得爾，它是優質的日常餐酒，配上充滿肉類與香草的地中海料理，也很適合搭配以肉類為主的簡單晚餐。**燉菜**或**砂鍋料理**通常不會出錯，裡面可以加上**迷迭香與百里香**；**迷迭香烤羊腿**；**法式北非香腸與烤紅椒佐橄欖醬**；**香腸佐馬鈴薯泥**；**羊排搭新鮮小馬鈴薯**；**烤牛肉（熱或冷）**；以及**馬鈴薯肉派**。此類酒款也很適合**普羅旺斯式鑲蔬菜**，還有加了一堆百里香、大蒜與迷迭香的**地中海烤蔬菜**。

Madeira 馬德拉

風味描述：馬德拉幾乎能夠碰觸永恆，它的賞味期極長，因此在討論某酒款的年份時，以平常常用的「01」或「98」是不夠的，必須精確到說出特定的世紀。

馬德拉酒廠 Blandy's Wine Lodge 的執行長克里斯・布蘭迪（Chris Blandy）說：「當我說了『老』馬德拉，我指的其實是來自 1800 年代的酒款。」一面向我指著四周來自葡萄牙芳夏爾（Funchal）的家族珍藏，這些酒款能追溯至 1811 年。

馬德拉是一種加烈酒，來自一座葡萄牙的同名小島，馬德拉島位於距離非洲海岸大約 700 公里處，緯度約與卡薩布蘭卡（Casablanca）一致。這種酒款裝瓶前的陳放時間能夠拉得非常長，即使酒液暴露在氧化與炎熱的環境條件之下（馬德拉酒款曾經裝在航行至新世界的壓艙運送，因此酒款行經熱帶地區）。馬德拉幾乎可以稱為無法摧毀，而且最佳酒款將隨著陳放時間變得越來越美味。真正優質馬德拉的風味不會褪色，它會隨著每十年時光的流逝，越漸彰顯本色。

最優質的馬德拉，以及將久陳為目標的年份酒款，都會以特定的葡萄品種釀造。從最不甜到最豐郁的四個最常見的品種，依序為舍西亞（sercial）、華帝露（verdelho）、博阿爾（bual）與馬姆齊（malmsey），以上皆為白酒葡萄。舍西亞嘗起來帶有烤扁桃仁，以及直接食用或糖煮削過皮的酸甜白或綠蘋果；華帝露經常擁有一種經典熱帶桃子乾果的香氣；博阿爾則具備更多乾果調性，再加上一點焦糖、英式燕麥黑糖鬆糕（parkin）與多香果（allspice）香氣；馬姆齊滿是圓潤果香、豐富的烘烤堅果香氣，以及葡萄乾、無花果乾與篝火太妃糖（bonfire toffee，譯註：英國每年 11 月 5 日為篝火之夜〔Bonfire Night〕或蓋福克斯之夜〔Guy Fawkes Night〕，當天會施放煙火、燃起營火與享用傳統食物等方式慶祝）等特徵。另外，也有以稀有的葡萄品種特倫泰（terrantez）與巴斯塔多（bastardo）釀製的馬德拉，這類酒款的甜度恰好落在不甜到甜的中間。各式馬德拉酒款的共有特

M

性之一，便是乾果與堅果香、溫潤的法式焦糖烤布蕾（crème brûlée），以及幾乎要刺傷雙眼的酸度，此酸能切開糖分，嘗起來如同結晶的檸檬，或是去過皮的葡萄柚直接放入口中，就像馬德拉酒廠 Henriques & Henriques 總裁荷貝托・賈爾汀（Humberto Jardim）一面用他的手指向下撫過喉嚨，一面說：「吞下去之後，你會感覺它還在這裡。」

　　馬德拉最大宗的平價酒款，通常都會採用紅酒葡萄黑莫樂（tinta negra），通常帶有糖蜜、水果蛋糕、英式燕麥黑糖鬆糕與葡萄乾的溫暖特質。比起標示明確葡萄品種的年份馬德拉，這類酒款的香氣較為單純，但嘗起來依舊有滿滿的聖誕節慶氛圍。

餐搭建議：我曾聽過某些馬德拉狂熱分子聊起馬德拉有多適合咖哩的語氣，好似馬德拉就是印度果蔬甜酸醬（chutney）。對我而言，馬德拉比較適合出現在扶手椅旁，而非餐桌上，例如上午十點左右、傍晚或晚餐後（這些品嘗馬德拉的時刻聽起來相當夢幻又不切實際，至少對我而言是如此，不過我依舊懷抱希望）。

　　不過，也許你還是會想搭配些許小點。一杯馬德拉很適合配上一把**扁桃仁**或一小塊**硬質起司**。試試看以性格猛烈的不甜舍西亞馬德拉，搭配切達起司或文斯勒德起司（Wensleydale）；若是更豐沛飽滿的博阿爾馬德拉，可以考慮藍紋起司，例如鹹味鮮明的洛克福起司（Roquefort）或史第奇頓起司。主廚佛格斯・韓德森（Fergus Henderson）以擁有高度文明社會的上午茶習慣著名，他的上午茶正是一杯百年份的馬德拉與一小片**葛縷子蛋糕**。他的 St. John 餐廳位於英國倫敦法靈頓（Farringdon），店內便有提供單杯馬德拉，這些葡萄酒即使開瓶之後，仍能保持數年的良好狀態，因此除了是絕佳的餐廳用酒，也是極好的週年紀念酒（你可以連續好幾年每逢紀念日都倒一點慶祝）。我也贊同佛格斯搭配蛋糕，乾蛋糕（dry cake）與馬德拉的搭檔絕佳。我所說的乾蛋糕（聽起來非常不美味）指的是傳統種籽蛋糕，或頂部淋上**翻糖**的密實海綿蛋糕（英國人稱之為馬德拉蛋糕，但馬德拉當地居民完全不知道馬德拉蛋糕是什麼東西），這種蛋糕通常會用奶油與比例較高的麵粉做成，不像會放在麵包烤模烤製的維多利亞海綿蛋糕（Victoria sponge）。

　　馬德拉也很適合搭配塞滿果乾的義大利硬蛋糕**潘芙蕾（panforte）**與**英國百果**

M

餡派（mince pies）。

較平價的甜型馬德拉（不論是博阿爾與馬姆齊的混調或黑莫樂馬德拉）與**巧克力**也很合拍。我也很喜歡以這些簡單且充滿聖誕氣氛的酒款，搭配**馬德拉蜂蜜蛋糕**（bolo de mel da Madeira，雖然我沒有在任何馬德拉蜂蜜蛋糕食譜裡看過蜂蜜）。我第一次吃到這種蛋糕是在馬德拉酒莊 Blandy's 的品飲會結束後，那時我的品酒筆記寫著像是「薑」、「丁香」、「多香果」、「英式燕麥黑糖鬆糕」與「扁桃仁」等字眼，尤其是加了博阿爾的酒款。品飲結束之後，他們送上了一片扎實的小蛋糕，原料用的就是筆記中的這些食材。完美無瑕。而這也是馬德拉地區的聖誕節傳統蛋糕。

malbec 馬爾貝克

風味描述：馬爾貝克（也稱為 cot）主要有兩大差異相當大的類型，其一生長在阿根廷，另一則生根於法國。阿根廷的馬爾貝克極受歡迎（至少現在是如此），甚至讓原本法國家鄉的馬爾貝克相形失色。而我認為兩者都相當美味。

來自 Cahors 產區的馬爾貝克，俗稱「黑酒」（black wines），位於法國西南部的洛特省（Lot），傳統以來都是十分堅實且高單寧的酒款。酒色深沉、濃郁密實且年輕時硬澀，Cahors 酒款本身就如同單寧一詞的定義。此酒款嚴峻堅實，化為圓潤可能需要數十年，此時的 Cahors 產區馬爾貝克極為怡人。我還記得第一次嘗到三十年 Cahors 酒款時，根本不知道杯裡裝的是什麼，心想它有點像老波爾多，但又不太像。從陳年老酒感受到的美妙，與年輕酒款的美味不同，而在陳放條件極度優質的 Cahors 酒款中，就能夠以一小部分波爾多紅酒的價格，嘗到這般美味。

另一方面，阿根廷的馬爾貝克一樣密實，一樣酒色深，但遠遠更為生氣盎然、活力十足。它帶有尖銳與水果特性，擁有紫羅蘭、藍莓、桑葚與土壤香氣，入口後能嘗到甘草、巧克力與大量鮮美的黑莓汁調性。由於此地馬爾貝克的單寧擁有柔軟特質，因此年輕即適飲。阿根廷範圍最大且最優質的產區為門多薩（Mendoza），此大產區之下又劃分了許多產區與子產區，每一區域也具備自身獨特風味輪廓。當地的海拔高度也是影響最終酒款香氣的重要角色之一。阿根廷北部薩爾塔省（Salta）山間也種有馬爾貝克，釀出令人印象深刻的優質酒款。南邊

的巴塔哥尼亞（Patagonia）與炎熱的上利奧哈省（La Rioja）也都產有傑出酒款。

　　拉丁美洲逐漸成為馬爾貝克專家，其酒款風格更開始影響法國，因此，現在的 Cahors 產區也出現種植非傳統的堅實且咬口風格的馬爾貝克，年輕時也更容易入口，更親切且更多水果調性。

餐搭建議：到了阿根廷，幾乎不可能躲得掉**牛排**，而且我想也只有素食者會想要遠離它。來自大草原牧牛的沙朗肉汁滿盈，極為美味，不過淋上阿根廷青醬（chimichurri，其中包括巴西里、牛至草、大蒜與辣椒）之前可能要考慮一下，因為此醬汁與馬爾貝克並不特別合拍。門多薩地區的牛排料理常會附上**玉米粽**（humita，以玉米葉包裹玉米粉與牛奶混合物，再拿去蒸），有時還會加上棕櫚心沙拉。無論什麼季節，阿根廷的菜單上都有**牛肉**，這也正是成熟但富單寧的馬爾貝克活躍的舞臺，豐厚的酒液強化了肉質的誘人，肉裡的蛋白質同時也柔化了酒液。

　　我曾以馬爾貝克搭配過最奢華的牛肉料理，就是擁有一間阿根廷酒莊的尼可拉斯・卡帝那（Nicolás Catena）的家族食譜露摩塔塔（Lomo Tata，譯註：以尼可拉斯的祖母命名），2001 年雜誌《Decanter》刊登了一篇由飲品美食專家費歐娜・貝凱特（Fiona Beckett）撰寫關於此食譜的文章。此料理使用牛菲力、黑棗、義大利培根（pancetta）與紅醋栗果汁（有時我會再多加一些月桂葉），此道迷人的料理帶有阿根廷馬爾貝克的甜香與深色水果特性。非常美味（此食譜載錄於該雜誌網站）。

　　位於倫敦的 Gaucho Grill 餐廳備有可觀的阿根廷酒款，但我每次前往幾乎必點的就是牛排。我曾詢問餐廳的選酒總監菲爾・柯洛齊（Phil Crozier）有沒有任何馬爾貝克的餐搭建議不包括牛臀、菲力或沙朗，長時間待在阿根廷到處品嘗美食與美酒的他說，他喜歡以來自 Luján de Cuyo 產區的馬爾貝克搭配**波隆那肉醬義大利麵**，這種搭配方式讓我想起義大利茄汁肉醬與溫潤巴貝拉的組合。「Luján de Cuyo 產區的馬爾貝克帶有絲綢感，那是 Uco Valley 產區所欠缺的，Uco Valley 產區的酒款更緊繃、強烈，這裡的酒款我就會拿來搭配烤肋排。除了牛排，我會做些類似**煙燻豬肉**的料理與**扁豆湯**，它們與馬爾貝克一起享用很美味。**煎豬排**或豬肉佐番

M

茄醬也很不錯，很適合 Uco Valley 產區的馬爾貝克。」

來自陽光普照地區那閃耀著光芒又宛如迎來重拳的酒款，或是以較現代方式釀造的法國馬爾貝克，都非常適合**香辣豬肉料理**，例如**手撕豬肉佐甜辣醬**。

Cahors 產區的老派馬爾貝克搭配牛排也是絕妙，雖然襯托彼此的方式不同。這些酒款與當地口味濃重的料理也相當合拍，例如**法式砂鍋、香辣土魯斯香腸**與**法式煎鴨胸（magret de canard）**，而且當酒款年份越古老，厚重口感將減輕，香氣漸增且開展，同時帶有圖書館的味道，此時搭餐又更是美味。我記得某次與安東尼・葛雷史東湯普森（Anthony Gladstone-Thompson，一位幫我搭書架的好心人）一起嘗過一支這樣的酒款。安東尼對於他的 Cahors 酒款頗為講究，而我準備的馬爾貝克完全不及他的千分之一。他建議我去肉販買一堆法式北非香腸，乾煎之後與馬爾貝克一同大口享用，正中美味紅心。

釀酒人怎麼搭

阿根廷，Achaval Ferrer 酒莊的賈斯頓・威廉斯（Gaston Williams）：
「首選當然就是直火燒烤。至於其他料理可以選擇玉米蔬菜燉肉湯（locro），這應該是我們最傳統的冬季料理，這是一種以玉米與地瓜為基底的濃稠燉湯，食材還包括肉、馬鈴薯、豆子、蔬菜與紅香腸。另外，因為我們還有許多義大利移民，所以一盤美味的煙花女義大利寬麵（fettuccine alla puttanesca）加上我們的馬爾貝克也是完美絕配。」

阿根廷，Revancha 酒莊的塔蒂亞娜・希列齊（Tatiana Sielecki）：
「身為真正的阿根廷人，我們熱愛用我們的馬爾貝克搭配美味的燒烤料理。尤其偏愛五分熟的丁骨或肋眼牛排。而我們的牛排只會淋上一種醬汁，那就是阿根廷青醬，不過單純灑上一點鹽也很美味！其中的祕訣都在『執掌烤架男人』的經驗中。一旁的邊菜則通常是烤馬鈴薯與一些綠色蔬菜沙拉。」

marsanne 馬姍

這種白酒葡萄能釀出充滿香氣的酒款，能讓人想起扁桃仁膏（marzipan）或

扁桃仁花,並閃現些許鮮美檸檬香氣。馬姍被視為隆河的葡萄品種,不論在隆河或美國加州,馬姍都會與胡姍(等其他品種)一起混調,不過,全球馬姍酒款產量最高的地區,其實是澳洲維多利亞納甘比湖區(Nagambie Lakes)的濕地。此地的 Tahbilk 酒莊釀出獨具澳洲風格的馬姍酒款,帶有乾草、橘子醬(marmalade)、橘皮乾與金銀花(honeysuckle)。我很喜歡在倫敦的越式餐廳點一杯馬姍;Tahbilk 酒莊則建議可以與**蘆筍、帕瑪森起司與蘑菇義大利麵**(他們的網站載錄了這道食譜);**以亞洲辛香料醃過的豬五花**也是好選擇。

mencía 門西亞

風味描述:這是一種富大地風味的紅酒葡萄,生長在西班牙北部的 Bierzo 與 Ribeira Sacra 產區,葡萄牙的 Dão 產區也有門西亞的蹤影。近來,門西亞變得相當流行。由於具備與眾多滋味相得益彰的鹹鮮特質,門西亞是十分傑出的晚宴酒款,許多擁有香甜水果特性的葡萄酒則會因此出現反效果。門西亞的酸度相對較低,酒體中等,嘗起來有時相當粗獷,門西亞帶有新鮮與烤過的莓果香氣、微微的煙燻鹹鮮香與柔和的花香。

餐搭建議:稍稍冰鎮之後,酒體轉而較輕的門西亞甚至能搭配魚肉料理,例如**真鱈佐綠扁豆**。**慢烤豬肩肉**的搭配絕佳,也許一旁還可以附上煙燻馬鈴薯泥。門西亞與幾乎所有西班牙紅肉料理都是好搭檔。此品種更實用的特性是同時結合了鹹鮮香氣與輕盈口感,這表示門西亞能擺平幾乎所有難搞的晚宴。就像酒商公司 Bibendum Wine 的威利・萊布斯(Willie Lebus)告訴我的,黛安娜・亨利(Diana Henry)的「**烤耶路撒冷朝鮮薊雞肉佐鯷魚、核桃與巴西里醬**」的理想餐搭酒款,就是 Bierzo 產區的門西亞(此道食譜收錄在她的《每一天、每一種心情的雞肉料理全書》〔A Bird in the Hand〕,這是相當值得珍藏的一本書)。對絕大多數的葡萄酒而言,這道料理就像晚宴下半場投出的變化球,核桃的苦味、巴西里的綠葉氣息、鯷魚的鹹味,再加上奇怪的朝鮮薊,任何帶有香甜熟果的紅酒都會適應不良,而幾乎所有白酒都不帶有鹹鮮性質,也不具備相抗衡的份量。門西亞能優雅地化解難題,而且若是你會用到以上任何原料,門西亞就是一張王牌。

M

西班牙加利西亞（Galicia）的**填餡麵包**相當扎實，因此必須以紅酒搭配，而門西亞也能勝任。

釀酒人怎麼搭

西班牙 Bierzo 產區，Pittacum 酒莊的阿爾費多・馬奎斯（Alfredo Marqués）：

「燒烤肉類，如果找得到慢烤嫩山羊肉更棒。每年秋天從英國餐廳從業人士前來時，這道料理就是我們的明星菜！另一道有點冒險但幾近完美（也更有創意）的是用我們家酒款的酸度，搭配鹽烤真鱈。真鱈的鹽味和口感與門西亞的酸度及些微辛香料特性，相當合拍。不過，請盡量避免帶甜的醬汁，一旁也不用附上配菜（甜椒或番茄）。」

merlot 梅洛

風味描述：梅洛是一種很難辨認的品種，因為它具備各式各樣的香氣，不過梅洛經常帶有燉西洋李（damson）的香味。梅洛最顯著的特色是絲滑般的柔順口感。酒體最輕的梅洛，個性活潑、新鮮，並伴隨一點點溫和的樹葉氣息。到了氣候溫暖地區，一旦梅洛有機會生長至相當成熟，再加上酒液經過度萃取與桶陳，就能釀出如同厚重濃烈粗茶的酒款，這類酒款擁有高酒精濃度且密實，嘗起來帶有梅子、巧克力粉泡製飲品、黑莓、紅與黑甘草、辛香料與咖啡等調性。

梅洛柔和且易入口，沒有酸或單寧形成的尖銳。這般無害的個性讓它成為大眾市場的常客，在國際規模之下廣泛種植於世界各地，從美國加州、智利、澳洲再到南非，都有它的身影。梅洛常被嘲笑是最乏味無趣的紅酒葡萄，而且平心而論，市面上確實充斥許多廉價的無聊梅洛，這些酒款僅比甜甜的葡萄水果酒好一點。較優質的梅洛通常會出現在較冷涼的地區，例如美國索諾瑪、華盛頓州或瑪格麗特河流域，它們具備絲絨般的口感與細緻單寧。

在絕大多數的情況下，梅洛置身於混調酒款時表現最好。它就像是 Polyfilla 牌補土，穿梭其間，填補所有孔洞，弭平所有縫隙。梅洛還帶有讓其他品種展現各自特質的強大能力。一支混有 10％卡門內爾的梅洛酒款，卡門內爾的比例低到不需要在酒瓶的前標註明，單純標上「梅洛」即可，不過，酒款會因此瞬

間搖身一變成為遠遠更為有趣的酒款！Bergerac、瑪格麗特河與義大利中部的 Supertuscans，都可以在優質混調酒款裡看到梅洛。梅洛在其最受器重的波爾多名聲響亮，它在那兒不僅只是一種全球種植範圍最廣的葡萄，更是波爾多混調的關鍵角色，為卡本內蘇維濃表現怪異之處，帶進柔順與鮮美。由於梅洛在年輕時即易飲，釀酒商便傾向添加更多比例的梅洛，讓酒款能更早適飲。例如標上波爾多或波爾多精選的平價酒款。在以卡本內蘇維濃為主的左岸，一軍酒的卡本內蘇維濃之比例經常較高，而同一間酒莊的二軍酒則以梅洛為主。若是在波爾多右岸（St Emilion、Pomerol，以及周邊衛星產區 Lalande-de-Pomerol、Castillon Côtes de Bordeaux、Montagne St-Emilion、Lussac St-Emilion、Puisseguin St-Emilion 與 St-Georges St-Emilion），梅洛能真正閃耀它的天賦，在混調酒款中扮演主要角色。尤其是在 St Emilion，梅洛通常擁有水果蛋糕濃郁的辛香料香氣，以及陳放多年的潛力。百分之百純梅洛酒款在波爾多不常見，但當地的兩個例外創造了世界知名的頂級酒款，那便是 Petrus 與 Le Pin 酒莊。

餐搭建議：有時，單一梅洛酒款會比較不像讓你有「喔，它們真是美味搭檔」的感覺，反而比較像是一種正躺在沙發上看影集《紙牌屋》（*House-of-Cards*）時，一面單純喝下肚的紅色葡萄酒精飲品。換句話說，易飲怡人平價梅洛（尤其是來自智利帶有烤梅子與巧克力碎塊調性的版本），正好與想吃滋味豐富療癒食物的心情契合（口味在某種程度也相合）。梅洛亮麗圓滑的酒體，能完美搭配**牧羊人派（cottage/ shepherd's pie）**；捲入豆泥、起司與酸奶油的**墨西哥安吉拉達捲（enchiladas）**；**漢堡**；加上一塊苦味巧克力的加強版**墨西哥辣肉醬**；**燒烤醬**；以及**濃郁的醃肉料裡**。

　　來自澳洲與美國的鮮美梅洛，還有豐滿的梅洛與卡本內蘇維濃混調，也很適合搭配**甜美的烤豬後腿**；**一旁附上胡麻醬沙拉的牛排**；以及混入水果調性的羊肉晚宴，例如**紅醋栗羊肉漢堡**或羊肉佐紅醋栗醬。

　　鹹鮮調性較強的梅洛混調（例如來自 Bergerac 產區、波爾多或托斯卡尼），則適合搭配滋味豐富的**法式肉醬**或**肉凍**；**鴨肉料理**（法式煎鴨胸或烤鴨）；**烤牛肉**；與**燉肉砂鍋**。

　　以梅洛為基底的酒款之平均酒體，並不總是適合搭配食物，尤其是年輕酒

款。住在波爾多的葡萄酒專家兼作者珍‧安森（Jane Anson）聊過 St Emilion 產區的酒款：「近幾年某些極昂貴酒款的力道之強勁，盤中料理常無法招架。」安森說：「我喜歡尋找老年份酒款，這類酒款就像梅洛生長在黏土與石灰岩質土壤般完美。去年聖誕，我們開了一支 1985 年的 1.5 公升『Chateau Beauséjour-Duffau-Lagarosse』（現在已經改名為『Beauséjour』），這支酒已柔化至令人難以抗拒，裡面充滿黑無花果（Black Mission figs）、松露與皮革香，還有一絲溫柔的甘草氣息。它讓那頓中餐美味倍增。我記得那天還準備了**慢烤紅蘿蔔**，因為烤製時間很長，所以已帶有焦糖化。這些香氣對於滿載水果風味的年輕 St Emilion 酒款實在太過幽微。」

熟成的 St Emilion 酒款或其他以梅洛為主的波爾多酒款，搭上**烤牛肋**或**鹿肉**的大地風味都相當傑出。老年份 St Emilion 酒款的水果與巧克力調性較低，嘗起來有更秋季、帶皮革味且更均衡，非常適合搭配**小牛肉排佐馬鈴薯千層派**或**紅酒燉牛肉**。**胡桃南瓜、防風草、蕪菁與紅蘿蔔等烤根莖類蔬菜，再佐以鼠尾草或百里香**，一同享用也相當美味。傳統的美味拍檔則是**紅酒燉八目鰻（lampreys）**。我個人最鍾愛的 St Emilion 晚餐則是法式小酒館料理；各位不妨直接造訪位於 St Emilion 窄巷內的傑出餐廳 L'Envers du Décor。我上次在那間餐廳吃了一道類似**牧羊人派**的料理，**不過他們用的是鴨肉，而且頂端點綴了一些地瓜**。這道料理濃郁且油滑，再開一瓶「Château La Tour Figeac」之後，完全突破了美味的極限。

釀酒人怎麼搭

法國 St Emilion，Chateau Angélus 酒莊的史黛芬妮‧波哈德李沃爾（Stéphanie de Boüard-Rivoal）：

「黑松露燉飯是我的最愛之一。我會為了它特意挑選某年份的酒款，2000 年份相當理想，不過，如果有 1990 年份的酒款我當然也不會說不……。我也喜歡一塊搭配些許蘑菇的優質小牛肉。某些魚類料理也很適合我們家的酒款，尤其是比目魚。聽起來也許有點出乎意料，但只要酒款不會太年輕，挑選的也並非像是 1998 或 2001 年等重量級年份，便非常適合。」

法國 St Emilion，Château Troplong Mondot 酒莊。此酒莊的餐廳菜單設計是列上各支酒款，再為酒款搭配料理，如烤鴿胸佐香草；烤竹雞鑲甘藍菜與阿爾納德豬油（lard d'Arnad），並佐以烤防風草；慢燉雞腿與干邑白蘭地（Cognac）野禽高湯。

mourvèdre 慕維得爾

風味描述：慕維得爾（也稱為 mataro/monastrell）帶有一種浪漫英雄情懷。此品種的高單寧使其剛強且難親近，不過，在適當的條件之下，慕維得爾將轉變成迷人的粗獷，個性誠實正直且不帶缺點。

澳洲與美國加州稱之為「mataro」，而在西班牙則叫做「monastrell」，到了地中海法國一帶的沿岸又稱為「mourvèdre」。

慕維得爾深沉、具野性且稍稍粗野。其帶有高酒精濃度、刺激的地中海乾燥香草氣息，以及一點點紫羅蘭、舊皮革與農舍的影子，它為教皇新堡混調酒款增添了野禽的辛香，不過慕維得爾也喜愛陽光的溫暖，並在更南邊炎熱的盆地 Bandol 產區，臻至高峰，此處的慕維得爾帶有一種野生的優雅，成為混調酒款裡的支柱，這些混調酒款採用的品種包括格那希、仙梭、希哈與卡利濃。

到了澳洲、美國或西班牙，慕維得爾成為野性較收斂且擁有堅實架構的酒款，酒色如墨難以透光，帶有樹莓（bramble）香氣，以及些許甜紫羅蘭的特徵。在西班牙，慕維得爾常常是甜香地厚實，並帶有辛香型藍莓的柔美。

餐搭建議：Bandol 的慕維得爾鍾愛**百里香**與**大蒜**。充滿陽光的夏日傍晚，一旁**烤著紅椒、茄子與櫛瓜，一面淋上橄欖油與些許百里香**（如果再加上馬鈴薯千層派與綠色蔬菜沙拉就是一餐了），Bandol 的慕維得爾就是此時的完美絕配。此酒款濃重的香氣與**普羅旺斯燉菜**也很相襯，另外還有**普羅旺斯香草、米、黑橄欖與番茄鑲蔬菜**；**野蘑菇蔬菜燉肉（ragout）佐百里香**；**甜椒**佐大蒜與鯷魚青醬；同樣具備大蒜辛辣與溫熱辛香料的還有**法式北非香腸**。

雖然建議各位搭配**燒烤肉類**，聽起來很像超市酒款瓶後酒標會寫的建議，但是它們真的是美味良伴。Bandol 的動物氣息遇到炭烤架上肉塊表面黑黑的炭香，

極為美味，肉類可以選用優質的雞、珠雞或羊。

　　Bandol 最愛的肉類就是**羊**。即使還是生肉且還沒放上烤架，羊肉就已經帶有迷迭香的味道，而法國慕維得爾天生就有與乾燥香草共鳴的天賦。任何以**地中海香草**（月桂葉、迷迭香、百里香、大蒜等）調味的**慢燉羊肉砂鍋**，也都非常合拍。

　　澳洲與西班牙水果風格更強的慕維得爾（酒標寫的可能是 monastrell 或 mataro），能帶出濃郁**血腸**的水果調性，也能成為重口味肉類料理襯托孜然與香菜籽的角色。也許也可以試試搭配**菠菜、血腸與西班牙辣腸組成的沙拉；羊肉黑棗塔吉鍋**；或是**摩洛哥香料風的慢燉羊肉佐椰棗與扁桃仁庫司庫司**。各式風格的慕維得爾都具備能夠抗衡鹿肉與其他野味（如**雉雞、烤鴨、兔肉**與**松雞**）料理的深度。各位可以選擇帶有野味料理香氣的法國慕維得爾，以勾起優質風乾肉類的野性風味。年輕的 Bandol 酒款，則能以其香草特性與強烈的單寧劃開**杜松子鹿肉砂鍋**，或是搭配**法式燉兔肉佐百里香與起司風味滿盈的麵條**。

　　美國加州、澳洲與西班牙堅實且充滿水果調性的慕維得爾，則如同能夠由內到外溫暖全身；若是一旁還準備的燉鹿肉與義大利玉米糊，那麼，食物的濃郁程度與口感就會接近慕維得爾。我喜歡以直率的澳洲慕維得爾，搭配**生鹿肉與麻醬麵**，並且以深色果汁的西班牙慕維得爾，配上**紅醋栗洛克福起司羊肉漢堡**。

　　此品種也很適合搭配**油亮的牛肉砂鍋**，若是鍋裡加了黑橄欖、百里香、蘑菇或鯷魚，建議選用產自法國或澳洲的慕維得爾。

釀酒人怎麼搭

法國 Bandol Domaine Tempier 酒莊露露・佩羅德（Lulu Peyraud）的傳奇食譜，收錄在理查・奧爾尼（Richard Olney）撰寫的絕佳且頗具影響力之《露露的普羅旺斯餐桌》（*Lulu's Provençal Table*）。書中收錄了馬鈴薯佐焗烤酸模、烤沙丁魚、烤羊腿（gigot à la ficelle）、鯛魚佐茴香，以及她知名的經典馬賽魚湯，她正好喜愛以這道料理搭配一杯年輕且冰鎮過的 Bandol 酒款。拜訪過 Domaine Tempier 酒莊女主人的賓客們，都會談到在那兒嘗到了小塊吐司佐橄欖醬，還有以一碗蘿蔔搭配一杯冰涼的開胃粉紅酒「Tempier rosé」，此酒款的慕維得爾的比例為 50％。

希臘克里特島（Crete），Manousakis Winery 酒莊的阿富申・穆拉維（Afshin Moulavi）：

「放牧山羊。以希臘的料理風格在鐵鍋裡面慢烤，再加進馬鈴薯與些許迷迭香，以及一些增添甜感的大蒜。」

Muscadet 蜜思卡得

Muscadet 酒款堪稱海鮮白酒之王。這款不甜白酒是以生長在法國大西洋海岸南特河（River Nantes）河口附近的布根地香瓜（melon de bourgogne）葡萄品種釀造。這款葡萄酒相對中性，甚至有時會戲稱為「北方匹格普勒」（picpoul），並且擁有溫和的鹽味，另外也可能因泡渣（sur lie）強化了礦石風味、酒體與酵母香。樸實無華的 Muscadet 酒款能怡人地與**白肉魚**一起下肚，白肉魚料理包括鱈魚佐水煮馬鈴薯與巴西里醬等，另外也可以搭配**英式馬鈴薯鮮魚派**或**月桂葉魚肉串燒**，還有像是**蛤蠣義大利麵**（spaghetti vongole）等海鮮料理。Muscadet 酒款酒款與**法式白酒燴淡菜**的搭檔更是美味滿點。

M

muscat 蜜思嘉

蜜思嘉（也稱為 moscato/muscatel/zibibbo）是一個許多不同葡萄品種都能共用的名稱，這些品種並非都互相擁有親屬關係，不過它們釀成實際酒款時，都共同擁有一些相同的香氣與口感特質。蜜思嘉所釀成的酒款主要分成三個鮮明類型，分別是伴隨古龍水與橙花水香氣的不甜型白酒；甜型（但非極甜）的氣泡或微泡酒款，酒標通常會標為「moscato」（雖然兩種拼法是同義詞）；以及黏稠口感適當的甜型蜜思嘉。

不甜蜜思嘉：並非一種大受歡迎的酒款，但可以在西西里島（Sicily，此地的蜜思嘉稱為「zibibbo」）與西班牙找到優質酒款。**海膽義大利麵**與**坦都里印度烤雞**（tandoori chicken）都非常適合這類酒款。

甜氣泡蜜思嘉：這是一種怡人清爽的氣泡白酒，酒精濃度低，且聞起來像是一口

咬下新鮮綠葡萄時，一下子噴發出的花香。它也讓人想起香瓜、油桃與橙花油（neroli）。這類酒款的甜度是一種容易親近且不帶壓力的甜感。最迷人且細緻的甜氣泡蜜思嘉來自義大利北部，最知名的就是阿思提蜜思嘉（Moscato d'Asti）。此風格如今在美國與澳洲掀起一陣風潮，澳洲與美國的版本通常較少躍動的花香，而較多果香（包括油桃、鳳梨與楊桃等）。這是一款適合陽光普照的傍晚與週末下午，一旁再準備一大碗**草莓**、**油桃**、**舖上卡士達醬（crème pâtissière）的芒果塔**、**杏桃**或**烤水蜜桃佐玫瑰水**。另外，Contero 酒莊的米歇拉・瑪蘭可（Michela Marenco）也建議以她的阿思提蜜思嘉酒款「Moscato d'Asti di Strevi」，搭配新鮮起司，如史特拉奇諾起司（Stracchino）或新鮮的**戈貢左拉起司**。

甜蜜思嘉：小粒種白蜜思嘉是一個特殊品種，絕大部分釀成 Muscat de Beaumes de Venise 與 Muscat de St Jean de Minervois 產區的加烈甜酒，這些酒款擁有如同葡萄的新鮮感、橙花水的鮮活，其甜度同時也足以搭配布丁。可以一同享用的包括**瑪德蓮蛋糕（madeleines）**、**油桃**或**芒果塔**，它們能為**巧克力蛋糕**注入清新，同時也適合配上**柑橘香麵包與奶油布丁**。此品種也在澳洲釀有傑出的加烈酒款，名為 Liqueur Muscat 或 Rutherglen Muscat，這是一種十分甜的深色加烈酒，濃郁程度相當於蔗糖或焦糖，並帶有一些咖啡與糖蜜調性。Liqueur Muscat 搭配**冰淇淋（純冰淇淋**或**加果仁皆可）**、**胡桃塔**與**法式焦糖烤布丁（crème caramel）**都相當美味。到了西西里的離島潘特勒里亞島（Pantelleria），亞歷山大蜜思嘉（muscat of Alexandria/ zibibbo）會釀成另一種甜型酒款 Passito di Pantelleria，酒款帶有杏桃乾及水蜜桃佐淡焦糖。與聖誕**百果餡派**（Christmas mince pie）搭配也相當美味。

M

N

nebbiolo 內比歐露

風味描述：玫瑰與瀝青是品飲筆記常出現的單寧典型特色，這兩個經典特徵也是釀產 Barolo 與 Barbaresco 的葡萄品種內比歐露（也稱為 chiavenasca/spanna），始終揮之不去且因此享受榮耀的特徵。

我第一次造訪義大利皮蒙（Piemonte）時，嘗到了以卓越香氣 Barolo 酒款著名的 Chiara Boschis 酒莊酒款，當時我們在餐廳用餐，當料理與酒送到我們這一桌時，爆炸般的香氣就像是瞬間置身韓德爾（Handel）的哈利路亞大合唱（Hallelujah Chorus）現場，不過我們這桌很吵鬧，也許其他客人也可能有點嚇到。第二次，我站在阿爾卑斯山腳下 Proprietà Sperino 酒莊的家族葡萄園階梯上，在場另一位釀酒師路卡・德・馬爾齊（Luca De Marchi）試著解釋他對內比歐露的感受，他的感受已經接近神聖心靈感召的境界：

「我個人認為比起黑皮諾，內比歐露遠遠更棒。內比歐露的美妙之卓越，我甚至認為它已經超越了葡萄。內比歐露是唯一可以用『只應天上有』形容的品種，它已宛如一種精神境界。」

我可以理解他的意思。我曾有一陣子希望死後可以往生至 Piemonte 產區。這片位於義大利西北部的區域，十一月的霧氣漫入山谷時，就像是漸升的潮汐，義大利文「nebbia」的意思就是「霧」，其實這也是世上唯一可以找到內比歐露的地方。

Barolo 是兩種最知名的內比歐露酒款之一，擁有貴族風範，並以巧妙的方式展現獨有酒風（例如，來自 Barolo 村的酒款便帶有強烈的櫻桃白蘭地〔cherry-kirsch〕風味），另一方面，Barbaresco 則傾向為較早採收，盡力展現自己較平民的一面：較早適飲且更為開展與容易親近。Barbaresco 酒款經常伴隨更多紅色水果與玫瑰果（rose hips）的香氣，以及一股檀木與麂皮的暖心飄香。

內比歐露擁有大量單寧與鮮活的酸度，兩種酒款因此都會隨陳年累積風味，酒款年輕時嘗起來可能有些令人不適的尖酸與澀味。內比歐露通常不會被形容為富含果香，它常帶有豐富的秋季香氣，這類風味較接近鹹鮮調性。就像是從書頁之間飄出的玫瑰與紫羅蘭香。陳放時間越長，將孕育出更多皮革、土壤、酸櫻桃乾、瀝青、甘草根、薰香與松露等香氣。內比歐露是相當奇怪的葡萄品種，它無法自拔地散發出知性特質。

Piemonte 產區的釀酒師常會說：「生活變得太過匆促」，然而，雖然他們頑強抵抗二十一世紀的速度，最近甚至出現早飲型內比歐露的復興，這類酒款待在橡木桶中熟成的時間更短（有時甚至根本不過桶），而且年輕時便適飲。這類酒款通常會標示為「Langhe Nebbiolo」，雖然此標示的等級較低，但若是由頂尖酒莊推出，則通常會比價格稍低的 Barolo 酒款美味。

出了 Piemonte 產區（以及一旁的 Lombardy），全世界幾乎找不到第二個能種出美味內比歐露酒款的地方，不過，澳洲是出乎意料的第二個珍貴地區。比起義大利，澳洲風格的內比歐露更為柔和且野性較低，但依舊是美味無與倫比的內比歐露。

餐搭建議：內比歐露的鹹鮮與咬口，在面對**鮮奶油舒芙蕾**與**鮮奶油醬**、**蛋**與**起司**時，兩方形成了美妙的對比。餐搭的經典料理就是起司火鍋（fonduta），這是一種來自奧斯塔谷地區（Valle d'Aosta）的濃郁火鍋，由風提納起司、奶油與蛋黃製成，與年輕酒款的活力十分相襯。內比歐露也很適合一片黏呼呼的**洋蔥塔**。另一方面，此品種的高單寧讓其在遇上沙拉裡的**帶苦葉菜類**（芝麻葉、義大利紫菊苣與白苦苣〔white endive〕）時，就像是他鄉遇故知。因此，洋蔥塔或濃郁的起司舒芙蕾，一旁放上一碗冬季沙拉，再倒上一杯內比歐露，就是相當完美的晚餐。我在家常常會做**洋蔥鑲餡**，將洋蔥內層切碎拌炒些許迷迭香、帕瑪森起司或托瑪起司（Toma cheese）與鮮奶油，鑲進洋蔥外層，然後用義式生火腿全部包起來之後，再放入烤箱烤一下。各位可以再準備菊苣、番茄與紫菊苣沙拉，或是以這些蔬菜當作牛肉薄片與芝麻葉的邊菜，如此就能完成十分美味的晚餐。

內比歐露的秋季風味與秋季食物相當契合。此品種熱愛**南瓜**、**各式瓜類**與**蘑**

菇，所以各位可以嘗試南瓜鑲餡、**南瓜鼠尾草燉飯、烤瓜類佐烤豬肉與茴香籽、生熟蘑菇雙拌沙拉**，或是任何包進這些食材的力可達起司義大利餃。

內比歐露也有少許機會釀出某種程度的細緻與酒體較輕的年輕酒款，例如芳香型且未經桶陳的 Langhe Nebbiolo 酒款，或風格較為絲滑的 Barolo 酒款。這類酒款搭配鮪魚與小牛肉料理出奇地合拍，其他類似料理包括**小牛肉薄片佐鮪魚醬**（vitello tonnato），或是**燉小牛膝**（osso buco）、**小牛肉排佐煨茴香、義大利煎小牛肉**（veal saltimbocca，譯註：saltimbocca 的義大利文意為「跳進嘴裡」）。

越年輕的內比歐露酒款，越是撐得起油脂更高的料理。所以，年份越老且越是飽滿熟成的內比歐露，可以搭配肉質纖瘦的北義風乾牛肉；而年輕酒款則能夠劃開**鴨肉**或**鵝肉**料理的油膩。不論年輕或年老、豪華壯麗或低調謙虛（其實應該說是相對低調謙虛，因為我想不到有任何內比歐露會是真正的低調），任何內比歐露酒款只要與牛肉料理一同享用，就是極度美味。建議各位可以試試油亮的**慢燉牛肉砂鍋**（也許還可以加進一點蘑菇），再佐以**碎粒玉米糊**；炙燒牛排搭配薄鹽牛**骨髓**佐巴西里橄欖油沙拉；**義大利韃靼牛肉**（carne cruda，僅以橄欖油、鹽、胡椒與檸檬汁調味）。

Piemonte 產區的人們不僅知道如何釀出好酒，他們其實也相當懂吃。我曾經在 Serralunga 酒村的一間小酒吧，聽到一段讓我相當坐立難安的對話，當時一位當地人正以描述變種螞蟻奇怪進食細節的語調，形容英國人的飲食習慣：「他們會去超級市場買一種用塑膠盒裝，裡面是類似義大利肉醬麵的東西，然後帶著那盒東西回家，再放進微波爐。超噁心。」

同樣地，內比歐露對這類速食的好感也不高。不過，以好食材簡單料理出的「速食」，它則是相當喜愛；例如**小寬扁麵**（tagliolini）**佐奶油與優質起司**。由於內比歐露是特質相當鮮明的葡萄，再加上 Piemonte 產區的食物與飲酒文化環環相扣，所以最佳的餐搭概念便來自內比歐露的誕生地。

除了橄欖油地帶以北任何地區產出的經典鮮奶油與奶油，當地人也熱愛野生蘑菇與野味料理（**雉雞、鵪鶉**與**野兔**）；**燉小牛膝**（stinco di vitello）；各式各樣的自家豬肉薩拉米臘腸與辛香料香腸（例如 salsiccia di bra）。內比歐露遇上這些料理時，就像是回到了家鄉。它也很適合**米蘭燉飯**（risotto milanese）與**雞肝抹麵包**

片。

　　迷迭香、百里香與**鼠尾草**也都是很棒的內比歐露香草。各位可以嘗試在家料理《River Café 的簡單食譜》（*River Café Easy Cook Book*）一書中的**烤鵪鶉佐鼠尾草**：鵪鶉塗上橄欖油之後，裹上大量切碎的鼠尾草與海鹽，然後烤到表面焦脆。秋天時，我喜歡從倫敦蘇活區（Soho）的義大利熟食店 Lina Stores 買一點**南瓜義大利餃**（pumpkin ravioli），一旁再搭配融化的奶油，並撒上炒過的鼠尾草碎片。

　　內比歐露的土地特質與常帶有的粗獷口感，也讓它與**義大利玉米糊**與**鷹嘴豆**相處融洽。

　　而且我還沒提到**松露**。Piemonte 產區是極致精緻的**白松露**（tartufo bianco）之家鄉，當地每年十月中到十一月中都會舉辦 Alba 產區白松露展（Alba truffle fair）。如何享受香氣十足且麝香滿溢的松露？最簡單的方式就是削切在當地手工小寬扁麵上，或是在炒蛋上與起司火鍋裡也削切一點，又或是在舒芙蕾裡也加一點。

　　每當松露產季，所有當地人都會搖身一變成為松露獵人。我記得某位釀酒師曾經跟我說過，他家的垃圾兩個星期都沒人來收，因為清潔人員都跑去搜尋松露了。當地人一般也都能接受，因為這是相當合理的優先事項。我也看得出來為什麼。內比歐露與白松露都是飲食世界最頂級的體驗之一。

釀酒人怎麼搭

澳洲 Yarra Valley 產區，Luke Lambert 酒莊的路克・蘭伯特（Luke Lambert）：

「我最喜歡製作的料理或招待朋友的菜餚，就是三種起司燉野鹿肉醬千層麵，頂端再撒上黑松露。松露可謂是『腦中浮現的形容詞太多，真正吃進嘴裡的太少』，但它與我們的內比歐露可以說是完美絕配。」

　　「我們亞拉（Yarra）的野鹿，再加上番茄和香草一起慢燉而成的濃郁肉醬相當美味，然後夾在幾層我女兒手工擀出來的義大利麵片之間；我女兒只有六歲，但她也知道麵皮只能用蛋黃揉成，所以『輻射警告標誌黃』的麵皮代表的就是格外美味。接著，再加上份量很不健康的多莫山羊起司（Tomme de Chèvre）、康堤起司與帕米吉安諾起司（Parmigiano-Reggiano，譯註：此為

具歐盟認證的法定產區起司名稱，是有起司之王稱謂的正宗帕瑪森起司）。最後，在頂層削切上新鮮的黑松露，而這也是此道料理裡的關鍵食材。我的葡萄供應商之一格雷格‧克爾（Greg Kerr），其葡萄園是位於上亞拉的 Tibooburra Vineyard，他在十年前建立了一座松露園，每年七月都有小量但穩定的傑出松露收成。每當松露季到來，鹿肉千層麵就是內比歐露的良伴。」

義大利 Barolo，Cascina Fontana 酒莊的瑪利歐‧方塔那（Mario Fontana）：
「我比較喜歡在夏季喝 Langhe Nebbiolo 產區的酒款，微微冰鎮過，再搭配加了些許紅洋蔥的番茄沙拉。至於 Barolo 的酒款，則有兩個不同的時機可以品嘗。我最愛的是以年輕酒款搭配皮蒙經典燉肉料理，先以 Barolo 酒款燉煮一大塊牛肉，裝盤時再淋上燉汁的濃縮。接著，第二個品嘗 Barolo 酒款的時機，就是家族中午聚餐過後，開一瓶陳放超過二十年的老酒。我記得我還小時，每次家族午餐過後，大人們都會開一瓶老 Barolo 酒款，然後花兩、三個小時光坐在那兒聊天，那時我完全搞不懂那是怎麼一回事。現在我懂了，而且每當我開一支老 Barolo 酒款時，這段回憶總是會再度浮現。」

最後，有人告訴我 Aldo Conterno 酒莊的二兒子**阿爾多‧康特諾（Aldo Conterno）**，被問到品嘗自家 Barolo 酒款時會搭配些什麼時，他常常會回答：「配電視。」

nerello mascalese 馬斯卡斯奈萊洛

這個西西里品種能釀出酒色淺且令人興奮的紅酒，它們根植於埃特納火山（Mount Etna）山坡上的火山岩質土壤。此品種酒款的輕酒體與展現地區風土的能力，也讓它常被拿來與黑皮諾比較。不過，此品種通常帶有較強烈的粗獷與草本性質，這是一種會讓人想起鐵鏽、紅茶、煙燻、礦石、辛香料，以及絲綢與野生紅莓的酒款。我會選擇以同樣具備野性面向的食物搭配。如果各位想要製作義大利麵醬汁與之搭配，需要選用**適合的義大利培根**，那是帶有些微濁味、野性與不太乾淨的培根。此品種也很適合配上帶有大地風味的**西西里鷹嘴豆炸團（panelle）**、

炭烤沙丁魚，或是樸質的香腸與薩拉米臘腸卡拉布里亞麵疙瘩（'nduja gnocchi），又或是西西里魚燉鍋。最棒的是搭配簡單且風格又不會太簡練的南義料理。

nero d'avola 黑達沃拉

黑達沃拉繁盛生長於西西里島，並釀成擁有梅子、桑葚、紅梅乾、蔓越莓，以及陽光烘烤大地的香氣。酒款可能是酒體中等或清新鮮美充滿活力，如果經過橡木桶陳年，則會深沉且帶有豐富辛香料氣息，同時摻著一點菸草特性，不過質地也經常因此較為柔軟。酒體較輕的酒款（還有像是此品種與弗萊帕托〔frappato〕混調而成的 Cerasuolo di Vittoria 酒款等）非常適合搭配魚類料理，尤其是沙丁魚或鮪魚等富油脂的魚類，但也適合與番茄醬汁一起烹煮的白魚肉。黑達沃拉在面對結合了強烈風味與熟果特性的棘手西西里菜餚時，也能取得完美的平衡，這道料理就是西西里沙丁魚麵（pasta con sarde），以松子、沙丁魚、茴香葉、葡萄乾、洋蔥與辣椒做成的義大利麵。此品種配上酸甜的肉類料理的表現其實也相當傑出，例如糖醋兔肉（coniglio in agrodolce）或西西里茄子燉菜（caponata）。說到茄子，幾乎是藏身在任何料理之中的茄子，都很適合黑達沃拉絲滑的特質，各位可以試試西西里諾瑪茄香麵（pasta alla norma）；櫛瓜、橄欖油與香草煎茄子；茄子鑲力可達起司或茄子鑲羅勒與菲達羊起司（feta）；茄子塔吉鍋；石榴籽、甜椒與茄子沙拉；烤茄子佐番茄與青醬；鰻魚燒茄子。你應該知道我想表達什麼。此品種擁有一種能夠與石榴籽閃爍的微光相襯的果香，這些石榴籽可以加在雞肉沙拉，或撒上一點現磨的哈羅米起司沙拉中。肉感較強的過桶酒款則適合……，嗯，肉類料理。各位可以試試肉汁飽滿的豬肉漢堡；越南五花肉刈包；燉牛尾；或慢燉豬肩佐辛香料、椰棗與扁桃仁庫司庫司。

orange wine 橘酒

橘酒擁有美麗的琥珀酒色，這是一種很小眾但逐漸開始流行的酒類，源自於喬治亞（Georgia）並以白葡萄釀成，但如今已遍布全球。做法便是讓葡萄皮留在發酵中的葡萄漿（must）裡，浸泡的時間為數天、數週到數月不等，酒液此時會與葡萄皮中的色素與單寧接觸。如此釀成的酒款就會帶有特別的質地與咬口的感受。風味方面，橘酒帶有的風味當然決定於採用的葡萄品種，但是因為單寧，橘酒的香氣則較為幽微，而且比較不會出現像是「醋栗、金桔、檸檬」等，用來形容一般白酒的水果籃式描述。由於少了產生衝突的尖銳風味，因此橘酒是相當傑出的餐搭酒種。溫和又獨特的口感質地也是餐搭加分特點。但關於該選擇什麼食物則無須太傷腦筋，大概幾乎任何清淡的食物都會很合拍。我尤其喜歡以橘酒搭配**小螯蝦（langoustine）**或**螃蟹義大利麵**。橘酒在遇上難以餐搭的食物時，也具備站穩腳跟、不被動搖的能力，例如裝滿大蒜與許多愛出風頭香氣的**中東開胃小點（meze）**，另外像是 Ottolenghi **餐廳的沙拉**，大量的香草、辛香料與酸甜醬就是一般葡萄就難以招架的對手。

picpoul 匹格普勒

　　帶鹹且清新，匹格普勒曾有「南方 Muscadet」之稱。不過，現在的匹格普勒變得相當流行，甚至可能比較常聽到人們用「北方匹格普勒」推薦 Muscadet 酒款。據說，在古老的歐克（Oc）語言裡，匹格普勒一詞意為「唇上的刺」，而且在朗格多克的乾燥炎熱地中海氣候中，picpoul de Pinet 產區酒款能有如此清新爽快的個性，有時實在令人訝異。許多 picpoul de Pinet 產區的葡萄園，都位於俯瞰巨大鹽水潟湖拓湖（Bassin de Thau）的山坡上。當地品飲匹格普勒的方式，就是搭配當地現挖的新鮮**生蠔**。此品種搭配**海鮮**相當美味，不論是**法式白酒燴淡菜、明蝦雞尾酒沙拉**，或一般通常會簡單地直接**以白酒料理白肉魚**。我真的很喜歡用匹格普勒配上**墨西哥魚肉捲餅**（fish burritos），魚肉泡在孜然、香菜、新鮮香菜、辣椒與橄欖油的迷人醬汁中，再與萊姆美乃滋、切半的櫻桃番茄與一些塊切小黃瓜，包進柔軟的**玉米捲餅**中。絕大多數的墨西哥魚肉捲餅都夠鹹又開胃，絕對會無法自拔地一直抓起手邊的任何飲品，大口喝下。

pinot blanc 白皮諾

風味描述：在義大利北部，白皮諾（也稱為 pinot bianco/weissburgunder）擁有淡淡柑橘香且爽脆。它擁有如同馬賽克般的縝密，以及冷凍伏特加的精準。到了阿爾薩斯，白皮諾會釀成氣泡酒與非氣泡酒，這裡的白皮諾則較為圓潤、稠度高，甚至有煙燻與麝香調性，同時帶有些微混濁。在奧地利，稱為「weissburgunder」的白皮諾傾向釀成較為嚴肅的酒款，有時會以木桶陳年。而美國奧勒岡白皮諾的個性則是清新、明亮。

餐搭建議：白皮諾是超級不為人所知的開胃酒，是能在味蕾留下鮮明印象的美

味清新酒款。較為爽脆的酒款很適合搭配塞滿鮮蝦與金柑的**越南春捲**，或是**中東烤雞肉串佐柑橘與茴香沙拉**。幾乎各種風格的白皮諾都適合與**壽司捲、港式點心**及**貝類鮮蝦雞尾酒沙拉**一起享用。另外，帶有麝香且質地較稠的阿爾薩斯白皮諾，則很適合搭配**法式鹹派、鬆軟的洋蔥塔、白蘆筍塔、軟質白起司**與**德國酸菜**（sauerkraut）。

釀酒人怎麼搭

來自法國布根地的**家族酒莊 Domaine Henri Gouges** 釀有俏麗、美味且令人驚豔的白皮諾，**奧德利亞・古傑—海恩斯（Aurelia Gouges-Haynes）**表示：「布根地的午餐可以選擇火腿肉凍。如果在倫敦，可以先點海鮮。」

pinot grigio 灰皮諾

風味描述：灰皮諾（也稱為 pinot gris/grauburgunder）有個約定俗成的特點，也就是當你看到「pinot grigio」一詞時，就能期待喝到爽脆、不甜且中性的酒款，其中或許會再添加一絲柑橘與礦石的調性；相反地，若是酒標上寫著「pinot gris」，酒款則通常會是微甜、帶有花香（例如玫瑰花瓣），而且口感飽滿且厚實。

共通點最少的「pinot grigio」，其隱身特性能強烈到幾乎感覺不到它的存在。因此，此類酒款同時極受歡迎，也極不討喜，討厭它的人會嘲笑其了無生趣地乏味。我其實不太習慣這些對於「pinot grigio」酒款的抨擊，這是一種簡單、冷冽且留有微微檸檬痕跡的酒款，是午後或傍晚的完美解渴飲品。義大利是這類酒款的生產龍頭，有時甚至讓我幻想當地應該有座「灰皮諾湖」。其他歐洲國家（尤其是匈牙利）則善加利用這點，有時會在設計得極具義大利風格的酒標，若無其事地印上「pinot grigio」。

義大利也有釀產令人驚豔的灰皮諾。北部 Alto Adige 與東北部 Friuli-Venezia Giulia 位於 Collio、Colli Orientali 與 Isonzo 產區）的山區，可以找到輪廓鮮明如雕刻般精確的酒款，其純淨特質更讓它飲來相當怡人。

選擇將灰皮諾釀成更豐郁且香氣更強烈酒款的釀酒人，通常也會很貼心地選擇在酒標標示「pinot gris」。阿爾薩斯灰皮諾酒款的這項特色更為明顯，酒液帶有

P

辛香料與各式香氣，另外還可能出現金銀花、橙花、薑與麝香特色，以及一抹煙燻味。阿爾薩斯的灰皮諾也可能釀成不甜、微甜、中等甜度等酒款，或是以手工選粒摘採果實而釀成的極甜甜點酒。另外，雖然紐西蘭的灰皮諾一樣充滿花香，但風味通常較為單純且純淨，此地的微甜（殘糖濃度大約是 7 公克／公升）灰皮諾目前極為流行。美國奧勒岡也是角逐灰皮諾市場的選手之一，不過此地通常會釀成不甜酒款，並帶有水果調性與甜瓜香。

灰皮諾是為人所熟知的白酒葡萄，但它的果皮其實是粉紅色且帶斑點，所以灰皮諾也可以釀出頗為粉紅色（法文的粉紅色就是 gris）的酒款，或是，如果發酵中的葡萄果汁與充滿色素的果皮接觸更長的時間，酒款就會擁有意想不到的深酒色。

餐搭建議：「Pinot grigio delle Tre Venezie」是我最早會在餐廳點酒犒賞自己的酒款之一，那是我還是大學生的時期。當時，帶有柑橘類清爽的灰皮諾對我而言是重要的升級，我們在特殊時刻才會去一家叫做 Dôme 的咖啡連鎖店吃一頓，然後點一杯很可怕的大學酒吧紅酒。我現在依然很喜歡以灰皮諾搭配 **Dôme 的沙拉**；裡面會有捲捲的菊苣或蘿蔓，還有切成大塊的酪梨、炒肥豬肉丁與一點現磨格律耶起司。把生菜、酪梨與炒肥豬肉丁在盤中擺好，然後撒上格律耶起司，接著在炒肥豬肉丁的鍋子裡倒進葡萄酒醋並加熱，記得把所有煎得焦脆的小碎肉都刮下來，當酒醋溫熱之後倒在沙拉上，起司會因此微微地融化。一旁準備硬脆的鄉村白麵包，以及一杯爽脆的灰皮諾。

如果手邊有一支如雪花結晶般溫柔精確的 Collio 產區灰皮諾，我會拿出擺上**史特拉奇諾起司**（一種新鮮、年輕又濃郁的牛奶起司，來自 Veneto、Lombardy 與 Piemonte）的木盤、**鮮美多汁的西洋梨切片**（別削皮，讓它仍保有其果皮的口感），以及**義式麵包棒或麵包**。

不甜灰皮諾也很適合搭配滋味香甜且雅致的**白肉魚薄片（干貝或海鱸）**；**鮮蝦義大利麵佐生番茄醬**；**紙包白肉魚**；**鮮魚佐巴西里醬**；**海鮮派（ocean pie）**。其實就是任何細緻或或柔滑的海鮮或白肉魚料理，因為此酒款扮演的角色就是每口之間味蕾的洗刷。

純淨的灰皮諾酒款也可以適合**青醬義大利麵**（雖然我通常比較喜歡選擇風格再銳利、帶鋒角一點的酒款）；**莫札瑞拉起司**；**松子茄子沙拉**；**培根蛋義大利麵**等濃郁柔滑的義大利麵；**蘆筍**；**碗豆或海鮮燉飯**；或是**清脆的越南春捲**。

口感與酒體較為豐厚的微甜灰皮諾（尤其是來自阿爾薩斯、帶煙燻特質的酒款），搭配煙燻或加了起司的料理也相當美味，例如**濃郁義大利麵醬汁中的煙燻火腿或煙燻起司**。各位也可以嘗試搭配**起司通心粉、薩瓦多莫起司**（Tomme de Savoie），或是**阿爾薩斯火焰烤餅**（flammekueche），這是一道阿爾薩斯當地特殊料理，由一張餅皮邊緣酥脆且幾乎烤焦的薄披薩麵皮為底，上頭撒上起司與培根。

微甜或中等甜度的灰皮諾與**辛香料調味的料理**真的很合拍。令人精神一振的香氣與溫柔的香甜，兩者能在**椰奶咖哩醬**（例如**泰式綠咖哩**）中美妙地融合。彼得‧戈登（Peter Gordon）的**泰北綠辣椒醬**（nam phrik num），以芒果醬、薑、辣椒、香菜、魚露與薄荷製成，不論是烤、煎或**水煮鮪魚菲力**（也可以換成雞肉），都能以泰北綠辣椒醬注入活力，而此醬汁與微甜灰皮諾簡直是完美夥伴。

其他與微甜灰皮諾搭配得宜的辛香型料理，還包括**哈里薩辣醬烤鵪鶉、烤豬肉**，或**五香粉、大蒜與醬油醃烤豬五花**。我也喜歡以灰皮諾搭配**烤鴨佐醬油與海鮮醬**，或是**法式香橙鴨胸**（duck à l'orange）；鮮美的白酒再搭配入口即化的柔軟肉質以能以完美形容，另外，料理中的柑橘比較適合白酒，而非紅酒。

釀酒人怎麼搭
紐西蘭馬爾堡，Nautilus 酒莊的總經理克里夫‧瓊斯（Clive Jones）：
「跟我們家微甜灰皮諾最合拍的料理之一，就是大蒜與薑炒鮑魚。此酒款帶有口感質地，並非僅僅只是等待其他滋味穿過的背景。」

pinot noir 黑皮諾

風味描述：黑皮諾（也稱為 spätburgunder/blauburgunder）相當難以種植，然而當一切都對了，就會宛如魔法。Domaine de la Romanée Conti 酒莊擁有者奧貝爾‧德維蘭（Aubert de Villaine）曾說過：「黑皮諾並不存在。它是鬼魂。」最佳黑皮諾酒款是自然而然地卓越，其步伐極其輕柔，宛如一首沒有間斷、流暢優雅的樂章。

我曾經見過一個大男人在啜飲地一口黑皮諾時，為其流下熱淚；而且兇手通常不是 Domaine de la Romanée Conti（DRC）酒莊，就是 Domaine des Lambrays 酒莊的特級園 Clos des Lambrays。

優質的評價黑皮諾則是完全不一樣的酒款，但一樣能帶來極大的美妙體驗，尤其是喝下年輕黑皮諾的生氣蓬勃時。年輕黑皮諾可以柔軟圓潤到幾近香甜，或塞滿鮮沛的活力與多汁鮮脆的紅莓。不論風味或外觀，黑皮諾永遠都是輕盈的品種，但骨子裡同時總是刻上生長產地的印記。

布根地是黑皮諾臻至品質巔峰，並擁有幾乎夢幻般表現的地方，雖然此處最佳酒款要價陡升且產量極小；維護此類酒款資產需要計畫、堅持，通常還有很多預算。這也是一個複雜且劃分為眾多碎塊的區域。此地的葡萄園面積並非以其他地方使用的公頃，而是公畝（公頃為公畝的 100 倍）。複雜難解如拼圖般的地塊與所屬酒農，讓布根地葡萄酒必須花上一輩子認識。布根地黑皮諾的風格，從清淡、透淨與透著櫻桃香的夏隆丘（Côte Chalonnaise）梅克雷（Mercury）；豪華如緋紅天鵝絨的 Pommard；扎實、擁有鋼鐵般架構與結實黑色水果風味的夜聖喬治（Nuits-St-Georges）；再到帶有相當野草莓與櫻花香氣的莫瑞—聖丹尼村（Morey-St-Denis）。最謙遜低調的布根地黑皮諾酒款可以在酒標看到「Bourgogne Rouge」，如同鉛筆素描一般精確、圓滑且細緻。「Bourgogne Rouge」的優質酒款相當受人喜愛，因為一旦經過陳放，酒中屬於葡萄肉體的特質開始崩解，留下秋日樹葉並溫柔地衰退。那兒的大地景色似乎悄悄從杯中浮現。

出了布根地，其中最晚近加入行列的紐西蘭，是釀有最令人興奮黑皮諾的國家，其品質之傑出凌駕於眾多國家之上，並已攀上偉大的邊緣。紐西蘭的黑皮諾較為明亮且更多精確的特質，更多果香而較少大地調性。紐西蘭 Central Otago 可以找到豐厚且強烈，並帶有覆盆子與烤水果的深沉香氣，以及淡淡的紅茶、咖啡與乾燥草本植物香。到了馬爾堡，黑皮諾似乎變得滑順、輕盈且清新，如同黑皮諾的女高音，以其香氣擊中鼻嗅裡的最高點；經典的馬爾堡黑皮諾風格則是介於兩者之間。

澳洲則可以在塔斯馬尼亞島（Tasmania）找到傑出的黑皮諾（擁有細緻的輪廓，並且高亢而明亮），另外在維多利亞地區的 Geelong、Gippsland、Yarra 與

Mornington Peninsula 產區，都可以尋得優質酒款，這裡的黑皮諾會溫柔地開展，就像是牡丹花瓣，集繁華與優雅於一身。回到歐洲，德國也相當重視黑皮諾，1980 至 2012 年種下了超過原有三倍之多的黑皮諾，創造越來越令人印象深刻且值得盛讚的成果。德國的黑皮諾通常鹹鮮且嚴峻，帶有鮮明的線條與大地調性的伏流。而奧地利的黑皮諾則較為滑順且產量稍稍高一點。

另外，美國、加拿大、美國奧勒岡與加州部分地區，例如俄羅斯河谷（Russian River）；索諾瑪（Sonoma），為熟果、親切且酸度較低的風格；卡內羅斯（Carneros），風格直接，但帶有怡人的多酸；以及蒙特雷（Monterey），鬆軟且富果香，並帶有甜點香氣。這些地區皆穩健地打下出產優質黑皮諾酒款的名聲。到了更南邊，智利努力發展較冷涼地區的黑皮諾，例如 Bío-Bío 與 Malleco 產區，而且也的確有很好的成果，我發現些地方是獵捕爽脆且富紅色水果風格的平價黑皮諾的好地方。南非的黑皮諾風格則傾向骨架較雄壯且堅實，並經常帶有煙燻、甘草與鮮味。

另外，黑皮諾也當然是法國香檳區種植最為廣泛的葡萄品種。

餐搭建議：不論任何等級，絲綢般的黑皮諾搭配**烤牛肉**都是絕妙，不論是肋排、菲力或簡單的臀肉（topside）。黑皮諾的清雅代表其相當適合搭配半放牧**豬肉**（甚至還可以搭配茴香脆皮燒肉，不過別加上蘋果醬），以及**小牛肉**（牛排或小牛胸線都很不錯）。它也是與鴨肉料理一起享用的終極酒款，幾乎找不到比黑皮諾更適合**鴨肉**的品種了。想像一下，烤全鴨那充滿肉汁又入口即化的肉質，被稍稍冰鎮過的黑皮諾劃開。或是帶著脆皮的肥美粉紅鴨胸，配上讓人想起夏日莓果的輕柔絲滑黑皮諾。還有**煙燻鴨肉及豌豆，再加上萵苣與義大利培根**一起烤過之後，開一瓶來自任何產區如春天般的黑皮諾酒款。此品種酒款與雞肉也很合拍，雖然我比較喜歡搭配像是 Label Anglais 販售的肉感較強且口感更結實的雞肉，一旁也許還可以再放上一點**烤小馬鈴薯佐百里香**，或是做成**法式燉雞**（chicken fricassee），而黑皮諾能強化雞肉具嚼勁的一面。黑皮諾通常也是**野禽料理**的餐搭首選，但請記得獵到的野肉吊掛風乾的時間越長，就要選用年份越老的酒款，因為葡萄酒與野味都會隨著時間提升風味。

黑皮諾也可以是魚肉料理的好夥伴，例如**肉質柔嫩的粉紅鮭魚菲力**，不論是煎或炭烤都很適合，像是以索諾瑪黑皮諾配上明火燒烤的紅鮭（sockeye salmon）；**香煎鮪魚；紅鯔魚（red mullet）**，或是以小牛肉高湯燉紅鯔魚；**義式生火腿包進肉感十足的鱈魚**。黑皮諾也很適合與法式肉凍一起享用，例如**豬肉、開心果與鴨肉肉凍，再加上百里香**。

黑皮諾甚至可以稱為百搭，它既可以與經典搭檔**紅酒燉牛肉**奏出美妙滋味，也與**壽司**或以**亞洲辛香料醃過的牛肋排**契合，但是請記得順著酒液的指引你感受盤中那些被突顯的各種香氣。

我喜歡以活潑歡鬧的布根地年輕酒款，搭配**煎羊排與春季蔬菜**。更多土地與鹹鮮風味的老黑皮諾，其本質尤其貼近**蘑菇、松露、辣根**與**胡椒籽**。所以，各位可以嘗試準備一支布根地紅酒或風味較複雜的紐西蘭黑皮諾，再端上一盤**蘑菇燉飯、經典的烤牛肋排**，或是**起司通心粉佐以奢華的松露或牛肚菌**。

較明亮且豐厚的酒款（我會特別選擇來自紐西蘭、澳洲、加州與智利），或是年輕的酒款（可以選擇鮮美多汁莓果風格的酒款，而不是光譜另一端的纖瘦、鹹鮮風格），這兩種風格的酒款與水果都很合拍，例如**無花果、黑莓、覆盆子、蔓越莓與莓果乾**（像是烤鴨佐櫻桃）。這些甜美熟果風格的酒款，也很適合**巴薩米克醋**（balsamic vinegar）的濃厚，還有**烤胡桃南瓜**與**地瓜**等各式烤根莖類蔬菜的料理。經典餐搭組合之一，就是年輕酒款與**烤鴨佐紅洋蔥、甜菜根、紅蘿蔔及防風草，或是小圓麵包豬肉漢堡**。南半球的黑皮諾或加州年輕酒款中的莓果風味，極為適合**感恩節大餐**，這類酒款擁有一種強烈吸引**蔓越莓醬**的明亮特質。另外，它們也很適合**烤雞**或**慢燉豬肩佐烤地瓜，並撒上辣椒與薑**。我會選擇這些調性較強且更華麗的黑皮諾（尤其是來自 Central Otago 與智利的酒款），搭配戶外**炭烤豬肉**，事前以巴薩米克醋、番茄醬、橙橘、大蒜與煙燻紅椒粉（paprika）製成的濃稠醬汁醃過；以**辛香料調味的鮮甜紫甘藍；烤豬；油封鴨**，須佐以義大利培根，以及**榛果高麗菜沙拉、燉洋梨與酥脆的馬鈴薯**（這道料理來自 Central Otago 卡里克〔Carrick〕一家相當傑出的餐廳）。粗獷但擁有明亮香氣的智利黑皮諾，若是遇上**糖醋豬**或**以海鮮醬料理的鴨肉**，也是十分合拍。

輕盈柔軟且如同高昂音調的年輕馬爾堡黑皮諾，尤其適合配上**一分熟的牛排**

P

沙拉，裡面加上各式香草、芽菜與亞洲醬汁。例如，撒上米碎的泰式牛肉沙拉，再淋上以萊姆汁與魚露做成的醬汁，最後覆上新鮮薄荷葉與紅蔥片。

　　若是較為鹹鮮且草本調性較高的酒款（例如「Bourgogne Rouge」或 Givry 產區酒款，又或是礦石風味鮮明的德國與奧地利黑皮諾），則與**小牛肝、培根與小牛胸腺**合拍。這類酒款也能駕馭**薄荷、茴香、細葉香芹、龍蒿**與**辛辣的醃紫甘藍**（請別一次搭配全部）。我常會在家料理這道簡單晚餐，**力可達起司新鮮義大利寬麵佐薄荷葉與無花果**，如果有朋友要來，我還會再準備慢烤豬肉佐大蒜與茴香籽。我曾經開了一瓶德國的黑皮諾「Schneider Weiler Schlipf Spätburgunder CS」酒款搭配，德國酒的冷涼與礦物風味的線條與這兩道料理的搭配都很迷人。

　　同樣是草本與辛香料調性強的堅實黑皮諾（也許來自夜聖喬治或 Central Otago），相當適合搭配濃郁且富大地風味的**杜松子**，例如**豬肉鑲杜松子、百里香、香菜籽與到一點細碎的檸檬皮**。

　　黑皮諾擁有良好的酸度，所有它能直接劃開經典法式料理的濃郁醬汁，同時也能夠與包含了**照燒醬汁、芝麻、辣椒與醬油**的亞洲風菜餚抗衡。酒款越是年輕充滿活力，料理就能添加越多辣椒、醬油、鹽或鮮奶油。一種平衡的概念。

　　如果遇到必須緊急拿出一支高階紅酒上桌（大約是 15 ～ 20 歐元），我的首選會是黑皮諾。它是終極的餐搭酒款，它與所有東西都可以搭配（嗯，幾乎所有東西），我尤其熱愛它可以一支酒搭配整頓晚餐所有料理，不帶有任何差錯。

　　成熟的布根地或其他優質酒款，最好可能是單獨品飲，或搭配盡可能簡單的食物。如果你想要搭配食物，那麼，帶有蘑菇香氣的優質老酒，可以搭配擁有微微野味調性的禽類料理，但野味特質太重便會掩蓋酒款的細緻風味，各位可以選擇**竹雞、鵪鶉、烤雉雞與鵝**，或是簡單烹調的**小牛肉**或**肉質結實且優良的雞肉**。

釀酒人怎麼搭

南非天地谷地（Hemel-en-Aarde），Hamilton Russell Vineyards 酒莊的奧莉薇・漢米頓・羅素（Olive Hamilton Russell），著有《暢遊漢米頓羅素酒莊》（*Entertaining at Hamilton Russell Vineyards: A Year on a Cape Wine Estate*）：

「許多朋友在拜訪我們之前，都會寄電子郵件強調：『拜託了，蘑菇燉飯。』

我們很喜歡在莊園裡搜尋蘑菇，我們大概能找到五種牛肚菌。其中一種牛肚菌的菌帽帶有一點黏液，現切並不特別美味，所以我們會先用烤箱烘乾，然後用咖啡磨豆機磨成蘑菇粉。我們的燉飯高湯就是用這個蘑菇粉調味，所以味道深沉豐富。我們也會加一點馬麥酵母醬。如果我們真的有閒又想賣弄一下，我會再準備肉乾義大利餃（biltong ravioli），或者有時我還會做五種內餡口味不同的義大利餃。製作牛肉乾義大利餃的要點，就是牛肉乾必須非常乾，然後用咖啡磨豆機磨過，接著與細切的蘑菇及少許橄欖油一起炒，這時我們偶爾也會再加一點馬麥醬或保衛爾醬。這就是內餡。然後，我會再做醬料，醬料裡有時會加上一點新鮮牛肚菌，有時加進微量辣椒，因為一點點辛辣的調性與年輕黑皮諾較年輕且較有侵略性的單寧很相襯。我們也發現鹹味能填補一些年輕酒款缺少的舌中（mid-palate）風味，同時點亮紅色水果調性。最後則以現炒鼠尾草結束晚宴。」

法國布根地，Domaine des Lambrays 酒莊的帝里‧隆布萊（Thierry Brouin）：
「我們的酒款試著尋求細緻、優雅與複雜，所以不適合搭配太複雜的食物。布雷斯雞（Bresse Chicken）或小牛肉佐蘑菇皆可。」

紐西蘭馬爾堡，Staete Landt 酒莊的魯德‧馬士丹（Ruud Maasdam）：
「想像一下，表面輕輕煎過，內部依舊粉嫩。我們家黑皮諾的辛香性質（大約是介於荳蔻與肉桂）能透過肉類料理強化。我會用我家的烤架自己料理（不過應該要更常這麼做）。」

紐西蘭 Central Otago，Felton Road 酒莊的奈傑爾‧格里尼（Nigel Greening）：
「說到黑皮諾，人們通常會選擇以肉類或肉質較結實的魚類搭配。其實另外還有一些有趣的方向，例如馬鈴薯。我曾經在 Domaine de l'Arlot 酒莊與釀酒師尚一皮耶德斯梅（Jean-Pierre de Smet）度過了一個難忘的傍晚。我們坐在廚房花園喝著幾支老酒，然後吃著烤手指馬鈴薯（這些馬鈴薯種在 Clos de l'Arlot 葡萄園，所以是一級園馬鈴薯！）佐百里香（還有我們自己的手指）。如果是

我們酒莊的黑皮諾，我曾喝過最佳餐搭是以我們的『Block 5』，搭配焗烤日本烏龍麵佐鮮奶油與黑松露。我也做過鹹鮮的翻轉豬肉塔，我用青蔥、檸檬與防風草代替蘋果（然後用奶油替換糖）。接著把塔翻轉過來，小心地在塔裡放入表面焦脆的慢烤豬肉。當然，這道料理的發想就是用來挑戰降血脂藥是不是真能救人一命。」

美國索諾瑪海岸，Hirsch Vineyards 酒莊的潔思敏·赫希（Jasmine Hirsch）：
「幾年前，我父親曾寫過有關我們酒莊酒款他最喜歡的餐搭方式。其實，他寫的內容比較與特定地區葡萄酒與食物搭配背後的情感與歷史演進，而非餐酒搭配本身：

> Hirsch Vineyard 酒莊的位置望得見太平洋，在距離太平洋沿岸不到三英里的索諾瑪羅斯堡（Ft. Ross）。在我 1978 年來到此處時，這裡是一座綿羊牧場。草原與海灣四處都有蘑菇、野生綠色蔬菜、生蠔與淡菜。野生的火雞、鹿、豬、鵪鶉、鴿子與各種野禽皆棲居於此。許多肉質極為鮮美的鮭魚在此處水域悠游，並在上游產卵（如今已成為過去式）。Hirsch Vineyard 酒莊的葡萄園一貫地產出擁有絕佳平衡性的酒款，此地的特殊風土也賦予酒中良好的酸度架構，因此很適合搭配生魚與牛排；燉魚或以漫遊此地的野豬料理出的佳餚；又或是用我們鄰居至今依舊豢養的羊隻做成的羔羊料理。

「而我自己最喜歡的搭配，則是以我們酒莊的黑皮諾（尤其是在酒窖陳放數年後）與簡單的烤雞一起享受。這是我最愛的食物之一，它就像是簡單又優雅的畫布，讓老黑皮諾的複雜風味能夠發揮。」

紐西蘭馬爾堡，Seresin Estate 酒莊的麥可·薛辛（Michael Seresin）：
「Kahawai 是一種生長在紐西蘭且油脂豐富的魚，很像是大型的鯖魚，如果以柴燒爐灶與大型鐵製平底鍋快速煎熟，會是相當美味的料理。我非常愛以這

道菜搭配我的黑皮諾。我並不是一個愛吃肉的人，所以另一種我最愛的黑皮諾餐搭料理為素食。首先，收集所有你想得到的根莖類蔬菜，例如紅蘿蔔、地瓜、一般馬鈴薯、蕪菁、防風草、瑞典蕪菁等等，將它們切塊，再全部倒進大型鐵製平底鍋中，然後撒上百里香、迷迭香與橄欖油，然後放到柴燒爐灶上，同時把一些香草梗也丟進火裡。我很喜歡黑皮諾與那股煙燻味的搭配。而且，隔天早上依舊能聞到木頭煙燻香，皮膚、頭髮，所有東西都染著那股香氣。」

智利，Cono Sur 酒莊的阿道夫・烏塔多（Adolfo Hurtado）：
「一分熟的鮪魚排，最棒的是上面還有少許蔓越莓醬。我會選擇用我們的『Pinot Noir Reserva Especial』搭配。」

pinotage 皮諾塔吉

這個來自南非的葡萄引起的兩極反應，可謂沒有任何其他品種可以匹敵。此品種酒款能嘗得到也聞得到煙燻、燃燒橡膠與烘烤咖啡豆的氣味。討厭皮諾塔吉之人會說：宛如直擊路殺現場（roadkill，譯註：動物道路事故致死）；粉絲們則會說：他們只是還沒喝過對的皮諾塔吉。此品種的酒款架構極為龐大且如同巧克力，另外相當適合搭配風味強烈的烤肉與烤肉醬。

Pomerol 玻美侯

這是一個位於波爾多右岸，大約只有三十平方公里的小產區，並在近幾十年中，地位不斷不斷地向上攀升。此地的招牌葡萄為梅洛，但是，這裡梅洛（同時也有少許卡本內弗朗）創造出相當特殊的酒款，不像一般梅洛、卡本內蘇維濃與卡本內弗朗的混調酒款。Pomerol 堪稱獨一無二，所以值得為它單獨設立一個詞條。

風味描述：Pomerol 以出眾地易飲而著稱。就是像優質黑皮諾，不知不覺地滑入，並結合一種類似啦啦隊絨毛彩球，圓潤之間帶有些許收束與輕柔的鮮活感。

Pomerol 幾乎總是在混調酒款中出現（著名的例外則是出自 Le Pin 與 Petrus 酒莊）；Pomerol 的葡萄園大約 80％種植梅洛，15％種植卡本內弗朗，剩下小部分面積則眾有卡本內蘇維濃與馬爾貝克。另外，我個人喜歡將 Château Cheval Blanc 酒莊歸類為 Pomerol，任何曾經讀過尼爾·馬汀（Neal Martin）的經典酒書《玻美侯》（*Pomerol*），就知道他也與我所見略同；其中有個「祕密章節」說到位於 St Emilion 產區的 Château Cheval Blanc 酒莊，絕對並非 Pomerol 的一員。但是，Château Cheval Blanc 酒莊是 St Emilion 產區的異類，此酒莊的葡萄園坐落在 Pomerol 的邊界（更準確地說，應是緊鄰 Château L'Evangile 與 Château La Conseillante 酒莊），它的酒款嘗起來也像 Pomerol，也許是因為眾多葡萄樹深根於黏土質土壤上，以及酒款特色受到其中的卡本內弗朗強烈影響。

卡本內弗朗為 Pomerol 帶來紅醋栗葉的香氣與清新。這些是以長年陳放熟成為目的而釀造的酒款，酒液的粗獷且絲綢般質地，將隨著一年一年的過去而漸趨柔和，最初的花香、溫潤的紅色果香與橡木辛香調性，慢慢熟成為蘑菇、潮濕黏土與松露的香氣。

若是對你而言 Pomerol 酒款超出了預算，各位可以嘗嘗看附近的 Côtes de Bordeaux 產區中的小產區 Castillon，此地酒款也主要使用卡本內弗朗與梅洛，而且同樣擁有某種緩解縱情享受豐腴美酒的特質。

餐搭建議：波爾多內各地酒款的餐搭建議通常都是牛肉，但若是談到 Pomerol 產酒款，則有一處特定的牛肉部位搭配得尤其傑出。當柔嫩多汁的**牛菲力**（我腦中浮現的是宛如聽得見牛叫聲的全生菲力），結合 Pomerol 酒款絲綢般口感，能創造堪稱壯觀的美味。入口即化的軟嫩牛菲力，在口中遇上絲絨般的酒液時，兩者就如同依偎著彼此。不論年輕或老年份，Pomerol 的酒款都比較適合粉紅生肉裡多汁的肉纖，而非熟度較高的肉類。**鴨肉**也是另一個經典的搭配。率真又豐郁的 Pomerol 酒款，與一樣直接且濃郁的食物能譜出良好的共鳴，例如經慢熬濃縮的**重口味肉汁、慢燉的肉類料理、牛尾、牛頰肉**與**馬鈴薯千層派**。

蘑菇也很適合，因為 Pomerol 酒款會隨時間演化出越來越多牛肚菌與林下灌木香氣。以下是幾道為各位推薦蘑菇料理，包括**烤竹雞與蘑菇砂鍋；威靈頓牛排；**

牛肉佐牛肚菌燉鍋；法式燉蘑菇（fricassee of mushrooms）；小牛肉排佐蘑菇；雞油菌巴西里奶油義大利寬麵。

年齡越長，Pomerol 酒款便越靠近其奇妙的真菌調性，往一樣也很適合 Pomerol 的**松露**風味邁進，尤其當 Pomerol 越是熟成，越難分得清楚口裡散發出的松露香，究竟是來自料理還是酒液。熟齡 Pomerol 的餐搭原則就是保持簡單，也許一道擺上松露切片，並以肉類高湯做成的樸實燉飯即可。若是比較年輕的 Pomerol，則能與更多具鮮活的食材融合，例如年輕的 Pomerol 搭配**牛菲力**，一旁再擺上裝著溫熱的**烤小馬鈴薯、蘆筍、青豆、巴西里與羅勒葉的沙拉**，頂端再淋上些許**松露橄欖油**（別把醬汁做得太酸），就是相當迷人的美味。上方**刨了一點松露的油滑濃郁和牛漢堡**，則幾乎任何 Pomerol 酒款都會敞開雙臂熱愛。

Château La Pointe 酒莊有一位極為傑出的主廚，他並未深陷傳統且濃重的法式料理而無法自拔（法式料理無疑與波爾多酒款相當合拍，但不見得能夠滿足一些現代的味蕾）。我們在酒莊裡享用了**醃和牛料理以及鮪魚薄片，鮪魚薄片上撒了少許芝麻與橄欖油，再點綴幾顆番茄乾與些許巴薩米克醋**（能瞬間爆發小小的強烈鮮味）。我們開了一支 2010 年年輕且活力充沛的 Pomerol 酒款。這支酒豐厚的明亮感，與亞洲融合義大利的料理能譜出美妙的體驗。

「我喜歡的餐搭方式為獨特與新奇」，酒莊經理艾瑞克・莫內瑞特（Eric Monneret）說，「現在出現了一群新一代的葡萄酒愛好者，他們當然也喜歡鴨肉與牛肉，但比較傾向嘗試不同的料理。他們喜歡較為清爽的食物，甚至是魚類料理，也許在淋上一些紅酒慢燉的醬汁。對我個人而言，在一支以長期熟成為目標釀產的 Pomerol 酒款僅陳放三、四年時就開瓶享用，並非十惡不赦之事，這樣的酒款能搭配許多類型的食物。」

年輕的 Pomerol 酒款能夠與料理中更強烈的風味且更明亮的酸度有更好的互動，這是相當好的重點。而較老的酒款則因為歲月的洗刷，依舊可以搭配肉類料理中一點點溫和的辛香調味。

能夠做成現代味蕾風格料理，也能夠與年輕的 Pomerol 酒款相襯得宜的食材，包括**風乾鮪魚（mojama）、醃牛肉、圓潤的巴薩米克醋、松露油、新鮮松露、烘乾或曬乾的番茄**，還有**香菜籽**。請避免使用太尖銳的酒醋與檸檬汁，因為其高酸

會激烈地切進酒液的豐腴感，打斷酒液柔順的流動。

我也問了作家尼爾‧馬汀喜歡以什麼食物搭配 Pomerol 酒款，他直接遞給我一份他新書發表會的菜單，發表會在倫敦 The Square 餐廳舉辦。他說：「我請他們幫我準備盡可能最簡單的料理。而第一道就是**磨菇吐司**。」以下是 2013 年 1 月 25 日《玻美侯》新書發表會的菜單：

磨菇吐司
Mushrooms on Toast

搭配 Certan de May 的 1986、1990 與 2001 年份

烤庇里牛斯山羔羊與馬鈴薯千層派
Roast Pyrenean Lamb with a Gratin Dauphinoise

搭配 VCC 的 1989 年，以及 La Conseillante 的 1989 與 1990 年

熟成牛肋排、牛尾春捲與骨髓
Rib of Aged Beef with Oxtail Spring Rolls and Bone Marrow

搭配 Gombarde Guillot 的 1966 年、La Fleur-Pétrus 的 1971 年、VCC 的 1955 年與 L'Evangile 的 1964 年

莫城布里起司
Truffled Brie de Meaux

搭配 Clinet 的 1995 年、Lafleur 的 1995 年與 L'Eglise Clinet 的 1996 年

port 波特

每次我在杯中倒進波特時，常常會悔恨自己實在太少享受它。這是一種能感覺自己得到強化的加烈酒。它豐厚、強烈又帶著深邃奢華。它擁有寵溺般的香甜，而品質較好的的波特還能嘗到一點其家鄉葡萄牙 Douro 的野性。我猜我們之所以時常忘記波特，是因為它的老派。尤其是年份波特，其熟成時間之漫長，甚至讓

人覺得它已與古老的酒窖融為一體，它甚至有一種爺爺或教父母的感覺，而相當少數的葡萄酒飲者有機會一嘗。不過，不常享受波特其實是種錯誤。這是一種能帶來巨大滿足感的飲品。市面上也有許多早飲型的坡特，而且都相對而言非常划算，因為其中包含了如此大量的風味。

白波特（white）：擁有白酒酒色，帶有一點堅果風味，最棒的體驗是在炎熱的天氣於波特市（Oporto），在白波特加進一點通寧水，一旁再擺上一盤**鹽味扁桃仁**或**開心果**。

紅寶石波特（ruby）：此酒種平價且風味並不複雜，這是一種會買來製作昆布蘭醬（Cumberland sauce，譯註：來自英國，以水果為基底的醬汁），或是在聖誕夜留給聖誕老人的酒。紅寶石波特因寶石般的酒色而得名，其以不同年份的波特混調，並在酒液年輕時便裝瓶。嘗起來通常有點像壓爛的紅莓與黑莓。品質較不佳的紅寶石波特會有不太舒服的燉鍋味道。優質酒款則相當宜人且有易飲的香甜風味。我喜歡在週日或聖誕與新年假期間的獨自午餐時光，偷偷倒上一杯再搭配**自家烤帶骨醃豬腿肉與麵包捲**。它也可以用來**燉煮洋梨**，也是很適合搭配**巧克力**與清淡的巧克力甜點（例如**牛奶巧克力慕斯**與**慕斯蛋糕**）。

晚裝瓶年份波特（late bottled vintage，LBV）：就如同其名稱，這種波特來自單一年份，然後在木桶陳放至相對長的時期之後才裝瓶，陳放時間長度大約是採收後四到六年。晚裝瓶年份波特相當於紅寶石波特的升級版，我則認為較嚴肅的酒款有接近年份波特的感覺。晚裝瓶年份波特會比紅寶石波特更具架構，它們擁有辛香料、果乾、菸草、西洋李與林間野莓的香氣。如果你是**高品質昆布蘭醬**的粉絲，又喜歡比紅寶石波特更華麗的酒款，你應該也會偏好晚裝瓶年份波特，尤其是每週末下廚時，都會假借嘗嘗波特品質狀態為藉口，而把倒上一小杯慢慢享受當作例行公事的你。比紅寶石波特更具活潑精力的晚裝瓶年份波特，更適合搭配**巧克力甜點**，以及**巧克力加上堅果、葡萄乾與無花果乾**等食物。這類酒款擁有掌控甜感的堅實調性，因此，晚裝瓶年份波特的好搭檔就包括**簡單的巧克力慕斯**、

巧克力復仇女神（chocolate nemesis）、**巧克力塔、帶爽脆口感的巧克力餅乾蛋糕、巧克力裏無花果、巧克力慕斯佐亞瑪邑白蘭地漬梅、濃稠的巧克力布丁**等等。晚裝瓶年份波特也是**史帝爾頓起司**的經典搭配，不過我個人並不認為這樣的搭配是出於風味口感的考量，因為藍紋起司會使得波特嘗起來有點奇怪，反之亦然。但是，如果各位是熱愛節慶氣氛，也喜歡抓住使用醒酒器的機會，又愛在盤上擺一點史帝爾頓起司，那麼這樣的氛圍更為重要。我也喜歡桌上放滿這些強烈的風味，不過我傾向以經過陳放的晚裝瓶年份波特，搭配**康堤起司**等硬質起司。**英國百果餡派**與晚裝瓶年份波特也很契合。

茶色（tawny）與年份茶色波特（colheita）：這類波特一樣是以酒色命名，真正的茶色波特會在木桶經過長年陳放，因此酒液會再裝瓶前便柔化且退褪，先是轉變為深紅酒色，若是接下來繼續於木桶熟成，最後將會成蜂蜜般的琥珀酒色。茶色波特也可以混調不同年份。另外，年份茶色波特則是採用單一年份，近來有標註為「單次採收茶色波特」（single harvest tawny）的傾向，一方面讓標示更加精確，一方面年份茶色波特「colheita」（發音為 col-ye-ta）對於非葡萄牙人而言，發音有些困難。

　　茶色波特是相當傑出且未受重視的波特酒種（尤其是年份茶色波特，我是它的狂熱粉絲），它們成為碼頭工作人員最常喝的酒款是有原因的。最佳的品飲方式就是經過稍稍冰鎮，酒液帶有絲滑且豐滿的質地，以及焦糖巴西堅果與果乾的香氣，還有些許烘烤咖啡豆與橘子皮的調性。

　　茶色波特是最適合**硬質起司**的波特。它與**高達起司（Gouda）**及**曼徹格起司（Manchego）**的搭配極為美味，它們能挑起彼此鮮奶油、焦糖與堅果的香氣。茶色波特也很適合葡萄牙**塞拉起司**（Portuguese Queijo da Serra/Queijo Serra da Estrela），來自葡萄牙海拔最高山脈懸崖與山澗之間生活的綿羊奶。另外，**戈貢左拉起司**等**藍紋起司**也都很適合。

　　加鹽烤扁桃仁或**風乾火腿**則是另一種比較奢華的茶色波特餐搭選擇。

　　至於甜點，茶色波特很適合巧克力布丁，也與烤堅果、果乾或兩者的混合相互吸引。以此方向，**堅果松露巧克力、香甜核桃塔、無花果塔**，或是**英國百果餡**

派、義大利硬蛋糕潘芙蕾與義大利麵包潘娜朵妮（panettone）的辛香調性，也都相當合拍。茶色波特能為有點乾的甜點帶進焦糖的柔暖，例如**扁桃仁塔**或**馬德拉蛋糕（Madeira cake）**。茶色波特的奶油糖香氣與柔和質地，也能美妙地融入乳製品，例如**充滿雞蛋與牛奶的甜點**，像是**米布丁、法式焦糖烤布蕾、法式焦糖烤布丁與葡式蛋塔**（pastel de nata，一種葡萄牙的卡士達醬塔）。茶色波特常帶有橘皮的香氣，因此與**焦糖化的橘子**以及**麵包和奶油布丁**一起享用相當怡人，它能將柑橘類、果乾與卡士達醬融為一體。

年份波特（vintage）：此為最優質且最長壽的波特，只有在天候最佳的年度，而波特酒莊「宣稱」葡萄園的果實狀態優秀時，才會釀造年份波特。年份波特年輕時稠密且單寧感高，但在瓶中經過數十年的柔化後，將緩慢地開展，酒色轉為淺淡，並裝滿各式各樣堅果與果乾的香氣。年份波特是無與倫比的酒，我完全想不通怎麼會有人同時還能分心享用其他食物。最多也許只適合在搭配一、兩塊**硬質起司、一小片苦味巧克力**，或是一口雪茄。

釀酒人怎麼搭

葡萄牙，Taylor's Port 酒莊的吉立‧羅伯森（Gilly Robertson）：
「我們熱愛在幾乎任何類型的湯裡，加進我們的白波特『Chip Dry』。它能帶進一股怡人的堅果香，甚至連最無趣的蔬菜湯都能因此變得更好喝。如果是比較奢華的餐搭選擇，可以用茶色波特搭配煎鵝肝。」沒錯，茶色波特與鵝肝真的都帶有豐美的口感。

葡萄牙，Quinta de la Rosa 酒莊的蘇菲亞‧包格克斯（Sophia Bergquist）：
「我喜歡以我們的十年份茶色波特，搭配倫敦 Moro 餐廳的巧克力橘子塔。」

葡萄牙，Symington Family Estates 酒莊的保羅‧辛明頓（Paul Symington）：
「一頓午餐或晚餐最無懈可擊的句點，應該就是一杯冰鎮過的茶色波特。自從我們 Douro 產區的 Quinta do Bomfim 酒莊在 1940 年代終於有了電力之後，

我們就發現稍稍冰鎮過的木桶陳年波特消耗量出現顯著的增加，而訪客與我們自己的開懷程度亦然。好好冰鎮過的二十年份 Graham 茶色波特，絕對會帶來一個特別美妙且特別長的午餐，一路讓聊天更加愉快地延伸到午後。」

「我會選擇以法式焦糖烤布丁搭配二十年份的 Graham，這道甜點由 Quinta do Bomfim 酒莊主廚艾美琳達（Ermelinda）以傳統方式製作，直接以老派的炙熱鐵片燃燒焦糖布丁頂部。每當她料理這道甜點時，廚房都會溢出讓人難以自拔的香氣。」

Priorat 普里奧哈

位於西班牙巴塞隆納（Barcelona）西南部的小區域 Priorat，直到相當近期才開始復興，但是此地絲絨般的紅酒早已贏得一群熱衷愛好者，以及與其價格相襯的崇高聲譽。以生長在一小塊地中海山丘上的格那西與卡利濃釀造，產出大膽且酒精濃度高的酒款，並帶有烤李子、潮濕的石子與豐富的梅果香甜酒香氣。與**口味濃郁的慢燉肉類料理**相當合拍。

釀酒人怎麼搭

西班牙 Priorat 產區，Alvaro Palacios 酒莊：

「有時候，我真的很喜歡帶著 Priorat 酒款，到大約二十公里外的 Priorat 海岸邊，搭配當地海鮮料理。坎布里爾斯村（Cambrils）的海港有幾間相當精緻的餐廳，總是備有附近海域品質最佳的海鮮。優雅且清新的『L'Ermita』酒款（可以選擇像是 2006 或 2012 年份），就相當適合以橄欖油與少許大蒜及巴西里清炒小章魚。我也很享受以此酒款中充滿活力的格那西，搭配優質燒嘉鱲（red sea bream）或烤嘉鱲，一旁再擺上一點『加泰隆尼亞砂鍋』（samfaina，以番茄、紅椒、青椒、洋蔥、茄子與馬鈴薯做成的雜燴砂鍋）。」

prosecco 普賽克

真正的 prosecco 氣泡酒聞起來有香洋梨果皮與成熟多汁果肉的香氣，入口後，則好似舌頭覆了輕盈、清澈的雪花。我至今依舊記得我的第一杯 prosecco 氣泡酒。

我在羅馬西班牙階梯（Spanish Steps）旁的一間酒吧輕啜著我的第一口（我知道，我應該要在威尼斯，因為 prosecco 氣泡酒是一款威尼斯酒飲，以現今稱為格雷拉〔glera〕的葡萄釀成），一面吃著義式麵包棒、一塊塊優質的帕米吉安諾起司，以及一片片義式生火腿。只要想到可以享受到這些美味，即使是寒冷的十一月傍晚我依然會很開心。prosecco 氣泡酒主要就是一群朋友熱鬧輕鬆談天的氛圍。它是輕挑、炒熱氣氛的飲品。但是，優質 prosecco 則會讓我渴望再切一點**帕瑪森起司**，或也許準備一點**佩克里諾羊奶起司**。prosecco 氣泡酒簡直就是西洋梨。義大利有一句諺語，大意是「不用跟農人說強調西洋梨搭配 prosecco 氣泡酒有多美味。」它們兩者的共舞甚至是僅僅品嘗酒液，就已經嘗得到梨香。如果找不到優質佩克里諾羊奶起司、帕瑪森起司或**義式生火腿**，任何**經典義式開胃菜（antipasti）**的組合，都能愉快地與 prosecco 一起享用。如果也實在難尋義大利經典開胃菜，我個人會直接搭配一些薯片。

P

R

Rhône – white blends 隆河混調白酒

風味描述：隆河混調白酒常被忽視，這些酒款的風味其實有種模糊的特質，很難被精確描述；其中也許有檸檬、扁桃仁糊、茴香葉、蜂蠟、向日葵籽或白桃香氣，但酒款整體風味遠遠並非這些香氣的單純加總。不過，我還是試著歸納：隆河混調並非一種共同統一風格，不同產區的酒款都各自相異。Hermitage、Crozes-Hermitage、St Joseph 與 St Peray 等產區的北隆河白酒，是以馬姍與胡珊釀成的宏偉作品，這些品種擁有讓人聯想到扁桃仁糊、洋茴香與扁桃仁花的香氣，但它們也有潛力演化成偉大酒款，酒液帶有堅果、溫潤辛香，以及長時間熟成打造出的龐大氛圍。教皇新堡白酒也採用了白格那希、克雷耶特（我愛這個品種，它帶有花瓣表面亮滑的白花香氣）、布布蘭克（bourboulenc）與匹格普勒等品種，這類酒款的香氣較豐，調性較為幽微、澄澈。隆河丘、Gigondas、Luberon 與 Lirac 等產區的白酒，也許會為以上所有類型的葡萄，再添加維歐尼耶與白于尼（ugni blanc）的金銀花特質。部分隆河白酒也許會有一絲絲橡木桶的香草莢香；其他酒款或許也經過桶陳，但香氣比較細微；還有一小部分的酒款則是未經過桶陳，且單純以二或三個白酒葡萄混調，但這類酒款通常呈現不喧嘩的美妙風味，也許略微帶有水蜜桃、薑、西洋梨、香草與白花香。

　　隆河混調白酒（也就是以上所有品種組合而成的各式混調酒款）在世界其他地區也有釀造，最著名的包括南非與美國加州，兩處的隆河混調白酒經常擁有較陽光柔暖的性質及過熟水果味。

餐搭建議：若是準備開一支風味較簡單的隆河丘、Luberon 產區或南隆河混調酒款，我會傾向料理雞肉或白肉魚菜餚。我知道聽起來有點無聊，但算是能夠接受。這些酒款得以用香甜的方式，帶出**酥脆又富含油脂的魚皮**之鹹鮮風味。它們能夠

良好地搭配食物的中段風味,這部分剛好引起較少人的注意,這類風味像是雞高湯之肉香與大蒜融合出的溫潤豐厚、米飯的香醇,或是以香草料理的鮮美多汁魚肉。我很喜歡以這類酒款搭配加了**法式四十瓣蒜頭燒雞**。某次假期我跟一個朋友待在法國臥龍山一帶,我們認真執行了「一起在院子品酒、寫作、料理、吃東西、散步,還有做瑜珈」的任務,那時我用瑞克・史坦(Rick Stein)的食譜《瑞克史坦的法國美食之旅》(*Rick Stein's French Odyssey*),做了**烤海鱸茴香酒(pastis)卡馬格紅米(Camargue rice)燉飯**。我們以位於 Gigondas 的 Château St Cosme 酒莊的白酒搭配這道燉飯,我們好像也開了一支 Lirac 產區的白酒。完美融合。**煎魚**或是以**舖上韭蔥的烤鱒魚佐奶油與扁桃仁**,與此款酒搭配也會相當美味。

馬珊或胡珊占比較高的酒款(例如來自北隆河的酒款),則有更多堅果與溫暖的特質,很適合搭配滋味較重的**牛排**或**濃湯般的貝類**,例如**螃蟹義大利餃佐奶油與蝦醬、魚類料理附濃湯**,或直接做成**鮮魚濃湯**。

此類酒款也能對付混合了多種辛香料的料理,例如五香粉或**法式咖哩粉**(vadouvan,推薦各位試試以法式咖哩粉調味的花椰菜梗或花椰菜),這些綜合辛香料與**燒烤豬肉料理**也很合拍。

釀酒人怎麼搭

美國加州,Bonny Doon Vineyard 酒莊的藍道・葛蘭姆:

「我們有一支以胡珊與白格那希混調而成的酒款,叫做『Le Cigare Blanc』。這是一支鹹鮮風味極強烈的酒款,參考風味通常會寫上榲桲、西洋梨與八角或茴香。我發現這支酒與海鮮搭配絕對無與倫比,尤其是龍蝦與扇貝,還有海膽(如果運氣夠好找得到的話)。海膽燉飯可謂是完美。不過,任何以海鮮或再加上茴香的料理,都已經能以這支酒擊出全壘打了。我也曾經在日本餐廳以這支酒搭配手捲(老實說,我已經忘記使用的是什麼魚,但應該是鰤魚〔hamachi〕)。然而,真正以這支酒款讓料理產生近乎無限共鳴的則是糯米與現磨山葵(綠芥末)。也許是因為真正的綠芥末(比我們一般常見的芥末溫和很多)裡面,有某種更接近酒液中茴香調性的東西,總之,這對搭配極其美妙。」

法國隆河教皇新堡，Domaine du Père Caboche 酒莊的愛蜜莉（Emilie）：

「我們酒莊的教皇新堡白酒與開胃菜香煎炙燒干貝（Saint Jacques poêlées），兩者一起享用相當怡人。」

riesling 麗絲玲

風味描述：麗絲玲是一種令人心曠神怡的葡萄品種，因其銳利的酸度可謂是最容易辨認的品種，再加上年輕的麗絲玲帶有強烈的萊姆香，而隨著時間慢慢熟成時，還會出現類似汽油的奇特氣味。

這是一個相當矛盾的品種，同時受到葡萄酒飲者的景仰與愛慕，以及其他所有世人的忽視。或者，就像美國葡萄酒進口商泰瑞‧席斯（Terry Theise）曾說過的：「很多人都很喜歡說自己愛喝不甜麗絲玲，但銷售數字可不是這樣說。人們嘴裡說的與實際拿出錢包之間，其實依舊有些差距。」

曾經有很長一段時間，大聲疾呼提倡多喝一點麗絲玲是一件頗為流行的事。我常常擔心會不會在打開大門時，就看到按電鈴的是幾個發送「麗絲玲高塔」小冊子的麗絲玲愛好者，決心幫助我步上熱愛麗絲玲的正途。我不會用這種方式介紹麗絲玲。我的確覺得麗絲玲很棒，但如果各位不同意，我們仍然可以是朋友。至於希望尋找個人偏愛的麗絲玲風格的過程可以更容易一點，並且不排除自己也可能皈依麗絲玲門派的各位，我希望接下來的簡單說明能夠有所幫助。

年輕的不甜麗絲玲就像是鋒利的鋼刀，嗖嗖地一刀劃過拋在空中的新鮮萊姆。這種葡萄帶著喚醒腦袋的酸度，強度堪比白蘇維濃。當然，麗絲玲也並非全都釀成不甜型，其他也包括微甜到極甜之間各種甜度酒款，而且，多虧麗絲玲狂暴般的酸度，即使是甜度較高的酒款依舊靈動且神氣活現。麗絲玲會隨著陳年而開展，釋放各式各樣的香氣，從野生蜂蜜、萊姆花、吐司到石蠟（paraffin）等等。

我們的全球麗絲玲風格巡禮，應該最適合從澳洲的 Eden valley 產區開始。位於阿得雷德（Adelaide）北部的 Eden 與 Clare valley，為澳洲麗絲玲生長最繁盛的區域，此處酒款既不甜又十足清新，入口後就好似在沙漠中央喝進一口水。酒液裡經常帶有一股細緻的紫丁香，同時也有銳利且強烈的柑橘香，就像是加進萊姆

皮與糖漬萊姆的現榨萊姆汁，再與冰塊一起攪拌成這杯令人精神一振的葡萄酒。當此地麗絲玲經過陳年後，新鮮萊姆調性會漸漸退居幕後，而糖漬萊姆逐漸轉為鮮明；同時也能感覺到麗絲玲的汽油鼓動擦過鼻腔，不僅如此，酒液入喉時，甚至幾乎可以聽到摩托車在喉頭踩下油門的聲音。極不甜的麗絲玲在澳州西南部的 Great Southern 產區也有釀造，而原本萊姆的清新風味，在此地遇見了克萊門氏小柑橘與柑橘。

到了紐西蘭，麗絲玲一樣擁有類似的清澈感，但少了一點平淡，而多了一些果香。酒款包括不甜、微甜與中等甜度等風格。

美國華盛頓州的麗絲玲大致釀有不甜與微甜類型，並帶有微微的果香，成熟西洋梨的調性較重，萊姆則傾向香甜的萊姆果汁，而非現榨的純萊姆汁。

歐洲的麗絲玲則同樣銳利、精確，不過擁有較為細緻的輪廓。來自法國阿爾薩斯的麗絲玲通常釀成不甜型，其鋼鐵般的酸度經常伴隨精緻的岩石特性，並帶有一絲新鮮柑橘類水果香（橘子、檸檬與萊姆）。阿爾薩斯酒款也常擁有能感受到在口中滾動的明顯質地，當這類酒款陳放後，濃郁的口感將多帶一點煙燻、吐司與汽油等調性。奧地利也有釀造不甜型麗絲玲，油亮光滑中帶有微微的礦石風味，那是一股暗藏於酒液中的嚴峻力道。此處酒款的酒精濃度可能會稍稍高一些，因此口中的感受會更寬廣。就像葡萄酒專家喬伊・韋德薩克（Joe Wadsack）描述的：「這是管弦樂團，就像開演時樂池突然爆發出的樂音，如同莫札特經典歌劇《唐喬凡尼》（Don Giovanni）那蘊藏了極多細節的第一個和弦。」

當然，德國是麗絲玲最著名的家鄉。這裡同樣可以找到完全不甜的麗絲玲，有時甚至有氣泡水的感覺。德國麗絲玲從鋼鐵般的調性（帶有蘋果與冷涼柑橘香氣），到寬廣且豐滿（香甜且如同喝得到微小顆粒的油桃）的風格都有。與幾乎是直擊般率真的澳洲麗絲玲不同，德國麗絲玲宛如華爾滋（完全不甜型以外的酒款尤其明顯）。

德國每一個產區都有自己獨特的個性。Mosel 產區的麗絲玲生長在板岩岩質土壤，擁有俐落口感、新鮮蘋果花、少女般輕盈與靈活步伐的風味。Rheingau 產區的麗絲玲則擁有較多大地調性，有時伴隨石灰泥的氣味。Rheinhessen 產區則釀有較纖瘦的麗絲玲。Nahe 產區則帶有柔軟感，宛如輕柔鬆軟的鴿子羽毛撫過。

那麼，關於麗絲玲的甜度呢？當我們咬一口青蘋果或熟瓜時，竄入口中的果汁就是屬於帶糖的甜感，但清新與鮮活則是屬於感受，而非甜度。所以，關於甜度討論的必須是不甜型以外的麗絲玲酒款。

我個人認為，麗絲玲並未在大眾之間流行的問題之一，可能是一般人很難從德國麗絲玲酒標直接看出這支酒究竟多甜，眼前這瓶酒的甜感會是強烈且銳利如青蘋果嗎？還是像水蜜桃或熟瓜般溫軟香甜？或是如同蘋果餡派的豐滿甜味？

德國的特優產區酒款（Prädikatswein）分類是依據採收後葡萄漿的密度而定，以糖度計量單位 Oechsle 計算。由於密度會因糖分占比越高而增加，因此這是相當有效率的甜度計算方式。然而，這個分類系統的使用卻有幾個麻煩。首先，分類的界線定在 Oechsle 的最低值，而非一個有最高與最低值的範圍。這代表酒莊能把 Oechsle 數值相當高的葡萄漿所釀成的酒款，歸類於低甜度的等級。第二個問題則是 Oechsle 甜度為量測葡萄果汁，而非釀出的葡萄酒成品。發酵作用會將糖分轉化為酒精，但是發酵作用也可能會在所有糖分都轉化為酒精之前提早終止。因此，如果想知道酒款的甜度究竟是多少，還必須察看酒精濃度，並搭配酒款本身的甜度等級（同時也要清楚甜度等級所對應的量值），然後展開心算。

德國的甜度分類系統重視技術細節，更勝於對品飲者可能比較有用的資訊傳達。不過，此系統依舊能提供各位酒款甜度大約多少的概念。依照葡萄漿甜度由低到高的順序，依序分為卡比內特（kabinett）、晚摘（spätlese）、特選晚摘（auslese）、逐粒精選（beerenauslese），以及冰酒與乾葡精選（trockenbeerenauslese，此類酒款是以受到貴腐黴感染而皺縮的葡萄釀造）。

最佳品飲方式就是忘卻精準分類，這種表現風格是一種哲學，而非絕對精確，擁抱這種概念吧。

就像是 Gut Hermannsberg 酒莊的釀酒師彼得・卡斯坦（Peter Karsten）告訴我的，「卡比內特與其說是一個技術名詞，還比較像是一種葡萄酒風格，對我而言，這種酒款風格代表的是非常非常細緻、酒精濃度輕巧，而其果實在葡萄園裡成熟時機不會太早，也不會過晚。」我很愛卡比內特的風格。這類酒款擁有清新的特質，而其香甜調性帶有一股閃閃發光的酸度。相反地，晚摘風格通常代表的是更厚重的糖分，傾向落在中等甜度的範圍；而特選晚摘又更重一些，過了此等級，

以上所有葡萄酒分類都擁有甜點（或清爽型甜點）的扎實甜度。麗絲玲也會用來釀成充滿活力且清爽的氣泡酒（sekt），不過，德國人實在太常在自家國內就將這些美味享盡了。

最後，再為各位介紹一下加拿大與德國的冰酒（ice wine/eiswein）。這類酒款釀自掛在葡萄藤上凍結的果實。位於北半球的地區，此程度的冰霜可能要等到十二月底（的確曾有在聖誕節當天進行採收的例子）。如此長時間將果實留在樹梢上的風險，使得這類酒款的價格居高不下，但是它們也相當美味，這類酒款擁有無與倫比的香甜，就像是蘇坦那葡萄乾（sultanas）掉進蘋果汁裡，再倒入蜂蜜與萊姆果醬，最後以麗絲玲的酸度一刀劈過，因此不致過於甜膩。

餐搭建議：不論是醒腦如刀切般的 Eden valley 產區極不甜酒款，或是踏著輕快舞步的 Mosel 產區較甜型酒款，一杯冰涼的麗絲玲，獨自一人就能扮演美妙的開胃料理。

麗絲玲同時也是傑出的餐搭酒。能與麗絲玲搭配成套（且相互共鳴）的料理組合幾乎無限，此品種也有對**泰國**與**越南**特別友善的特質，另外，它與傳統歐洲料理也可以一同組成最佳餐桌夥伴。

麗絲玲在遇見**東南亞**（或**東南亞風**）的鹹、酸、甜料理時，似乎特別能散發光芒。隨著料理中**新鮮萊姆**的印痕、**薑**的火燒以及**青芒果與青木瓜**的強烈風味，麗絲玲充滿活力的柑橘風味如同隨之展翅飛揚；此品種的鮮活酸度，也是**魚露**鹹味的良好陪襯；而麗絲玲好鬥般的勁道，也很適合**新鮮香菜**與**香茅**。然而，帶有甜度的麗絲玲酒款也當然十分值一試。

針對不甜麗絲玲酒款進行餐搭時，須選擇溫和或完全不含辣椒的料理，因為當酒款不帶一絲甜度時，火熱的辣椒將會一舉撕碎酒液，而其中水果調性與所有香氣都將幾乎消失不見，僅剩下如同被烤焦的酸度。

興奮、活潑的年輕不甜型澳洲麗絲玲，或近乎不甜的澳洲馬爾堡麗絲玲，都非常適合搭配**蕎麥麵佐荷蘭豆、紅蘿蔔絲與毛豆**，以及**薑與芝麻做成的沾麵醬**；或是**清蒸白肉魚佐薑、手撕香菜葉與泰國萊姆（kaffir lime）**。

任何產地的麗絲玲在帶有甜度時，都會在面對添加了辣椒的料理更能展現本

色，這表示越南、泰國與東南亞辛香料理（還有衍生的創意料理）中的灼燒感，會在麗絲玲的加持之下變得尤其亮眼。例如泰式涼拌青木瓜（som tam）；**寮國雞肉沙拉（larp gai）；爽脆的越南米線沙拉；番茄辣椒炒鮮蝦；泰式綠咖哩或紅咖哩；越南手撕豬肉三明治（banh mi）；或是醃過的雞肉拌切絲香茅、青蔥、辣椒及萊姆汁，再用萵苣葉包起來，熱呼呼地配飯吃。**

微甜與中等甜度的麗絲玲，搭配世界其他地方的香辣辛香料理，也相當美味。**牙買加調味料**也是果香豐富麗絲玲酒款的完美夥伴，**摩洛哥綜合香料（ras-el-hanout）**一樣相當適合。我曾經在一位超級傑出的廚師兼葡萄酒大師的廚房度過一個十分開心的下午，她就是娜塔莎・休絲（Natasha Hughes）。我們那天喝了好多瓶麗絲玲，桌上也一直是擺滿食物。娜塔莎那天做了一道她最愛的料理：**摩洛哥綜合香料與橄欖油醃鵪鶉**，然後烤至表皮焦脆且內部熟透。這道料理與恩斯特・路森（Ernst Loosen）莊主的「Erdener Treppchen」酒款的搭配十分美味。

清爽又火辣的**新鮮番茄、洋蔥（或紅洋蔥）與辣椒組成的沙拉**，與萊姆風味爆發的麗絲玲酒款是絕佳搭配。各位可以嘗試用可以算是不甜型的澳洲、紐西蘭、南非或智利麗絲玲，配上**真鯛或海鯛佐香菜、萊姆與番茄做成的墨西哥莎莎醬**，以及**酪梨醬和玉米捲餅**。若是除去口味濃郁的玉米捲餅與酪梨醬，那麼 Rheinhessen 產區麗絲玲的純淨精確，就能與現切洋蔥以及香草與番茄的清亮，搭配出怡人的美味。

酒款裡的糖分占比越高，就能在享用辣度越高的料理時，依舊嘗得到酒款的風味，雖然僅僅是微甜的麗絲玲，有時就能搭配辣度範圍相當廣的料理。例如，某次我開了一支德國 Weingut Peter Lauer 酒莊的麗絲玲，同時準備了**炭烤泰式雞翅**，雞翅表皮香辣，不過在醃過的雞皮之下就是鮮嫩肉質。該酒莊的葡萄酒以天然酵母菌釀造，擁有精雕般的細節與廣度，能完美地契合顯著的辛香風味。

不甜型以外的麗絲玲酒款相當適合帶有酸甜調性的料理，而且不論是否添加辣度。例如，微甜麗絲玲與**淋上添加了蜂蜜、石榴糖蜜或楓糖醬汁的沙拉**一同享用，便十分美味。卡比內特等級的德國麗絲玲，也很適合**越南米線佐上以蜂蜜與醬油炒過而表面濃稠的鮮蝦；或是以照燒與海鮮醬醃過的雞肉或魚肉料理，並佐以亞洲風涼拌酸甜花生醬與萊姆。**

R

　　類似的方式，柔軟香甜如華爾滋般的年輕微甜或中等甜度麗絲玲（尤其是來自德國產區），也十分適合切進一些果肉的濃郁水果沙拉。我很喜歡以這類酒款配上**水蜜桃、萊姆、莫札瑞拉起司與芝麻葉沙拉**；Ottolenghi 餐廳的**雞肉佐自製燉煮橘子糖漿與綠色香草**；或是**榲桲與朵切拉提藍紋起司（Dolcelatte）沙拉**。

　　各位可以試著以酒款的風味，連結盤中料理的心情。**金柑、楊桃**或**水蜜桃**等熱帶水果調性較重的食物，就如同呼喚你開一支風格豐滿的華盛頓州或智利的麗絲玲。德國纖瘦的麗絲玲比較傾向於果樹水果調性。鋒利且平淡的澳洲麗絲玲或來自智利較明亮的麗絲玲，比較適合搭配**木瓜、水田芥、菲達羊起司並淋上一點萊姆汁的沙拉**。

　　當鹹鮮風味十足等較傳統的歐洲肉類料理與鮮美多汁水果結合時，非過於不甜或中等甜度的麗絲玲也能擔任極為傑出的橋樑，因此以水果調香甜醬汁醃過的肉類料理與其一同享用也十分美味。這類酒款尤其熱愛擁有豐滿油脂的蛋白質，例如**豬肉**與**鵝肉**就是麗絲玲餐搭明星，因為麗絲玲能在每一個大口吃肉的空檔，以酸度帶來清新感受。

　　比完全不甜多了一絲甜度的麗絲玲，其刺骨般的酸度因此柔和，就像是酒液浸入發現者蘋果（Discovery apple，譯註：原產地應為英國的蘋果品種）般，既酸且甜，這樣的酒款相當適合搭配**豬肉與水果**。例如**慢燉豬肉佐杏桃；炭烤豬肋排裏甜醬；豬肉佐印度果蔬甜酸醬**、混入任何種類水果的臘腸，例如**豬肉蘋果腸**，或是**豬肉杏桃漢堡；香甜水果鑲進烤豬肉；血腸佐蘋果蜜餞；辛香料醃豬五花，烤得滋滋作響之後佐以蘋果醬**。

　　不甜型以外的麗絲玲也可以嘗試搭配**鑲進水果調性的餡料**（杏桃、蘋果、橘皮與香菜；梅子、杏桃與蘋果；或是蘋果、梅子與松子等等）的**烤鵝肉；烤鵝肉佐上帶有一絲甜味的紫甘藍；煙燻鵝肉與橘子沙拉**；或是**煙燻鵝肉切片**，一旁再放上一盤以奶油與糖在**平底鍋煎至焦糖化的蘋果片**。

　　不甜型麗絲玲與這些肉類也能搭配得宜，只是料理中不須加上這麼多水果。我偏好選用阿爾薩斯、奧地利、華盛頓州、紐西蘭與德國麗絲玲，而非立於它們另一端且歡鬧性質較強的澳洲麗絲玲，不過，這只是個人主觀喜好。

　　煙燻鵝肉與不甜且富礦物風味的麗絲玲很適合一起享受。各位可以試試以年

輕的不甜型 Rheingau 產區酒款，搭配**放在酥脆麵包上的煙燻鵝肉與少量法式酸奶油**。**烤豬五花馬鈴薯千層派，再佐以鹹鮮的混拌紫甘藍**，也很適合不甜型麗絲玲。

不論年輕或年老，麗絲玲都能帶出**帶骨醃豬腿肉的粉嫩鮮美多汁特質**，而且酒款還無須帶有甜度。某個十二月，我們一家人為了我奶奶的九十歲生日一起吃一頓家族晚餐，那天我們開了一支鋼鐵般不甜型阿爾薩斯麗絲玲（來自 Hugel 酒商），桌上擺著焗烤蜂蜜帶骨醃豬腿肉、烤馬鈴薯與韭蔥，簡直完美。

在阿爾薩斯，當地經常會以風味複雜的麗絲玲（不論年輕或年老），搭配**麗絲玲燉雞**，這是一種雞肉砂鍋，其中包含鮮奶油醬汁與葡萄，有時一旁會附上奶油拌麵。

逐漸熟成的不甜型歐洲麗絲玲之香氣，非常適合搭配其他濃郁且重口味的阿爾薩斯料理，例如洋蔥塔；**法式焗烤起司馬鈴薯**；**白酒慢燉豬肉砂鍋**（baeckeoffe）；**香腸、阿爾薩斯酸菜與培根洋蔥塔**（tart flambée）。

裝有更多草本、茴香與礦石特性的歐洲麗絲玲，可以選擇準備**蒔蘿、帶冷涼風味的香草**，以及**酸豆與醃小黃瓜**（gherkins）。細緻的奧地利與阿爾薩斯麗絲玲，或是更多氣泡水調性的不甜型德國麗絲玲，都很適合搭配**紙包白肉魚佐香料香草梗**，也許還可以再料理一盤茴香沙拉或**醃燻鮭魚佐蒔蘿**與一團法式酸奶油。某些侍酒師會建議年輕的不甜德國麗絲玲，適合搭配**醃魚料理**，雖然我幾乎全然同意此類酒款應搭配料理過的熟魚，但我特別不喜歡以麗絲玲搭配醃燻鮭魚，不過這是我的個人喜好，而且許多人也不同意我的想法。我比較以喜歡醃鯡魚（cured herrings）搭配 Rheingau 或 Rheinhessen 產區的不甜麗絲玲，雖然這道料理不是醋漬鯡魚捲（rollmops），但是是來自丹麥的好東西。

德國的酒款傾向讓類似「**北歐餐搭組合**」升級，例如不甜到微甜的 Nahe 或 Mosel 產區麗絲玲，搭配**鹽味海鱒佐酸模醬與葡萄酒醋漬小黃瓜**。

不甜 Rheingau 產區酒款與**蘆筍**一起享用也極為美妙，尤其是鮮美多汁的白蘆筍。

這些風格較為純淨的不甜麗絲玲，以及來自澳洲馬爾堡與紐西蘭 Martinborough 產區的酒款，也非常適合**鹽味蔬菜或魚肉天婦羅**。

最後，一位有一半德國血統的朋友教我一道**麗絲玲湯**的作法，這道料理以蔥、

R

韭蔥、麗絲玲、雞高湯（我想應該也可以用優質蔬菜高湯代替）與鮮奶油製成。
這也是一種同時品飲與品嘗麗絲玲的好方法。

麗絲玲湯
RIESLING SOUP
四人份

· 洋蔥，2 小顆，剝皮後大塊切
· 韭蔥，2 束，清洗整理後切段
· 大蒜，1 瓣，大塊切
· 奶油，25 公克
· 一般麵粉，1 大匙
· 不甜型麗絲玲，250 毫升
· 清淡的蔬菜或雞肉高湯，400 毫升
· 鹽與白胡椒
· 平葉巴西里，1 把，切碎

炸麵包丁
· 硬脆的白麵包，2 片厚片，切掉麵包皮
· 奶油

以奶油小火溫炒洋蔥、韭蔥與大蒜，大約 10 分鐘，直到所有食材完全柔軟。
撒進麵粉，再倒入蔬菜，然後開始攪拌。持續加熱攪拌約 3～4 分鐘，直
到生麵粉的味道消失。加入麗絲玲，過程中持續輕輕地攪拌，直到完全混
合。小火慢燉約 10 分鐘後加入高湯，繼續慢燉約 15 分鐘。以手持式直立
攪拌棒，把湯打得滑順。嚐嚐味道之後加入鹽與白胡椒調味。如果想要再
加入一些炸麵包丁，就先將麵包切成方塊狀，然後以奶油煎炒直到表面金
黃。上桌前，把巴西里拌入湯中。最後視喜好在湯中丟進少許炸麵包丁。

甜型麗絲玲：是極優質的甜點酒，它擁有猛烈的酸度，因此酒款甜度即使再高，依舊讓人感到清新。這類酒款的蘋果香氣，讓它能自然融入反轉蘋果塔。來自英國的安德魯・赫德利（Andrew Hedley）在紐西蘭馬爾堡的 Framingham 酒莊，釀有七種不同甜度等級的優質麗絲玲，其中三款甜度頗具份量，他曾說：「這些都是起司酒。我喜歡在品飲的時候，準備一些**乾乾硬硬、又老又鹹的硬質起司**。」天作之合。

釀酒人怎麼搭

澳洲克 Clare valley 產區，Grosset Wines 酒莊的傑夫・戈賽特（Jeff Grosset）：
「我們家的『Polish Hill』麗絲玲與生蠔如同天生一對。我記得曾經有一位釀酒師的婚禮就是用這支酒款，搭配的也是生蠔，那是在山丘上的教堂裡，一切如夢境般理想。我們的酒款通常擁有細緻的風味，但它們依舊可以與大膽的料理風味相襯，只要料理不會太過濃郁且辣椒辣度不會太高。」

法國阿爾薩斯，Hugel & Fils 酒莊的小薰・雨果（Kaoru Hugel）；他是已逝莊主艾蒂安・雨果（Etienne Hugel）的日本妻子：
「我們的『Gentil Hugel』是以麗絲玲、格烏茲塔明那、灰皮諾、蜜思嘉、白皮諾與希瓦那混調而成，與任何食物搭配幾乎都很合適，尤其是越南、中華與泰國料理，其實真的不用想太多。而『Jubilee』這支麗絲玲則有較多礦石風味，所以我會選擇佐以甜味醬汁（例如味噌）的日式風格魚肉料理。在日本，我們有一種開胃菜叫做茶碗蒸，類似雞蛋布丁，但是滋味鮮鹹，『Jubilee』與茶碗蒸相當合拍。」

紐西蘭馬爾堡，Framingham 酒莊的酒農吉姆・鮑斯基爾（Jim Bowskill）：
「我的女友負責下廚。我只有在手邊有一支很想嘗嘗的葡萄酒，然後想著『我該拿它配什麼』的時候，才會動手料理。通常這些酒款都是麗絲玲，所以我大多數也都是做豬肉料理。如果開的是我們家的『Old Vine Riesling』，我喜歡準備幾片豬排，還有一些蘋果與洋蔥。先把蘋果削皮、去核、切片，然後洋

R

蔥切塊，最後將蘋果與洋蔥鋪在 Le Creuset 品牌鑄鐵鍋之類的鍋底。如果想要大手筆一點，可以再加進一點八角之類的亞洲香料。我上次還多加了一些蘋果汁。接著，上方鋪上豬排，然後放進烤箱以大約攝氏 180 度開始烤，直到所有洋蔥與蘋果變成軟糊狀且豬排熟透。」

德國 Mosel 產區，Dr Loosen 酒莊的厄尼・路森（Ernie Loosen）寄來了一道檸檬生醃北極鮭魚（Arctic char ceviche）的食譜，一旁附註：「我們的不甜型『Dr Loosen Red Slate』完整了這道料理的美味體驗。」

檸檬生醃北極鮭魚佐茴香冰
ARCTIC CHAR CEVICHE WITH ICE FENNEL
開胃菜為四人份

- 茴香球莖，1/4 顆
- 大蒜，2 瓣，剝皮
- 植物油，100 毫升
- 北極鮭魚或任何大西洋白肉比目魚（去皮削骨），2～4 片
- 鹽
- 萊姆汁，3 顆
- 烤過的芝麻籽，1 茶匙
- 法國艾斯佩雷辣椒粉（Piment d'Espelette）或卡宴辣椒粉，1小撮
- 大蒜油
- 青蔥，3 把，切段

切掉四分之一顆茴香球莖頂端的支莖，然後冷凍。將大蒜切片，淋上植物油，靜置至少1小時。將魚片切成薄片，約 1 公分厚，撒鹽調味後，倒上現擠的萊姆汁。均勻混合之後加入芝麻籽、艾斯佩雷辣椒粉與少許大蒜油，最後視需要再加入一點鹽。將青蔥與魚混合。平分裝入四只盤中，頂端撒以磨碎的冷凍茴香。

澳洲克 Clare valley 產區，Mount Horrocks 酒莊的史黛芬妮・圖爾（Stephanie Toole）：

「生活在鄉間的我會盡量選用當地食材料理。我們的酒款與當地海鮮的搭配總是令人驚艷。我們有來自南澳的精緻白肉魚，喬治國王鱈魚（King George whiting，Mount Horrocks 酒莊的英國進口商 Liberty Wines 的大衛・格里夫〔David Gleave〕說也可以用魴魚〔John Dory〕代替），這種魚類料理與麗絲玲的美妙搭配，幾乎全球所向披靡。我會將鱈魚用烤網並擠上一點檸檬汁快速地炙燒，然後開一瓶充滿活力且清新的年輕 Clare valley 產區麗絲玲享受。我最近去了一趟倫敦，一天晚上我在蘇活區的 Arbutus 餐廳吃晚餐，它們的蛋塔配上我們酒莊的甜點酒麗絲玲，相當迷人。」

大約有半打以上的澳洲釀酒人，都將喬治國王鱈魚與麗絲玲視為他們最愛的家庭餐搭組合；其中包括 Penfolds 酒莊的彼得・佳戈（Peter Gago）與 Grosset Wines 酒莊的傑夫・戈賽特，而且這些釀酒人並非都是以釀產白酒著稱。可見這樣的搭配一定絕妙。

美國華盛頓州，Charles Smith Wines 酒莊的查爾斯・史密斯（Charles Smith）：

「我回到德國與奧地利時一定要大肆宣揚這個餐搭組合，就是用我的『Kung Fu Girl』麗絲玲，配上炸肉排佐現擠檸檬汁與薄鹽，一旁再放上一盤小黃瓜沙拉。冬季享用極為美妙，夏日品嘗則是美味。」

rosé 粉紅酒

不論是什麼疑難雜症，粉紅酒通常都是好答案。夏日傍晚，桌上擺著**戈貢左拉起司、菠菜與核桃沙拉**，一旁還有**炙燒烏賊**與明**火燒烤蝶形切羊腿佐風味強烈的綠莎莎醬**，這時該配什麼？**沙丁魚佐羅勒與烤番茄及洋蔥**呢？溫和且鹹鮮的**塔吉鍋**呢？或是，以檸檬百里香與法式酸奶油製作的清爽型**焗烤茄子千層派**呢？裝進杯子裡的答案就是，粉紅酒、粉紅酒、粉紅酒與粉紅酒。

如何選擇對的粉紅酒，首先想想甜度，然後考慮一下強度。任何一頓鹹鮮但

未添加辛香料的晚餐，以及以上提到的所有料理（視辣度而決定是否要除去塔吉鍋），我都會選擇開一瓶不甜型粉紅酒。

最優質的不甜粉紅酒源自普羅旺斯，當地產區包括普羅旺斯丘（Côtes de Provence）與 Bandol，該地區的粉紅酒以紅酒葡萄混調，基底通常採用格那希與仙梭，常常也會添加慕維得爾與當地的提布宏（tibouren）。雖然酒色淺淡且風味纖細，但這類酒款出人意料地堅韌與悠長。草本與鹹鮮調性越強的粉紅酒，餐搭時就似乎擁有越強的力道。而且我個人也是很喜歡在餐桌上仍能嘗得到我的葡萄酒。

普羅旺斯粉紅酒的缺點之一就是酸度相對較低，其與酸味強烈的料理搭配並非都很美味，例如調味較重的沙拉或油脂較多的料理，粉紅酒遇到這些食物時，會難以闖開一條道路。另一方面，普羅旺斯粉紅酒與**布里起司（Brie）**或**卡門貝爾起司**等**白黴起司**（bloomy-rind）相當合拍，但當它遇見像是通心粉黏呼呼的料理時，就會變得退縮、削弱。這類料理或焗烤茄子千層派，我會選擇咬口感稍強的粉紅酒，例如義大利的山吉歐維榭 粉紅酒，或是來自 Veneto 且擁有優質鹹鮮風味的粉紅酒，這也是被眾人忽視的酒款之一，例如 Ca' dei Frati 酒莊的粉紅酒就十分傑出。或者，各位也可以選擇同樣不甜且鹹鮮，但多了更多鮮活魅力的粉紅酒，例如來自南非 Adi Badenhorst 酒莊的「Secateurs rosé」、Rioja 產區的粉紅酒（Rosado）或來自黎巴嫩的粉紅酒。黎巴嫩幾乎就像是背地裡祕密地釀出極為優秀的粉紅酒，使用的葡萄品種與普羅旺斯相同（對我而言，仙梭就像是美味粉紅酒的機密配方），但釀出的酒款酒色更深且具備更大膽的風味。風味較大膽的酒款，更適合搭配帶有濃稠起司或重口味番茄醬汁的料理。

另外，關於酒色，酒色淺淡是一種性格傾向，並非品質的指標。粉紅酒的酒色其實多元，例如有些酒款就以色素含量較高的葡萄釀成。不過，以大方向而言，較深的酒色通常僅僅代表發酵中的果汁與葡萄皮接觸的時間比較長，酒液顏色、單寧與香氣分子的萃取量自然較高。

至於添加辛香料或甜感較重的食物。當料理出現辛香料（尤其是辣椒），酒中的香氣將會被剝除。當享用一道熱呼呼的香辣塔吉鍋時，啜飲入口的葡萄酒往往都像是喝進一口加了些酒精的水。這種作用很容易對付，其實只要避免選用完全不甜的酒款。甜味是葡萄酒遇上辛香料的解方，因此，微甜或甚至是中等甜度的

粉紅酒，簡直就是充滿辛香料的亞洲料理福音。不甜型以外的粉紅酒也能完美搭配任何含有甜味食材的菜餚，例如熟果、蜂蜜、楓糖燴蔬菜或石榴糖蜜。**藍紋起司與西洋梨沙拉；梅子塔吉鍋**（同時結合了辛香料與水果）；**不帶香辣、甜與酸味醬汁的現代風格沙拉等料理**，都是我會選擇拿一瓶微甜粉紅酒搭配的晚餐。

釀酒人怎麼搭

法國普羅旺斯，Domaines Ott 酒莊的尚—法蘭索瓦・歐特（Jean-François Ott）：
「與我們酒莊粉紅酒與白中白氣泡酒非常合拍，而且我也經常料理的就是網烤魚。不論是鯛魚（海鯛）或甚至是鱸魚（野生的）都很適合。先為魚去鱗，然後魚內外所有表面都塗抹橄欖油，準備大蒜、切片的洋蔥、兩顆番茄、一杯白酒或粉紅酒、鹽與胡椒，然後全部放進烤盤，在以預熱（約攝氏 180 度）過的烤箱烤大約 14 分鐘。出爐的魚肉會相當容易切開，但靠近魚骨的肉質應該還是接近全生。接著，就可以直接上桌了。所有風味的互動都相當平衡。」

澳洲巴羅沙，Charles Melton Wines 酒莊的查爾斯・梅爾頓（Charlie Melton）：
「各位可以選擇以義式料理搭配我們的粉紅酒『Rosé of Virginia』。例如極美味的水牛莫札瑞拉起司與羅馬番茄沙拉，或是自家製各式豬肉熟食，然後一定要坐在棚架蔭涼下，放眼還能望見近處的一大片水域，然後與你重視的人一同分享。不過，記得問過你重視的人是否接受粉紅酒經過稍微冰鎮。」

R

S

Sancerre 松塞爾

最棒的夏日午餐之一,就是一杯冰涼的 Sancerre 產區酒款,以及將切半的**夏威紐霍丹起司**(Crottins de Chavignol,一種山羊起司,早在十六世紀的法國羅亞爾河流域的夏威紐小村莊便開始生產),放在一片烤過的長棍麵包,然後稍稍煎烤到起司融化。上桌時再附上一盤簡單以奶油炒過的萵苣(各位可以選擇綠火焰萵苣〔Batavia lettuce〕),並綴以白酒醋與芥末油醋醬。這是富燧石與青草鮮活的 Sancerre 酒款,最經典且傳統的餐搭,各位可以在白蘇維濃的詞條看到更多關於此產區的介紹。

sangiovese 山吉歐維榭

風味描述:如同許多義大利葡萄品種,山吉歐維榭(sangiovese/brunello/morellino/nielluccio)也具備強烈莓果香氣與令人振奮的酸度。山吉歐維榭簡直就是一種象徵生命力的葡萄酒,同時裝著乾燥香料香草與茶的香氣,經過時間的淬鍊之後,還會多了蘑菇、秋季枯葉、教堂薰香、皮革、大地與塵土風味。此品種能釀出具備中等到飽滿(例如經過木桶陳年的厚重山吉歐維榭)酒體的酒款,本質上,幾乎可謂是梅洛的反義詞。梅洛的柔順就像是山吉歐維榭被填滿或補上了,山吉歐維榭擁有的質地,如同布滿其主要家鄉托斯卡尼全境那一座座戰役城垛。

朝托斯卡尼海岸過去,此品種在馬雷瑪(Maremma,此地的山吉歐維榭拼法為「morellino」)釀成尤其明亮、果汁般的葡萄酒,就像是燉過的西洋李、酸櫻桃與皮革,靠近內陸酒款中的塵土調性變得較少。

產區 Chianti 是山吉歐維榭最知名的代言人。Chianti 也許是能嘗到酸櫻桃與碎茶葉香氣的基本葡萄酒;或是帶有農家院子與質樸調性;又或是強而有力同時持有優雅姿態,這類酒款則擁有多年陳放培養的潛力。Chianti Classico 酒款釀產於佛

S

羅倫斯（Florence）與西恩那（Siena）之間蜿蜒交錯的山丘，此處是該產區的核心地帶，產出不少品質最佳的酒款；不過，在 Chianti Rufina（此產區酒款尤其平衡、優雅且清亮）與 Chianti Colli Senesi 兩個次產區也都能找到傑出酒款。所有 Chianti 酒款都必須含有至少 80％的山吉歐維樹，但依舊允許以部分比例加入其他品種混調，混調酒款的風味自然有所不同。當地品種卡那祐羅（canaiolo）帶有教堂薰香的獨特香氣，而卡本內蘇維濃可能會為山吉歐維樹充滿骨感的架構，添進血肉。

最為宏大壯觀的山吉歐維樹酒款，同時也身為最偉大的義大利酒款之一，就是 Brunello di Montalcino（當地的山吉歐維樹名為「Brunello」）產區酒款，此酒款的葡萄園環繞著 Montalcino 山丘小鎮，此地曾經是西恩那共和國（Republic of Siena）對抗梅迪奇（Medicis）政權的前哨。此產區酒款擁有更深的酒色，更豐厚且圓潤的風味，以及比 Chianti 酒款更厚重且深沉的調性。此酒款必須先經過四年的陳放才能向市場釋出，且目標便是長年陳放培養。其中的 Rosso di Montalcino 產區則是其較年輕且較平價的手足酒款。

來自 Montepulciano 產區的酒款「Vino Nobile di Montepulciano」也是以山吉歐維樹為基底釀造但更為宏大，相較之下，Rosso di Montalcino 產區酒款則如同小朋友。它們比 Chianti 酒款更厚實，但如同 Montalcino 的酒款一般保有權威感。

除了義大利中心，山吉歐維樹也深根於其他地方，例如 Corsica 產區，此處以種植涅露秋（nielluccio）品種著名，並以此釀產充滿香氣與鬆軟的酒款。出了歐洲，山吉歐維樹廣泛種植於阿根廷，偶爾也會在澳洲找到，澳洲的山吉歐維樹較為結實且較少稜角。另外，美國加州也有少量種植。

最後一點，山吉歐維樹酒款使用的橡木會對酒液風格與香氣有極大的影響，若是以較大型的傳統斯洛維尼亞酒瓶，會讓山吉歐維樹呈現較為乾淨的風格，另一方面，較小型的法國橡木桶會稍稍將其天然質地融入酒液，使酒款擁有更柔順的架構。

餐搭建議：義大利紅酒是絕妙的餐搭酒，山吉歐維樹也不例外。它擁有良好的酸度，因此帶有清新的特質，並讓它能夠抗衡披薩與義大利麵**番茄醬**的活力，任何類型的**鹹鮮番茄披薩**或**義大利紅醬**，從義大利茄汁肉醬、番茄培根醬，到義大利

細麵佐茄子、胡椒與番茄，也都非常適合山吉歐維樹。

它也能與非常多風格粗獷的傳統義大利中央料理契合，只要問問義大利酒莊釀酒師要以什麼料理搭配自家酒款，他會面露困惑地說：「我的酒款很適合搭配食物，但是我幾乎什麼都會吃啊。」當然，什麼都會吃的意思指的是所有義大利當地食物。在托斯卡尼，當地食物與葡萄酒之所以如此契合的原因之一，是因為每一支與每一道都有各自的稜角與特點。能夠作用的方式並非互相碰撞，而比較像是完整了彼此。

我第一次真正了解山吉歐維樹與食物搭配的真諦，是在 Felsina Berardenga 酒莊朱佩塞・莫佐柯林（Giuseppe Mazzocolin）的餐桌上。那天是個炎熱夏日，我們漫步在好幾座葡萄園之間，那而曾經是 Chianti Classico 地區的禁獵保護區。朱佩塞手指那座看顧著西恩那省的休火山阿米亞塔（Monte Amiata），一面說著，「此地的景色與一千年前的如出一轍」，接著說到他對山吉歐維樹的想法，「這是一種非常義大利的葡萄，特洛迪哥（teroldego）與阿里亞尼科兩個品種也是。菸草、醃燻、蘑菇、松露、黑醋栗、藍莓……與塵土（義大利文為 polvere）。這些都是能在我們酒款中找到的細微變化。」接著，我們走進涼爽的石屋準備吃午餐，桌上放著以淺碗裝盛的**濃稠義式鷹嘴豆湯（zuppa di ceci）**，以酒莊自己種植與製作的橄欖油調味，以及一杯山吉歐維樹酒款「Felsina」。

鷹嘴豆泥的大地、砂粒與砂紙般的粗糙感，與山吉歐維樹的土壤調性與質地，兩者完美相互映襯。這是樸拙的食物，但同時也是一場身心饜足的享受。我們用酒莊橄欖油與麵包抹淨碗底，一面繼續飲進更多山吉歐維樹，滿足感無與倫比。這樣的一道料理與一杯葡萄酒，就是讓自己吃得與喝得更好的美酒佳餚。

如果是更為現代化的**鷹嘴豆湯**，例如豆泥打得更滑順，並加上令精神更振奮的紅辣椒，然後擠上一點檸檬，再撒上些許切碎的香菜，山吉歐維樹依舊能夠搭配，但可能沒有那麼鑲合。此品種酒款也很適合**鷹嘴豆泥抹麵包片、鷹嘴豆泥沾醬**與任何以大地風味強烈的鷹嘴豆為主要基底的肉類晚餐。帶有顆粒質地的玉米糊也與山吉歐維樹很合拍，也許一旁還可以再加一盤主餐或邊菜份量的蘑菇芝麻葉沙拉。其實，當山吉歐維樹隨時間孕育出越來越多真菌特質時，蘑菇也能與其譜出美妙的共鳴，例如**法式燉野菇、牛肚菌義大利麵或燉飯、松子與帕瑪森起司**

鑲蘑菇，或是以乾蘑菇添加強烈鹹鮮層次的慢燉料理。

真正的山吉歐維樹擁有尖銳的單寧澀感，不過在二十一世紀誕生的酒款，或是任何曾經做過市場調查，或焦點研究小組曾經發揮作用的酒款，這樣的特性已不復存在（真是謝天謝地）。當單寧遇上肉類（蛋白質），其銳利的澀度便會降低，這表示山吉歐維樹搭配食物一同享用的品飲體驗會較為柔軟，但是，我想遇上一盤牛排或薩拉米臘腸時，應該沒有任何酒款會變得完全癱軟。

不論是相較於 Montepulciano 或 Montalcino，Chianti 都是較為清淡的餐搭酒款。「酸味在口中十分清明，因此讓嘴巴準備好迎接下一口食物，而食物的特質也因此得到強化，」Bibbiano 酒莊莊主湯瑪索·瑪羅切西·瑪澤（Tommaso Marrochesi Marzi）說，「我們在 Chianti Classico 產區並未生產厚重的酒款，所以依舊能以我們家的酒款搭配整頓午餐或晚餐，即使已經正在消化食物，也不會被沉重的酒精壓得喘不過氣。」

Chianti 的當地肉食主義特殊料理之一，就是**奇亞尼那牛排（Chianina beef）**。Antica Macelleria Cecchini 肉舖位於潘薩諾（Panzano）小村，肉舖老闆達里諾（Dario）很有個性地稱之為「潘薩諾美食共和國」，這座迷你肉食帝國油肉舖與幾間餐廳組成，不僅買得到且吃得到奇亞尼那牛排，還可以眺望 Chianti Classico 的葡萄園風光。如果有機會前往 Chianti，千萬別錯過這裡。

佛羅提納丁骨大牛排（Bistecca alla Fiorentina）也是山吉歐維樹的經典搭配，若是標註為**薄片（tagliata）**，牛排會先是燒烤過，然後切成粉紅條片，擺盤時綴以**芝麻葉、檸檬汁與橄欖油**。山吉歐維樹之所以搭配得宜，不僅是因為牛排的蛋白質，也還有與澀感親切的芝麻葉苦味。

托斯卡尼約有十五萬頭野豬棲居，成群結隊的牠們也讓狼隻控制在灣區，然而，若是未斥資且仔細地建起圍籬，野豬們也會進入葡萄園大啖果實，並破壞葡萄樹。所以，對釀酒人而言，享受**野豬料理**也是讓滿腔怒火得以發洩的方式。野豬肉很適合加上一些**月桂葉、杜松與百里香一起慢燉**，一旁再搭配一點玉米糊。牠們也能製成非常美味的薩拉米臘腸、義大利餃與肉醬。

山吉歐維樹帶有滿是塵土的野外風味。很適合搭配**義式慢烤香料豬五花**（porchetta，以茴香籽慢烤豬肩肉，能做出非常類似餐車的經典味道），或是搭配

肥厚的香草大蒜香腸，也許還可以與**小小的棕色翁布里亞扁豆**（Umbrian lentils）、**洋蔥、芹菜與義大利培根**一起料理。**獵人中東烤肉串**（Hunter's kebabs，將豬腰肉、塊切檸檬、肥滿的義大利香腸切片、月桂葉與義式生火腿捲串烤，最後撒上些許鹽與碎切鼠尾草），再加上能到手的最粗獷山吉歐維樹，就是極為滿足的享受。

山吉歐維樹也很愛**野味**，從**兔子、雉雞、松雞**到各式**動物內臟**，都是相當美味的搭配。例如，如牛肚的內臟，或是將**自家製且塞滿酸豆與醃小黃瓜的雞肝醬**（因為山吉歐維樹得以對付其酸度與苦味），抹在未加鹽的托斯卡尼吐司，又或是**小牛肝與培根**。

該選什麼類型的山吉歐維樹，很大程度取決於風味與預算，但同時也須考慮酒體，以及其果香與料理的搭配。Corsica 山吉歐維樹的酸度相對較低，但其香氣幾乎可以說是花香般的草本調性，因此相當適合香草與香氣撲鼻的慢燉料理。來自托斯卡尼海岸果香較豐富的酒款，可以搭配較為溫潤的香氣，例如**綴以巴薩米克醋的牛肉**，或是添加柔和香草的番茄醬，如**辣培根番茄義大利麵**（pasta all'amatriciana）。面前若是一頓清淡的晚餐，例如雞肉或**煎小牛排**，再與茴香燉燒或是**鑲進帕瑪森起司、迷迭香與洋蔥**，那麼，可能真的要考慮一下是否真的要開一支風格剛強且厚重的年輕「Vino Nobile di Montepulciano」或「Brunello di Montalcino Riserva」，不過只要年份較老，或只要酒款並非來自 Montepulciano 或 Montalcino 產區，就能完美搭配。如果小牛肉以稍微辛辣的醬汁調味，一旁附上**農夫馬鈴薯**（patate alla fattoressa，這是一道將糯性黃馬鈴薯與番茄、鼠尾草、橄欖油、紅辣椒乾與洋蔥一起燉燒的料理），這樣的肉感連 Montalcino 的年輕山吉歐維樹都能吸引。

至於料理中的香草，山吉歐維樹熱愛**鼠尾草**與**迷迭香**，也滿喜歡**茴香**、茴香籽或茴香葉，還有帶苦味的蔬菜，以及像是**菊苣、球芽甘藍、芝麻葉**與**燉過或烤過的紫菊苣**。我曾經在美國曼哈頓的一間義大利小酒館，吃過一碗辣培根番茄通心粉佐以現炒且頂端撒上佩克里諾羊奶起司的切片球芽甘藍。從此，我就很常在家自己製作這道料理，通常我也會再開一支經斯洛維尼亞桶陳年的風味簡單 Chianti 酒款。

烤雞佐以烤箱烤過的骰子馬鈴薯、大蒜、迷迭香支莖與橄欖油，便相當適合搭配較為清涼的 Chianti Rufina 或 Chianti Colli Senesi 產區酒款。

Chianti Rufina 產區的 Selvapiana 酒莊始終念念不忘倫敦 The River Café 餐廳創立者蘿絲・格瑞（Rose Gray）的造訪，當時她堅持一定要把她的巨大南瓜帶回家，並用許多毛巾層層包住南瓜，如此難得一見的場景讓酒莊莊主法蘭西斯柯（Francesco）忍不住開心地說，「我終於見到一個比我還瘋的人。」**南瓜等瓜類**的確很適合山吉歐維榭。各位可以試試以**橄欖油與鼠尾草烤瓜類**；以及**義大利培根、茴香、大蒜與辣椒炒過的胡桃南瓜所做成的濃湯**，最後再附上烤過的酸種麵包；或是**南瓜義大利麵佐鼠尾草奶油**等料理，搭配 Rosso di Montalcino 或 Rosso di Montepulciano 產區酒款，或是任何 Chianti 酒款。

松雞很適合與豐郁且如帝王般豪華的 Brunello di Montalcino 產區酒款搭配，一旁也可以再附上淋上些許橄欖油的酸種吐司切片，以及燉過的肉汁。英國傳統聖誕火雞大餐也可謂是山吉歐維榭的好朋友，只要塞餡包含**栗子**；百里香、鼠尾草或巴西里所增添的鹹鮮風味；以及用鮮奶油與帕瑪森起司料理過的細切球芽甘藍。或是，**紅酒燉雉雞佐義大利培根與鼠尾草**，搭配任何類型的優質山吉歐維榭。

如果各位準備的是羊肉料理，我有時會選擇反向尋找比較適合的酒款，而不糾結於該如何料理。山吉歐維榭的確頗為適合**羊肉**，但是卡本內蘇維濃與羊肉絕配的程度之高，只要山吉歐維榭混調些許卡本內蘇維濃，餐搭體驗就能變得更令人驚艷。Chianti 可接受這兩個品種的混調，義大利地區餐酒等級（Indicazione Geografica Tipica，IGT）則更是任何方式都可以，但是 Montalcino 或 Montepulciano 兩產區則都不允許。5～10%的卡本內蘇維濃其實已足以。

我個人最愛的享受山吉歐維榭（不論有沒有添加卡本內蘇維濃）的方式之一，就是**義大利經典開胃菜**，首先是一大堆一支支很像棒棒糖的**小羊排**（cotolette d'agnello），快速地以明火炙燒或是乾煎，並淋上以切半檸檬現擠的新鮮檸檬汁，然後再準備一盤綠色蔬菜沙拉，然後，當然要很新鮮。我也很喜歡**裹上迷迭香、大蒜與鯷魚的蝶切羊肩，再佐以混合了迷迭香、法式酸奶油與大蒜的溫潤白腰豆**（cannellini），我有時候會直接開一支「Fontodi Vigna del Sorbo」一起享受。

偶爾，只是想找一些簡單的食物搭配。這時我就喜歡以吐司搭配 Rosso di

Montalcino 產區酒款。不是一定要那種口感如棉絨般的吐司，但只要用**義大利麵包妥善地以明火網烤至表面帶黑**。某次到 Montalcino 產區中心的 Conti Costanti 酒莊參觀，招待我們的安德莉亞‧柯斯坦汀（Andrea Costanti）切了一點未加鹽的托斯卡尼麵包，以明火烤到表面焦化，然後我們淋上了一點橄欖油，再撒上少許鹽。安德莉亞說，「我喜歡這樣配 Rosso di Montalcino 產區酒款，」然後一面說著但丁的作品曾經提過托斯卡尼麵包，就在《神曲》〈天堂〉第十七首關於流放的部分：「你將嘗得出來他人的麵包有多鹹，也將感受得到他人階梯的攀登與步下有多艱難」（Tu proverai sì come sa di sale/lo pane altrui, e come è duro calle/lo scendere e 'l salir per l'altrui scale）。所以，雖簡單，但承接了數世紀以來的歷史、文學與文化，就濃縮在這一小口或兩口（如果把那口酒也算進去的話）中。

一如往常，我會以最簡單的食物，搭配最優質酒款。**佛羅倫斯丁骨大牛排**或一盤**香腸**，真的就只是一支 Brunello di Montalcino 產區酒款所需。

喝著山吉歐維樹時，請說：「來自天神的好東西」；山吉歐維樹有「天神之血」（sanguis Jovis）之稱，而「Jovis」即是古羅馬的天空與雷電之神。但請別說：「我會以一支優質 Chianti 酒款與蠶豆，搭配他的肝」；在《沉默的羔羊》（*The Silence of the Lambs*）原書中，漢尼拔說的其實是「宏大的阿瑪羅內」，不過電影因觀眾市場考量，換成了比較知名的 Chianti 酒款。

釀酒人怎麼搭

義大利 Chianti Classico 產區，Badia a Coltibuono 酒莊的羅伯特‧史都奇（Roberto Stucchi）：

「我一人在家的葡萄酒選擇，通常會是 Chianti Classico 產區的『annata』。我最小的女兒（十七歲）是非常嚴格的素食者，所以我們經常一家人的晚餐常常沒有任何肉類，我也因此發現我們的酒款與只有當季蔬菜的簡單燉飯一起享用也很美味。不過，我最愛的餐搭組合之一是簡單的烤兔肉，只加了大蒜與從院子摘來的香草（鼠尾草、迷迭香、百里香），然後與少許啤酒一起慢燉（如果有紅啤酒更好）。我們通常一邊會附上白飯或烤馬鈴薯，白飯的米會選用印度香米（basmati）或義大利里伯米（ribe）。」

澳洲 Heathcote 產區，Greenstone Vineyard 酒莊的大衛‧格里夫（David Gleave）：

就像許多釀酒人，大衛也想告訴我們可以用蝶切羊排佐迷迭香搭配，但是為求本書內容有所變化的我，請他再想一個。最後，他說：「和牛牛排，如果這不會聽起來太……，你知道的。不過搭配起來真的很棒，Chianti 產區一帶養的則是草飼牛，與山吉歐維榭一起享用也真的很好吃。澳洲呢？袋鼠，以檸檬汁與白酒醃過，讓肉質變得稍微軟嫩，袋鼠肉富有野性風味（我覺得大約是中等程度的野味），比鹿肉更有嚼勁。」

義大利 Chianti Classico 產區，Bibbiano 酒莊的瑪索‧瑪羅切西‧瑪澤：

「我喜歡牛肚或羊肚。以番茄醬汁製成的佛倫提納牛肚，或是佐以番茄與香腸的西恩牛肚。我會搭配我們的『Montornello』，它擁有能夠對付牛肚或羊肚的穩定性。」

住在義大利 Brunello di Montalcino 產區，生物動力法釀酒顧問（Monty Waldin）：

「我在 Montalcino 吃的廉宜小圓麵包片（crostini）料理，通常都是塗抹雞肝，不過，聽說用雞脾比較傳統（Cinzano 酒莊的法蘭西斯柯‧辛澤諾〔Francesco Cinzano〕跟我說的）。大多數的人都會建議 Montalcino 產區的山吉歐維榭，要搭配小圓麵包抹醬料理，但是只有在其為前菜時，才比較常見到搭配 Rosso di Montalcino 產區酒款。」

Sauternes and other sweet sauvignon blanc and/or semillon wines 索甸以及甜型白蘇維濃與榭密雍

風味描述：Sauternes 甜酒，幾乎是全世界最受歡迎的甜酒，在波爾多南部地表緩緩起伏的葡萄園間釀產，此地位於冷涼的錫龍（Ciron）與溫暖的加隆（Garonne）水域交匯，因而創造了秋季潮濕的霧氣，讓貴腐黴（botrytis）有機會繁盛生長。受到貴腐黴感染的白蘇維濃與榭密雍果實植株其實並不美觀，其果皮皺縮並布滿

灰色如蜘蛛網的腐爛破損，雖然如此，它們卻能釀出極為甜蜜的金黃酒液，帶有番紅花、雞蛋花（frangipani）、鳳梨糖晶、橘子、經焦糖化的果樹水果、烤芒果與萊姆果醬。

其他以白蘇維濃、榭密雍，以及偶爾加入一些蜜思卡岱勒（muscadelle），並同時以部分貴腐黴所釀出的甜酒，還包括 Barsac、Sainte Croix du Mont、Cadillac 與 Loupiac 產區，這些產區也都圍繞著 Sauternes 產區。出了法國，其他地區也找得到風格類似的甜酒，但相較而言，清新的酸度與大膽的香氣常常稍微弱一些。

餐搭建議：鵝肝與 Sauternes 甜酒的搭配，可謂是十足荒謬且令人羞赧地頹靡奢侈，但它們也是最棒的經典餐酒搭配之一，鵝肝或鴨肝的肥美油脂將融入 Sauternes 甜酒香甜番紅花與奢華的水果焦糖中。對我而言，這樣的搭配有點過量、有點太豐郁，我不是這麼喜歡，我原本以為在不僅是全球最知名 Sauternes 甜酒的家鄉，同時也釀產全世界最著名甜酒的酒莊 Château d'Yquem，會最不支持我的這個想法，不過，我錯了。

「別想著一定要配鵝肝，」帶我參觀酒莊的導覽說，一面用力地搖著她的頭，「不會。我們不會以 Sauternes 甜酒搭配鵝肝。我們並不推薦。」接著，她說出了擲地有聲的原因：「紅酒無法接在甜酒之後品飲。而且我們通常還會想要再嘗嘗另一支優質紅酒，或接著再開一支白酒。所以，甜酒不能一開始就品飲是很重要的。」的確，任何份量的糖都會影響品飲不甜型葡萄酒的能力。但是，另一個令人驚訝的是，其實鵝肝也不一定要在盛大到令人精疲力盡的饗宴中，擔任開場先鋒的角色。鵝肝在扮演極大犒賞的傍晚點心時，其與 Sauternes 甜酒的結合，將遠遠更好且遠遠更令人驚艷；雖然我會選擇開一支柑橘果醬感較低且更清新的 Jurançon 產區甜酒。

針對這類經過貴腐黴感染的榭密雍與白蘇維濃甜酒之餐搭，Château d'Yquem 酒莊推薦訪客點選**北京烤鴨**或一盤**藍紋起司**，而不是甜點。

我幾乎完全同意這樣的搭配。對於這類布丁酒，我的直覺就是真的把它當作布丁品飲。不過，Sauternes 甜酒同時也真的非常適合搭配甜點，不會感到太過甜膩沉重。Sauternes 甜酒擁有果樹水果與鳳梨糖晶香氣的特質，若是與**反轉蘋果塔**、

烤水蜜桃、馬德拉蛋糕或裝滿一大碗的**烤鳳梨與新鮮芒果**一同品嘗，便能體驗到絕妙的享受。我的朋友邁爾斯・戴維斯（Miles Davis）對食物有很可愛的一套，某次他招待我們**自家製椰子冰淇淋、燈籠果（physalis）與烤鳳梨**，天才般的甜點。也曾有主廚特別挑出酒中的**番紅花**特質，在**自家製餅乾上擺放水果與一球番紅花香草冰淇淋**。其他同樣也以經過貴腐黴感染的白蘇維濃、榭密雍與蜜思卡岱勒所釀製的酒款，我也會以同樣的方式餐搭，不過須記得 Sauternes 周圍產區的酒款會較輕、濃縮感較低，並且更為清新；另一方面澳洲的貴腐酒款（採用百分之百榭密雍），嘗起來則較為厚實且更多焦糖感。

但是，也許這類甜酒的終極餐搭，就是一盤剛從烤箱出爐、還**熱呼呼的檸檬瑪德蓮**。

sauvignon blanc 白蘇維濃

風味描述：白蘇維濃的性格如同會咬人般地刺激。喝一口冰鎮過的白蘇維濃，就像是沿著山崖縱繩垂降時，一股冷冽的寒風襲過，而山下便是布滿礫石的小溪、檸檬小樹、果皮帶條紋的醋栗與接骨木花樹。根據產地的不同，白蘇維濃嘗來可能帶有鮮活的青草調性，也可能是如同油桃或百香果般地更香甜，不過，就是因為白蘇維濃具備清脆的酸度，所以不論何種類型總是保有清新特質。

某些白蘇維濃最優雅的酒款就釀自宛如充滿光彩的羅亞爾河谷，這裡就是頗具聲望的 Sancerre 與 Pouilly-Fumé 兩個產區，以及周圍 Quincy、Reuilly 和 Menetou Salon 產區的家鄉。這些酒款都相當精巧且風味銳利，帶有蕁麻、樹籬、接骨木花、黃與綠色柑橘，還有青草等香氣。酒款裡也常有礦石調性，Sancerre 與 Pouilly-Fumé 產區酒款尤其常有打火石的氣味。優質的白蘇維濃深沉且複雜，就像是深處藏有暗流的寬廣大川，另一方面又保有十足的張力與活潑歡笑的外表。羅亞爾河谷也產有 Sauvignon de Touraine 產區酒款，這是一種較為簡單、帶有青草般微風吹拂的白蘇維濃，渾身充滿春季的年輕活力。

到了更南邊的波爾多，此地最受追捧的白蘇維濃，則是經過桶陳且與榭密雍混調（見下文）的酒款，或是甜酒酒款（見 Sauternes），不過同時也釀有不甜型酒款，這些酒款較為冷靜、收斂，並帶有檸檬、蕁麻與綠色香草等香氣。Entre-

Deux-Mers 是這種鮮活且率真酒款的優質產區。出了法國，白蘇維濃的足跡遍布歐洲全境，並在義大利東北部釀出尤其銳利的酒款。

　　來自紐西蘭南島馬爾堡的白蘇維濃，擁有無與倫比的光芒。紐西蘭的白蘇維濃到了 1973 年才首度具有商業規模的種植數量，但是，在結合當地堪稱完美的陽光、土壤與氣候之下，不到一代之後，此地的白蘇維濃已經成為現代經典風格。馬爾堡白蘇維濃擁有帶電般的勁道，嘗起來常有熱帶水果的風味，以及一絲百香果、荷蘭豆、醋栗與可怕的貓尿味（當地人試著以聽起來比較不嚇人的黃楊木〔boxwood〕代替）。較成熟的果實也許會偏向油桃香，釀出散發水蜜桃戴克利（daiquiri，譯註：以蘭姆酒為基底，一般會以萊姆汁與糖漿混攪完成）調酒的香氣。Awatere Valley 等氣候較為冷涼的次產區，常會產出線條較鮮明的酒款，聞起來如同穿過番茄樹深綠色枝條時，竄入鼻中的香氣，接著香氣變得更為明確且果香變得較淡，就像是能感覺到帶刺鐵絲網的張力與綠色樹葉調性。

　　這些描述並非只是奇異的幻想。這些綠色植物氣味背後的化學化合物是甲氧基吡嗪。人類的鼻子可以在濃度僅僅 2 兆分率（parts per trillion，ppt）的狀態之下偵測到這個香氣分子。其中的 3- 異丁基 -2- 甲氧基吡嗪（3-isobutyl-2-methoxypyrazine）尤其容易在生鮮蔬果中找到，包括青豆、甜椒與番茄，也難怪這些食物會與白蘇維濃如此合拍。

　　許多來自南非的白蘇維濃也有岩石、煙燻、綠番茄等特質，例如 Darling、Elgin、Cape Point 與 Constantia 等產區的酒款，不過這些酒款比 Awatere Valley 產區酒款更柔和且更多檸檬調性。

　　若是在澳洲，最為爽脆與充滿活力的白蘇維濃皆生長於冷涼氣候地區，例如阿得雷德丘產區酒款的特性是相當平穩、微微地圓潤，並擁有純淨的檸檬香；而瑪格麗特河產區的白蘇維濃（通常會與榭密雍混調，參見白蘇維濃—榭密雍混調）依樣擁有明亮的澄澈感。

　　來自智利的酒款常常喝起來比較豐滿且香甜（雖然這其實是不帶任何糖分的幻象），同時又有檸檬雪酪的特質。經典智利的白蘇維濃也帶有荷蘭豆與青椒香氣，最佳酒款釀自生長於海岸地區的葡萄，如 Leyda 產區，挾帶南極洲冰冷海水北上的祕魯涼流（Humboldt Current），在智利海岸邊流經並帶進冷涼的微風，此處

最優質酒款較為整齊且輪廓分明，同時一樣擁有鮮奶油醋栗的香氣。美國的白蘇維濃成稱為「fumé blanc」。加州地區的白蘇維濃常偏向熟果風格，架構也比較寬廣，甚至有點類似夏多內的感覺。美國白蘇維濃擁有熟瓜的豐滿特質，再多加一絲粉紅色的葡萄柚與蒔蘿的香氣，偶爾會有一點點橡木味。

許多種有白蘇維濃的地方都開始流行讓酒液與果渣多放數個月，或／和將小部分（5 ～ 10％）酒液以木桶陳年，增加質地、酒體與複雜度。這些酒款大口喝進，以及把頭伸出車外吹吹涼風的爽脆感則較少。

另一方面，完全置於木桶陳放的白蘇維濃，經常有烤葡萄柚、茴香葉，以及烤檸檬與蒔蘿的香氣。葡萄果實中綠色植物勁道與柑橘類的特性，會融入木桶的紋理中，而酒款的口感質地會變得更豐厚且較多蜂蠟感，並透出些許植蔬香氣。出了波爾多，白蘇維濃會在許多羅亞爾河流域區域更具野心的釀酒師手中，以木桶培養熟成，酒款將留下其礦石與鹹鮮風味；紐西蘭馬爾堡的白蘇維濃則偏向更多水蜜桃、溫潤與熱帶調性。白蘇維濃與榭密雍的混調酒款中，則更常見木桶陳放培養的方式。

餐搭建議：**番茄**個性獨具的酸度有時很難與白酒搭配，但白蘇維濃強烈的爽脆特質，能美妙地與番茄契合。我常以綠色植物調性較強的白蘇維濃，直接與生番茄搭配。切了一大盤**紅番茄，再淋上橄欖油與酒醋，然後撒上香菜或細香蔥**的臨時簡易午餐，若是再倒一杯風味最單純的白蘇維濃便非常美味。**義大利麵包番茄沙拉（Panzanella）**也是絕妙，另一方面，充滿礦石與青草特性的歐洲白蘇維濃也很適合菲達羊起司的酸度，各位可以做一大碗裝滿番茄、橄欖、菲達羊起司、小黃瓜與洋蔥的沙拉（**希臘沙拉**），如此簡單就完成理想的 Touraine 產區白蘇維濃午餐。

綠色植蔬調性較強的白蘇維濃，其冷涼且堅硬的調性能在混合了番茄、洋蔥、青蔥與生大蒜的食物中脫穎而出，例如**西班牙冷湯（gazpacho）或加泰隆尼亞番茄醬（salbitxada）**。白蘇維濃除了與番茄很合拍之外，與所有含有吡嗪（Pyrazine）類香氣分子的蔬菜也都很契合，所以，如果你想製作沙拉或中東烤肉串，也可以準備**豆苗、荷蘭豆、現剝豌豆、蘆筍與清脆的青椒**。

以番茄為基底的**莎莎醬（salsa cruda）義大利麵**，也很適合冷涼氣候且未經桶

陳的白蘇維濃（來自歐洲或澳洲馬爾堡 Awatere Valley 產區），尤其是料理還拌入了烤箱烘乾的番茄、櫛瓜與現刨檸檬皮，而不是鹹鹹的酸豆或橄欖，因為這樣的料理會讓人比較想要開一支澀感較強的白酒，像是維爾帝奇歐（verdicchio）品種白酒。類似地，冷涼且純淨調性的白蘇維濃也很適合以番茄為基底的燉魚料理。

添加了鹽膚木粉香料的**阿拉伯沙拉（Fattoush）**與幾乎任何一種白蘇維濃搭配都很美味，不過尤其適合擁有更多熱帶調性的智利與紐西蘭酒款。

口感更油滑，宛如能散發光芒的白蘇維濃（例如許多來自紐西蘭馬爾堡的酒款），我經常會轉而準備一點添加了異國風味食材的番茄沙拉。例如番茄、酪梨、香菜與檸檬汁**酪梨醬**混合的餡料，然後與擁有溫潤玉米香氣的玉米捲餅一起吃；或是佐以**香辣雞肉的番茄沙拉**。

其他適合加入番茄風味的料理，包括清淡的魚肉料理，例如**帶莖小番茄烤海鱸**，能美妙地結合 Sancerre 酒款或較為纖瘦的馬爾堡白蘇維濃。另外也可以準備有**溫暖人心力量的番茄塔**。

來自羅亞爾河或兩海之間的白蘇維濃，帶有銳利且閃著亮光的檸檬與青草特性，這樣的調性很適合準備一些新鮮的**嫩蘆筍**（別加太多奶油），不論清蒸或燒烤皆可。肥滿的白蘆筍則與智利、Pays d'Oc 產區、加州或澳洲的白蘇維濃比較合拍。

可謂最知名的白蘇維濃為 Sancerre 酒款，其經典夥伴則是**夏威紐霍丹起司**，但小心別讓這種餐搭組合離開羅亞爾河流域。主廚、葡萄酒愛好者兼 The Harrow at Little Bedwyn 餐廳老闆的羅傑・瓊斯（Roger Jones）說，「唯一無法與羊起司搭配的葡萄酒就是白蘇維濃。Sancerre 是例外。」我覺得這主要在於羊起司與葡萄酒的特性所致（我相當享受羅亞爾河白蘇維濃碰上風味強烈羊起司的表現），不過，飽滿且富果香的酒款與羊起司的搭檔的確有點古怪，瓊斯對於食物與葡萄酒的了解之深，即使在專家之間都很罕見。他根本就是天才，他能強化香氣，料理入口後似乎連心臟都想唱歌，他能讓料理遇見特定葡萄酒時搖起尾巴，他的餐搭能讓人體會非比尋常的巨大滿足。

我們則可以專注於較為鮮明而非如此細微的差異。綠色植物調性且青草味較強的白蘇維濃，毫無意外地會更親近**魚肉、雞肉**與加**冷涼綠色香料香草**（如薄荷、巴西里、水田芥與檸檬）的沙拉。未經桶陳的簡單波爾多白酒，則很適合**壽司**。

　　扇貝，不論是讓邊緣焦糖化地金黃的火炒，或是簡潔的一盤扇貝薄片，都非常適合倒上一杯白蘇維濃，不過應該選哪一支呢？**扇貝薄片佐橄欖油與蘆筍或豆苗**這道料理，須選擇細緻且沉靜的酒款。若是佐以橙皮或粉紅葡萄酒，就可以選擇不那麼收斂而擁有更多熱帶香氣的酒款。更豐厚且熟果調性的白蘇維濃與香甜的煎炒扇貝，則有更溫柔多情的互動，但如果一旁還附上了豌豆泥，則可以用來自馬爾堡風味較簡單的酒款（例如 Villa Maria 或 Montana）強化兩者的差異，酒中的風味真的能從新鮮的豆苗香氣中脫穎而出，或是也很適合回頭尋找擁有更多大地與青草風味的羅亞爾河酒款。

　　來自智利、南非與紐西蘭的酒款，與鮮美多汁的海鮮料理真的十分相襯，不只是扇貝，**螃蟹、龍蝦**與**螯蝦**也都是美味搭配。這些酒款甚至也可以搭配紅肉料理，但須佐以優格醬；想像一下**辛香的肉丸蘸上大量的希臘優格沾醬**，這樣的料理若是在口中遇見紅酒，則可能瞬間凝結。

　　馬爾堡白蘇維濃銳利的明亮感，能美妙的搭配泰式料理（但如果放了辣椒，則會瞬間殺死不甜白酒）。我通常會將這類酒款當作鳥眼辣椒登場之前的開胃酒，因為這類酒款就像是為香茅、南薑與各式明亮香料香草鋪好了路。

　　葡萄柚、油桃、白醋栗、百香果、楊桃與綠醋栗等頗為刺激的香氣，都可以在紐西蘭等地熟度較高的白蘇維濃酒款中找到，因此為**風乾火腿**添進多汁豐美感，或是搭配**水蜜桃、萊姆與莫札瑞拉起司沙拉**都很美味。也可以在桌上擺著其他更具熱帶或亞洲風格的料理時，或是鹹鮮香甜風味四竄的風格混搭料理時，開一支這類酒款。例如，**布拉塔起司佐燈籠果（Cape gooseberries）與蘆筍**，或是**鮪魚佐冰西瓜切片**，或**冰涼的雞肉芒果沙拉或冷麵**。這些較溫潤的白蘇維濃也特別親近帶有爆炸般強烈鮮味的烘乾或風乾蕃茄。

　　羅傑‧瓊斯做了一道香氣強烈的醃鮭魚佐大地風味的甜菜根泥與醃燻番茄，特別選用一支帶有瓜類與芭樂香氣的馬爾堡白蘇維濃，來自 Dog Point 酒莊。而且相當慷慨地分享了他的食譜。我親眼看見羅傑實際製作這道料理的那次，他拿出超級大的一片魚，但沒有使用任何量秤，他僅僅只是層層疊上魚片、柑橘片，再撒上少許鹽；喜歡隨興料理風的讀者應該能接受這種方式。以下是修改為少量家庭分量的食譜

S

羅傑瓊斯的百變柑橘醃鮭魚
ROGER JONES'S KALEIDOSCOPE CITRUS-CURED SALMON
四～六人份

料理正式上桌的前一天就必須開始準備，因為醃鮭魚必須在冰箱放一夜。

· 粉紅葡萄柚，1顆
· 血橙，1顆
· 萊姆，1顆
· 岩鹽，4大匙
· 野生鮭魚菲力，500公克，一整片

烤甜菜根泥
· 新鮮甜菜根，450公克，洗淨並修整，但別削皮
· 鹽與胡椒

慢烤番茄
· 帶莖小番茄，6顆，切成四等份

首先進行醃鮭魚。先將所有水果的頂部與底部切除，再以利刀切掉果皮與木檞，水果表面形狀請保持平整。將所有水果切成薄薄的圓片。把一半的水果切片鋪在瓷盤上，再撒上一半份量的鹽，將鮭魚鋪在頂部，再撒上剩下一半的鹽，最後鋪上剩下一半的橙片。請別按壓。放進冰箱並靜置一夜。接著，製作甜菜根泥。首先烤箱預熱至 200℃（400 ℉或瓦斯烤箱刻度6）。分別為每一顆甜菜根都包上鋁箔紙，同時加上調味。將甜菜根放在淺烤盤上，放入烤箱約烤 1～1.5 小時，直到甜菜根變得相當軟嫩（實際時間取決於甜菜根的大小）。完成的甜菜根能夠非常輕易地用烤肉串或叉子刺入，所以如果不夠軟嫩，就繼續烤到此狀態。從烤箱取出甜菜根，並以包

著鋁箔紙的狀態靜置，等待冷卻。然後用利刀劃開甜菜根皮。切成大塊後以調理機打成泥狀，同時加入調味（可以倒進少許滾水幫助攪拌）。

慢燉番茄的部分。則是先讓烤箱預熱至140℃（275 ℉或瓦斯烤箱刻度1）。在烤盤鋪上烘焙紙。以番茄切面朝上的方式，一個個安置在烘焙紙上，稍稍撒上調味之後，放入烤箱約烤 2 小時。

隔天，從盤中取出鮭魚，以冰水洗淨，並以廚房餐巾紙拍乾。以利刀切成薄片。最後搭配甜菜根泥與番茄一起上桌。

還有一些酒體更飽滿且熟度更高的白蘇維濃，這些酒款可能是以野生酵母釀成，或是也可能曾經浸泡於果皮中，又或是少量酒液（10 ～ 15%）經過橡木桶陳年，因此不太會嘗到木桶味，但依舊能感覺到圓潤與結實感，這樣的酒款尤其適合配上風味飽滿且豐富的創意混搭風格料理，以及滋味豐厚的烤火腿或烤豬肉料理。例如，Sancerre 產區另類酒農法蘭西斯・科塔（François Cotat）的酒款就是以晚摘果實與野生酵母菌釀造，並於舊橡木桶陳年。比起一般 Sancerre 白蘇維濃更為複雜且油亮柔順，與烤帶骨醃豬腿肉一起享用相當美味。這些較豐厚且野性發酵的風格，也很適合搭配黑荳蔻，各位可以嘗試黑荳蔻龍蝦叻沙（laksa），然後開一支「Greywacke」或「Dog Point」。

過桶白蘇維濃：羅亞爾河或波爾多白蘇維濃豐富的礦石與燧石風味，擁有可以與口味稍稍重一點的食物相襯的酒體，例如**帶苦味的蔬菜沙拉佐北義風乾牛肉與風味強烈的羊起司**。過桶羅亞爾河與波爾多白蘇維濃的茴香籽與柑橘類香氣，也非常適合與**龍蒿**或**佐以鮮奶油醬汁的魚類料理**一起享用。

來自紐西蘭、美國與智利的過桶白蘇維濃，帶有較柔和、溫暖和煦（楊桃、水蜜桃與佛手柑）的特質，很適合搭配**俄羅斯雞肉烤串（shashlik）**、**杏桃鑲豬肉**或是**裹滿亞洲香料的豬五花**。一場由紐西蘭葡萄酒農協會主辦的晚宴中，羅傑・瓊斯料理了一道濃稠軟嫩的**慢燉豬頰佐中華辛香料**，搭配「Dog Point Section 94」酒款，這是一款來自馬爾堡的白蘇維濃，在橡木桶中天然發酵釀成，酒款帶有水蜜桃、葡萄柚與亮滑的柑橘風味。

釀酒人怎麼搭

法國羅亞爾河，Domaine Jean Teiller 酒莊的派翠西亞・魯諾（Patricia Luneau）：
「我們熱愛以山羊起司沙拉搭配我們的酒款。我父親從前是主廚，他也會料理一道相當美味的小牛肉砂鍋，小牛肉先以『Menetou Salon』醃過，然後加入紅蔥與蘑菇一起燉。以下是他的另一道食譜，以羅亞爾河當地的淡水魚白梭吻鱸製作。」

白梭吻鱸菲力佐柑橘醬
FILET DE SANDRE AUX AGRUMES (FILLET OF ZANDER WITH CITRUS)
四人份

・奶油，1塊
・葡萄柚，2顆，剝皮後切成小方塊，將果汁留下
・橘子，2顆，剝皮後切成小方塊，將果汁留下
・鹽與胡椒
・橄欖油
・帶皮白梭吻鱸菲力，4片，以鹽與胡椒調味過

以平底鍋加熱奶油。融化之後把水果放入。加熱約1分鐘，使果肉變得柔軟，然後加入剛剛剩下的果汁，以鹽與胡椒調味後，再煮約1分鐘。拿出一個炒鍋，倒入少量橄欖油，然後放入魚肉，魚片面朝下，稍稍煎過幾分鐘後，魚皮會呈金黃色，翻面之後再煎一會兒便完成。上桌之前，再加熱一下柑橘醬。白梭吻鱸菲力佐柑橘醬上桌時，同時倒一杯「Menetou Salon」。

紐西蘭馬爾堡，Greywacke 酒莊的凱文・朱得（Kevin Judd）：
「我們以野生酵母於酒橡木桶發酵釀成的『Wild Ferment Greywacke sauvignon blanc』，與濃郁的貝類料理一起享用真的非常美味。我還在 Cloudy Bay 酒莊時，有一道螯蝦法式濃湯佐生蠔搭配『Te Koko』酒款（橡木桶發酵白蘇維

濃），真是讓我念念不忘。」

法國 Sancerre 產區，Domaine Alphonse Mellot 酒莊的艾曼紐・梅珞（Emmanuelle Mellot）：
「任何起司都很搭。」

紐西蘭馬爾堡 Awatere Valley 產區，Blind River 酒莊的總經理及《馬爾堡的菜單》（*Marlborough on the Menu*）的共同作者貝琳達・傑克森（Belinda Jackson）：
「提到白蘇維濃，每個人都會說，『……海鮮……。』但是，馬爾堡白蘇維濃的風味很是強烈，因此料理的風味也必須用力加強。我們的酒款非常喜愛扇貝，但是也許還要加上川燙、去皮、去籽且切塊的番茄，以及一點蒔蘿。我也很愛用生蠔搭配我們的酒款，因為我很喜歡生蠔的碘與我們酒莊白蘇維濃質地的互動。與其分享完整的食譜，我比較喜歡提供飲者一些食材，例如番茄與蒔蘿，還有青醬、酸豆、山羊起司與蘆筍。」

紐西蘭馬爾堡，Dog Point 酒莊的麥特・蘇蘭德（Matt Sutherland）：
「新鮮綠唇蛤蠣，炭烤時以加上少許油的方式淋一些白蘇維濃。我們平常就吃進且喝進很多白蘇維濃與蛤蠣。」

sauvignon blanc-semillon blends 白蘇維濃─榭密雍混調
風味描述：年輕且未經桶陳的白蘇維濃與榭密雍混調，是清新又充滿柑橘香氣的酒款，而且混調比例中的榭密雍越多，酒款將會越柔軟輕盈且活力充沛。

　　白蘇維濃與榭密雍的混調以波爾多產區最為著名，這樣的組合更有波爾多混調白酒之稱，有時酒款還會添加些許帶花香的蜜思卡岱勒與純淨的灰蘇維濃（sauvignon gris）。由於這類酒款的酒標通常不會註明以那些品種混調，因此也較不為人所重視，但是比較平價的酒款（常來自 Entre-Deux-Mers）相當適合在炎熱的日子裡，帶一支到海邊沙灘或花園裡愜意地享用。未經桶陳的白蘇維濃─榭密雍混調也是 Bergerac 產區， 以及野性澳洲西岸 Margaret River 的招牌，兩地區酒款

S

的風味相當獨特，更明亮也帶有更多冷壓醋栗果汁的調性。

然而，此混調酒款的描述常常停留在經過桶陳的豐郁酒款。在波爾多，最知名的酒款來自 Graves 產區與它的次產區 Pessac-Léognan（範圍是城市以南的郊區）。這些白酒不僅帶有烤葡萄柚、梅爾檸檬與風乾柑橘皮的香氣，同時也具備鹽味，例如生蠔，以及些許茴香葉、煙燻與松樹（能讓人想起法國西部費雷角〔Cap Ferret〕與阿卡雄〔Arcachon〕，那片松林旁的沙灘）的氣味。我熱愛在這類酒款非常年輕時品飲，但它們是真正以長年陳放培養為目標而釀造的葡萄酒，明亮的果香將隨著時間退裉，並漸漸出現木材煙燻、蘑菇與乾枯檸檬的香氣。風格較濃郁的酒款近來也開始在波爾多以外的釀酒界變得更流行；部分令人眼睛一亮的酒款來自 Médoc 產區，例如以紅酒打響名號的 Cos d'Estournel 酒莊。

澳洲的白蘇維濃—榭密雍混調（以 Margaret River 為先驅），擁有截然不同的景象。就像是釀酒師凡尼亞・庫倫（Vanya Cullen）所說，「來自澳洲這塊如此古老大地的葡萄酒，做出了這般時間跨度的連結。」這類酒款原本與檸檬和葡萄酒的緊密關係，在此處變得不那麼鮮明，風味出現更多冷壓醋栗果汁、白醋栗、沙拉醬、乾草與白蘆筍的特性。

餐搭建議：未經桶陳的年輕平價波爾多白酒或瑪格麗特河混調帶有爽脆的蕁麻與柑橘風味，再搭配**巴西里、檸檬與番茄塔布勒沙拉**；**白或綠蘆筍**；或**蠶豆與豌豆**，都相當怡人。

白蘇維濃—榭密雍混調與泰式料理中的**香菜、香茅**與**南薑**的香氣非常契合，尤其是酒款中榭密雍比例較高時（不過請小心避免辣椒）。這類混調也很適合**魚類**與**海鮮料理**，不過，若是經過桶陳會再讓餐搭合鳴程度大大攀升。

榭密雍非常喜愛**龍蒿**，而經過桶陳的白蘇維濃—榭密雍混調因此也非常適合搭配此香草，例如**烤雞佐龍蒿奶油、雞肉佐鮮奶油龍蒿醬**，或是**龍蒿馬鈴薯沙拉**。這類酒款帶有松樹般的香氣，因此也非常適合**蒔蘿、葛縷子**與**茴香**，各位可以試試**鮭魚佐黑麥麵包；熱呼呼的新生馬鈴薯佐熱騰騰的煙燻鮭魚，再放上少許冰涼的法式酸奶油**；還有**焗烤茴香馬鈴薯**。此類酒款搭配佐以鮮奶油醬汁的魚類料理也令人驚豔。我尤其熱愛咬起來喀嚓作響的焗烤加上木桶的辛香氣味，以及**英式**

S

馬鈴薯鮮魚派中煙燻魚肉與酒液中煙燻與烤柑橘香氣的共鳴。**海蓬子**也是這類酒款的良伴。我比較喜歡以波爾多白酒搭配此香草，因為此產區酒款與料理鹹鮮與草本特質，有互動更為契合的表現；至於來自 Margaret River 或其他新世界的酒款則能更襯托出魚肉的鮮美多汁。

較年輕的過桶波爾多白酒帶有能夠與濃郁起司共鳴的特質，例如**布里亞一薩瓦蘭起司**（Brillat-Savarin），這個起司也很適合搭配**白肉魚佐奶油、酸豆與檸檬醬**。這類酒款也很適合搭配**抹在吐司上的法式蘑菇醬佐檸檬百里香或龍蒿**，一旁還可以搭配**菊苣沙拉佐檸檬醬**。

開始進入熟成階段的 Pessac-Léognan 產區酒款，將會散發柔和的煙燻香氣，並帶有大地調性的氣味，例如蘑菇，各位可以嘗試搭配**烤鮟鱇魚佐雞油菌；小牛排佐鮮奶油醬；布里起司佐松露；烤雞佐松露奶油**（壓抹在雞皮下）；**香煎扇貝**（添加松露與否皆可）或**扇貝薄片**（添加松露與否皆可）。

擁有冰川般柔和調性的過桶 Margaret River 產區榭密雍一白蘇維濃，也能美妙地搭配扇貝的香甜，不論是簡單切成薄片，或是香煎至表面焦糖化；我個人尤其喜歡開一支 Fraser Gallop 酒莊酒款。類似的酒款與**煙燻雞**一起享用也很美味，**也許可以佐以香菜做成一道麵點**，或是加上芒果製成沙拉；也可以搭配**義大利南瓜卡布里沙拉**（caprese，將烤南瓜切片交錯層疊莫札瑞拉起司，再撒上烤過的南瓜籽與羅勒）。

另一個白蘇維濃一榭密雍混調的美味夥伴則是**烤豬肉**。如果烤豬肉料理佐以茴香籽，各位可以選一支波爾多白酒；若是澳洲酒款則可以準備添加了亞洲辛香料或帶核水果的料理。

釀酒人怎麼搭

澳洲 Margaret River 產區，Cullen Wines 酒莊的瓦尼雅・庫倫：

「我很愛在海浪慢湧的日子裡到海邊走走，然後在岩塊上刮下一些鮑魚。能夠和葡萄酒一起嘗到海洋的味道，那真是很特別的經驗。另一個我也很愛的搭配，則是在院子裡摘一點以生物動力法種植的蠶豆，然後當天就淋上一點橄欖油與帕瑪森起司，再倒一杯我們的榭密雍一白蘇維濃。」

法國 Pessac-Léognan 產區，Château Olivier **酒莊的勞倫特‧雷布朗**（Laurent Lebrun）：

「我很享受以中華料理搭配一些自身難忘的食物，這樣的組合很適合我們老年份酒款的礦石風味與張力。我曾經在中國中南部的廣州體驗過一次相當美好的晚餐，其中有一道鮑魚與少許鰻魚做成的淡湯。我們昨晚為朋友做了鮟鱇咖哩，同時開了一支只有數年的年輕『Château Olivier Blanc』。這支酒的餐搭表現相當契合，它帶有充滿活力的香氣，以及柔和圓潤又複雜的風味，非常適合這道料理的辛香與香甜特質。」

鮟鱇紅咖哩
MONKFISH IN RED CURRY
六人份

- 紅洋蔥，2 顆，削皮後切塊
- 紅椒，1 顆，去籽後切片
- 葵花油，做為炒油
- 紅咖哩醬，2 大匙
- 鮟鱇魚，1.5 公斤，切段
- 香茅，1 支，切碎
- 萊姆，2 顆，搾汁
- 椰奶，100 毫升
- 地瓜，1 顆，削皮後切成方塊
- 番茄，3 顆，切碎
- 香菜，1 把，略為切過
- 新鮮青豆，500 公克
- 鹽與胡椒

取出一個大型砂鍋，以少許葵花油熰炒洋蔥與紅椒，直到食材柔軟。加入咖哩醬，持續攪拌直到散發香氣。放入鮟鱇魚，僅翻面一次，讓兩面都煎

出金黃焦香。加入香茅、萊姆汁、椰奶、地瓜與番茄。持續攪拌，並以小火慢燉 30 分鐘。上桌之前的 5 分鐘放入香菜與生蠶豆，並加一點調味，同時嘗一下味道。與白飯一起上桌。

法國波爾多 Pessac-Léognan 產區，Domaine de Chevalier 酒莊的奧利佛・伯納德（Olivier Bernard）：

伯納德說他喜歡以他們酒莊比較年輕的白酒，搭配巴黎 Taillevent 餐廳的螃蟹佐風味蛋黃醬。這道料理有切成小方塊的紅蘿蔔、芹菜、櫛瓜與切過的蒔蘿，以及美乃滋、鮮奶油和檸檬醬，頂端更擺成螺旋狀的白蘿蔔薄片。伯納德說：「螃蟹、料理中的濃郁感，還有蒔蘿，都與這類酒款非常搭配。」

savagnin 莎瓦涅

莎瓦涅是生長在法國侏羅（Jura）的山區葡萄，能釀成白酒，帶有強烈的礦石風味，有時入口後幾乎帶有鹽巴與榛果的味道，讓人想起乾草與白桃，但同時能感受到直接且專注如刀鋒的特質。我很驚豔能在珍妮絲・羅賓森（Jancis Robinson）、茱莉亞・哈迪（Julia Harding）與荷塞・瓦伊拉蒙（José Vouillamoz）合著的《釀酒葡萄》（*Wine Grapes*）中，看到莎瓦涅與格烏茲塔明那（散發強烈的荔枝與玫瑰水香氣）其實是同一個葡萄品種的不同無性繁殖系。這是一種能夠與**金山起司（Vacherin Mont d'Or）**一起美妙搭配的酒款，這種起司源自瑞士，濃郁綿密且香氣強烈，通常會加熱後變得相當流滑時品嘗。莎瓦涅也很適合與**起司火鍋、扁桃仁與韭蔥或榛果燉鱒魚**，還有**帕瑪森起司醃雞肉**。

semillon 榭密雍

風味描述：年輕的榭密雍比較明亮且爽脆，充滿青草地、檸檬與萊姆香，但是當陳年時間漸漸增長時，便出現了一種令人緊張的轉變。乾草、醃檸檬、蠟與綿羊霜等調性悄悄地鑽進酒液，酒款的吐司與辛香料變得鮮明到，即使是未經桶陳的酒款，也會讓人覺得鐵定經過橡木桶培養。

在澳洲雪梨南邊的 Hunter Valley 產區，產有極為傑出的不甜型榭密雍，酒精

濃度低（一般落在 10.5 ～ 11％）、活潑、輕盈柔軟，帶有香茅香氣，不論是年輕酒款，或是經過長時間陳放後多了吐司調性增添複雜度的陳年酒款，美味程度相當。澳洲其他地區的榭密雍酒款傾向擁有較高的酒精濃度且力道更強。有些酒款會經過橡木桶陳年，這類酒款有時會有莎拉醬、白蘆筍以及全新皮革手提包裡的味道。這是有點嚇人的形容，我知道。

　　法國也產有許多榭密雍酒款，主要集中於波爾多與 Bergerac，美國加州與華盛頓州也有一些，但是在澳洲 Margaret River 產區，常見的幾乎都是與白蘇維濃混調的酒款（參見白蘇維濃—榭密雍混調詞條）。榭密雍也會釀成價格不斐的甜酒，這類甜酒有的一樣是與白蘇維濃一起混調（參見 Sauternes 詞條），有的則是百分之百採用榭密雍。榭密雍甜酒質地如油，並帶有扁桃仁膏、橘子醬與燉杏桃的風味。

餐搭建議：若是想要一支清新且充滿柑橘香氣的不甜型酒款，年輕且未經桶陳的獵人谷榭密雍便相當適合，而且與幾乎任何食物都能美妙地搭配；這類酒款就像是能清除口中所有味道，而下一口食物的風味似乎能因此變得更加強烈。

　　白或綠蘆筍，以及**中式炒青菜料理**，都非常適合與年輕榭密雍一起享用，這種搭配就像品嘗一道**佐以水果、起司與帶有胡椒風味的蘿蔔嬰（radish sprout）的沙拉。**

　　年輕榭密雍的香茅調性在搭配海鮮料理簡直絕妙，例如**肥美的明蝦、醃燻鮭魚、鮮蝦水餃**或**壽司**。這類酒款帶有柑橘調性的刀切或突刺感，也會在搭配辛香調味的鮮蝦料理與香菜番茄沙拉時，更為活靈活現。但是，不論年輕或老年份酒款，我最喜歡此品種的表現，依舊是搭配**清爽的軟殼蟹**，或是將**熱呼呼的煙燻鮭魚**放在抹了法式酸奶油與辣根吐司上的料理。年輕的酒款能展現活力，而更熟成的酒款則能享受酒中煙燻與吐司香氣，和料理中酥脆軟殼蟹及鮭魚煙燻調性，兩者之間的交互表現。老年份榭密雍的口感質地也非常適合**蒔蘿醃鮭魚佐馬鈴薯**與尚香沙拉的香甜與草本風味。另外，老年份榭密雍的堅果調性也與**夏威夷豆碎青鰤（yellow-tail）、尖吻鱸（barramundi）或鯛魚菲力。**

　　蒔蘿與龍蒿也是榭密雍的香草好夥伴。

　　榭密雍也很適合搭配擁有純淨風味的**不辣亞洲風料理**，例如**薑香豬肉麵佐青**

江菜；鮮蔬拉麵；或是**添加香茅、香菜與南薑的魚餅或螃蟹餅**。一樣，年輕酒款可以增添清新感，而老年份酒款能夠強調料理的辛香調性。

　　巴羅沙產區榭密雍強烈的萊姆與堅毅調性，再搭配**龍蝦佐萊姆奶油**，可謂極致享受。這些較為宏大且較多吐司調性的巴羅沙榭密雍，或是經過一段時間陳年的榭密雍，都能良好地襯托豬肉料理，尤其是**香炒豬肉**，或是**佐以檸檬與扁桃仁大蒜馬鈴薯泥（Skordalia）的豬排**。

釀酒人怎麼搭

澳洲獵人谷 Brokenwood 酒莊的伊恩・雷格斯（Iain Riggs）：
「我們酒莊讓訪客品飲年輕榭密雍的方式，就是準備幾打去殼生蠔，然後在殼裡倒進冰涼的榭密雍，然後一口飲盡。在家呢？嗯，如法炮製。在新堡（Newcastle）也有一間大型魚市場，我們因此也會買一種我們叫做『畢業生』（schoolies）的蝦子，然後，（接下來聽起來會真的很罪惡），切一片新鮮白麵包，抹上一層奶油，然後一層畢業生，接著是大量的鹽與胡椒，然後再放上一片白麵包，最後搭配一支年輕榭密雍就可以忘情地大快朵頤。」

美國奧勒岡，釀酒顧問與 Golden Cluster winery 酒莊莊主傑夫・韋瑟（Jeff Vejr）：
「最近，我去了美國奧勒岡波特蘭（Portland）的 Holdfast Dining 餐廳，兩位主廚喬爾・史塔克斯（Joel Stocks）與威爾・普萊斯（Will Preisch）招待了我茶碗蒸。我用我的 2013 年榭密雍『Golden Cluster Coury semillon』搭配這道令人驚豔的日本傳統料理。茶碗蒸是一種雞蛋卡士達，裡面裝著醬油、蘑菇、日式高湯、銀杏、味醂與蝦子。我的 2013 年榭密雍帶有牛肝菌與礦石特性，與那道松露茶碗蒸的質地與香氣交織出不可思議的共鳴。」

sherry 雪莉

風味描述：雪莉是一種獨具特色、充滿堅果與酵母香氣的葡萄酒，而且擁有許多不同風格，其中僅有少數酒款釀成甜型。不甜型雪莉不只是世上最被低估的葡萄酒之一，它同時也是完美的餐搭葡萄酒。這種西班牙加烈酒其實也並非如同許多

人想像般地濃烈；例如曼薩尼亞（manzanilla）的酒精濃度經常為 15%，而且入口後反而不似鼻子快燒起來般地火辣，而是清新爽脆。接下來為各位簡單介紹各個雪莉酒的風格，從最清淡且最不甜，到最為豐厚且最香甜，最後則是混調風格的奶油雪莉（cream sherry）。

曼薩尼亞（manzanilla）：這是酒體最輕且最細緻的雪莉酒款，釀產自一座靠海的小鎮產區 Sanlúcar de Barrameda。曼薩尼亞是雪莉中的精緻骨瓷。酒色淺淡，聞起來有浪花、洋甘菊與碘的味道，而且最棒的品嘗方式就是直接從冰箱拿出在令人打顫地沁涼時品飲。

菲諾（fino）：菲諾的釀產地位於赫雷斯（Jerez）古老的摩爾—基督（Moorish-Christian）邊境小鎮，而雪莉一詞正是源自赫雷斯。菲諾類似曼薩尼亞但擁有較大的骨架且稍稍粗獷一些，並帶有剛出爐的烤酸麵糰、烤扁桃仁與擦燃火柴的強烈香氣。就像是曼薩尼亞，菲諾也是不甜型雪莉而且適合冰鎮享用。

阿蒙提亞諾（amontillado）：酒色深沉，此種雪莉蓋在一層稱為黴花（flor）的白色酵母菌之下陳年培養，黴花能讓菲諾與曼薩尼亞在索雷拉系統（solera，一種熟成系統）陳年期間，避免產生氧化作用，接著再進行加烈讓黴花死亡，而酒液能夠繼續進行熟成。阿蒙提亞諾的風味更加豐厚且更多堅果調性。

帕洛科達多（palo cortado）：這類雪莉簡直是個謎團，翻閱各式各樣的書籍，又問了許許多多雪莉釀酒師關於帕洛科達多究竟是什麼後，會得到千變萬化的解答。我個人的想像中，帕洛科達多是一種在罕見因緣際會之下意外創造的酒款，可能是當桶中打算釀成菲諾的黴花，或是阿蒙提亞諾自然而然地轉淡，因而讓酒液暴露在空氣之中。不過，我依舊遵守雪莉公會（Sherry Consejo）會長貝爾川·多默（Beltran Domecq）告訴我的，「不，不，帕洛科達多是被選為做成酒窖中最細緻的酒種。它從菲諾轉變而來，加烈至酒精濃度 15%，之後再度加烈至 17%。它比阿蒙提亞諾更細緻，而且經過更多年的生物性陳年培養。」

歐羅索（oloroso）：最深沉且最豐厚的不甜型雪莉（多數為不甜）。打從一開始，歐羅索就會從酒窖中選出最粗獷且最不細緻的酒桶，然後加烈至較高的酒精濃度，讓黴花無法開始發展。歐羅索帶有淺桃花心木的顏色，嘗起來有無花果乾、葡萄乾與榛果的風味。歐羅索可以釀成不甜型與甜型酒款。

佩德羅希梅內斯（Pedro Ximénez，PX）：許多酒莊都宣稱這是全世界最甜的葡萄酒，它的甜度也的確攀登如此巔峰。PX 雪莉以佩德羅希梅內斯葡萄品種釀造。此酒款黑糖蜜酒色，聞起來如同糖蜜，入口後如一顆顆滴落的液態葡萄乾，濃度搭約是每 1 公升包含 400 ～ 450 公克的糖分；我甚至曾經聽過高達 620 公克的 PX，其稠度與甜度都極為驚人。

奶油雪莉（cream）：奶油雪莉就是直接將其他六種雪莉進行混調，其甜度則由 PX 提供。

　　這些分類範圍代表經常讓人有些疑惑，不過，它其實也是最為單純簡單的葡萄酒。雪莉的產區只有一處，也就是西班牙西南部的安達魯西亞（Andalusia）；雪莉主要使用的葡萄也只有一種，當地葡萄園約有 95 ％皆種植帕洛米諾（palomino），另外兩種少量種植的品種為佩德羅希梅內斯與蜜思卡特（moscatel），而且主要用於增加甜度。同樣地，雪莉也沒有所謂值得擔憂的年份，因為雪莉的熟成採用索雷拉系統的分段混調，系統中的酒桶始終不會出現全空的狀態，因為一旦取出準備裝瓶的酒液之後，會再以較年輕木桶的酒液填裝，依序再取出更年輕一點酒桶中的酒液填補，如此依序取較年輕的酒液補進較老的酒桶，因此酒桶永遠都不會全空，而且裡面可能還保有跟酒莊一樣古老的幾滴葡萄酒。

餐搭建議：鹽味西班牙瑪柯那扁桃仁（marcona almonds）。原生地為西班牙塞爾維亞（Seville）的小巧曼薩尼亞綠橄欖（green manzanilla olives）。玉米捲餅。軟嫩多汁的橡實伊比利豬火腿與其他各式豬肉熟食，理想中當然是入口的前一秒剛從整隻豬後腿切下。另外，雪莉也可以直接征服西班牙小酒館（聽起來可能非常老套，

不過是很美味的老套）。

　　曼薩尼亞與菲諾的纖細精緻，讓我們能從**橄欖、鹽味烤堅果、薯片、吐司抹蒜香美乃滋、加泰隆尼亞番茄麵包**（pan con tomate）、**玉米捲餅、西班牙可樂餅與貝類**等食物開始享用。曼薩尼亞銳利的清爽與充滿生氣的鹽味，讓它成為新鮮生蠔的完美調味。不論是以冰鎮玻璃杯盛裝帶著光芒的**剃刀蚌**（razor clams），或是**淋上蒜香油或奶油的鮮蝦**，也都十足合拍。曼薩尼亞與菲諾都擅長柔順地劃開，**酥炸海鮮什錦**的清爽炸麵糊，以及**白鯷魚與炭烤烏賊**的組合。

　　一根根如長矛般的燒烤或清蒸**蘆筍**也非常適合曼薩尼亞，如果一旁再附上蒜香美乃滋或荷蘭醬就也能與菲諾搭配。我也喜歡以這些風格較清淡的雪莉搭配風乾火腿，另一方面若是標榜風格更豐厚的雪莉（如阿蒙提亞諾與帕洛科達多），則會強化**西班牙辣腸或肉類料理**中的鹹鮮與肉香，而非鹽味。

　　菲諾與**煙燻鮭魚、煙燻鴨**，以及一樣擁有強烈鮮味的風乾鮪魚（在西班牙陽光之下**鹽醃風乾的鮪魚**），都有十分傑出的表現。我的一位同事有點嚇人地依舊很喜歡提起他最愛風乾鮪魚料理，每次說起都會用一種身歷其境的夢幻音調，這種音調一般人會是留給轉述奧運金牌的表現，「赫雷斯盃（The Copa Jerez，一個雪莉酒餐搭的國際賽事），2007 年，美國參賽者是個叫做安迪・努瑟（Andy Nusser）的小夥子，他以風乾鮪魚佐鴨蛋，完全可以取代培根與蛋的早餐，然後搭配一杯菲諾雪莉。天才。」沒錯，真的令人驚豔。

　　菲諾與**西班牙冷湯**完美登對，一整個夏天都可以每日大口大口喝進冷湯（湯中全是新鮮番茄、小黃瓜、甜椒、生洋蔥與醋），再小口小口啜飲菲諾。

　　其實，一般常見的雪莉酒款就是我唯一會推薦各位與任何一種**湯品**搭配的葡萄酒。雪莉就如同擔綱起調味的角色：不論是大口飲進菲諾與魚湯，或是啜飲一口阿蒙提亞諾或帕洛科達多與褐色溫莎湯（Brown Windsor soup）。它們天生就與**番茄**投緣，這就是為什麼一杯菲諾會如此適合擦上大蒜且疊上番茄切片的吐司，以及為什麼阿蒙提亞諾（如果手邊沒有，也可以用菲諾代替）是一大壺**血腥瑪麗**（Bloody Mary）的必要原料。

　　雪莉酒款充滿活力的大地風味及氧化調性能美味地搭配**血腸**，而其鹹鮮特質也能強化**蘑菇**的香氣；各位可以倒一杯雪莉（菲諾、帕洛科達多或阿蒙提亞諾皆

可），然後準備野生蘑菇吐司或蘑菇玉米捲餅。

　　雪莉也很適合**燉牛肉與蘑菇料理**，如果偏好清爽風味可以選擇菲諾，而阿蒙提亞諾或帕洛科達多則能帶出更多迷人的力道，並且增強鍋中深沉且肉香十足的風味。雪莉不只可以當開胃酒，同時還能與一大盤食物一起享用，這個概念在西班牙當地也完全可行。這種雪莉酒餐搭方式值得大大宣揚，不僅只是因為雪莉是全世界最被低估的葡萄酒之一，而且物超所值。

　　想像一下，在寒冷的冬季，滿滿一盤的香甜烤防風草根與一大碗加了牛肝菌或蘑菇的慢燉牛肉佐百里香砂鍋，十足的鮮味饗宴。鍋中淋上一點雪莉酒，懷裡在偷偷揣著一小杯阿蒙提亞諾雪莉，啊，這真是我腦中的完美情境。同樣地，歐羅索也很適合搭配**慢燉牛頰料理**；帕洛科達多則能相伴**血腸佐蒜泥**；而一杯冰涼的菲諾可以準備**真鱈佐蒜香美乃滋與焗烤耶路撒冷朝鮮薊**。也可以料理一道撫慰人心的**馬鈴薯佐焦糖化的洋蔥與朝鮮薊心**，這道料理好吃到只要再做一盤菊苣沙拉、倒一杯菲諾，就是一頓美妙的晚餐。下面為各位介紹一道食譜，這是某個陽光普照的一月天，我在赫雷斯 Harvey 酒莊的酒窖嘗到的。原本的食譜使用新鮮朝鮮薊，而且寄給我的時候完全沒提到食材份量，不過做出來非常美味。

馬鈴薯佐朝鮮薊
PATATAS CON ALCAUCILES (POTATOES WITH ARTICHOKES)
四人份

- 馬鈴薯，中等大小 3 顆（大約 300 公克），削皮後切片（約 0.5 公分厚）
- 橄欖油
- 大型西班牙洋蔥，1 顆，剖半後切片
- 大蒜，4 瓣，切片
- 月桂葉，2 片
- 平葉巴西里，1 小把，切碎
- 橄欖油漬朝鮮薊心，2 個約 180 公克的罐頭或瓶，瀝乾後切成厚片
- 菲諾，175 毫升
- 鹽與現磨黑胡椒

· 麵包屑，2 大匙

　　將馬鈴薯丟進一只裝了正在沸騰的加鹽熱水的平底鍋，小火加熱約 3 ～ 4 分鐘，直到馬鈴薯剛好變得柔軟。烤箱預熱至 190℃（375 ℉或瓦斯烤箱刻度 5）。拿出一只可進烤箱的寬大平底鍋，加熱約 3 茶匙的橄欖油。接著，倒進洋蔥、大蒜與月桂葉，持續拌炒直到洋蔥變得柔軟與金黃，大約 10 分鐘。加入巴西里、朝鮮薊心與菲諾，以及調味。小火加熱約 5 分鐘。再加入馬鈴薯之前，先挑出月桂葉丟掉，然後將繞著平底鍋攪拌一圈。將所有食材都平均分布，最後撒上麵包屑與一點橄欖油。將平底鍋移到烤箱中，烤約 30 分鐘，直到馬鈴薯變成金黃色。

　　許多雪莉釀酒人都喜歡以雪莉搭配狩獵野味，不過我通常比較喜歡倒一杯紅酒。雪莉也極為適合與起司拼盤一起品嘗。例如帶有植蔬堅果風味的真正**優質切達起司**，搭配一杯陳年曼薩尼亞（manzanilla pasada）；**年輕的曼徹格起司**，佐以菲諾或阿蒙提亞諾；帕洛科達多則準備**質地乾硬的老年份曼徹格起司**；至於歐羅索，則可以搭配風味強烈的藍紋起司，如**歐羅巴峰起司（Picos de Europa）**。阿蒙提亞諾與歐羅索擁有的堅果與果乾風味，讓它們不論是不甜或甜型酒款，都像是正在享受密實的無花果扁桃仁果乾輪，搭配起司的美味。

　　這些都是歐洲食物，但是雪莉的個性其實非常貼近鮮味與海鮮，因此其他餐搭料理其實可以更跳脫出西班牙家鄉邊境。

　　就像 Equipo Navazos 酒莊黑素斯·巴爾金（Jesús Barquín）所描述的，「當然，我們一系列的酒款的確是種類廣泛的最佳西班牙料理，最有可能譜出最佳體驗的葡萄酒。但是，人們其實很常將此視為理所當然。這些葡萄酒與食物都是一起長大。若是把餐搭範圍拉得更廣，就能體驗最優質且最具權威的雪莉酒款，與一般**亞洲食物**的搭配有多麼驚人且神奇，尤其是**壽司**（菲諾與曼薩尼亞），以及**辛香調性強烈的東南亞料理**（阿蒙提亞諾、帕洛科達多，甚至歐羅索也可）。」

　　沒錯。我也喜歡以**握壽司**搭配菲諾，或是「生曼薩尼亞」（en rama manzanilla，西班牙文「en rama」意為生或未經加工，生雪莉酒款指的就是未經過濾或澄清變

裝瓶，因此帶有酒窖直接從酒桶汲出的明亮感）。**鮭魚卵**在口中強烈地爆發，能因為菲諾或阿蒙提亞諾變成如同瞬間電擊。另外，**軟殼蟹越南春捲**搭配阿蒙提亞諾的純淨及帶有海洋特質的那面，將變得極為享受。而日本其實也回敬了雪莉對日式料理與海鮮的恭維，某些清酒與部分西班牙小點的搭配亦十分美味。

關於甜型雪莉。奶油雪莉已經變為一種不討喜的葡萄酒，雖然還是有某些釀酒師生產出部分真的很美味的精品版本。然而，所有奶油雪莉一旦配上**新鮮橙橘**就能變得令人驚艷。我曾在赫雷斯參觀時，桌上放了一個極巨大的碗，裡面裝滿橙橘切片，並淋了漬有丁香與肉桂的糖漿，然後搭配 Harvey 酒莊的「Bristol Cream」，無與倫比。

甜型歐羅索的堅果與葡萄乾香氣，也很適合搭配**充滿奶香的米布丁**。

帶有糖蜜與融化葡萄乾風味的極甜 PX 雪莉，其最佳餐搭組合就是**直接倒在冰淇淋上**。

釀酒人怎麼搭

西班牙，Barbadillo 酒莊的提姆・杭特（Tim Holt）：

「我們的曼薩尼亞酒款『Barbadillo Solear』，我喜歡搭配蝦蛄（mantis shrimp），當地稱為加勒拉斯（galeras），只要簡單清蒸再以鹽調味即可。在蝦蛄產季期間，我經常在冬天傍晚準備這道料理，因為當地漁船會在下午進港，然後這道料理必須以活蝦蛄製作。鮪魚壽司的搭配也非常傑出，鮪魚產季在春季與早夏，漁夫會在距離當地海岸不遠處，以名叫「陷阱」（almadraba）的傳統技術捕撈，這是一種以漁網組成的迷宮系統，引導魚隻進入中心池。」

「醃漬過的魚肉料理通常都能與曼薩尼亞搭配得宜。我的姊夫會用他在聖盧卡爾（Sanlúcar）海岸離岸不遠釣到的鯛魚或海鱸，製作檸檬生醃魚。這道料理的醃醬就是萊姆，不過曼薩尼亞最棒的餐搭夥伴之一是油醋鯷魚。但是這也不是一道能在家裡自己料理的菜餚。同樣地，也很適合炸蝦（理論上，這道料理就可以在家裡製作），不過因為必須油炸裹了麵糊的蝦子，所以最好還是在小酒館點來吃，家裡就不會瀰漫著炸蝦的味道。」

「另一個我最愛在家喝的雪莉就是不甜阿蒙提亞諾。我在冬天比較常喝它，

S

而且每當我準備了以下幾道西班牙小點，如風乾伊比利豬香腸、西班牙燻肉腸（longaniza）、薩拉米臘腸或西班牙山區風乾伊比利豬火腿（Iberian Serrano ham），我就一定會喝盡一瓶我們酒莊十五年份的阿蒙提亞諾『Principe』，屢試不爽。此酒款較高的酒精濃度能夠溶解所有油脂，所有醃製與堅果香氣的交織香氣都赤裸地向口中味蕾開展。」

「最後一道也很適合搭配歐羅索或阿蒙提亞諾，這是一道非常基本且傳統的菜餚，我們會在比較涼爽的月份準備，它叫做『扁豆』（lentejas）。它是裡頭裝進扁豆、西班牙辣腸、培根、紅蘿蔔、洋蔥、青椒、芹菜、一整顆大蒜與特級初榨橄欖油等一大鍋熱騰騰的砂鍋，慢燉之後靜置到隔天之後再享用。這是一道經典的安達魯西亞家庭料理，很少在小酒館現身。」

西班牙，Equipo Navazos 酒莊的黑素斯・巴爾金：
「如果我只能選一道餐酒搭配的最佳和諧組合，我會選擇我們的『La Bota de Amontillado No. 59』或『No. 61』，然後佐以能找到的最新鮮且最優質的生蠔。比較一般的搭配就是熟成的菲諾或陳年曼薩尼亞，以及新加坡 Restaurant Goto 餐廳的整套懷石料理；或是極不甜的帕洛科達多，搭配西班牙馬德里 Restaurant Sudestada 餐廳的牛頰咖哩，或是到貝斯沃特（Bayswater）某些我的朋友家，準備任何類型的咖哩；最後，各位可以準備年份非常老的阿蒙提亞諾，搭配巴塞隆納 Dos Palillos 餐廳中佐以些許山葵的生魚片。」

西班牙，Bodegas Hidalgo La Gitana 酒莊的哈維爾・伊達戈（Javier Hidalgo）：
哈維爾對於什麼時候品飲雪莉，以及該搭配什麼，寫了好幾頁，所以我稍稍統整成以下四點。

1. 「六月下旬時，我將一群牛隻從卡斯提亞（Castilla）趕到艾斯垂馬杜拉（Extremadura）。我們一大早就出發，大約在早上十點時停下休息。一旁的牛兒吃著青草並喝點水，我們則開始吃點東西：起司與熟食冷肉。接著，我開了一隻歐羅索與阿蒙提亞諾，兩支都完全不甜。歐羅

索與起司（曼徹格起司）、西班牙辣腸和血腸極為合拍。阿蒙提亞諾與
火腿及牛腰肉則是完美。」

2. 「我曾經在西雅圖住過一段時間，我的美國代理商就在這裡。西雅圖
比英國康沃爾（Cornwall）常下雨，當我的同事喝下午茶的時候，我則
是倒一杯奶油雪莉。奶油雪莉很適合蛋糕與濕濕的天氣。」

3. 「除了歐羅索，還有其他更適合炒蛋的酒款嗎？」

4. 「提供大家一個消除隔天一早宿醉的好方法：一杯阿蒙提亞諾加糖與
蛋黃。」

Supertuscan 超級托斯卡尼

風味描述：Supertuscans 一名原本指的是來自托斯卡尼的叛逆酒款，這類酒款不是
使用了國際葡萄品種（如卡本內蘇維濃、卡本內弗朗與梅洛），就是釀成百分之百
山吉歐維榭（很神奇地，百分之百山吉歐維榭酒款並不符合以前的 Chianti Classico
規定）。部分用了其他品種以及全使用山吉歐維榭釀產的 Supertuscans 極受歡迎，
如今，甚至在 Chianti Classico、Bolgheri、Bolgheri-Sassicaia 與托斯卡尼等產區，
Supertuscans 已獲得不同程度的合法化。然而，「Supertuscans」依舊是能囊括現代
托斯卡尼紅酒所有風格（主要採用波爾多品種）的實用名詞，而且尤其能點出其
奢華特色，還有托斯卡尼沿岸 Sassicaia 與 Ornellaia 產區紅酒放肆般地成功。

　　Supertuscans（即使是主要比例採用卡本內蘇維濃）的風格，傾向比絕大多數
的波爾多左岸紅酒還要更為豪華豐滿，其宏大的口感質地也更貼近 Pomerol 與 St
Emilion。這類酒款大膽且通常帶有一般義大利酒款沒有的酸櫻桃風味。

餐搭建議：面對來自義大利之外的食物，Supertuscans 通常都不太情願扮演餐搭酒
的角色，不過，我個人滿喜歡以山吉歐維榭與卡本內蘇維濃的混調酒款，搭配**羊
肉料理**或**充滿炭香的肉類燒烤**。以國際品種釀造的尖端市場 Supertuscans，則比較
適合與簡單的食物一起享用（或是完全不搭食物）。**紅肉、小牛肉、厚實的香腸**與
野味也都是適合的食材，可以用經典的法式風格料理，或是準備更多義大利配菜，
如**義大利培根、帶有綿密又鬆沙口感的豆類料理**，或簡單切片的燒烤牛肉或小牛

S

肉排，一旁再放上豐郁的濃縮肉汁、**溫潤白腰豆或紅點豆（borlotti bean）沙拉**。

syrah 希哈

風味描述：希哈（syrah/shiraz）力道強且香氣重。希哈酒款可能帶有黑胡椒、紫羅蘭、烤覆盆子、黑莓、乾草、菸草，以及甚至是尤加利樹葉的香氣。酒款風格可以是強烈、豐富果香（以充滿桑葚與覆盆子果醬的風味，直接給飲者一個葡萄酒式的擁抱），也可以是熱血沸騰地野蠻原始，並帶有野性兇猛的特性。

此品種也同時擁有兩個名字：「syrah」與「shiraz」。曾有一段時間，歐洲人會將希哈稱為「syrah」，同時新世界的酒農稱之為「shiraz」。如今，情況變得比較複雜。部分希哈酒款的拼法會反映出酒款的風格，或至少會呈現釀酒人希望能為酒液塑造出什麼模樣。當釀酒師將目光放在雅緻的香氣與礦物調性，也許就會不可思議地傾向將酒款標示為「syrah」。其他比較喜愛熟果香氣、高酒精濃度與盛大奔放水果特質的釀酒師（常常都是在溫暖天候的酒莊工作），則偏好稱為「shiraz」。

不論生長地在何方，希哈總是帶著黑黝黝的果皮。即使其香氣宛如樂音，但依舊保有大量單寧，以及肉類和鹹鮮調性。依照葡萄園的土質，有的希哈酒款也會帶有礦石風味，入口後就像是舔過玄武岩、花崗岩或光滑的石頭。

生長在冷涼氣候的希哈常帶有花香特質，例如上等希哈酒款的大本營隆河流域，不過這樣的花香並非人人都聞得到。紫羅蘭花香來自一種稱為 β - 紫羅蘭酮（beta-ionone）的分子，這種分子因為每個人嗅覺受器的基因差異，所以全球大約有 40% 的人口無法偵測到這個味道。

另一個隆河希哈的正字標記是在口中輕搔的現磨黑胡椒，既強烈又精巧，會在鼻中出現，剛好就位於鼻樑的下方。

酒中不同的香氣還能創造各式不同的聯想。對我而言，身處希哈歷史源頭北隆河時，鼻中的嗅聞常常能讓我腦中出現粗糙且黑黑的柵欄柱。我想這應該是因為北隆河希哈的所有特色之中，擁有一片林地、暗色濃密的樹叢、野生原始且無人駐足的荒野景色。

每一個隆河產區都有其獨特的個性，St Joseph 產區的酒款在冷涼的礦石風味之下，經常帶有充滿生氣的果香；Hermitage 吉產區則氣勢宏偉；Cornas 產區粗獷

且宛如擦刷地黑得發亮的靴子；Côte Rôtie 產區則優雅且帶有強烈香氣。

甘草（甘草根，而不是長得像鞋帶的甘草糖）、菸草、土地以及炎熱石塊等氣味，都是經典的隆河希哈調性，其他冷涼氣候產區的希哈有會帶有這些特徵。這類希哈酒款都擁有培根煎得焦褐且滋滋作響時散發的香氣，以及篝火燻煙的氣味。

澳洲人的希哈拼為「shiraz」，在二十世紀末期隨著澳洲葡萄酒崛起而逐漸展露頭角，我們也越漸察覺這個也叫做希哈的酒款，根本就是另一種生物。澳洲希哈依舊擁有深黑且豐厚的果香，也有極強烈的香氣，但是它更為豐滿，同時不具備潮溼的林下樹叢特性。澳洲希哈常常散發烤覆盆子的香氣，同時帶有鮮美的桑葚、紅色與黑色甘草糖與深黑巧克力等風味。

生長在巴羅沙谷地那顆似乎會將人烤焦的烈日之下，這裡的希哈酒款能釀得相當宏大，帶有紫羅蘭香氣，風味強烈，酒精濃度高（15%以上），果香豐滿，比較像是輸血袋裡的鮮血，而不是葡萄酒。來自 McLaren Vale 的柔順希哈常常會散發出尤加利樹的味道。到了較冷涼的獵人谷地，希哈會出現更多大地調性（此地希哈酒款常會被形容帶有甘藍菜味）。另一方面，維多利亞 Heathcote 產區同時產有大地風味的「shiraz」與「syrah」，它們都力道十足，同時又擁有細緻的輪廓，就好似其基礎是以煤塊或岩石所鑿出的。

到了紐西蘭，霍克斯灣的 Gimblett Gravels 次產區以其明亮調性的希哈建立了名號；南非的酒莊雖然不多，但釀造出厚實且重煙燻風味的希哈，例如斯瓦特蘭的 Mullineux 酒莊就釀有令人印象極為深刻且擁有鮮明線條的希哈酒款（酒標標明為 syrah），此處的這類酒款正是北隆河的競爭對手，而且擁有相似售價。

智利也是另一個證明當地土質能培育出尤其優質的希哈。Matetic 酒莊就是智利的先驅，同時來自義大利的喬治‧弗萊薩提（Giorgio Flessati），便在阿塔卡馬沙漠邊境 Elqui valley 產區的超強紫外光與滿天星斗的晴朗天空之下，釀產出如染墨般酒色的希哈。「這裡距離太陽光速 8 分鐘。天狼星離這裡 8 光年。」某天晚上我倆一起站在山區觀景臺，看著木星上橘紅色的條紋，與順著天空緩緩輪轉的所有星座，他這麼向我說。他的希哈擁有濃厚煙燻味，嘗起來有瀝青的味道，須與食物一同享用。

北美洲的希哈最熱愛華盛頓州。

S

再者，希哈也是一種擁有絕佳陳年潛力的葡萄。優質過桶希哈能夠陳放長達數十年，而當希哈年齡高達數十年時，其果香會開始退褪，鹹鮮的野味將開始增加，當酒也從酒瓶倒進酒杯時，這樣的香氣就會竄出。

希哈混調：在法國隆河丘產區，希哈與維歐尼耶的混種是歷史悠久的傳統，至今依舊，有時會有混釀的情況，不過真正進入酒瓶中的維歐尼耶比例相當小。白酒葡萄為酒款增添了成多香氣，也創造了較輕盈的影響，而希哈較厚重的香氣也因此得到了提升與強化。

隆河丘產區的混調也可以採用希哈與格那希，這類混調酒款能標註上南隆和村莊名，包括 Gigondas、Vacqueyras 與 Cairanne 等等，它們也可以是教皇新堡混調酒款的組成。希哈為南法全境的混調紅酒，帶進了架構與乾燥香料香草的香氣，例如 St Chinian、Faugères 與 Corbières 產區酒款。到了美國，當地自稱的「隆河獨行俠」（Rhône Rangers）風格酒款便有採用希哈，釀成向法國原產地致敬的酒款，不過這些酒款常較為柔潤、厚實。

澳洲的希哈混調添入了卡本內蘇維濃，創造出葡萄酒專家馬修‧朱克斯（Matthew Jukes）所稱的澳洲偉大紅酒，「完美定義了澳洲的混調紅酒」。對於澳洲希哈與卡本內蘇維濃的混調酒款，我個人有一個很大的弱項。它們真的是頗為昂貴，但同時也有相當雄偉崇高的酒款，例如 Penfolds 酒莊那款廣受溢美之詞的「Grange」，此酒款採用了來自數個產區的卡本內蘇維濃與希哈。

餐搭建議：當我想要開一瓶希哈時，第一個跳進腦海的肉類料理就是**羊肉**，不過，因為希哈是香氣如此強烈的葡萄，所以料理中的蛋白質有多重要，其香料香草、辛香料與其他食材裡的香氣也都同等重要。

希哈很喜愛**大蒜、百里香**與**普羅旺斯乾燥香料香草**。**迷迭香**也是絕妙的希哈香料香草。迷迭香的木質調草本香氣，能成功地融入隆河與南法產區酒液中，那土地、乾燥香料香草與類似灌木叢的風味；也能與 McLaren Vale 希哈酒款中，溫潤的尤加利樹葉香氣與濃厚果香合拍。尤其美味的是，如果手邊有地中海蔬菜，例如**紅椒與番茄，然後鑲進大蒜、迷迭香、百里香與米飯**；或者也可以加入羊肉，

例如蝶形切羊腿以預熱過的烤箱燒烤，大約 15 分鐘後就能享用這道簡單又對希哈充滿熱情的晚餐。

品飲筆記所形容希哈帶有的胡椒香氣絕非幻想。目前，黑胡椒與白胡椒中能夠鑑定出的最強烈香氣分子為莎草薁酮。部分希哈酒款裡也有出現此分子，雖然濃度相對低很多，大約萬分之一。幸虧有了這樣的胡椒香氣，希哈也才得以在**調味濃重的肉類料理**的打擊之下，成功存活（例如**添加了海鹽、黑胡椒與香氣最重的迷迭香的一般香腸**），而這也是為什麼在面對新鮮現磨黑胡椒時，希哈依舊能與其結合出怡人的美味。

我最喜愛的簡單希哈晚餐之一，就是牛排佐現磨黑胡椒。

現磨黑胡椒牛排
STEAK WITH FRESHLY CRACKED BLACK PEPPERCORNS
四人份

在我第一次嘗到這道料理之前，我就是一個有眼不識黑胡椒的莽夫，我完全不在意買的胡椒是哪一種，當然也完全不知道它已經待在櫥櫃凋零了多久。如今，我對它們的用心程度，就如同某些人關心他們親愛的咖啡豆。我會在準備享受用水田芥或芝麻葉與菠菜做成的火辣沙拉時，現磨一些黑胡椒。再搭配南非或法國的平價希哈酒款就極為美味。

・牛肉高湯塊，2 塊
・第戎芥末醬（Dijon mustard），3 小匙
・牛菲力，4 片，每片大約 175 公克
・高品質黑胡椒，4 大匙
・橄欖油，做為炒油

在一只小碟上敲碎高湯塊，然後用茶匙的背面攪拌混合高湯粉與芥末醬，直到變成濃厚的醃醬。將醃醬塗抹在每一片牛排的表面。以研缽鑿碎新鮮

黑胡椒，持續用杵搗到黑胡椒變成小小的碎片，但還不到粉末的程度。將黑胡椒碎粒倒在盤中，每片牛排的兩面都沾上黑胡椒碎粒。當準備好享用這道料理時，以平底炒鍋加熱些許橄欖油，然後將牛排煎到個人喜好的熟度。如果各位想要為牛排製作醬汁，可以在牛排完成放入盤中之後，在鍋中倒入些許日常餐酒進行收汁（deglaze），讓醬汁在鍋中開始快速地冒出泡泡，然後把所有殘留在鍋底的碎肉與胡椒都刮下。

希哈也能美妙地搭配**辛辣程度溫和且口感乾燥的印度料理**。例如可以開一支澳洲希哈，並準備一道**辛香料牛菲力**；或是一支來自南非的煙燻與大地風味希哈酒款，就可以配上**印度綠扁豆糊**（green lentil dhal）或**辛香素食扁豆漢堡**，

希哈很不適合細緻的食材，但是苦中帶甜的豐美澳洲希哈，其實是亞洲風香料乾燒料理的良伴，尤其是再加上些許黏稠的甜醬。各位可以試試用粗壯的巴羅或 McLaren Vale 的希哈酒款，或澳洲式的希哈與卡本內蘇維濃混調，然後端上一盤**以五香粉與海鮮醬醃過的牛小排**；也可以開一瓶來自世界任何產區的澳洲式希哈，搭配**烤鴨胸佐梅醬與麻醬麵**。當然，也可以將大塊牛肋排，以等量的照燒醬與醬油，再加上一片切碎的薑、一根切碎的辣椒、一半切碎的大蒜、少許芝麻油、一大匙橄欖油與一小把切碎的香菜，醃漬幾個小時後，直接炭烤或燒烤到全熟，此時，開一支比較收斂且帶有紅色果香的阿得雷德丘希哈，或一支卡本內蘇維濃與希哈的混調，能不美味嗎？另一個也很討喜的組合就是南半球的希哈酒款，配上滋味豐富的**手撕豬肉**，還有一旁各式搶眼的配料。

還有其他我也很享受的澳洲希哈—卡本內蘇維濃混調與亞洲辛香料聯姻，不過，不用說，都是到餐廳才能一嘗的美味，例如**鵪鶉佐七味粉**（shichimi pepper）與燒爛的青蔥，當然還有**熟成沙朗牛排佐白蘿蔔柚子醬**（mooli ponzu sauce）**與乾煸野生蘑菇**。

同時，希哈也極為喜愛豐味飽滿的肉類，例如**鹿肉**、**野豬**與**鴨肉**。它尤其熱愛鹹鮮滋味更強的鹿肉，例如產自隆河、Languedoc、智利或南非的希哈。想像一下隆河希哈那股烘乾香料香草的氣味，或是南非希哈濃黑似墨的煙燻香氣，然後搭配佐以玉米糊的冬季鹿肉砂鍋。隨著陳放時間逐漸綿長，希哈會變得越來

越貼近原始野性，它一面褪去了早期豐郁果香的嬰兒肥，開始帶有野味與荒地的調性，所以想要以年份更老且更優質的酒款配上一道狩獵野味料理，實在完全沒問題。老實說，相反的是，如同約翰‧李文史東—利爾蒙斯（John Livingstone-Learmonth）在他的著作《北隆河葡萄酒》（*Wines of the Northern Rhône*），提到關於艾米達吉紅酒餐搭的建議：

> Domaine Jean-Louis Chave 是另一個擁有獨特年份風格的酒莊；對他而言，擁有精巧果香的年份，如 1985 年，就很適合搭配羊肉料理，而架構更宏大的年份則比較適合鹿肉料理。十二年的酒款會比較傾向飽滿厚實的料理。紅酒燉牛肉或牛肉砂鍋、慢燉肉類料理或燉野兔肉等，都是非常理想的良伴。所以，鹿肉或野豬等經典濃郁野味料理也非常適合。
>
> 尚一路易斯（Jean-Louis）的父親傑哈爾‧夏夫（Gérard Chave）最拿手的招牌料理，就是他的小山羊或科西嘉島小山羊（cabri），料理的香氣之間帶有香甜感，與紅酒「Chave Hermitage」有無與倫比的契合，這款酒的陳放酒齡大約為十二年。

　　繼續我們關於熱情肉類料理的主題，一支北隆河酒款（例如明亮富果香的 St Joseph 產區酒款），或是鹹鮮調性更強的澳洲 Heathcote 產區希哈酒款，都很適合配上濃郁的**黑橄欖牛肉燉鍋**。Crozes-Hermitage 產區酒款或地區餐酒等級的希哈，**與富煙燻風味的德國香腸佐辛香紫甘藍**，也都很合拍。**燒烤牛肉佐栗子，一旁再準備楓糖燒防風草與捲縮的冬季蔬菜**，便很適合來自任何產地的希哈；選擇熟成度較高的希哈，便能襯托栗子與楓糖的香甜；而較冷涼地區的希哈，則能突顯綠色蔬菜的鹹鮮。

　　希哈也非常喜歡來自昨天剩下的燒烤羊肉。只要準備一點口袋餅（pitta）或薄餅麵包（flatbread），然後將羊肉加上辣椒醬汁後丟進烤箱，烤到冒出熱氣，然後自製**中東烤羊肉串**，並佐以優格與且成細條的結球萵苣（iceburg lettuce）。一起上桌的酒款則選用平價希哈或希哈混調。

S

釀酒人怎麼搭

澳洲維多利亞，Jamsheed Wines 酒莊的蓋瑞・米爾斯（Gary Mills）：

「我認為什麼才是最佳的餐搭組合，其實取決於年份，但是大方向而言，我們的四座葡萄園都各自擁有不同的餐搭最愛蛋白質。『Beechworth Syrah』酒款我喜歡搭配豬肉料理；來自 Yarra Valley 產區的『Seville』酒款可以搭配霜降牛肉（marbled beef），以酒款的酸度能夠切穿油脂；Great Western 產區的『Garden Gully』酒款喜愛濱藜羊（saltbush lamb）料理；還有庇里牛斯山的『Pyren』，可能還是羊肉料理，但醃醬或醬汁須更厚重一點。」

「我們在家想要品飲我們的希哈時，很喜歡做這道簡單的義大利麵料理：首先，在平底鍋中加熱少許橄欖油與切碎的茴香。加入一點歐陸香腸（continental sausage），以及事前先剝皮且切碎或剁碎的香辣義大利獵人香腸（cacciatore sausage）。記得別加入太多肉。持續翻炒直到肉色轉成褐色，然後丟進少許番茄切塊與切碎的大蒜，便開始慢燉，接著再放進新鮮豌豆與少許希哈酒液。最後，與蝴蝶義大利麵（farfalle pasta）一起享用。」

「我的希哈入口後總是能在味蕾感覺到一股龍舌蘭或龍舌蘭酒的調性，所以，與墨西哥料理也能良好地互相襯托。每年份推出十二款希哈的發表品飲會時，我們會邀請一群侍酒師到我們的酒莊，然後料理手撕豬肉墨西哥塔可（taco）。我們選用大型豬肩肉，並以月桂葉滾煮，以手撕下豬肉後，用大量橄欖油、墨西哥煙燻辣椒與大蒜翻炒。最後，在炒鍋中加入葡萄乾、扁桃仁片與煙燻辣椒阿多波醬（chipotle adobo sauce）。墨西哥塔可一旁還準備了撒上萊姆鹽與胡椒的生甘藍細絲；加了墨西哥煙燻辣椒烤肉醬的玉米莎莎醬，裡面包括玉米、切成小碎塊的紅洋蔥、香菜、鹽、胡椒與萊姆；酪梨醬；以優格代替酸奶油；還有起司。我們還炭烤了一些玉米捲餅，全屋子的人都為之瘋狂。」

法國 Cornas 產區，Domaine Clape 酒莊的奧利佛・柯萊普（Olivier Clape）：

「嗯，以 Cornas 的酒款搭配食物呀……。我想我們通常會在料理野豬（civet de sanglier）或鹿肉（chevreuil）料理時，加入 Cornas 紅酒醬汁。有時候，這些動物會吃我們的葡萄，所以偶爾在品嘗牠們的時候，知道牠們曾經品嘗過

我們的 Cornas 產區希哈，感覺也不錯。我們也會料理皇室紅酒燉兔肉（hare à la royale）與山鷸（bécasse），不過，現今這些食材已經不太好找。這兩道料理適合的搭配的蔬菜包括馬鈴薯千層派、紅蘿蔔與刺菜薊（cardoons）。」

澳洲 Heathcote 產區，Jasper Hill 酒莊的榮恩・拉夫頓（Ron Laughton）：
除了釀產傑出的希哈酒款，拉夫頓也是義大利之外難得會釀造優質內比歐露酒款的釀酒師。他寄給一分名為「我的簡易兔肉料理」的食譜，一旁還附上備註：「我們不會像是政治狂熱分子，向你介紹一些澳洲早期殖民時代的兔子與狐狸棲息狀態，訴說環境因為殖民者產生了多少破壞，而是：能吃到越多兔肉，越好。」他還會在砂鍋中倒進一整支 Jasper Hill 酒莊酒款，然後再開一支一起品飲。對於不是榮恩的我們而言，這樣的吃法頗為昂貴，我個人會傾向以比較廉宜的希哈酒款料理，然後開一支 Jasper Hill 酒莊的希哈佐餐。
「將兔子分成六塊。取出一個可進烤箱的烤盤，將兔肉浸在一整瓶 Jasper Hill 酒莊的『Georgia's Paddock Shiraz』酒款約 24 ～ 48 小時，如果想要再添加一小罐綠胡椒，建議可以選用那個有綠色標籤的法國品牌。兔肉醃好後，為每一塊兔肉都沾上麵粉，接著在加了橄欖油且已經熱透的平底鍋中，將兔肉塊煎數分鐘；煎兔肉期間也可以視喜好決定是否加一點洋蔥。將兔肉塊與平底鍋中的肉汁倒回烤盤，蓋上鍋蓋並放進烤箱中，烤到你覺得完成即可。上桌時，一旁再放上馬鈴薯泥、綠色蔬菜與另一瓶『Georgia's Paddock Shiraz』。簡單又美味！」

智利，Matetic Vineyards 酒莊的喬治・馬泰帝克（Jorge Matetic）：
「我們的『EQ Syrah』酒款，與羔羊膝絕對很登對。我們的酒莊餐廳會以葡萄酒濃縮醬汁慢燉，直到骨肉自然分離。通常一旁還會準備馬鈴薯泥。我們的餐廳還有一道以洋蔥與紅蘿蔔一同在烤箱慢烤四小時的牛肋排。」

南非斯瓦特蘭，Mullineux & Leeu Family Wines 酒莊的安德莉亞・馬利諾：
「我們酒莊的希哈既優雅又十足芳香，我會形容是新鮮單寧（因為以整串葡萄發酵），此酒款的經典美味餐搭夥伴，就是迷迭香大蒜烤羔羊。不過，我在

出門旅行時，曾經嘗到讓我驚豔的餐搭組合。挪威當地喜愛用架構嚴肅的酒款搭配魚肉料理，所以，我進而發現肉質緊實（口感很重要）的白肉魚，例如香煎並燒烤比目魚、鮟鱇魚或南非的岬羽鼬魚（kingklip），再搭配我們的『Mullineux Syrah』，真是極致美味。」

法國 Crozes-Hermitage 產區，Domaine Yann Chave 酒莊的晏·夏夫（Yann Chave）：
「我喜歡以我們酒莊『Crozes-Hermitage Le Rouvre』酒款搭配的料理是慢燉獵人醃鹿肉（civet de chevreuil mariné façon grand veneur），各位可以在網站『cuisineactuelle.fr』找到這份食譜。」

T

tannat 塔那

塔那的家鄉在烏拉圭，也是法國西南部 Madiran 產區混調酒款的主要品種。此品種酒款帶有可可碎粒、菸草與接骨木果的香氣，而且，人如其名，塔那（tannat）也富含單寧（tannic），所以尤其適合搭配蛋白質或油脂，帶有此食材元素的料理能達到柔潤酒液的效果。避免以此品種酒款搭配清淡的食物，食物可能會被一擊而潰。**希臘焗烤茄子千層派（Moussaka/aubergine parmigiana）**與之一同享用便非常美味，另外像是**燒烤紅肉料理、辛香料香腸、薩拉米臘腸**與撫慰人心的**肉類菜餚（例如燉鍋與燒肉）**，也都相當適合。某些硬質起司也與塔那很合拍，例如**熟成康堤起司**就很適合與陳年 Madiran 產區酒款搭配，帶有堅果香的**半硬質起司艾斯巴雷克（Esbareich）**。

tempranillo 田帕尼優

風味描述：年輕的田帕尼優（tempranillo/ tinta del país/tinto fino/tinta roriz）擁有明亮的紅色水果風味，並帶有些許爽脆與一絲絲赤褐色的調性，就像是帶有紅醋栗與草莓香，同時又有番茄與菸草香。若是經過少部分過桶陳放，酒液將會多了鹹鮮風味，例如雪松、乾燥香料香草、菸草氣味將變得更強、舊馬鞍、荳蔻、丁香、辛香料、枯葉覆蓋物（mulching）、椰子、香草莢，以及幾乎快要腐敗的極熟草莓。

田帕尼優是西班牙兩大最知名酒款風格的明星品種：Ribera del Duero 與 Rioja 產區酒款。Ribera del Duero 的田帕尼優稱為「tinto fino」，此地酒款通常會以百分之百田帕尼優裝瓶，只有少部分會混調少量卡本內蘇維濃或梅洛。因此，Ribera del Duero 產區酒款尤其濃郁、帶有深色水果風味，以及堅實（但不可否認地，有時也是因為酒液中的橡木調性相當濃重）。另一方面，Rioja 產區酒款有時讓人帶

點疑惑，Rioja 產區可以用百分之百田帕尼優釀造，也可以完全不添加一丁點田帕尼優。而且，Rioja 產區大部分酒款的主要基底都是田帕尼優，若不是純粹使用此品種，就是以田帕尼優為基底，再加入一或多個其他品種，如格那希、格拉西亞諾與卡利濃。

田帕尼優深根於西班牙全境，而且每個地區酒款經過橡木桶洗禮與否的影響十分鮮明。若是經過美國橡木桶陳放，酒款就有香草莢香甜的強烈氣味，有時也有一點椰子的調性。如果選用的是法國橡木桶，酒款則帶有更多鹹鮮風格。從完全不帶木頭調性，一直到極具木頭特質都有，從酒標標註的「年輕級」（joven）、「佳釀級」（crianza）、「陳年級」（reserva）與「特級陳年級」（gran reserva）等分級，就能看出該酒款經過了多長的橡木桶陳放時間。

在 Rioja 產區，「年輕級」酒款完全沒有經過桶陳，而「佳釀級」與「陳年級」必須經過至少一年，而「特級陳年級」則必須至少兩年。部分酒款在全新烘烤的橡木桶中度過了非常長的時間，酒液中的木頭辛香風味調性，已經幾乎超越葡萄品種本身；Rioja 產區「特級陳年級」酒款的橡木與釀出的酒液，兩者的地位相當。

葡萄牙也種有田帕尼優，當地稱為「tinta roriz」，著名酒款來自 Douro 產區，這裡的田帕尼優以混調品種的身分，一部分進入了餐酒酒款，一部分則添進了波特酒款。

田帕尼優尤其迷人的特色就是那圓潤醇美的柔順。它不帶任何由酸度或高單寧組成的銳角，而是圓融地如同橡膠球。

此品種是著名經得起長途跋涉的葡萄，在遠離家鄉伊比利半島的異地也能釀出美味好酒，但不知為何從未掀起一波種植田帕尼優的熱潮。澳洲釀有優質的田帕尼優酒款，當地酒款有時會與 15% 的希哈一起混調，不過，酒標可以不用提到其添加了能夠令酒款更「澳洲化」的希哈。另外，美國加州與阿根廷也都產有田帕尼優酒款。

餐搭建議：田帕尼優的圓潤特質，能美妙地與慢燉到骨頭都塊要消失的肉類料理融合。所以，此品種熱愛燒烤豬肉，而且尤其是**花一整晚慢烤的豬肩肉**，一旁也

許還可以準備蔬菜與用荳蔻調味的焗烤馬鈴薯。田帕尼優的草莓明亮與番茄醬香甜，搭配**以烤肉醬燒烤的吐司塞滿手撕豬肉**，也十分適合。

年輕且充滿活力的田帕尼優酒款與**粉紅色小羔羊排**的組合，更是超級美味。不過，如果手邊的是熟成 Ribera del Duero 或 Rioja 產區酒款，酒中的秋季落葉則絕對最適合**慢燉羔羊料理**。西班牙的經典傳統料理，則是以**開放式烤爐慢烤羔羊**（lecho al horno）。在《摩洛哥、土耳其與黎巴嫩料理》一書中，克勞蒂亞・羅登便收錄了一道美麗的食譜：「脆皮羊肩鑲椰棗、肉桂與扁桃仁，並佐以庫司庫司」，配上已經過了年輕時第一次激動張力的 Ribera del Duero 與 Rioja 酒款，相當怡人。

當料理融入了較為香甜的風味，例如椰棗或香草莢醬，就建議選一支經過美國橡木桶陳放的田帕尼優，酒液自身具備的香草莢特質能順利融入菜餚。

帶有溫和辛香調性的料理，也很適合搭配經過橡木桶陳的田帕尼優，以及此品種本身的圓潤個性。例如燉煮過的**大蒜、荳蔻、肉桂、丁香、孜然與荳蔻皮**，不過渾身上下寫滿田帕尼優名字的辛香料，當屬煙燻紅椒粉。不論是香甜型、辛辣型或一般的**煙燻紅椒粉**，都如同田帕尼優分身；每當料理加了這種赤褐色的辛香料，都讓我聯想起開了瓶的任何類型田帕尼優酒款。

如果打算開一支 Rioja 產區的「陳年級」田帕尼優，可以準備**塗抹了孜然、煙燻紅椒粉、大蒜與香菜籽的羊排料理**。若是一瓶充滿活力與新鮮氣息的年輕未經桶陳田帕尼優，可以搭配**柔嫩的白章魚料理，切成薄片，淋上些許橄欖油後，再稍稍撒上煙燻紅椒粉**。要是開的是一支「佳釀級」田帕尼優，則可以搭配**充滿大蒜與煙燻紅椒粉香氣的鷹嘴豆、番茄與菠菜莎莎醬**。

西班牙辣腸當然也是以煙燻紅椒粉調味，而且真的很難找到一支搭配西班牙辣腸之後，無法創造美妙餐搭體驗的田帕尼優。以下是幾道以西班牙辣腸製作的料理，如**烏賊、西班牙辣腸與紅椒燉鍋；西班牙辣腸燉無鬚鱈、肉丸佐蛤蠣、西班牙辣腸與烏賊；西班牙辣腸鷹嘴豆湯；搭配溫暖西班牙辣腸的韭蔥料理**。

任何種類的**西班牙醃火腿**都很適合田帕尼優，建議各位試試以當地的熟食冷肉搭配當地葡萄酒。**西班牙的米飯料理**也很美味，通常會從慢炒洋蔥與甜椒開始，炒到它們軟化融成金黃色的香炒蔬菜醬（soffritto）。焦糖化的蔬菜將浸入米飯，成

T

為一種能瞬間投入田帕尼優雙臂大張、閃閃發光的香甜懷抱。這樣的組合不論是肉類或素食料理都可行，例如茄子與番茄飯，或是**加了番紅花、鮟鱇魚、巨大明蝦與朝鮮薊的西班牙海鮮飯**。

較厚重且帶有更多橡木風味的田帕尼優酒款，很適合搭配口味更濃郁、更油滑的肉類料理，例如**燉牛尾、小山羊肉**或**燒牛頰**。

田帕尼優的圓潤風味與豐郁的**玉米**也很契合。它似乎很適合**墨西哥安吉拉達捲**，以及**墨西哥肉醬起司玉米片（nachos）**；只要辣度不要太高。我曾經以田帕尼優搭配一頓較清淡的晚餐，其中包括以圓盤燉煮的玉米糕，切片之後，放入以法式酸奶油、烤紅椒與其他沙拉食材層層疊起的法式鹹薄餅（galettes）裡。

說到蔬菜，田帕尼優的風味比較接近鄉甜的根莖類，而非綠色葉菜的辛香。此品種酒款能怡人地襯托**燉燒甜菜根、紅蘿蔔、防風草與蕪菁**，或是**烤紅與黃色甜椒**，又或是**油滑的茄子料理**。此品種酒款的香甜辛香調性也很適合搭配**曼徹格起司**等硬質起司。

釀酒人怎麼搭

西班牙 Rioja 產區，la Rioja Alta 酒莊的吉勒摩・阿蘭薩巴爾（Guillermo de Aranzabal）：

「一般人認為紅酒不適合搭配魚類料理。但是，我很喜愛一盤優質的烤比目魚（rodaballo）與我們的『904』一起享用。『La Rioja Alta Gran Reserva 904』這支酒款十分優雅、精緻且複雜。不論是比目魚或這支酒款，都展現了細緻與深度，我認為如同天作之合。每當我去西班牙北部的海岸小鎮吉塔里亞（Getaria）兩間皆極為傑出的餐廳 Elcano 與 Kaia 時，總是會不加思索地點上『904』與比目魚的組合。」

西班牙 Ribera del Duero 產區，O. Fournier 酒莊與阿根廷眾多酒莊莊主荷西・曼紐・奧特加（José Manuel Ortega）：

「若是我們西班牙的田帕尼優酒款，我會選擇搭配燒烤劍魚，採用一種比較兼容並蓄的餐搭方式。我們 Ribera del Duero 的『Ribera del Duero Alfa Spiga

Tempranillo』完全可以搭配此種魚肉料裡的香氣。」

torrontes 多隆特絲

此葡萄品種十足芳香，甚至遠遠地站在葡萄園外，就可以聞到宛如小蒼蘭（freesia）的香氣，多隆特絲為帶有黃色果皮的葡萄，也是阿根廷白酒的招牌品種。其古龍水般的香氣讓其最適合冰鎮後當作開胃酒品飲，同時也可以做成十分美味的**義大利冰沙（granita）**。曾去過阿根廷的人都很喜歡以多隆特絲酒款，搭配當地料理**恩潘那達（empanadas**，譯註：包有洋蔥與羊肉等類似內餡的烤餃子），此為情懷勝於風味搭配的組合，讓人感覺置身於阿根廷風景。

touriga nacional 杜麗佳

高品質的葡萄牙品種，能釀造出酒色深沉的深邃紅酒，帶有一絲野性，宛如屠龍武士貝武夫（Grendel）正在外頭敲著你的大門。在 Dão 與 Douro 產區皆有種植；杜麗佳在 Douro 產區曾被釀成波特與一般日常飲用酒款。年輕的杜麗佳酒款如同未馴化的野馬嘶嚎、奔踢，與血腸搭配絕佳，兩者的猛暴與豐郁能激盪出迷人的衝突感。百分之百杜麗佳與杜麗佳混調酒款都非常適合搭配**鄉村紅肉砂鍋、野味料理（如鹿肉與兔肉，若以杜松調味尤佳）、烤珠雞、山羊、燒烤豬肉與辛香胡椒醬**。參考詞條：Douro reds 斗羅紅酒、port 波特。

T

Valpolicella 瓦波利切拉

    Valpolicella 酒款是威尼斯紅酒，帶有阿馬雷納櫻桃與土壤風味，以當地葡萄品種釀造而成的混調酒款，品種包括柯維納。此酒款清淡且充滿活力，十分適合微微冰鎮後享用。推薦各位可以搭配簡單的**燉飯**，也能與**百里香燒烤的雞肉**一起享用，或是與披薩或番茄為基調的義大利麵一同入喉。Valpolicella 酒款擁有鮮明且清爽的酸度，因此是優質夏日紅酒，宛如義大利版的薄酒萊，試試搭配**生鮪魚排；紅鯔魚佐番茄與黑橄欖；炭烤辛香的中東烤牛肉串；帕瑪森起司；或劍魚排。**

    「Valpolicella Ripasso」則是曾浸泡了釀過阿瑪羅內酒款的皺縮果皮之酒款（譯註：古老的 ripasso 釀酒法能強化 Valpolicella 酒款，方法是在阿瑪羅內酒款發酵結束後，以其酒渣進行二次發酵），此酒款更為豐厚且香氣更強烈，有時帶有一陣家具亮光漆的味道。就像是 Monte dei Ragni 酒莊的釀酒師所形容：「ripasso 釀酒法非常特別，唯有用在 Valpolicella 酒款，因此能嘗到一絲新鮮葡萄風味，與一點風乾葡萄的特質。酒款也因而擁有更多架構。」

    「Valpolicella Ripasso」與以上提到的料理都很合拍，同時也很適合搭配滋味濃郁的料理，例如**希臘焗烤茄子千層派與芝麻葉沙拉**，或者，當你想要選一支風味不過於強烈的紅酒，搭配**橄欖燒烤牛肉**時，也可以選擇此酒款。

verdejo 維岱荷

    維岱荷深根於西班牙 Rueda 產區，釀產了帶有柑橘、扁桃仁、月桂葉與蕁麻風味的爽脆酒款。維岱荷常常會與白蘇維濃一起混調，這類酒款傾向更維清淡且更活潑爽利，但同時也多了一點點酒體與堅果般的圓潤。較清淡的維岱荷酒款是優質開胃酒，也是在享用西班牙小點，以及從**安達魯西亞炸魚（Andalusian pescaito frito，一個個魚塊沾過麵粉後油炸），**或是以油或奶油煎白肉魚菲力佐酸豆或直接

上桌，所有風格的炸魚料理都很適合的良伴。酒體飽滿的維岱荷酒款不僅能清新地搭配新鮮海鮮，與帶有堅果調性的料理一起品嘗也極為美味，例如**鱒魚佐韭蔥與扁桃仁**；**義大利麵佐藍紋起司與核桃**；**洛克福起司、藍紋起司、核桃與苦苣沙拉**；還有**豬肉佐扁桃仁醬**。

viognier 維歐尼耶

風味描述：性感、花香與白桃香，維歐尼耶代表的是令人陶醉、幽暗且浪漫的隆河酒款，也就是 Condrieu 產區酒款。維歐尼耶也駐足於南法地中海海岸全境，同時也如同隆河產區，此地的維歐尼耶有時也會與馬珊及胡珊混調（參見隆河混調白酒）。澳洲釀有著名的優質維歐尼耶，多虧 Yalumba 酒莊於 1980 年首度在澳洲以商業規模種植此白酒葡萄（雖然僅 1.2 公頃），如今其酒款已遍布全球。美國加州與維吉尼亞州也展開雙臂擁抱維歐尼耶，此品種在南非受歡迎的程度也日漸增長，常做為混調品種。經過桶陳後，酒液會變得厚重且肥滿，並帶有幾乎令人暈眩的香氣，例如金銀花與茉莉花。風味較單純的維歐尼耶，依舊不會到爽脆的地步（因為這是一種低酸度的酒款），但會有純淨且新鮮之感，法國的維歐尼耶擁有普羅旺斯早晨花園的幽微清香，而澳洲或其他溫暖氣候產區的風味則偏向水蜜桃與杏桃果皮香。維歐尼耶的侍酒溫度相當關鍵，酒溫越低酒液的口感質地越容易消失（有人偏好如此），酒溫越高酒液則變得越漸豐富，有時甚至會太過頭。

餐搭建議：維歐尼耶擁有柔和的辛香調性，如白花與杏桃香，此風味能為海鮮增添鮮美多汁的特質，例如**小螯蝦、螯蝦、龍蝦或螃蟹**。若是面前放上的是奶油香煎肥美大明蝦，維歐尼耶就是縱情感官享受的選擇；如果準備的是**明蝦芒果沙拉**，或比目魚等**肉質緊緻的白肉魚料理**，開一支維歐尼耶就讓香氣更上一層樓。

　　性感的維歐尼耶遇到**添加水果食材的豬肉或雞肉料理**，也是十足的歡樂享受，例如**加冕雞（coronation chicken）**或咖哩雞佐水蜜桃，又或是**桃香豬肉麵沙拉佐海鮮醬、芝麻油與新鮮薄荷與羅勒**。這些滋味較濃郁的料理甚至可以搭配過桶維歐尼耶，因為這類酒款口感豐厚，並帶有微微的八角香氣，能與水果及辛香料融合。辛辣程度較低的泰式料理也是良伴，例如**水煮手撕雞肉沙拉佐甘藍切絲、香菜、**

V

豆苗與芝麻；泰式炒粿條（pad Thai）；或是**炭烤明蝦佐沾醬**。

　　若是想要準備一道鹹鮮程度更高且**蛋香十足的法式鹹派**，或是**以洋蔥為基底的料理**，例如**洋蔥塔**或**法式焗烤起司馬鈴薯**，也都很適合開一支維歐尼耶。將 Condrieu 產區的明星酒莊 Domaine Georges Vernay 進口至英國的葡萄酒代理商 Yapp Brothers，則是有另一個餐搭建議：「好幾年來，我父親羅賓（Robin，Yapp Brothers 酒商的創辦人）不斷不斷地說著他有多愛以維歐尼耶搭配**里昂梭魚丸**（quenelles de brochet）。這些小小的梭魚丸大概需要一個團隊的人花兩天製作。所以我們一行人去了一趟 Condrieu，訂了一桌 Le Beau Rivage 餐廳的位子，它們菜單上的這道料理是開胃菜，要價 36 歐元，好樣的。但是，我們嘗了，也搭配了 Domaine Georges Vernay 酒莊的維歐尼耶，然後，天地的確為之動容。」

釀酒人怎麼搭

澳洲，Yalumba 酒莊的路易莎‧羅斯（Louisa Rose）：

「我的維歐尼耶完美餐搭是塔吉鍋，水果＋肉＋辛香料。」

法國 Condrieu 產區，Domaine Georges Vernay 酒莊的克莉絲汀‧維奈（Christine Vernay）：

「我喜歡聖賈克扇貝（St Jacques）與我們酒莊維歐尼耶的組合。這道料理的細膩柔軟與美妙的質地都相當適合搭配維歐尼耶。帶有些微酸度（但不會太幽微）的醬汁，例如添加了薑、香茅與香菜的清湯（broth），甚至更能讓葡萄展現自己的本色。我們酒款中的礦石風味與鹹味，則能為料理帶入良好的平衡，而這也是葡萄酒餐搭最重要的關鍵。」

V

Z

zinfandel 金芬黛

風味描述：金芬黛（zinfandel/primitivo）是一種紅酒葡萄，釀產出紅色、粉紅色與淡粉紅色等眾多酒色的酒款，淡粉紅酒色的酒款也就是所謂的「白金芬黛」（white zinfandel），擁有廣大市場，通常帶有糖果甜點的風味與鮮明的香甜個性。

美國加州可謂是金芬黛的寄養家庭，釀產爆炸般果香的紅酒，酒精濃度經常頗高，而且擁有能滿足口腹之慾的成熟樹莓、辛香莓果與藍莓果醬。當酒液緩緩入喉後，將出現一股讓人想起咳嗽糖漿的怡人刺激香氣出現，還有些許煙燻與一點不容忽視的酒精灼燒。金芬黛酒款常常會使用美國橡木桶，為酒液添加一點木頭與香草莢的風味。DNA分析已證實金芬黛其實與義大利普里蜜提弗（primitivo）擁有一致的基因。義大利版本的金芬黛同樣柔順、豐滿且鮮美，很常擁有強烈的樹莓香氣，但或許也帶有強烈的黑莓香氣，有時酒款裡刺激的咳嗽糖漿味道也比較不明顯。

餐搭建議：金芬黛因高酒精濃度伴隨而來的香甜特質，讓它鍾愛豐滿的香甜蔬菜，以及某些類型的辛香料。**墨西哥煙燻辣椒醬、丁香、煙燻紅椒粉、荳蔻、卡宴辣椒粉、香菜、薑與肉桂**等，都是優質金芬黛辛香良伴。各位可以嘗試以金芬黛酒款搭配**烤洋蔥與紅蘿蔔**，一直烤到邊緣焦糖化；**南瓜派**；**紅椒鑲卡津香料飯**；**地瓜泥佐卡宴辣椒粉與香菜**；**烤胡桃南瓜**；**重調味的漢堡（素食或肉食）**；又或是以**酪奶醃漬過的烤雞**，一旁再佐以口感爽脆的墨西哥煙燻辣椒口味涼拌高麗菜。

金芬黛也很適合搭配墨西哥食物，例如**辛香味豐富的恩潘那達、豆泥（refried beans）與墨西哥肉醬起司玉米片**。金芬黛酒款也很適合肉類佐以**烤肉醬**的辛香與香甜（不論是漢堡或手撕豬肉）、**美國南方什錦飯（jambalaya）與卡津米腸（boudin，塞進豬肉與香料飯）**。

　　金芬黛爆炸般的果香，讓它與佐以甜味或果味醬汁的肉類料理都相襯得宜，例如**可口可樂燉帶骨醃豬腿肉**；烤至表面焦黑的帶骨醃豬腿肉，一旁佐以《黛莉亞的冬季餐桌》的柑橘蘭姆酒葡萄乾醬汁；或是感恩節一大桌配上甜甜配料的肉類料理。

　　我尤其喜歡帶有黑莓與西洋李香氣的義大利版的金芬黛，與**紅椒茄子義大利麵**的搭配，還有**鋪滿辛辣薩拉米臘腸與烤至焦糖化紅洋蔥的披薩**。

Z

口袋名單

LISTS

百發百中的葡萄酒（嗯，幾乎百發百中）

粉紅酒（rosé）：不甜型的淡粉紅酒（來自普羅旺斯等地）是幾乎遇上任何食物都會雀躍不已的葡萄酒，包括剛從炭烤烤架端上桌的烤羔羊腿、壽司、尼斯沙拉（salade niçoise）與卡門貝爾起司。這類酒款不太適合與火熱的辛辣料理一起享用，但如果準備的是一支甜一點的粉紅酒（也許是來自 Anjou、澳洲或美國），就能順利補齊這條缺縫。

義大利紅酒：絕大多數的義大利葡萄酒都擁有優質酸度，因此成為能讓口頰生津的餐搭良伴。

麗絲玲：很久很久以前，我第一次與麗絲玲相遇之際，正值我苦惱著什麼食物可以搭配微甜型葡萄酒。這是因為我的飲食幾乎完全局限於英式或義式，諸如滋味鹹鮮、容易飽足的料理、肉類與馬鈴薯，或是佐以簡單醬汁的義大利麵。微甜麗絲玲與帶著甜味的食材（例如石榴糖蜜或地瓜），兩者的搭配極為傑出，同時又可以配上火熱辛辣。因此，在面對大部分難搞料理，像是東南亞料理、Ottolenghi 餐廳風格的沙拉與風格混搭的料理，麗絲玲就是超棒選擇。麗絲玲搭配豬肉料理也是出奇地美味；肉類的油脂越高可以結合甜度越高的水果，例如豬肉搭蘋果，或是煙燻鵝肉配蘋果。我們的人生怎麼能少了麗絲玲？

橘酒：將葡萄皮留在發酵中的葡萄漿裡，只要浸泡的時間夠長，就能創造出閃耀著琥珀酒光並帶著些許單寧的橘酒。橘酒就像是健談之人，同時能夠仔細聆聽，又能好好表達自己想法。橘酒不僅不會阻礙食物的發揮，還能展現自我。

南隆河紅酒與其他格那希－希哈－慕維得爾（GSM）：如果你的晚餐圍繞著英國料理作家伊麗莎白‧大衛（Elizabeth David）的風格，或是當你準備了香腸、地中海蔬菜燒烤肉類料理，以及長時間慢燉雜燴砂鍋，那麼這類酒款就能自在地於餐桌上悠遊。

黑皮諾：此品種紅酒清淡到搭配肉質較鮮明的魚肉料理，也很適合配上洗浸起司，與野禽料理一起享用也很美味，又很適合搭配牛肉與雞肉。特定類型的黑皮諾遇上特定風格的料理時，與某些很難與酒相配的特殊風味也都能變得順服，例如茴香籽與印度香料，黑皮諾酒款也帶有一種充滿活力的特質，能與蔬菜為基底的料理相襯，例如馬鈴薯千層派或烤南瓜等等。

低酒精濃度葡萄酒：相較於宛如能從鼻子噴出火熱氣息的高酒精濃度葡萄酒，酒精濃度較低的酒款在面對絕大多數的食物時，都帶著比較親切好客的個性。

遇酒必歡的食物（嗯，幾乎遇酒必歡）

迷迭香、鯷魚與大蒜烤蝶切羊腿：說到紅酒，很難找到任何一款酒配上這道料理會不美味。選一支來自 Barossa 的希哈，或是一支釀自羅亞爾河谷的卡本內弗朗，與這道料理擺在一起就是饗宴。

牧牛人牛肉：這是一道來自南隆河的慢燉橄欖與牛肉，尤其適合來自葡萄牙、法國與義大利歐洲紅酒的鹹鮮風味，而且同時也樂於與來自任何產區的格那希－希哈－慕維得爾混調、卡本內蘇維濃、希哈、黑皮諾與梅洛一同享用，另外也適合配上像是西班牙門西亞品種的酒款。

烤雞：紅酒、白酒或粉紅酒，任君挑選。這類餐搭組合比較傾向彰顯杯中的酒款風格，雞肉本身則樂於搭配任何食物。

熟食冷肉：薩拉米臘腸與火腿都非常適合搭配葡萄酒，不論紅酒或白酒。白酒就

像是得到極高的奉承，反之亦然。而且這類食物也可以搭配粉紅酒。

蘑菇吐司：我真心想不到有任何紅酒遇到蘑菇時會不開心。也許這是因為蘑菇本身的鮮味。但是，白酒搭配蘑菇也是不可思議地美味，例如夏多內配上蘑菇就是絕妙；白蘇維濃也是很美味，如果蘑菇淋上一點現擠檸檬汁與些許香草；再者，隆河白酒與 Rioja 酒款與其搭配也很不錯。

牛排：頗為簡單了當，這就是紅酒天堂。

最愛餐搭組合
阿爾巴利諾與螃蟹吐司
菲諾雪莉與橡實伊比利豬火腿
Sancerre 酒款與夏威紐霍丹起司與平葉綠萵苣佐烤長棍麵包
Chablis 酒款與法式起司鹹泡芙
內比歐露與松露

意想不到的餐搭組合
卡本內弗朗與草莓
陳年白中白香檳與藍紋起司
廉宜紅酒與炸魚柳番茄醬三明治

致謝

ACKNOWLEDGEMENTS

對於多年來在我的酒杯與餐盤裡裝進美酒與美食的眾多朋友與釀酒師們，獻上我的感謝。

除此之外，我還想感謝：

給了我出這本書想法的 Nick Rumsby。所有曾經幫助我且說個沒完的釀酒師，包括 Julie Maitland、Claudia Brown、Andre Morgenthal、Doug Wregg、Ben Henshaw、John Franklin、Kate Sweet 與 Matt Walls，而且還有更多更多。

Charlotte Hey 費勁從西班牙找出馬鈴薯與朝鮮薊的食譜（而且還幫我翻譯好，免得我搞錯）。Janine Ratcliffe 將許多令人口水直流但稍嫌漫長的料理形容，轉化為讓人得以實際參照的食譜。Granta 出版社無與倫比的試吃家，他們讓未經 Janine 協助的食譜變得更好且更緊湊，他們是 Iain Chapple、Lamorna、Elmer、Mercedes Forest、Luke Niema 與 Angela Rose。

Martin McElroy 要求增加一條「宿醉」詞條，還有 Sally Bishop 建議可以有「搜括冰箱」。Monty Waldin 在（第一次）截稿逐漸逼近而我的筆電罷工次數逐日攀升之際，寄給我許多 Seresin Estate 酒莊馬兒的寧靜照片。還有 Jason Yapp 寫給我許多超棒的品飲筆記，以及許多絕妙的餐搭點子，而且寄給我許多來自晦澀神祕書籍的美妙節錄。

鷹眼讀者群 Nina Caplan、Andy Neather、Christine Austin、Jo Wehring、Derek Smedley、Anne Burchett、Hazel Macrae 與 Colin Patch。熱情洋溢、啟發靈感且同時又是一位絕頂聰明的傳聲筒，Joe Wadsack。Neal Martin 對於頂級酒款與食物的想法。我所有的朋友，你們沒有在我又必須把整個週末都花在寫作時，稱我是悲慘人士。Anna Colquhoun 在料理方面的建議與啟發。Christian Seely、Helen McGinn、Dan Jago 與 Jane Fryer 在人生一切層面充滿鼓舞的建議。Takaya Imamura 則是在翻譯方面。

付出大量精神支持的試飲與試吃夥伴們（除了已提過的人），包括 Claire

Allfree、Sasha Slater、Gavanndra Hodge、Mike Higgins、George Smart、Linda Moore、Jo Wehring、Verity Smith、Jenny Coad、Miles Davis、Claire Williamson、Tom Ashworth 與 Charles Lea。

當然還有更直接參與本書製作之人，感謝你們。謝謝 Lizzy Kremer 同時堅毅、目光銳利又富有耐心、充滿啟發且善良。也謝謝 Harriet Moore，我覺得只要給他機會，他就能在一個早上組織起我一團混亂的經營管理。感謝 Laura Barber，你是一位完美、高效地令人震驚、幽默詼諧又強而有力的編輯。謝謝 Iain Chapple，一位超棒的葡萄酒共謀，還有感謝 Christine Lo 絕佳的耐心與照料，也要大力感謝夢幻團隊 Granta 出版社。還要謝謝設計師 Michael Salu。

還要謝謝所有名列下方之人，你們無私地提供自身想法、專業與食譜：Maria José Sevilla、Marc Kent、Tim Adams、Jonny Moore、Christine Parkinson、Bob Lindo、Sarah Jane Evans、Ferran Centelles、Eric Monneret、Martin Lam、Maria Carola de la Fuente、Ian Kellett、Annie Millton、James Lewisohn、Magandeep Singh、Sebastian Payne、Wojciech Bon'kowski、Lodovico Antinori、Ole Udsen、Emily O'Hare、Randall Grahm、Joe Wadsack、Ben Henshaw、Luigi Tecce、Jean-Philippe Blot、Philippe Vatan、Christian Seely、Vanya Cullen、Véronique Sanders、Duncan Meyers、Derek Mossman Knapp、Didier Defaix、Benoît Gouez、Olivier Collard、Jérôme Philipon、Josh Bergström、Alex Moreau、Judy Finn、Rozy Gunn、Mike Aylward、Julien Barraud、Laurent Pillot、Claudia Brown、Adam Mason、Tessa Laroche、Andrea Mullineux、Brad Greatrix、Annie Lindo、Edouard Parinet、Álvaro Palacios、Norrel Robertson、Emilie Boisson、Stephen Pannell、Justin Howard-Sneyd、Jesus Madrazo、Martin Arndorfer、Anna Arndorfer、Phil Crozier、Alfredo Marqués、Michela Marenco、Luke Lambert、Mario Fontana、Aurelia Gouges-Haynes、Clive Jones、Olive Hamilton Russell、Thierry Brouin、Ruud Maasdam、Nigel Greening、Jasmine Hirsch、Michael Seresin、Adolfo Hurtado、Gilly Robertson、Sophia Bergquist、Natasha Hughes、Jeff Grosset、Kaoru Hugel、Jim Bowskill、Ernie Loosen、Stephanie Toole、Charles Smith、Giuseppe Mazzocolin、Roberto Stucchi、David Gleave、Tommaso Marrocchesi Marzi、Monty Waldin、Miles Davis、Roger Jones、Patricia Luneau、Emmanuelle Mellot、Belinda Jackson、Matt Sutherland、Laurent Lebrun、Olivier

Bernard、Iain Riggs、Jeff Vejr、Jesús Barquín、Tim Holt、Javier Hidalgo、Gary Mills、Olivier Clape、Ron Laughton、Jorge Matetic、Yann Chave、Guillermo de Aranzabal、José Manuel Ortega、Jean-François Ott、Charlie Melton、Stéphanie de Boüard-Rivoal、Louisa Rose 與 Christine Vernay。

　　最後，我要感謝小 Francesca，她能讓最後五萬字沒有任何機會誕生，但仍順利付梓。

食譜索引 & 中英名詞對照

INDEX OF RECIPES
&
CHINESE-ENGLISH
GLOSSARY

食譜索引

Annie's Grissini(Camel Valley, Cornwall, England) 安妮的義式麵包棒 256-7

Cheese and Eggs 起司與蛋
Gougères 法式起司鹹泡芙 229-30
Iona Baked Eggs(Iona Wine Farm, Elgin, South Africa) Iona 酒莊特製烘蛋 242-3
Ricotta Gnudi with Artichoke, Broad Bean, Hazelnut and Lemon (Vasse Felix, Margaret River, Australia) 力可達起司麵疙瘩佐朝鮮薊、蠶豆、榛果與檸檬 244-5

Fish and Shellfish 魚類與貝類
Arctic Char Ceviche with Iced Fennel (Dr Loosen, Mosel, Germany) 檸檬生醃北極鮭魚佐茴香冰 324-5
Crab Linguine 蟹肉細扁麵 142-3
Filet de Sandre aux Agrumes / Fillet of Zander with Citrus (Domaine Jean Teiller, Menetou Salon, Loire, France) 白梭吻鱸菲力佐柑橘醬 344
Hot Crab Pots 焗烤蟹肉盅 83
Monkfish in Red Curry (Château Olivier, Pessac-Léognan, France) 鮟鱇紅咖哩 348-9
Roger Jones' Kaleidoscope Citrus-cured Salmon 羅傑瓊斯的百變柑橘醃鮭魚 342-3
Thai Crab Cakes 泰式蟹肉餅 82

Meat 肉類
Jonny's Chilli Con Carne 強尼的墨西哥辣肉醬 69-70
Khoresh Gheimeh / Lamb, Dried Lime and Tomato Casserole 伊朗燉肉（羔羊、萊姆乾與番茄砂鍋菜） 126-8
Millton Vineyard's Chinese Pork Belly with Sichuan Cucumber Salad (Milton Vineyard, Gisborne, New Zealand) Millton Vineyard 酒莊的中式燒豬腹肉與花椒小黃瓜沙拉 102-3
Steak with Freshly Cracked Black Peppercorns 現磨黑胡椒牛排 363-4

Sauces and Rubs 醬汁與醃料
Coriander, Teriyaki, Chilli and Garlic Rub 香菜、照燒醬、辣椒與大蒜醃料 44
Marc Kent's Spicy Smoked BBQ Sauce (Boekenhoutskloof Winery, Franschhoek, South Africa) 馬克·肯特的辣味煙燻烤肉醬 39-40

Soup 湯
Mrs Lewisohn's Gazpacho (adaptation) 路易森太太的西班牙冷湯（變化版） 106-7
Riesling Soup 麗絲玲湯 322

Tarts 塔
Dick Diver's Tomato Tart 迪克·戴佛的番茄塔 189-90
Onion Tart 洋蔥塔 137-8

Vegetables and Rice 蔬菜與米
Beetroot Risotto (Cullen Wines, Margaret River, Australia) 義式甜菜根燉飯 223-4
Broad Bean, Pea Shoot, Asparagus and Ricotta Bowl 蠶豆、豆苗、蘆筍與力可達起司綜合沙拉 50-1
Patatas Con Alcauciles / Potatoes with Artichokes (Harveys, Jerez, Spain) 馬鈴薯佐朝鮮薊 355-6

中英名詞對照（料理）

3 劃
千層麵 lasagne
大蒜（翻轉食材） garlic
大蒜起司馬鈴薯泥 aligot
大蒜馬鈴薯泥 skordalia
小牛肉 veal
山葵 wasabi
干貝 scallops

4 劃
中東烤肉串 kebab
中東開胃小點 meze
中菜 Chinese
五香調味料理 five-spice
反轉蘋果塔 tarte tartin
巴西里醬 parsley sauce
手撕慢烤豬肉 pulled pork
比目魚（多佛比目魚與檸檬連鰭鰈） sole (Dover and lemon)
水田芥 watercress
火腿 ham
火腿肉凍 Jambon persillé
火雞 turkey
火雞肉三明治 turkey sandwiches
牙買加香料烤肉（雞肉、山羊肉或豬肉） Jerk (chicken, goat or pork)
牛肉 Beef
牛肉漢堡 burgers (beef)

5 劃
卡門貝爾起司 Camembert
史帝爾頓藍紋起司 Stilton
奶油 butter
奶油濃湯 chowder
尼斯沙拉 salade niçoise
尼斯洋蔥披薩 pissaladière

巧克力 chocolate
布拉塔起司 burrata
布根地紅酒燉牛肉 boeuf bourguignon
生魚片 sashimi
白梭吻鱸 zander

6 劃
冰淇淋 ice cream
匈牙利燉牛肉 goulash
印度扁豆咖哩 dhal
印度料理 Indian
百里香 thyme
米蘭小羊排 veal milanese
羊雜 haggis
肉丸子 meatballs
西班牙下酒菜 tapas
西班牙冷湯 gazpacho
西班牙海鮮燉飯 paella
西班牙煎蛋餅 tortilla
西班牙辣腸 chorizo

7 劃
佛卡夏麵包 focaccia
希臘沙拉 Greek salad
希臘茄子千層麵 moussaka
杜卡綜合香料 dukkah
沙丁魚 sardines
沙拉 salads
牡蠣 oysters
肝 liver
豆腐 tofu

8 劃
乳豬 suckling pig
兔肉 rabbit
咖哩 curry

坦都里爐烤料理 tandoori
披薩 pizza
東南亞料理 South-East Asian food
松子 pine nuts
松雞 grouse
松露 truffles
果阿咖哩魚 Goan fish curry
法式白酒燴淡菜 moules marinière
法式白醬 Beurre blanc
法式肉醬 pâté
法式砂鍋菜 Cassoulet
法式熟肉抹醬 rillettes
波隆那肉醬 bolognese
波隆那番茄肉醬（義大利麵） ragù alla Bolognese
　　(with pasta)
波蘭餃子 pierogi
牧羊人派 shepherd's pie
牧羊人燉牛肉 boeuf à la gardiane
肯郡料理 Cajun
芝麻葉 rocket
阿根廷餡餅 empanadas

9 劃
侯科霍藍紋起司、梨子與苦苣沙拉 Roquefort, pear
　　and endive salad
俄羅斯酸奶牛肉 stroganoff
俄羅斯薄煎餅 blinis
保加利亞摺餅 banitsa
南瓜 pumpkin and squash
南法紅酒燉雞 coq au vin
哈里薩辣醬 harissa
威靈頓牛排 Beef Wellington
扁豆 lentils
柳橙 oranges
洋李杏仁塔 plum and almond tart
洋芋片 crisps
洋蔥塔 onion tart
炭火烤肉 barbecues
炸烏賊圈 calamares fritos
炸魚與薯條 fish and chips

紅真鯛 red snapper
紅椒 red pepper
紅椒粉 paprika
紅鯔魚 red mullet
胡椒粒 peppercorns
英式印度風香料飯 kedgeree
英式百果餡派 mince pies
英式馬鈴薯鮮魚派 fish pie
英式醃燻鯡魚 kippers
茄子 aubergine
香料香草（翻轉食材） herbs
香菜 coriander
香腸 sausages

10 劃
時蘿（翻轉食材） dill
栗子 chestnut
核桃 walnuts
根芹菜 celeriac
桃子 peaches
泰式牛肉沙拉 Thai beef salad
泰式綠咖哩 Thai green curry
海蓬子 samphire
海膽 sea urchin
海鱸魚 sea bass
烏賊 squid
烤夾克馬鈴薯佐起司 Jacket potato (with cheese)
烤鴨捲餅 crispy duck pancakes
羔羊 lamb
茴香 fennel
茴香籽 fennel seeds
草莓 strawberries
起士鍋 fondue
起司 cheese
迷迭香 rosemary
馬背惡魔 devils on horseback
馬賽魚湯 bouillabaisse
骨髓 bone marrow
高麗菜煎馬鈴薯 bubble and squeak

11 劃

培根起司蛋麵 carbonara
宿醉 hangover
康堤起司 Comté
涼拌高麗菜絲沙拉 slaw
淡菜 mussels
焗豆 baked beans
焗烤白花椰菜 Cauliflower cheese
焗烤義大利通心麵 macaroni cheese
焗烤墨西哥捲餅 enchiladas
焗烤醃鯷魚馬鈴薯派 Jansson's frestelse
甜瓜 melon
甜菜根 Beetroot
章魚 octopus
荷蘭醬 hollandaise
蛋糕 cake
通心粉 penne
野味肉類 game
野餐 picnics
魚 fish
魚子醬 caviar
魚柳條三明治佐番茄醬 fish finger sandwiches with
    tomato ketchup
鹿肉 venison

12 劃

喀什米爾羊肉咖哩 rogan josh
喬治王鱈魚 King George whiting
普羅旺斯燉菜 ratatouille
朝鮮薊 artichokes
湯品 soup
無鬚鱈 hake
番紅花 saffron
番茄 tomatoes
舒芙蕾 soufflé
菇類 mushroom
菇類燉飯 mushroom risotto
華道夫沙拉 Waldorf salad
萊姆 lime
萊姆乾 dried lime

萊姆乾 lime (dried)
蛙腿 frogs' legs
蛤蠣 clams
酥炸海鮮與炸烏賊圈 fritto misto and calamares fritos
黃芥末醬（翻轉食材） mustard

13 劃

塔吉鍋料理 tagine
感恩節料理 Thanksgiving
搜刮冰箱 fridge raid
煙燻鰻魚 eel (smoked)
節禮日剩食或火雞大餐吃到飽 Boxing Day leftovers,
    aka the great Turkey Buffet
義大利小牛肉佐鮪魚醬 vitello tonnato
義大利紫菊苣 radicchio
義大利圓直麵 spaghetti
義大利餃子（與其他填餡麵點） ravioli (and other
    filled pasta)
義大利麵 pasta
義大利麵餃 gnocchi
義式生火腿小牛肉捲 saltimbocca alla romana
義式青醬 pesto
義式香蒜鯷魚熱沾醬 bagna cauda
義式焗烤千層茄子 aubergine parmigiana
義式莎莎青醬 salsa verde
義式開胃菜 antipastic
義式燉飯 risotto
聖誕節晚餐 Christmas dinner
農舍派（或牧羊人派） cottage (or shepherd's) pie
酪梨 avocado
雉雞 pheasant

14 劃

壽司 sushi
旗魚 swordfish
維也納式炸肉排 wiener schnitzel
蒔蘿醃鮭魚 gravadlax
蒜泥蛋黃醬 aioli
辣椒 capsicum
辣椒（翻轉食材） chilli

酸豆 capers

15 劃
墨西哥法士達 fajitas
墨西哥辣肉醬 chilli con carne
歐姆蛋 omelette
歐洲鰈魚 brill
熟食冷肉盤 charcuterie
蝦 prawns
蝸牛 snails
豌豆與豆苗 peas and pea shoots
豬肉 pork
醃豬腿肉 gammon
醃檸檬（翻轉食材） preserved lemon
醃鱈魚番茄沙拉 esqueixada
醋漬鯡魚捲 rollmop herrings
醋醃白鯷魚 boquerone

16 劃
橄欖 olives
燉小牛膝 osso buco
螃蟹 crab
鮑魚 abalone
鴨肉 duck
鴨肉炸春捲 duck spring rolls
龍蒿 tarragon
龍蝦 lobster

17 劃
櫛瓜 courgette
櫛瓜花（填餡、油炸） courgette flowers (stuffed and
    fried)
薑 ginger
鮟鱇魚 monk fish
鮪魚 tuna
鮭魚 salmon
鮮奶油 cream
鮮魚湯 fish soup
鴿子 pigeon

18 劃
檸檬（翻轉食材） lemon
檸檬香茅 lemongrass
檸檬塔 lemon tart
檸檬醃魚 ceviche
雞 chicken
雞蛋 eggs
鵝肉 goose
鵝肝 foie gras

19 劃
鯖魚 mackerel
鵪鶉 quail

20 劃
蘆筍 asparagus
鯷魚 anchovies
鰩魚 skate
鹹味點心 salty snacks

21 劃以上
蘭開夏燉羊肉 Lancashire hot pot
露天燒烤 braai
鱈魚 cod
鷓鴣 partridge
鱒魚 trout
蠶豆 broad beans
鷹嘴豆 chickpeas
鹽 salt
鹽漬鱈魚 bacalao

中英名詞對照（葡萄酒）

4 劃以下

山吉歐維榭 Sangiovese, Carmignano
內比歐露 nebbiolo
匹格普勒 picpoul
巴巴瑞斯柯 Barbaresco, see nebbiolo
巴貝拉 barbera
巴薩克 Barsac, see Sauternes
巴羅鏤 Barolo, see nebbiolo
斗羅河谷（紅酒） Douro (red)
斗羅河岸 Ribera del Duero, see tempranillo

5 劃

加美 gamay, Brouilly, Chiroubles, Fleurie
加維 Gavi, see cortese
卡本內弗朗 cabernet franc
卡本內蘇維濃 cabernet sauvignon
卡瓦 cava
卡利濃 Carignan, cariñena
卡門內爾 carmenère
卡奧爾 Cahors, see malbec
布戈憶 Bourguei, see cabernet francl
布戈憶―聖尼古拉 St Nicolas de Bourgueil, see
　　cabernet franc
布根地（白酒） burgundy (white), see chardonnay,
　　aligoté
布根地（紅酒） burgundy (red), see pinot noir
瓦波利切拉 Valpolicella
瓦給哈斯 Vacqueyras, see grenache
田帕尼優 tempranillo
甲州 koshu
白皮諾 pinot blanc
白梢楠 Chenin blanc
白蘇維濃 Sauvignon blanc
白蘇維濃―榭密雍混調 Sauvignon blanc-semillon
　　blends
皮諾塔吉 pinotage

6 劃

吉恭達斯 Gigondas
多切托 dolcetto
多隆帝斯 torrontés
安茹（白酒） Anjou (b), see chenin blanc
安茹（紅酒） Anjou (r), see cabernet franc
朱利耶納 Juliénas, see gamay
灰皮諾 pinot grigio, pinot gris
艾米達吉 Hermitage, see syrah, Rhône-White blends
艾希提可 assyrtiko

7 劃

克羅茲―艾米達吉 Crozes-Hermitage, see syrah
利奧哈 Rioja, see tempranillo, graciano
希哈 Syrah, shiraz
希濃 Chinon, see cabernet franc, chenin blanc
杜麗佳 touriga nacional, see also Douro (red), port
貝沙克―雷奧良 Pessac-Léognan, see cabinet
　　sauvignon, sauvignon blanc-semillon blends (dry)
貝傑哈克 Bergerac, see cabernet sauvignon、sauvignon
　　blanc-semillon blends
邦斗爾 Bandol, see mourvèdre

8 劃

佩德羅希梅內斯 pedro ximénes, see sherry
奇揚替 Chianti, see sangiovese
帕洛米諾 palomino, see sherry
帕洛科達多 palo cortado, see sherry
昆希 Quincy, see sauvignon blanc
松塞爾 Sancerre, see also sauvignon blanc
波特 port
波爾多（白酒） bordeaux (white), see sauvignon
　　blanc-semillon blends (dry)
波爾多（紅酒） Bordeaux (red), see cabernet franc,
　　cabernet sauvignon, merlot, Pomerol
波爾多（甜酒） bordeaux (sweet) see, Sauternes, sweet,

sauvignon, blanc-semillon blends

波爾多淡紅酒 claret, see cabernet sauvignon, merlot, Pomerol

金芬黛 zinfandel

門西亞 Mencía, Bierzo

阿內斯 arneis

阿里亞尼科 aglianico

阿里哥蝶 aligoté

阿爾巴利諾 albariño, alvarinho

阿瑪羅內 Amarone

阿蒙提亞諾 Amontillado, see sherry

9 劃

柯蒂斯 cortese

玻美侯 Pomerol

英國氣泡酒 English sparkling wine

風車磨坊 Moulin-à-Vent, see gamay

香檳 champagne

10 劃

夏布利 Chablis, see also chardonnay

夏多內 chardonnay

恭得里奧 Condrieu, see viognier

格那希 grenache

格拉夫（白酒） Graves (white), see sauvignon, blanc-semillon blends (dry)

格拉西亞諾 graciano

格烏茲塔明那 gewürztraminer

粉紅酒 rosé

索甸 Sauternes

馬姍 marsanne, see also Rhône-white blends

馬貢 Mâcon, see chardonnay, gamay, pinot noir

馬第宏 Madiran, see tannat

馬斯卡斯奈萊洛 nerello mascalese

馬爾希拉克 Marcillac, see fer servadou

馬爾貝克 malbec

馬德拉 Madeira

高納斯 Cornas, see syrah

11 劃

教皇新堡 Châteauneuf-du-Pape, see Grenache noir, mourvèdre

曼薩尼亞 manzanilla, see sherry

梅多克 Médoc, see cabernet sauvignon

梅洛 merlot

梧雷 Vouvray, see chenin blanc

梭密爾（白酒） Saumur (blanc), see chenin blanc

梭密爾（紅酒） Saumur (red), see cabernet franc

梭密爾—香比尼 Saumur-Champigny, see cabernet franc

荷伊 Reuilly, see sauvignon blanc

莎弗尼耶 Savennières, see chenin blanc

莎瓦涅 savagnin

雪莉 sherry

12 劃

博給利 Bolgheri, see Supertuscans

普里奧哈 Priorat

普里蜜提弗 primitive, see zinfandel

普賽克 Prosecco

菲杜 Fitou, see Languedoc-Roussillon reds

菲榭瓦杜 fer servadou

菲諾 fino, see sherry

超級托斯卡尼 Supertuscans

隆河丘 Côtes du Rhône, see Grenache, syrah, Rhône white blends

隆河混調白酒 Rhône white blends

隆格多克—胡西雍（紅酒） Languedoc-Roussillon (red), see also cinsault, Grenache, syrah

黑皮諾 pinot noir

黑達沃拉 nero d'avola

13 劃

塔那 tannat

聖喬瑟夫 St Joseph, see syrah

聖愛美濃 St Emilion, see merlot

聖愛慕 St Amour, see gamay

14 劃

榭密雍 semillon

綠維特林納 grüner veltliner
維岱荷 verdejo
維歐尼耶 viognier
蒙巴茲亞克 Monbazillac, see Sauternes
蒙珊特 Montsant, see Priorat
蒙塔奇諾布雷諾 Brunello di Montalcino, see sangiovese
蒙塔奇諾羅素 Rosso di Montalcino, see sangiovese
蒙路易 Montlouis-sur-Loire, see chenin blanc
蒙鐵布奇亞諾貴族酒 Vino Nobile de Montepulciano,
　　see sangiovese
蒙鐵布奇亞諾羅素 Rosso di Montepulciano, see
　　sangiovese
蜜思卡得 Muscadet, Moscato
蜜思嘉 muscat

15 劃以上

慕維得爾 Mourvèdre, monastrell
摩貢 Morgon, see gamay
歐羅索 oloroso, see sherry
橘酒 orange wine
默內圖薩隆 Menetou-Salon, see sauvignon blanc
薄酒萊 Beaujolais, see gamay
藍布魯斯科 Lambrusco
羅第丘 Côte Rôtie
麗絲玲 riesling

作者 & 譯者簡介

ABOUT THE AUTHEOR
& TRANSLATORS

© Clara Molden

作者簡介

維多利亞·摩爾
（Victoria Moore）

屢獲殊榮的暢銷葡萄酒作家，她曾為《新政治家》和《衛報》撰寫葡萄酒文章，為了寫作她到過智利阿塔卡馬沙漠靠近晴朗天空的葡萄園，涉及深及大腿的葡萄和葡萄汁的酒槽，並探索香檳產區地下迷宮那些第一次世界大戰期間被當成防空洞的白堊地窖。除了鑽研葡萄酒專業，她還取得心理學碩士學位，對於人們如何體驗氣味和味道特別感興趣。目前每週為英國《電訊報》（*Telegraph*）撰寫飲料專欄，並參與了 BBC 廣播四台（Radio 4）的美食節目以及《You & Yours》。著有《如何品飲葡萄酒》（*How To Drink*）等書。

譯者簡介

楊馥嘉

交通大學外文系畢，美國紐澤西州立羅格斯大學婦女與性別研究。從出版業神祕的版權，走入餐飲品牌文案，又踩進廚房協助甜點研發，現為自由工作者。喜愛研究飲食與生活多樣性，熱衷產出文字與好吃的東西。譯有《風味搭配科學》等書。

魏嘉儀

國立臺灣大學地質科學學系與研究所畢業。曾任出版社科普／酒品編輯，具英國葡萄酒與烈酒教育基金會中級（WSET L2）認證。譯有《威士忌品飲全書》、《世界咖啡地圖（全新修訂第二版）》、《Hugh Johnson 葡萄酒隨身寶典 2013》。電子郵箱：jo4wei@gmail.com。

VV0094C

葡萄酒與料理活用搭配詞典

**彙集世界知名釀酒人、侍酒師、主廚專業心法，拆解食材與葡萄酒的人文風土，
A to Z建立美好的餐酒架構與飲食體驗**

原文書名	The Wine Dine Dictionary: Good Food And Food Wine: An A to Z suggestions for happy eating and drinking
作 者	維多利亞・摩爾（Victoria Moore）
譯 者	楊馥嘉、魏嘉儀
審 訂	社團法人台灣侍酒師協會
特約編輯	魏嘉儀
總 編 輯	王秀婷
責任編輯	廖怡茜
版 權	徐昉驊
行銷業務	黃明雪、林佳穎

國家圖書館出版品預行編目(CIP)資料

葡萄酒與料理活用搭配詞典：彙集世界知名釀酒
人、侍酒師、主廚專業心法，拆解食材與葡萄酒
的人文風土，A to Z 建立美好的餐酒架構與飲
食體驗／維多麗亞．摩爾（Victoria Moore）著
；楊馥嘉、魏嘉儀譯 . -- 初版 . -- 臺北市：積木
文化出版：家庭傳媒城邦分公司發行 , 2020.09
面； 公分
譯自：The wine dine dictionary: good food
and food wine: an a to z suggestions for happy
eating and drinking.
ISBN 978-986-459-238-8（精裝）

1. 飲食 2. 葡萄酒

463.814　　109009144

發 行 人	涂玉雲
出 版	積木文化
	104台北市民生東路二段141號5樓
	電話：(02) 2500-7696｜傳真：(02) 2500-1953
	官方部落格：www.cubepress.com.tw
	讀者服務信箱：service_cube@hmg.com.tw
發 行	英屬蓋曼群島商家庭傳媒股份有限公司城邦分公司
	台北市民生東路二段141號11樓
	讀者服務專線：(02)25007718-9｜24小時傳真專線：(02)25001990-1
	服務時間：週一至週五09:30-12:00、13:30-17:00
	郵撥：19863813｜戶名：書虫股份有限公司
	網站：城邦讀書花園｜網址：www.cite.com.tw
香港發行所	城邦（香港）出版集團有限公司
	香港灣仔駱克道193號東超商業中心1樓
	電話：+852-25086231｜傳真：+852-25789337
	電子信箱：hkcite@biznetvigator.com
馬新發行所	城邦（馬新）出版集團 Cite（M）Sdn Bhd
	41, Jalan Radin Anum, Bandar Baru Sri Petaling, 57000 Kuala Lumpur, Malaysia.
	電話：(603) 90578822｜傳真：(603) 90576622
	電子信箱：cite@cite.com.my

Originally published in English by Granta Publications under the title The Wine Dine Dictionary,
copyright © Victoria Moore, 2017
Victoria Moore asserts the moral right to be identified as the author of this work.
Published in agreement with Granta Publications through Chinese Connection Agency, a Division
of the Yao Enterprises, LLC.
All rights reserved

美術設計　張倚禎
製版印刷　上晴彩色印刷製版有限公司

2020年9月8日　初版一刷
售　價／NT$1500
ISBN 978-986-459-238-8
有著作權・侵害必究

城邦讀書花園
www.cite.com.tw